自由曲面建筑网格划分
及连接节点

高博青　李铁瑞　王奇胜　著

科 学 出 版 社

北 京

内 容 简 介

本书围绕自由曲面建筑网格划分中的自由曲面表达方式、单曲面网格划分、多重曲面网格划分、网格的调整及评价指标、自由曲面网格结构的连接节点，系统地介绍了相关的理论和方法，并给出相应的算例。本书共 19 章，主要介绍了适用于单曲面的映射法网格划分、自定义单元法网格划分、引导线法网格划分、基于曲面展开的网格划分、基于映射和双向等分的网格划分、基于映射和拟桁架法的网格划分、基于均匀布点与细分的网格划分、基于曲面分片和重构的网格划分，适用于多重曲面的复杂自由曲面的拟合及网格划分、基于气泡吸附和 Delaunay 三角法的网格划分、基于离散化的多重曲面网格划分，此外还介绍了网格调整和评价标准、四边形网格的平面化以及钢制盖板节点、工字形截面圆柱筒装配式节点、矩形不锈钢管圆柱筒装配式节点。

本书可供建筑结构工程等相关专业的科研、设计、施工人员参考阅读，也可作为相关专业研究生的专业用书。

图书在版编目(CIP)数据

自由曲面建筑网格划分及连接节点 / 高博青，李铁瑞，王奇胜著. -- 北京：科学出版社，2025.3. -- ISBN 978-7-03-081094-6

Ⅰ. TU3

中国国家版本馆CIP数据核字第20251ML051号

责任编辑：牛宇锋 / 责任校对：任苗苗
责任印制：肖　兴 / 封面设计：蓝正设计

科 学 出 版 社 出版
北京东黄城根北街 16 号
邮政编码：100717
http://www.sciencep.com
三河市骏杰印刷有限公司印刷
科学出版社发行　各地新华书店经销

*

2025 年 3 月第 一 版　　开本：720 × 1000　1/16
2025 年 3 月第一次印刷　　印张：25
字数：504 000

定价：228.00 元
(如有印装质量问题，我社负责调换)

前　言

　　大跨度空间结构是建筑结构的重要分支，其中网格结构所提供的丰富设计空间，可适应高度自由的建筑形状，在各种公共建筑中时有应用。传统的空间网格结构，如平面、球面、柱面等简单形状，网格划分技术已经十分成熟。自由曲面网格结构凭借其新颖的造型、流畅的线条，给人以强大的视觉冲击，往往成为一个地区的标志性建筑。但自由曲面网格结构的设计仍存在许多挑战，特别是对于具有复杂几何形状的自由曲面网格结构，网格的划分、节点的连接仍需深入研究。本书作者通过近十年的研究，较系统地建立了自由曲面网格划分理论，给出了三种连接节点，为该类结构的工程应用提供技术支撑。本书共 19 章，第 1 章介绍了自由曲面网格划分的现状，第 2 章介绍了曲线、曲面的几何表达，第 3~11 章介绍了单曲面网格划分算法，第 12~15 章介绍了多重曲面网格划分算法，第 16 章介绍了自由曲面四边形网格的平面化，第 17~19 章介绍了自由曲面网格结构的连接节点。

　　本书研究得到国家自然科学基金"基于鲁棒构型的自由曲面网壳结构形状、拓扑、网格一体化设计理论研究"（51378457）、"自由曲面可控性网格划分理论及量化综合评价研究"（51678521）、"基于杆系拓扑的自由曲面网格结构寻优策略及装配式节点研究"（51778558）、"基于离散映射和物理模拟的复杂自由曲面网格划分研究"（52178172）等项目的资助，作者在此表示由衷的感谢。除本书作者高博青教授、李铁瑞博士、王奇胜博士外，直接参加本书内容研究的还有浙江财经大学吴慧副教授，浙江大学博士生李智以及硕士生江存、马腾、赵兴忠、潘炜、郝传忠、陈礼杰、张生伟、戚珈峰、李炫辰。同时，成果的积累也包含作者的历届研究生的付出。本书的工作还得到董石麟院士的关心、指导和支持，以及浙江大学空间结构研究中心同仁的支持和帮助，在此一并致谢。

　　由于作者水平有限，书中难免存在不妥之处，恳请读者批评指正。

高博青

2023 年 10 月于浙江大学紫金港校区

目　　录

前言

第1章　绪论 ……………………………………………………………… 1

1.1　引言 ……………………………………………………………… 1

1.2　网格划分研究现状 ……………………………………………… 2

1.2.1　网格划分概述 ……………………………………………… 2

1.2.2　规则的网格划分算法 ……………………………………… 3

1.2.3　高质量的网格划分算法 …………………………………… 5

1.2.4　特征保持的网格划分算法 ………………………………… 7

1.2.5　物理模拟的网格划分算法 ………………………………… 8

1.2.6　建筑上的网格划分算法 …………………………………… 9

1.3　软件开发现状 …………………………………………………… 11

1.3.1　图形算法库 ………………………………………………… 11

1.3.2　网格处理算法库 …………………………………………… 12

1.3.3　三维建模与处理软件 ……………………………………… 13

第2章　几何基础 ………………………………………………………… 15

2.1　引言 ……………………………………………………………… 15

2.2　几何表示 ………………………………………………………… 15

2.2.1　NURBS 表示 ……………………………………………… 16

2.2.2　离散表示 …………………………………………………… 20

2.2.3　表示方式的转换 …………………………………………… 21

2.3　几何算法 ………………………………………………………… 21

2.3.1　Voronoi 图及 Delaunay 三角剖分 ………………………… 22

2.3.2　曲面上曲线的拟合及曲线划分 …………………………… 22

2.3.3　曲面上曲线的调整 ………………………………………… 24

2.3.4　曲面调整方法 ……………………………………………… 27

2.4　本章小结 ………………………………………………………… 28

第3章　基于映射和推进的单曲面建筑网格划分 …………………… 29

3.1　映射法生成网格 ………………………………………………… 29

3.1.1　参数域连线并映射 ………………………………………… 29

3.1.2　算例分析 …………………………………………………… 30

3.2　映射推进法 ··· 34

3.3　本章小结 ··· 39

第 4 章　基于自定义单元法的单曲面建筑网格划分 ························· 40

4.1　曲面特征识别及参数域节点推进方向的确定 ······················· 40

4.2　单元自定义及网格拓扑的参数化表达 ······························· 42

4.3　映射度量及节点参数坐标的确定 ··································· 44

4.4　参数网格映射 ··· 48

4.5　自定义单元法建筑网格划分算例 ··································· 49

4.5.1　沿参数域 v 向推进的曲面网格划分 ····················· 49

4.5.2　沿参数域 u 向推进的曲面网格划分 ····················· 51

4.5.3　沿参数域对角线方向推进的曲面网格划分 ············· 53

4.6　本章小结 ··· 55

第 5 章　基于引导线的建筑网格划分 ···································· 56

5.1　引言 ··· 56

5.2　空间曲面引导线推进法 ··· 56

5.2.1　引导线定义 ··· 56

5.2.2　引导线推进法 ··· 57

5.2.3　算例分析 ··· 62

5.3　改进的引导线法 ··· 69

5.4　本章小结 ··· 74

第 6 章　基于曲面展开的建筑网格划分 ································· 75

6.1　自由曲面的展开 ··· 76

6.1.1　面积变化最小准则 ··· 77

6.1.2　曲面展开步骤 ··· 78

6.1.3　曲面展开实例 ··· 80

6.2　二维平面的网格划分 ··· 81

6.3　平面网格的空间映射 ··· 83

6.4　算例分析 ··· 84

6.5　本章小结 ··· 87

第 7 章　基于映射和双向等分的网格生成方法 ························· 89

7.1　引言 ··· 89

7.2　基本算法 ··· 89

7.2.1　前处理 ··· 89

7.2.2　点阵布置 ··· 91

7.2.3　后处理 ··· 91

7.3 算法完善 92
7.3.1 边界线数量调整 92
7.3.2 分块网格划分及缩格处理 93
7.3.3 固定点设置 94
7.3.4 复杂边界处理 95
7.4 对比分析 97
7.5 本章小结 98
第8章 基于映射和拟桁架法的三角形网格划分 100
8.1 引言 100
8.2 算法概述及网格划分程序 100
8.3 边界适应性及网格调控 106
8.4 映射畸变的改善方法 115
8.5 算例分析 119
8.6 本章小结 122
第9章 基于均匀布点与细分的网格划分算法 124
9.1 引言 124
9.2 初始布点 124
9.3 基于空间距离的均匀化 124
9.4 基于空间距离的网格生成 126
9.5 拓扑调整及网格的细分 127
9.6 算例分析 129
9.7 本章小结 136
第10章 基于曲面分片和重构的网格划分 138
10.1 引言 138
10.2 区域识别方法 139
10.2.1 经典多边形构造算法 139
10.2.2 多边形构造算法的改进 139
10.3 曲面重构方法 141
10.3.1 NURBS曲面构造算法 142
10.3.2 采样方法 143
10.4 算例分析 145
10.5 本章小结 147
第11章 复杂自由曲面的拟合及网格划分 148
11.1 基于NURBS的线面求交法 148

11.2 基于 NURBS 的面面求交法 ································· 151

11.3 曲面拟合 ·· 153

11.4 基于测地线的网格划分 ··· 156

11.4.1 测地线方程的建立 ··· 157

11.4.2 非线性方程组的求解 ·· 159

11.4.3 测地线网格的生成 ··· 164

11.5 算例与比较 ·· 166

11.5.1 两种求交方法的比较 ·· 166

11.5.2 传统方法与基于曲面拟合的映射法比较 ··············· 168

11.5.3 传统方法与基于曲面拟合的测地线法比较 ············ 170

11.6 本章小结 ·· 173

第 12 章 基于气泡吸附和 Delaunay 三角法的三角形网格划分算法 ··· 175

12.1 引言 ·· 175

12.2 NURBS 曲线的离散化 ·· 175

12.3 平面图的网格化 ·· 179

12.4 NURBS 曲面的网格化 ·· 180

12.5 多重曲面的网格化 ··· 183

12.6 拓展气泡模型 ··· 185

12.7 网格大小调控 ··· 186

12.8 对比分析 ·· 190

12.9 本章小结 ·· 192

第 13 章 基于离散化的多重曲面网格划分算法 ·························· 194

13.1 引言 ·· 194

13.2 基于近似测地距离的离散曲面 Voronoi 图计算方法 ············ 195

13.3 曲面离散及初始布点 ··· 198

13.4 点阵均匀化 ·· 201

13.5 基于近似测地距离的离散曲面网格生成及细分 ················· 205

13.6 算例分析 ·· 205

13.6.1 基准算例——半球壳 ·· 205

13.6.2 月牙形曲面 ·· 207

13.6.3 某项目屋顶船形曲面 ·· 208

13.6.4 杭州奥体中心游泳馆屋顶曲面 ······························ 214

13.6.5 花瓣状曲面 ·· 216

13.6.6 海螺状曲面 ·· 218

13.6.7 经典斯坦福兔子 ·· 219

13.7 本章小结 ……………………………………………………… 221

第 14 章 基于物理模拟和拓扑调整的三角形网格划分 …………… 222

14.1 引言 …………………………………………………………… 222

14.2 网格生成 ……………………………………………………… 222

14.3 拓扑优化 ……………………………………………………… 224

14.4 网格松弛 ……………………………………………………… 231

14.5 网格细分 ……………………………………………………… 232

14.6 算例分析 ……………………………………………………… 234

14.7 本章小结 ……………………………………………………… 238

第 15 章 多重曲面的自适应网格划分算法 ……………………… 240

15.1 引言 …………………………………………………………… 240

15.2 网格评价 ……………………………………………………… 240

15.3 网格生成 ……………………………………………………… 244

15.4 网格调控 ……………………………………………………… 246

15.5 算例分析 ……………………………………………………… 249

15.6 本章小结 ……………………………………………………… 250

第 16 章 自由曲面四边形网格平面化 …………………………… 252

16.1 引言 …………………………………………………………… 252

16.2 基于弹簧质点模型的四边形网格平面化 …………………… 253

16.3 算例分析 ……………………………………………………… 257

16.4 基于曲面约束映射方法的四边形网格平面化 ……………… 261

16.5 本章小结 ……………………………………………………… 266

第 17 章 自由曲面网格结构钢制盖板节点 ……………………… 267

17.1 引言 …………………………………………………………… 267

17.2 钢制盖板节点试验 …………………………………………… 267

17.3 钢制盖板节点有限元分析 …………………………………… 274

17.3.1 模型网格划分 ………………………………………… 274

17.3.2 建立接触模型 ………………………………………… 276

17.3.3 有限元数值模拟结果 ………………………………… 277

17.3.4 分析结果与试验对比 ………………………………… 280

17.4 钢制盖板节点承载力计算 …………………………………… 282

17.4.1 轴压力作用下盖板节点的承载力 …………………… 282

17.4.2 弯矩作用下盖板节点的承载力 ……………………… 290

17.4.3 弯矩轴力共同作用下盖板节点的承载力 …………… 302

17.4.4　有限元结果验证 ··· 309

17.5　本章小结 ·· 310

第 18 章　工字形截面圆柱筒装配式节点 ······································· 312

18.1　工字形截面圆柱筒装配式节点简介 ······································· 312

18.2　工字形截面圆柱筒装配式节点试验 ······································· 316

18.2.1　工字形截面圆柱筒装配式节点试验设计 ························· 316

18.2.2　材性试验 ··· 318

18.2.3　弯剪试验研究 ·· 322

18.2.4　压弯试验研究 ·· 328

18.3　工字形截面圆柱筒装配式节点有限元模拟 ······························· 336

18.4　工字形截面圆柱筒装配式节点的性能 ····································· 342

18.5　本章小结 ·· 353

第 19 章　矩形不锈钢管圆柱筒装配式节点 ····································· 354

19.1　不锈钢连接节点研究现状 ··· 354

19.2　矩形不锈钢管圆柱筒装配式节点试验研究 ······························· 356

19.2.1　矩形不锈钢管圆柱筒装配式节点介绍 ····························· 356

19.2.2　矩形不锈钢管圆柱筒装配式节点试验 ····························· 357

19.3　矩形不锈钢管圆柱筒装配式节点理论分析 ······························· 364

19.4　节点抗弯承载力计算公式 ··· 372

19.5　本章小结 ·· 374

参考文献 ··· 375

第1章 绪 论

1.1 引 言

改革开放以来,随着我国经济实力的不断提升,大跨度空间结构的发展十分迅猛[1]。空间结构形式主要有薄壳结构、网格结构、膜结构、张拉整体结构等,其中网格结构通过焊接或装配方式组装杆件,具有建筑适应性强、施工速度快、经济效益高等特点[2],应用最为广泛。网格结构所提供的丰富设计空间,让高度自由的建筑形状有了实现的可能,这种富有震撼力的视觉表达形式,在体育馆、展览馆、车站、机场等建筑中时有应用。传统的空间网格结构大多采用平面、球面、柱面等简单的形状,其网格划分难度相对较小。经过多年的研究,已有许多针对球壳、柱壳等结构的经典网格划分形式。但自由曲面网格结构的设计仍存在着许多挑战,特别是对于具有复杂几何形状的自由曲面网格结构,网格的划分、节点的连接仍需深入研究[3]。

随着计算机辅助设计技术、制造技术和施工技术的发展,建筑曲面的复杂程度登上了一个新的台阶。近年来,计算机辅助设计领域出现的新技术,如参数化建模技术和建筑信息模型(building information model,BIM)技术等,提高了建筑曲面的造型水平。随着时代的进步,人们对建筑美感表现出了更高的要求。造型独特的自由曲面空间结构越来越多地出现在世界各地,如中国杭州奥体中心游泳馆、中国北京凤凰国际传媒中心、阿联酋阿布扎比雅斯酒店和法国梅斯蓬皮杜中心等(图1-1)。这些自由曲面网格结构凭借其新颖的造型,给人以强大的视觉冲击,往往成为一个地区的标志性建筑[4]。

(a) 中国杭州奥体中心游泳馆　　　　(b) 中国北京凤凰国际传媒中心

(c) 阿联酋阿布扎比雅斯酒店　　　　　　　(d) 法国梅斯蓬皮杜中心

图 1-1　自由曲面网格结构建筑

针对自由曲面结构的研究主要包括形态创建[5, 6]、杆件布置、节点设计[7]、性能分析[8, 9]等。其中,为了实现杆件布置,需要对自由曲面进行合理的网格划分。尽管国内外已有不少建成的自由曲面建筑,但大多数用于自由曲面网格结构的设计过程,都是基于几何操作的交互式编辑或者为特定项目专门编写的自定义脚本。为了得到符合建筑要求的网格结构,通常还需要反复地进行设计尝试和计算验证,以优化拓扑构型、节点位置、杆件尺寸等[10]。这些方法不仅耗费大量的人力,而且适用范围有限,最终形成的网格效果也往往差强人意。如何借助计算机辅助设计技术,快速生成美观合理的曲面网格,是建筑设计中亟须解决的难题,也是空间结构领域的研究难点[11]。

1.2　网格划分研究现状

1.2.1　网格划分概述

在自由曲面网格结构的几何设计中,网格划分是将建筑造型和结构体系连接起来的桥梁。网格划分本身并不是一个较新的问题,它在众多领域扮演着非常重要的角色,包括有限元分析、图形渲染、动画模拟、三维打印等。除各大高校科研院所外,全球众多工业巨头,如迪士尼、微软、欧特克、英伟达等,也投入了大量的精力研究网格划分,推动了网格划分技术在近 20 年的迅速发展。但以建筑效果为目标的网格划分研究起步较晚,成果相对较少。尽管不同领域对网格划分的关注重点不同,但可以为建筑网格划分的研究提供重要参考。

广义的网格划分对象包括曲面和实体,但实体的网格划分不在本书的阐述范畴。目前,网格划分没有一个精确的定义,各文献中常常随着目标与应用的不同而有所不同。一般的定义是给定一个三维曲面,计算一个网格,使其单元满足质量要求,且网格接近原曲面。这里的质量可以有很多种含义,包括规整性、流畅性、均匀性、单元形状质量等。在不同的应用场景中会有不同的选择与组合。根据目标不同，可以将网格划分算法分为几类，其中与建筑网格划分相关性较强的有结构化网格划分、高质量网格划分、特征保持网格划分及误差控制网格划分。这些网格划分算法没有明显的界限，但是这些要求有时难以同时完全满足。

网格划分的质量要求可以归纳为几个方面，即边长的均匀性、单元的规整性、拓扑的规则性、线条的流畅性，以及大小控制、特征保持、误差控制等。这些要求往往很难同时满足，通常是根据具体的用途，使网格在其中的某些方面有较好的表现。也就是说，网格划分在不同的应用场合下有着不同的质量要求的侧重点。网格单元的样式主要有三角形网格、四边形网格、三角形和四边形混合的网格以及其他样式的网格。根据网格拓扑的规则程度，可以分为规则网格划分、半规则网格划分、高度规则网格划分。

Owen[12]较为系统地总结了高质量的非结构化网格划分算法，包括 Delaunay 三角法[13]、波前法[14]、映射法[15]及其组合方法[16, 17]。在图形学领域，网格划分通常是指给定一个三维网格表达的曲面，计算另一形状相似且单元质量满足一定需求的网格，即网格重划[18-20]。网格重划相当于曲面采用网格表达时的网格划分。Alliez 等[20]较为全面地介绍了网格重划方面的算法，主要包括规则的网格重划、高质量的网格重划、特征保持的网格重划以及误差控制的网格重划等。

在众多的网格划分算法中，与建筑曲面网格划分联系比较密切的主要包括规则的网格划分、高质量的网格划分和特征保持的网格划分等。除了直接通过几何运算实现网格的生成，将复杂的几何问题通过物理类比转换成更易于求解的运动问题，也是网格划分中常用的方法。下面主要从这几个方面分别介绍网格划分算法的发展情况。

1.2.2 规则的网格划分算法

(全)规则网格，又称结构化网格，其所有的内部节点都连接着相同数量的网格单元，相比于非结构化网格，结构化网格具有更加规则、简单的拓扑连接形式，因而有着更加流畅、美观的视觉效果，并且潜在地为后续网格结构的受力提供了更明确的传力路径。结构化网格虽然比较符合建筑网格的需求，但对于某些大曲率曲面是无法生成完全结构化网格的，有时即便生成了完全结构化网格，该网格的大小也可能存在较大差异，难以满足均匀性要求。通过对不规则网格进行规则的细分，可以得到半规则网格。在半规则网格里，除了少数顶点不规则，多数顶点都是规则的。而高规则网格是指绝大多数的顶点是规则的，且不一定需要通过网格细分生成的网格[20]。半规则网格和高规则网格有着较高的网格规则性，同时允许存在少量的奇异点(不规则的顶点)，这为平衡网格的其他性能预留一些斡旋空间，在建筑网格的划分上具有较大的发展潜力。

1) 全规则网格

全规则网格可以采用简单有效的数据结构，这有助于降低网格处理算法的复杂度，并提高算法的效率。因此，全规则网格在高效渲染、纹理映射等领域有着重要的应用。

Gu 等[21]提出了一种将不规则的三角形网格曲面重新划分为一个全规则网格的方法。首先，将曲面裁剪成与圆盘拓扑等价的结构，再以几何变形最小为目标将其参数化为正方形图像，得到几何图像，其中曲面映射信息被保存在图像的各个像素点上，最终在几何图像上生成完全规则的网格。但是为了保证几何图像与圆盘的拓扑等价，复杂曲面可能裁剪出较为狭长的几何图像，这会导致发生难以接受的映射畸变。为了减少这种情况下的映射畸变，Sander 等[22]将曲面裁剪后映射到多个图元上，然后将这些图元整合到一个几何图像中，并消除跨越图元边界的不连续性，得到完整的网格曲面，但是图元边界处的网格规则性难以得到保证。Gotsman 等[23]提出先将曲面参数化到球面上，再映射到正方形图像上，进而降低映射畸变，但该方法的适用范围有限。

2) 半规则网格

半规则网格是通过均匀细分尺度较大的网格(大网格)而得到的网格。半规则网格本质上是分片规则的网格，是在结构化网格的简单性和非结构化网格的灵活性之间的平衡产物。

参数化映射技术是半规则网格划分中用到的主要技术之一，但将曲面进行良好的全局参数化是非常困难的[24]。Kai 等[25]将曲面整体映射至二维平面，在平面上重新布点并连接成四边形网格。这种基于全局参数化的方法不仅容易出现度量失真的问题，而且还可能涉及较多的(非线性)方程求解计算，需要较长的运算时间。为了加快网格划分速度，Sander 等[26]使用一种基于多重网格算法的分层参数化方法。然而，对于狭长的曲面，可能出现数值精度问题。Guskov[27]引入全局参数化的能量函数，通过优化该函数实现更加平滑的全局参数化，而且避免了构造元网格，算法更易于实现。还有一种不同于全局参数化的方法，是先通过 Delaunay 剖分或网格简化[28, 29]等方法，将曲面划分成多个三角形区域(大网格)，再分别进行参数化，然后细分各个区域并组装成完整网格，取得了较好的网格划分效果[30, 31]。Kammoun 等[32]基于 Voronoi 网格化方法与 Lloyd 松弛算法，提出了一种自适应的半规则网格划分算法。文献[33]对半规则网格划分方面的研究成果进行了细致的总结。

半规则网格划分算法的主要缺点是生成的网格很大程度上取决于作为细分基准的大网格质量，而如何构建一个好的基准网格仍然是一个非常困难的问题。

3) 高规则网格

Surazhsky 等[34]证明，对于不规则的网格，除非进行一些半全局的网格边调整，如边转移，否则不能简单地通过局部网格调整而生成高规则网格。如何通过半全局的边调整而不是细分来获得存在少量奇异点的半规则网格是目前面临的一项挑战。

Szymczak 等[35]提出了一种分片的规则网格生成方法，即先将曲面划分成相对平坦且边界光滑的面片，然后在这些面片上重新布点并连接成规则的网格，最后缝合各个面片上的网格，得到的网格在大多数区域都十分规则，但是在相邻面片的交接处存在较多的奇异点。Surazhsky 等[36]提出了一种网格优化算法，通过一系列针对网格边的局部调整，减少或移动三角形网格上的奇异点，进而优化网格的拓扑规则性。但是该算法没有量化优化目标，且优化过程需要一定的人工干预，导致算法的鲁棒性欠佳。

基于流场的网格划分算法通常需要网格边的走向与曲面流场的方向保持一致，才能生成高规则网格。Palacios 等[37]提出了一个能控制曲面旋转对称场拓扑的设计系统。在此基础上，Ray 等[38]提出了 N 对称方向场，并给出了其拓扑的控制方法。Huang 等[39]提出了一种高规则三角形网格的自动生成算法，该算法通过 N 对称方向场来引导网格走向，通过曲面上的密度函数来控制网格大小，通过能量优化框架整合用户的其他需求。Nieser 等[40]提出了一种曲面参数化算法，该算法先建立一个 6-RoSy 流场，再引入一个自动合并邻近奇异点的算法，改善网格拓扑，然后基于流场求解最优的六边形全局参数化，可以生成非常规则的六边形或三角形网格。

上述研究大部分集中在三角形网格上，对四边形网格亦有不少研究。Dong 等[41]提出了基于拉普拉斯特征函数(曲面的自然谐波)将曲面划分成四边形网格的算法。该算法先将均匀分布在曲面上的函数极值点连接成四边形的大网格，然后通过松弛算法细分和优化大网格，最后生成了只存在少量奇异点的形状良好的四边形网格。之后，Huang 等[42]通过适当选择最优特征值、适应拉普拉斯算子中的面积项，以及向拉普拉斯特征问题添加特殊约束等，对该算法进行了改进，使其能灵活地调控四边形网格单元的形状、大小和方向等。Ling 等[43]则进一步对该算法进行了拓展，使其可以根据给定的密度场实现精确的特征曲线对齐和对局部元素尺寸的严格控制。Ray 等[44]为三角形网格表达的曲面提供了一种新的全局平滑参数化方法，称为周期全局参数化方法，再从参数化函数中提取四边形网格，然后通过局部拆分和重参数化的方法修复奇异点，最后得到仅剩少量奇异点的高规则四边形网格。

1.2.3 高质量的网格划分算法

规则的网格划分算法的侧重点在于网格节点拓扑规则程度，而高质量的网格划分主要关注网格单元的形状质量、边长的大小分布等非拓扑方面的几何属性，具体是指生成符合单元形状质量高、边长大小均匀或者大小不均匀而自然渐变等要求的网格。单元形状质量评价认为,对于三角形,形状越接近正三角形,质量越优;对于四边形,形状越接近正方形,质量越优。此外,四边形网格的单元质量还会关注单元的平面化程度。网格的均匀性评价认为,网格边长的差异越小,均匀性越优。若网格大小分布不均匀、各向异性,边长大小的变化应该有流畅自然的过渡[45]。高质量网格的应用非常广泛,比较有代表性的就是有限元分析。高质量网格有助于数值计算的稳定性和可靠性。近年来关于高质量网格划分的研究相对较多[46],比较有代表性的是 Delaunay 三角法、波前法、质心 Voronoi 剖分(centroidal Voronoi tessellation,CVT)法等。

Delaunay 三角剖分的核心是将给定点阵按照空外接圆准则连接成三角形网格。在点阵可能连接成的三角形网格中,Delaunay 三角剖分使三角形的最小角最大化,倾向于避免狭长三角形,网格质量较高。一般的三角形网格可以通过 Lawson[47]提出的局部优化过程调整成 Delaunay 网格。Delaunay 三角剖分是将点阵连接成网格的常用处理手段,被许多网格划分算法采用。Chew[48]提出了一种适用于曲面的 Delaunay 三角剖分算法,并在算法中实现了对网格密度的控制。之后,Edelsbrunner 等[49]对曲面的 Delaunay 三角剖分概念进行了形式化的定义。Eldar 等[50]提出了最远点插入法,即每次插入一个距离现有的点尽可能远的网格点,如最大孔洞的中心点,使节点的分布较为均匀,再根据 Delaunay 原则连接成三角形。这种基于增量算法和 Delaunay 原则的方法统称为 Delaunay 细化法[51, 52]。Delaunay 细化法除了能生成均匀网格,也可以通过调整插入点的位置确定原则,生成按特定规律分布的不均匀网格。相比于欧氏距离,测地线距离更能准确地表达曲面上两点的距离。对于曲面上给定的点集,Sethian[53]通过求解基于测地线距离 Voronoi 图的对偶图,提出了类似平面 Delaunay 三角法的曲面剖分方法。

波前法[54-56]是指先确定一条波前线,然后在波前线上向前布置网格单元,同时更新波前线为新的网格边界(过程类似能量波的传递),最终得到覆盖整个曲面的网格。波前法通常以曲面的边界线作为初始的波前线,而 Wu[57]提出了采用两条相对的曲线作为波前线的网格生成方法,解决了波前法容易在曲面边界拐角处失效的问题。基于波前法,黄晓东等[58]针对不同形式的闭合参数曲面,通过调整曲面边界,提出了一种新的网格自动生成方法。总体来说,波前法生成的网格均匀、规整,但在波前线与自身或边界线交汇处的网格质量一般相对较差。类似地,引导线法[59]是给定一条引导网格走势的曲线,然后在曲面上按照一定间距推进引导线,最后划分引导线生成网格。引导线法生成的网格通常在曲面内部质量较高,但在边界线附近质量较差。

CVT 法是先计算给定点阵的 Delaunay 三角剖分和曲面上的限制 Voronoi 图,再优化节点的位置直到收敛,然后从限制 Voronoi 图中提取最终的三角形网格。

其中，最常用的 CVT 法是 Lloyd 松弛法[60]。Lloyd 松弛法是通过迭代将节点移动到所在 Voronoi 单元的重心，得到重心 Voronoi 图[61]，从而实现点阵位置的优化。Lloyd 松弛法可以通过定义与单元期望大小关联的密度函数，生成非均匀的高质量网格。Alliez 等[62]在曲面的参数域中，用密度函数抵消映射中的面积变形，实现了更均匀的曲面点阵分布。Surazhsky 等[34]将复杂曲面划分成多个小面片，再对参数化后的小面片采用 Lloyd 松弛法生成带权值的 Voronoi 图。Peyré 等[63, 64]采用测地线距离代替欧氏距离，提出了基于测地线距离的重心 Voronoi 图。Chen 等[65]和 Lu 等[66]通过在 CVT 法中引入模拟退火算法，提高了算法的效率和网格的规则化程度。

总体来说，基于松弛的网格划分算法通常比基于增量的算法有更好的表现，但 Lloyd 松弛法的计算量较大，需要较多的运算时间。

网格的质量对建筑网格的设计也具有重要的意义，均匀规整的网格对结构受力或施工建筑都是有利的，而且建筑上有时也需要控制网格的密度分布，生成符合一定规律的网格。然而，高质量的网格划分算法不关注网格的流畅性，生成的网格在拓扑上较不规则，缺乏建筑美感，难以直接应用于建筑网格设计。但这类方法中涉及的许多算法，如节点位置优化算法、节点密度调控算法和拓扑连接算法，可以为开发新的建筑网格划分算法提供重要的工具，具有较高的参考价值。

1.2.4 特征保持的网格划分算法

曲面的某些特征，如曲面的边界线、内部的转折点或特征线，在生成的网格中有可能会损失相应的特征，导致生成的网格不能较好地近似原曲面。许多网格生成算法都考虑到了这一问题，并引入了额外的操作，用来提升网格对原曲面特征的表达。然而，当原曲面具有尖锐特征或多个自相交表面时，如何生成保持清晰特征的规则、高质量网格，对先前的算法来说仍然存在挑战。

许多网格划分算法[21,30,35]采用一种简单的特征保持方法，就是在处理网格时，将部分节点限制在预先设定的曲线或顶点上，但这经常导致网格质量下降。Botsch 等[67]提出了一种边界处网格的处理方法，可以得到三角形质量尚可的网格，但网格比较不规则。Chiang 等[68]提出的半规则网格划分算法采用分两步的曲面分割方案，建立高质量的基准网格以及原曲面和细分曲面的区域映射关系，进而提升基于法向位移的细分顶点逆映射过程的准确性和鲁棒性，有助于保持原曲面的几何特征。基于 Lloyd 松弛法，Fuhrmann 等[69]提出了一种对特征敏感的网格生成算法。首先，根据密度函数在曲面上布置均匀或按特定疏密规律分布的点阵，然后直接在三维空间将点阵连接成三角形网格，接着采用带权值的 Lloyd 松弛法优化点阵位置，并在优化时标记曲面的尖锐特征，使生成的网格能保持原曲面的造型。Vorsatz 等[70]提出了一种对特征敏感的网格重划方法，该方法采用全局的重组过程迭代调整网格密度和拓扑，采用一个粒子系统将节点均匀地分布在原曲面上。在粒子系统的松弛过程中加入有效机制，将节点吸引到特征边上。Borah 等[71]对特征保持的三角形网格划分进行了较为全面的总结。

曲面特征得到保持的网格能较好地表达建筑造型，而且由于结构设计的需要，部分网格节点需要按照既定的规则分布。例如，建筑曲面上某些位置将作为支承位置，需要与其他相关的结构构件位置保持一致。上述网格划分算法中采用的特征保持方法，可以为建筑网格划分提供重要的参考。但为了在网格划分时考虑某些奇怪的特征，可能导致算法的复杂度增加、鲁棒性下降。因此，在建筑网格的划分中，需要合理地根据建筑曲面的特点，平衡算法的适用范围和网格效果。

1.2.5　物理模拟的网格划分算法

通过物理类比，将复杂的节点位置优化问题转换为相对简单的质点系平衡位置求解问题，这是网格划分领域常用的一种处理手段。Persson 等[72]将网格类比为单层桁架结构，将网格点类比为杆件节点，网格实际边长与理想边长的差距大小用杆件的内力大小表达，通过寻找桁架内力平衡状态，得到最优杆长分布，提出了平面网格划分算法——拟桁架法。针对该算法，Persson[73]提出了使用背景网格和偏微分方程(partial differential equation，PDE)求解器自动生成杆长控制函数，考虑了曲面的局部特征尺寸和边界曲率，而且还对相邻网格单元的大小比例进行了限制，可以生成特征保持的非均匀而过渡自然的高质量网格。Koko 等[74]提出了一个新的网格生成器，改善了拟桁架法生成非均匀网格时鲁棒性较差和固定点的不良处理等问题，并且基于图形的近似中轴线设计了杆长控制函数，使网格的大小与图形的厚度相协调。Wang 等[75]结合映射技术，将拟桁架法用于自由曲面的网格划分，并根据曲面上特定点或线的位置、曲率大小等特征对网格大小进行了调控。

Shimada 等[76]率先提出气泡堆积法，在平面上布置适量的顶点，再以顶点作为气泡的中心，建立气泡运动系统，通过求解气泡堆积在给定图形上的平衡位置，优化节点的位置，最后采用约束 Delaunay 三角法将节点连接成三角形网格。之后，他们结合映射技术，将气泡堆积法用于参数曲面的网格划分[77]。Yamakawa 等[78]则在球形气泡的基础上引入了立方体形的气泡，拓展气泡堆积法用于生成四边形网格。类似地，Zheleznyakova 等[79, 80]提出了拟分子运动法，将网格节点类比为相互作用的带电粒子，通过求解系统的平衡状态得到节点的最优分布，再采用Delaunay 三角法得到平面网格，并结合曲面和平面间的一一映射关系得到空间网格，但随着粒子数的增加，运算速度会明显降低，并且生成的网格流畅性较差。基于映射技术的网格划分算法普遍存在映射畸变问题。王奇胜等[11]也将节点类比为弹性气泡，但不需要将节点映射到平面上，而是直接在空间上优化节点的位置，避免了映射畸变问题。

基于物理模拟的网格划分算法，将力学原理引入网格划分的过程中，通过改变类比的力学模型，可以达到各种复杂的网格划分效果。此外，虽然在网格结构的几何设计阶段力学性能并不是主要考虑的指标，但通过物理类比方法，已经在几何问题中融入了力学概念，由此生成的网格本身就是一种平衡的力学体系，往往能较好地符合结构概念设计理论，有助于后续的结构设计。若基于物理类比所构建的力学模型不合理，则无法达到预期的效果，如何根据建筑需求设计合适的力学模型仍是一个比较困难的问题。

1.2.6 建筑上的网格划分算法

建筑自由曲面网格划分是一个相对较新的研究领域。由于建筑对网格的要求较为苛刻，或者说是与其他领域的要求存在较大的区别，一些在其他领域，如有限元分析、图形渲染等常用的网格划分算法是难以适应的。建筑网格生成需要考虑的因素比较多，包括网格的均匀性、规整性和流畅性，曲面造型，边界条件，网格大小，网格走向以及后续结构的力学性能和建筑的视觉效果等。

国外对自由曲面网格结构的研究和应用起步较早。大英博物馆中庭屋盖是建成较早的自由曲面网格建筑(图 1-2(a))。为了取得理想的建筑效果，大英博物馆中庭屋盖曲面的网格划分算法经历了多轮方案的迭代，才确定了最终版本。首先，将曲面分成多个类似四边形的简单面片；然后，利用等分曲线再连线的策略，得到初步的规则网格；最后，利用动力松弛法优化网格的流畅性。为了设计一座自然生态馆的自由曲面屋盖(图 1-2(b))，Botzheim 等[81]基于 Rhinoceros 和 Grasshopper 组成的参数化设计平台，开发了一套三角形网格生成算法。Shepherd 等[82]通过一个网壳结构的网格划分算例，证明了细分曲面在建筑网格划分上的重要作用。Rörig 等[83]基于从曲面到圆柱面的离散保角映射，提出了一种新的方法，用于在圆柱形曲面上布置均匀、周期性的网格。这些方法主要针对特定建筑项目或某种类型的曲面专门设计，因此其应用范围非常狭窄。

(a) 英国大英博物馆   (b) 匈牙利布达佩斯自然生态馆

图 1-2 国外的自由曲面网格建筑

　　Winslow 等[84]提出了一种自由曲面网格结构的多目标联合优化算法，该算法可以根据荷载工况调控网格的走向，但只适用于样式规则的网格。Peng 等[85]提出了一个用来生成三角形和四边形的混合网格的方法。生成的网格拓扑规则、样式新颖，且能较好地适应边界和曲率。Pottmann 等[86]总结了以四边形、六边形等多边形单元构成的建筑结构研究进展，强调了几何设计与力学性能、制造工艺之间的相互作用，指出将形式、功能和制造结合到新颖的集成设计工具中的发展目标。

　　近些年，国内的学者也逐渐重视这一领域，并进行了一些相对深入的研究，取得了一定的研究成果。基于映射技术，李承铭等[87]采用在曲面的参数域中按照一定规则布置网格，再映射回曲面并修正网格长度的方法，设计了上海阳光谷（图 1-3(a)）。天津滨海站的建筑造型模仿贝壳的形状和纹理，杆件沿空间螺旋线交织布置，构成疏密有致的网格[88, 89]（图 1-3(b)）。这两种基于实际项目提出的方法在适用范围上都非常有限。

 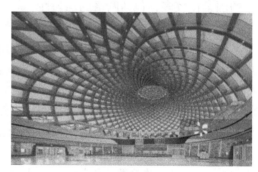

(a) 上海阳光谷　　　　　　　　　　　　　(b) 天津滨海站

图 1-3　国内的自由曲面网格建筑

　　丁慧等[90]和沈利刚等[91]分别提出了等参线分割法和等杆长划分算法，用于自由形态网壳结构的网格生成，但网格的质量依赖于曲面和参数域的映射关系。江存等[92, 93]基于映射技术提出自定义单元法生成网格，利用节点演化和黎曼度量来减少映射过程中可能出现的畸变，但难以应用于复杂曲面。危大结等[94]利用曲面近似展开的方法实现了曲面与平面的双向映射，并结合 Delaunay 三角法生成曲面网格。类似地，潘炜等[95]按照曲面展开前后面积变化尽可能小的基本原则，对自由曲面由中心逐层向外展开，再采用线推进法逐层生成平面三角形网格，最后通过映射形成曲面网格，但曲面展开的方法难以适应曲率变化大的复杂曲面和多个非均匀有理 B 样条(non-uniform rational B-spline, NURBS)曲面联合表达的复杂曲面(多重曲面)。陈礼杰等[96]通过将多重曲面重新拟合为一个 NURBS 曲面表达的拟合曲面，再用映射法和测地线法将拟合曲面划分成网格，从而实现复杂自由曲面的建筑网格划分，但对于造型复杂的曲面，重新拟合后的曲面容易出现严重的映射畸变问题。Su 等[97]基于主应力轨迹线的波前法生成曲面网格，在网格划分时结合其力学性能，但方法的适应范围有限，且网格的流畅性难以保证。Gao 等[98, 99]利用 NURBS 曲面的参数域或曲面展开的方式建立曲面与平面的映射关系，在平面域推进引导线，然后映射到曲面上，生成流畅的空间网格，但该方法比较依赖曲面与平面的映射关系，而复杂曲面难以建立良好的映射关系，容易引起网格畸变。针对复杂的多重曲面，李铁瑞等[100]提出了一种基于离散的、以均匀性为目标的网格划分算法，该算法可以处理裁剪、环面、多曲面拼接等复杂情况，具有较好的适应性，但最终形成的网格流线可能存在发散和收缩情况。

综上所述，现有的网格划分算法往往不能同时满足建筑上对网格均匀性、流畅性、适用性等方面的要求。通常需要根据建筑曲面的特点，选用合适的网格划分算法，以取得最佳的网格划分效果。

1.3　软件开发现状

网格划分算法的研究需要深入的理论探讨以及实际的代码实现，而现有的图形算法库为研究人员提供了强大的工具支持。其中，计算几何算法库（Computational Geometry Algorithms Library，CGAL）、开放图形库（Open Graphics Library，OpenGL）和 Open CASCADE（简称 OCC）等库，不仅提供了基础的图形学算法，还为网格处理算法的实现提供了丰富的函数和数据结构。这使得研究人员能够更便捷地验证和比较不同的网格划分算法的性能和效果。此外，已有的一些网格处理算法库，如 MeshLab、OpenMesh[101]和 Mesh Processing Library（简称 MPL）等，不仅包含了一系列成熟的网格处理功能，还提供了一些实用的网格划分功能。这些库的存在为研究者提供了参考和比较的基准，可以在其基础上进一步优化和拓展新的算法。在实际应用中，常见的三维建模与处理软件，如玛雅、Blender、3D Studio Max 和 Rhinoceros 等，也通常内置了一些强大的网格处理工具。这些软件不仅可以作为网格划分算法的预处理或前处理工具，还为研究者提供了直观而高效的可视化界面，有助于更好地理解和调整算法的参数，提高算法的实际可用性。

总的来说，通过利用现有的图形算法库、网格处理算法库以及主流的三维建模与处理软件，研究人员能够更好地借助已有的工具和资源，推动网格划分算法的研究和实际应用。这不仅有助于提高算法的可行性和效率，还为未来相关领域的发展奠定了坚实的基础。

1.3.1　图形算法库

市面上有一些专注于提供图形学和计算几何领域的基础数据结构和算法的开

源图形算法库，这些库通常包含各种用于处理和操作图形数据的工具，为开发人员提供几何建模、模型渲染和三维交互等任务的功能。

Geometric Tools for Computer Graphics（又称 Wild Magic）是一个涵盖数学、几何学、图形学、图像分析和物理学计算领域的源代码集合，为开发者提供了处理几何数据的强大工具。Wild Magic 以其跨平台性、开源社区支持和专注于游戏开发与图形学研究的特点，成为在这些领域中进行创新性工作的理想选择。

CGAL 不仅提供了计算几何领域所需的基础数据结构和算法，还在几何计算的多个方面取得了显著进展。例如，它支持三角剖分算法，能有效地将几何体划分为连续的三角形，为模拟和可视化提供坚实的基础。此外，CGAL 还支持 Voronoi 图的生成，包括对二维和三维空间中 Voronoi 图的计算，以及加权 Voronoi 图和分割 Voronoi 图等高级应用。在网格生成和处理方面，CGAL 提供了强大的工具，包括对网格进行简化、细分和参数化的算法，使对复杂几何结构的处理变得更加灵活和高效。

OpenGL 作为应用程序编程的接口，不仅仅是一种用于访问图形硬件设备特性的软件库，更是图形显示领域的主要工具之一[102]。它提供了一套强大的函数和接口，使开发人员能够创建高度交互且视觉上引人注目的图形应用。OpenGL 的应用涵盖了游戏开发、科学可视化、虚拟现实等多个领域。

Vulkan 是由科纳斯组织（Khronos Group）制定的高性能图形和计算应用程序接口（application programming interface，API），相较于 OpenGL 更底层，其具有更基础性的特点。它减少了驱动程序开销，支持更好的多线程效能，显式内存控制，并适用于需要极致性能和直接硬件控制的场景，是现代图形渲染和计算的强大选择。

OCC 作为计算机辅助设计（computer-aided design，CAD）软件的基础平台，扮演着关键的角色。OCC 对象库提供了丰富的 C++类库，专注于二维和三维几何建模应用程序的开发，包括通用或专业的 CAD 系统，其中提供了强大的工具，涉及二维和三维几何造型建模、图形用户界面（graphical user interface，GUI）框架、图形格式文件的输入和输出功能等。OCC 的灵活性和可扩展性使其在学术界得到广泛应用，并在 CAD 领域为软件开发者提供了坚实的基础。

借助这些开源的图形算法库，开发人员可以更轻松地处理和分析复杂的几何数据，创建出视觉上令人印象深刻的图形效果。例如，张渊[103]开发了一个虚拟三维建模平台，董显法[104]则搭建了曲面的有限元网格生成平台。

1.3.2　网格处理算法库

在网格处理算法库领域，MeshLab、OpenMesh、OpenFlipper 和 MPL 都是备受推崇的工具。

MeshLab 作为一个开源的 C++处理框架,专注于三角形网格的处理和可视化。它提供了丰富的数据结构和算法,包括曲面重建、编辑、修复和光顺等。MeshLab 在学术界广泛应用,为研究人员提供了展示和处理三维网格数据的重要工具和框架。

OpenMesh 是一款采用 C++语言编写的通用且高效的网格处理算法库,其提供了一系列功能强大的算法,涵盖了网格处理的多个方面。而基于 OpenMesh 的架构,OpenFlipper 进一步构建了一个强大的网格处理框架,其在学术界取得了一定的应用。这个组合不仅提供了高效的基础网格处理功能,还为开发者提供了可扩展性和灵活性。

MPL 是另一个备受瞩目的网格处理算法库,它提供了丰富的算法,包括从网格简化、滤波、分割到参数化等多个方面的处理。MPL 的设计目标是为开发者提供灵活而高效的工具,以处理各种三维网格数据。MPL 的功能和设计使其成为学术界和工业界网格处理任务的理想选择,为研究和应用提供了全面的支持。

这些网格处理算法库的综合使用使得在处理和分析三维网格数据时,开发者能够根据具体需求选择适用于其任务的工具,从而提高开发效率和算法的实用性。无论是在学术研究还是在工业应用中,这些网格处理算法库都发挥着关键作用,推动着网格处理算法的不断发展。

1.3.3 三维建模与处理软件

市面上不乏专业的三维建模软件,如 SolidWorks、Blender、玛雅等。其中,建筑领域比较常用的有 3D Studio Max、Sketchup 和 Rhinoceros 等。

3D Studio Max 是一个三维建模、动画、渲染的制作软件,是目前应用最为广泛的商用三维建模软件之一,常用于建筑模型、工业模型、室内设计等行业。除了软件本身强大的功能,3D Studio Max 还有着非常丰富的插件群,基本上能满足一般的三维建模需求。

Sketchup 是一套直接面向设计方案创作过程的三维建模软件。它画面简洁、操作简单,有着庞大的三维模型资源库,在建筑、园林、工业设计等领域有着广泛的应用。

Rhinoceros 是一个三维建模软件,其设计和创建三维模型的能力非常强大,特别是在创建 NURBS 曲线、曲面方面。Rhinoceros 拥有丰富的用于辅助建筑设计的专业插件,其中一款名为 Grasshopper 的可视化节点式编程插件尤其优秀。Grasshopper 为设计人员提供了简单、可视化的操作界面,使其能轻松地将基础几何命令组织成高级的参数化建模功能。Grasshopper 降低了运用算法进行复杂的、逻辑性的几何设计的技术门槛,成为当今最热门的参数化设计工具之一。目前 Rhinoceros 在建筑设计行业得到了广泛的应用,尤其是在参数化设计领域[105]。基于 Rhinoceros 和 Grasshopper 的组合，姜涛等[106]实现了一种自由曲面网壳结构的菱形网格划分算法。

　　除了面向设计人员的可视化编程功能，Grasshopper 还具有很高的开放性，允许用户利用高级语言调用 Rhinoceros 内部的几何算法，进行各种自定义功能插件的开发。Grasshopper 内部提供了.NET 框架下 C#、Python 等高级语言的编程运算器(一个简单的集成开发环境)，使用户可以直接在 Grasshopper 上编写出自定义运算器。此外，也可以在 Visual Studio(Microsoft 开发的高级集成开发环境)上编写完整的用于生成自定义运算器的程序。这两者开发的自定义运算器都可以用作 Grasshopper 的插件。基于 Rhinoceros 和 Grasshopper 的自定义插件开发，将是本书后续提出的网格划分算法的实现方式之一。

第 2 章　几 何 基 础

2.1　引　　言

几何原理在建筑设计中扮演着重要角色。从最初的曲面找形阶段到实际施工阶段，几何原理的应用无处不在。计算几何和计算机辅助技术的发展也为复杂形状的分析、设计和制造提供了多种辅助工具。而建筑几何是目前出现在应用几何和建筑学之间的新兴领域。现代建筑的发展，尤其是新兴的自由曲面网格建筑，给建筑几何的研究带来了新的挑战[107]。其中，自由曲面的网格划分问题就是当下的一个研究热点和难点。

在正式介绍网格划分算法之前，先对相关的几何学原理进行介绍。作为主要研究对象，曲线、曲面、网格等在计算机上的表达方式是重要的理论基础之一。程序内的信息存储、程序间的信息传递都离不开统一的几何表示的标准。点集的 Voronoi 图及 Delaunay 三角剖分，曲面上曲线的拟合、划分及调整等，这些几何算法将会在以后介绍的多个网格划分算法中用到，统一在本章进行一个较为全面的介绍。在网格划分算法中，还需要利用更多的基础几何处理算法对几何对象进行处理，如曲面的参数化重建、曲线的延伸、点在多边形内外的判断以及多个几何体间的布尔运算等。这些基础算法通常可以利用现成的可供调用的算法库实现，无需自行编写，其原理可以参考计算几何方面的书籍[108-110]，这里不再赘述。

为此，本章将从自由曲面的表示方法和常用的几何处理算法两个方面展开介绍。

2.2　几 何 表 示

顶点、曲线、曲面是基本的几何对象，而几何算法就是针对这些对象的一系列操作。从一个较高的层面看，曲面的表示方法主要有隐式表示和参数表示。隐式表示的曲面采用等于 0 的标量函数，如球面 $S = \left\{ x^2 + y^2 + z^2 - 1 = 0 \right\}$。对于一个给定曲面 S，其对应的隐式函数 F 是不唯一的，其中最常用的是带符号的距离函数[111]。参数表示的曲面是指通过一个参数化的矢量函数将二维参数域映射到三维空间中的曲面[112]。参数表示主要包括 NURBS 表示、离散表示和细分表示等[113]。NURBS 表示采用双变量分段有理矢值函数表示曲面，而离散表示是指用大量小面片组成的多面体近似表示自由曲面的方法，可以由每个面片基于重心的参数化导出一个全局的参数化。

曲面的两种表示方法都有其特定的优点和缺点。隐式表示的代数复杂性与形状复杂性无关，而参数表示的曲面参数域通常必须具有与曲面本身相同的结构，因此建立一个合适的曲面参数化函数可能会比较困难。参数表示的曲面拓扑可以被明确地控制，而在隐式表示中，曲面拓扑可以在变形期间意外地改变。隐式表示可以将距离查询或点在曲面内外的判断简化为功能评估，但难以解决曲面上两点之间的测地线邻域关系[114]。将参数表示和隐式表示结合起来可以在一定程度上有效地利用彼此的优点，例如，本书第 8 章采用了带符号的距离函数和参数映射相结合的方法表示曲面。

但就曲面网格划分问题来说，涉及较多曲面上的三维问题求解，如节点布置、节点的测地线相邻点等，更适合采用参数表示的曲面。参数曲面可以将许多复杂的三维问题转换为相对简单的二维问题进行求解，如在曲面的参数域中布置点阵和寻找某顶点的相邻顶点等。此外，参数表示中的 NURBS 表示和离散表示是目前工业界主流的曲面表示方法。因此，本书主要采用参数表示中的这两种方法表示曲面。

2.2.1 NURBS 表示

NURBS 广泛应用于计算机辅助技术的形状表示、设计和数据交换[115, 116]。许多图形文件标准都将 NURBS 作为数据存储的一个标准，如初始图形交换规范 (initial graphics exchange specification，IGES)[117, 118]、产品模型数据交互规范等[119, 120]。总的来说，NURBS 可以表示复杂的自由曲面，容易进行局部修改，能保证曲面上任意点的位置精度，具有数值稳定性，且占用空间小、计算速度快，能满足一般交互需求。此外，一些基于 NURBS 技术开发的三维建模软件，如 Rhinoceros，为设计师提供了一个功能强大的建模工具。在工业界，自由曲面空间结构中的曲面模型大多基于 NURBS 技术建立。

数学上，一条 p 次 NURBS 曲线定义为

$$C(u) = \frac{\sum_{i=0}^{n} N_{i,p}(u) w_i P_i}{\sum_{i=0}^{n} N_{i,p}(u) w_i} \quad , \quad a \leqslant u \leqslant b \tag{2-1}$$

式中，u 为参数；$P_i = (x_i, y_i, z_i)$，为控制点；w_i 为权重值；n 为控制点数目；$N_{i,p}(u)$ 为 p 次 B 样条基函数，定义在以下节点上：

$$U = \{u_i\}_{i=0}^{r} = \{\underbrace{a,\cdots,a}_{p+1},u_{p+1},\cdots,u_{r-p-1},\underbrace{b,\cdots,b}_{p+1}\} \tag{2-2}$$

式中，r 为节点数目，且 $r = n+p+1$。第 i 个 p 次 B 样条基函数 $N_{i,p}(u)$ 由 Cox-de Boor 递推公式计算，即

$$N_{i,0}(u) = \begin{cases} 1, & u_i \leqslant u \leqslant u_{i+1} \\ 0, & \text{其他} \end{cases} \tag{2-3}$$

$$N_{i,k}(u) = \frac{u - u_i}{u_{i+k} - u_i} N_{i,k-1}(u) + \frac{u_{i+k+1} - u}{u_{i+k+1} - u_{i+1}} N_{i+1,k-1}(u) \tag{2-4}$$

式中，$k = 1, 2, \cdots, p$；$i = 0, 1, \cdots, r-1$；假定 0/0=0。

图 2-1 给出了一个由 4 个控制点构成的 3 次 NURBS 曲线。图中空间域采用 x-y-z 坐标系，参数域采用 u-v 坐标系。

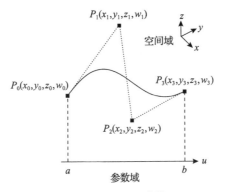

图 2-1　NURBS 曲线

NURBS 曲面定义为在 u 方向 p 次、v 方向 q 次的双变量分段有理矢值函数，即

$$S(u,v) = \frac{\displaystyle\sum_{i=0}^{n}\sum_{j=0}^{m} N_{i,p}(u)N_{j,q}(v)w_{i,j}P_{i,j}}{\displaystyle\sum_{i=0}^{n}\sum_{j=0}^{m} N_{i,p}(u)N_{j,q}(v)w_{i,j}}, \quad a \leqslant u \leqslant b, c \leqslant v \leqslant d \tag{2-5}$$

式中，$P_{i,j}$ 为两个方向上的控制网点；$w_{i,j}$ 为权值；$N_{i,p}(u)$ 和 $N_{j,q}(v)$ 分别为节点向量 U 和 V 上的 B 样条基函数，采用式(2-3)和式(2-4)计算，且

$$\begin{cases} U = \{\underbrace{a,\cdots,a}_{p+1},u_{p+1},\cdots,u_{r-p-1},\underbrace{b,\cdots,b}_{p+1}\} \\ V = \{\underbrace{c,\cdots,c}_{q+1},v_{q+1},\cdots,v_{s-q-1},\underbrace{d,\cdots,d}_{q+1}\} \end{cases} \tag{2-6}$$

式中，$r=n+p+1$；$s=m+q+1$。

通过移动控制点或改变权值的方法，可以局部调整 NURBS 曲面的形状。在控制点数量足够多的情况下，NURBS 曲面可以调整成任意的曲面造型。曲面和参数域的映射关系为曲面的网格划分提供了便利。图 2-2 给出了一张有着 20 个控制点的曲面 $S(x,y,z)$，并且曲面 $S(x,y,z)$ 的 u-v 参数域正好与其在 x-y 平面上的投影重合。造型完全相同的曲面可以有着不同的参数域。通过曲面重建可以改变曲面的参数域及其与曲面的映射关系。一个合适的映射关系对基于映射技术的网格划分算法有着重要的意义。

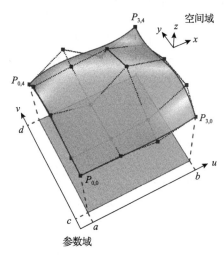

图 2-2　$p=3$ 且 $q=3$ 的 NURBS 曲面

由前面介绍可知，NURBS 曲线是关于单个参数（为了避免与曲面 p 方向上的参数 u 产生歧义，记曲线的参数为 t）的函数表达式 $C(t)$，而 NURBS 曲面是关于双参数 u-v 的函数表达式 $S(u,v)$。曲面上的曲线也是非常重要的概念，一般由 NURBS 曲面和其参数域内的平面曲线联合表示，表达式为

$$\begin{cases} B(t)=(u(t),v(t)) \\ S(u,v)=(x,y,z) \end{cases} \tag{2-7}$$

式中，$S(u,v)$ 为在 x-y-z 坐标系上关于参数 u、v 的 NURBS 曲面；$B(t)$ 为在 u-v 坐标系上关于参数 t 的 NURBS 曲线。则该曲线上任意点的空间坐标为

$$P(t)=S(B(t))=S(u(t),v(t))=(x(u(t),v(t)),y(u(t),v(t)),z(u(t),v(t))) \tag{2-8}$$

式中，$P(t)$ 为在 x-y-z 坐标系上关于参数 t 的函数。在这样的表示下，曲线上的每一个点都精确地落在曲面上，如图 2-3 所示。

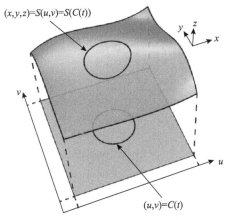

图 2-3 NURBS 曲面上的曲线

在网格生成过程中,NURBS 曲面的映射关系和曲面上曲线的联合表示方式便于将部分复杂的三维几何运算(如曲线求交等)转换为相对简单的平面运算和双向映射运算。

为了更方便地表达复杂边界,需要裁剪曲面。裁剪曲面由完整曲面和一条或多条在曲面上用来裁剪曲面的曲线(即裁剪曲线)表达。用两条封闭曲线对图 2-2 中的曲面进行裁剪,得到的裁剪曲面如图 2-4 所示。

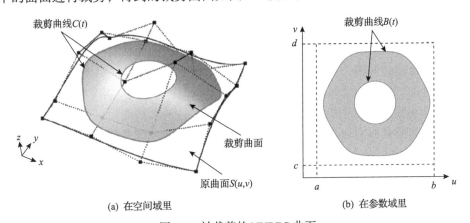

(a) 在空间域里   (b) 在参数域里

图 2-4 被裁剪的 NURBS 曲面

然而,造型复杂的建筑表面难以用单个 NURBS 曲面(称为单重曲面)表达,通常由多个完整的或裁剪的 NURBS 曲面联合表示,称为多重曲面。多重曲面有着多于一个的子曲面,并且各个子曲面有着独立的映射关系。图 2-5 给出了一个由 4 个子曲面组成的多重曲面。在多重曲面中,子曲面的边界线中组成多重曲面边界的部分称为裸露边界线,而其余为内部边界线。

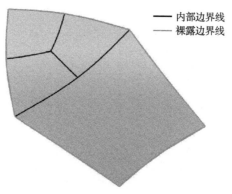

图 2-5 多重曲面

2.2.2 离散表示

另一种常见的曲线、曲面表示方法为离散表示法，其主要思想是将复杂的图形分成大量的小单元，由简单图形表示。对于曲线，将其分成许多小段，每一小段采用简单的低阶方程近似表示，如线段、二次方程、三次方程等，其中最常用的是直线段，因此也称为多段线表示法。类似地，对于曲面，将其分成大量的小面片，每一个小面片采用简单的曲面方程近似表示，如平面、抛物面、球面等，其中最常用的是三角形面片，因此也称为网格表示法。也就是说，三角形网格是最常用的曲面离散表示形式。

自由曲面网格划分的本质就是将 NURBS 表达的曲面或者网格表达的曲面，转变为更合适的网格，前者通常称为曲面离散化或网格划分，后者通常称为网格重划。

图 2-6 给出了一个由三角形和四边形混合表达的网格曲面。在网格上，落在边界线上的节点称为边界点，其余节点为内部点。两个端点都在边界点的网格边

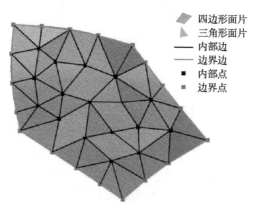

图 2-6 离散表示的网格曲面

为边界边，其余的网格边为内部边。

2.2.3 表示方式的转换

目前，NURBS 方法和离散表示法两种曲面表示方式都是三维模型描述的标准，在商用的三维软件领域占据了绝对的主流。大型三维建模软件均具备对这两种模型格式的支持。但某些算法可能仅适用于特定形式的曲面，曲面表示形式间的转换也是非常有必要的。利用建模软件中以误差控制为目标的网格划分功能，单个曲面可以很方便地离散化为网格曲面。通过将各个网格面片逐个转换为 NURBS 曲面的方式，也可以很便捷地将网格曲面转换成多重曲面。但这种面数众多的多重曲面通常不如网格曲面简单高效，因此很少使用这种转换方式。将多重曲面或网格曲面重新拟合成单个 NURBS 曲面或者子曲面个数明显减少的多重曲面，也是非常有意义的。通过曲面拟合可以将一些仅适用于单重曲面的网格划分算法用于复杂多重曲面。例如，陈礼杰等[96]提出了一种将复杂曲面拟合成单个 NURBS 曲面的方法，并结合映射法用于生成流畅的网格。但对于造型各异的曲面，现有的曲面拟合方法难以保证拟合效果，可能会导致明显的映射畸变。

NURBS 方法虽然功能强大，但也有一定的局限性。当曲面造型极端复杂时，用 NURBS 方法是难以建模的，即便采用了 NURBS 方法，建模时仍需将原模型分成多个小曲面，导致后续算法应用困难。离散表示法则对曲面的复杂程度不敏感，可以表示任何造型的曲面，而且算法适应性好、通用性好，具有一定的优势。但是离散表示法也存在精度有限、不易于建模等缺点。若曲面复杂且对精度要求极高，则需要将曲面离散为数量巨大的三角形面片，这会导致关联算法的计算代价明显上升。在实际应用场景中，尽管建筑曲面的尺度很大，但造型通常不会过于复杂，曲面相对平滑顺畅，在满足精度要求下所需的三角形面片数量较为有限，因此曲面的离散表示在多数场景下也能满足建筑设计的需求。

总的来说，两种曲面表示方式各有优劣。但在建筑设计领域，自由曲面模型通常都是采用精确度高、占用空间量小、易调整的 NURBS 进行建模。因此，本书算例中的曲面模型大多是由 NURBS 表达的。但是建筑师有时也会采用网格曲面建模，或者通过激光扫描仪扫描实体模型得到网格曲面。因此，建筑曲面的网格划分算法最好能同时适用于多种方式表达的曲面。

2.3 几 何 算 法

NURBS 曲面的曲率计算、延伸、分割、重建等可以参考文献[121]。网格曲面的离散曲率计算、简化、细分等可以参考文献[112]。其他一些基本的几何算法可以参考计算几何相关书籍[108-110]。下面将主要介绍与本书较为相关的一些几何原理，包括 Voronoi 图及 Delaunay 三角剖分、曲面上曲线的拟合及曲线划分、曲面上曲线的调整。

2.3.1 Voronoi 图及 Delaunay 三角剖分

早在 1850 年和 1908 年，Dirichlet 及 Voronoi 就分别在其论文中讨论过 Voronoi 图的概念。数学上，给定平面上由 n 个点组成的点集 $P = \{ p_1, p_2, \cdots, p_n \}$，比其他点更接近 p_i 的区域是 n–1 个半平面的交，称为与 p_i 关联的 Voronoi 多边形。对于点集 P 中的每一点都关联一个 Voronoi 多边形，而由 n 个 Voronoi 多边形组成的图即为 Voronoi 图[122, 123]。Voronoi 多边形的每条边是点集 P 中某两点连线的垂直平分线，所有由这样两点的连线构成的图称为 Voronoi 图的对偶图。该对偶图实际上是点集 P 的一种三角剖分，即 Delaunay 三角剖分。构造 Voronoi 图的算法有很多，如半平面的交、平面扫描法、分治法等[124]。常用的 Delaunay 三角剖分实现算法有 Lawson 算法[47]、Bowyer-Watson 算法[125, 126]、Choi 算法[127]等。

Delaunay 三角剖分常用来将平面点集连接成三角形网格。重心 Voronoi 图（CVT）法可以使节点的分布变得更加均匀，常用来生成高质量的网格（参见 1.2.3 节）。

在曲面 S 上给定点集 P，用曲面 S 上不相交的曲线连接 P 中的点，并且由曲线构成的网格均为曲面上的三角形，这就是曲面点集的三角剖分问题。本书将在第 13 章介绍一种基于 Delaunay 剖分思想的曲面点集的三角剖分方法。

2.3.2 曲面上曲线的拟合及曲线划分

曲面上曲线的拟合方法是先依次选定曲面上的若干点，将其映射到参数域内，得到平面内的点阵。在平面内采用插值法拟合一条经过这些点的 NURBS 曲线，再将这条曲线映射到曲面上，得到一条曲面上的曲线。其运算逻辑为 $P(x,y,z) \rightarrow P(u,v) \rightarrow C(t) \rightarrow C(u,v) \rightarrow C(x,y,z)$，其中 $P(x,y,z)$ 和 $P(u,v)$ 是选定的点阵分别在曲面上的空间坐标和在参数域上的平面坐标，$C(t)$、$C(u,v)$ 和 $C(x,y,z)$ 都表示由选定点阵拟合得到的曲线，分别是关于参数 t、平面坐标 (u,v) 和空间坐标 (x,y,z) 的函数。

1）曲线的等长划分

给定分段数或长度，对曲线进行等长划分，是重要的几何操作。最终的分段结果与所采用的等长原则有关，具体如下：

（1）除最后一段长度可能明显小于给定长度外，其余分段长度相等且等于给定长度（定长），或者所有分段长度相等且接近给定长度（均长）。

（2）长度的取值分为弧长（曲线段长度）和弦长（空间距离）。

根据等长原则，等长划分可以分为定弧划分、定弦划分、均弧划分和均弦划分。图 2-7 给出了一条曲线按四种等长原则的划分。

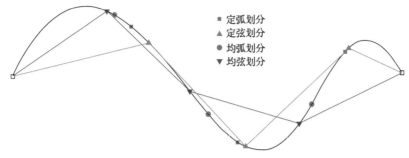

图 2-7　曲线的等长划分示意图

2) 按相对位置分段

已知各分段点在曲线上的分位值（从起点到该点的长度占曲线总长的比例）w，则第 i 段曲线的长度 l_i 为

$$l_i = L(w_{i+1} - w_i) \tag{2-9}$$

式中，L 为曲线总长度；w_i 为第 i 个分段点的分位值。由各段的长度可求得各分段点的实际位置，进而实现曲线按相对位置的分段。

3) 包含固定点的曲线等分

为了将有 c 个固定分段点（不含曲线端点）的曲线划分为 g 个分段（$c \leqslant g+1$），首先用 c 个固定分段点将曲线划分为 $c+1$ 个初始段；然后逐一将 $g-(c+1)$ 个自由点插入细分长度 s 最大的初始段中，其中 $s_i = l_i / (k_i + 1)$，而 l_i、s_i 和 k_i 分别为第 i 个初始段的长度、细分长度和已插入的自由点数；最后将每个分段按各自插入的自由点数 k 进一步等分为 $k+1$ 段。

4) 等比划分

等比划分是将曲线按给定段数划分成长度呈比例变化的分段。根据式 (2-10) 和式 (2-11)，可知各分段的长度占比 e_i，再按相对位置划分曲线，进而实现曲线的等比划分。

$$L = \frac{a_1(1 - r^n)}{1 - r} \tag{2-10}$$

$$e_i = \frac{a_i}{L} = \frac{(1 - r)r^{i-1}}{1 - r^n} \tag{2-11}$$

式中，a_i 为第 i 段长度；r 为比例系数。

图 2-8、图 2-9 分别给出了给定段数的曲

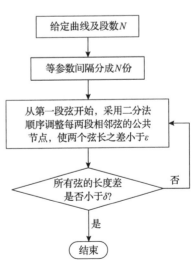

图 2-8　给定段数的曲线分段流程图

线分段流程图和给定长度的曲线分段流程图。

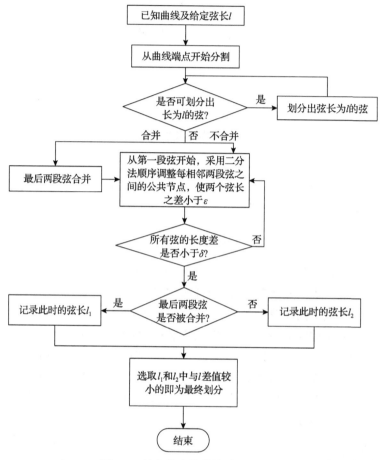

图 2-9　给定长度的曲线分段流程图

2.3.3　曲面上曲线的调整

曲面上曲线的调整需要保证调整后的曲线仍然位于曲面上，具体方法如下：首先将曲线分成 n 段，得到 $n+1$ 个分段点；再移动其中一个分段点 p 到新的位置，如果点 p 不在曲面上，则需要将其投影到曲面上；最后采用曲面上曲线的拟合及曲线划分的方法，将调整后的分段点按照原顺序重新拟合为一条新的曲面上的曲线，即为调整后的曲线。

由于曲面上的曲线调整通常由用户交互地进行修改，点 p 新位置的确定需要采用一定的交互设计。对于图形桌面系统，当鼠标在屏幕上移动时，可以构造一条从鼠标点位置垂直屏幕向内的射线。以该射线与曲面的交点作为点 p 的新位置，其余步骤不变，实现曲面上曲线的交互调整。

　　曲线微调也可以在参数域中进行操作，通过增加控制点的方式，将原来参数域中连接的直线转变为 NURBS 曲线，通过改变偏移值的大小来控制曲线微调的幅度，最终微调后的线条映射回空间曲面中，微调效果得以呈现。

　　只增加 1 个控制点，用于简便快速地粗调；增加 3 个控制点，用于精确地细调。

　　(1)增加 1 个控制点。除了参数域边界的 2 个节点，在中间 1/2 处再增加 1 个控制点，如图 2-10(a)所示。中间的控制点可以上下偏移，偏移量 d 越大，曲线的微调程度越大；偏移量 d 取异号，曲线将朝对侧的方向弯曲。

　　如此，定义这条曲线的控制点个数为 3，首尾两个控制点是固定的，中间一个控制点的位置由 d 的大小决定；同时，定义这条曲线的次数 p 为 2；因而节点矢量可以设置如下：

$$U = \{0,0,0,1,1,1\} \tag{2-12}$$

　　最后，将参数域中微调后的曲线映射回空间曲面中，在曲面上呈现出微调的效果，如图 2-10(b)所示。若调整程度不够，可以继续增大 d 的值；若调整程度过大，可以适当减小 d 的值。这是一个灵活交互的过程，直到获得满意的曲面上的曲线。

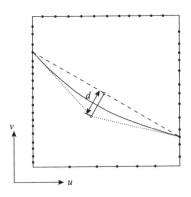
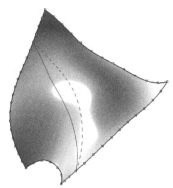

(a) 参数域中增加1个控制点的微调　　　　　　(b) 微调后的曲面上的曲线

图 2-10　增加 1 个控制点的微调曲线

　　(2)增加 3 个控制点。除了参数域边界的 2 个节点，在两点之间 1/4、1/2、3/4 处各增加 1 个控制点，如图 2-11(a)所示。中间的 3 个控制点可以上下偏移，偏移量 d_i (i=1, 2, 3)越大，曲线的微调程度越大。

　　如此，定义这条曲线的控制点个数为 5，首尾 2 个控制点是固定的，中间 3 个控制点的位置由 d_i (i=1, 2, 3)的大小决定；同时，定义这条曲线的次数 p 为 3；因而节点矢量可以设置如下：

$$U = \{0,0,0,0,1/2,1,1,1,1\} \tag{2-13}$$

最后，将参数域中微调后的曲线映射回空间曲面中，在曲面上呈现出微调的效果，如图 2-11(b) 所示。若调整程度不够，可以继续增大 d_i (i=1, 2, 3) 的值；若调整程度过大，可以适当减小 d_i (i=1, 2, 3) 的值。

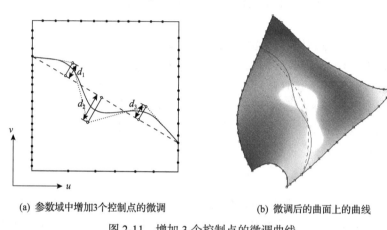

　　(a) 参数域中增加3个控制点的微调　　　　　　(b) 微调后的曲面上的曲线

图 2-11　增加 3 个控制点的微调曲线

不难看出，相比于只增加 1 个控制点，增加 3 个控制点的方式更灵活，也更精细，能够实现在原曲线两侧同时穿过，而且具有更好的局部调整能力。例如，有时只需要调整 1 条曲线中的一小部分，对另外部分不进行调整，这时增加 3 个控制点的方式能够实现这一需求，而只增加 1 个控制点的方式不能实现。然而，操作时间的问题也会随之而来，控制点个数越多，交互操作的时间也就越长。因此，若是简单快速地粗调，可选择只增加 1 个控制点；若是要求较高，需要精细调整，则选择增加多个控制点。

（3）曲线微调的示例。以图 2-10(b) 的曲面为例，采用增加控制点的方式来微调曲线，调整效果如图 2-12 所示。图 2-12(a) 是曲面上的原始曲线，可以看出

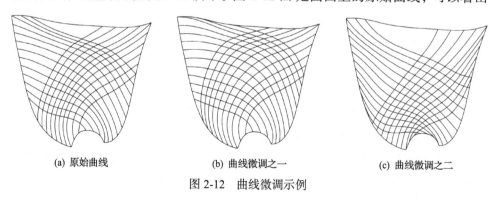

　　(a) 原始曲线　　　　　　　(b) 曲线微调之一　　　　　　　(c) 曲线微调之二

图 2-12　曲线微调示例

部分相邻曲线之间的间隔略微偏小；图 2-12(b)曲面上的曲线整体向上方微调；图 2-12(c)曲面上的曲线整体向下方微调。因此，适当微调曲面上的曲线会带来更多的选择和更佳的视觉效果，线条更流畅、网格更均匀、设计意图更好实现。

2.3.4 曲面调整方法

在一些情况下，建筑师出于建模方便，创建的曲面模型会不适合计算，此时的曲面需要在保持形状不变、不影响网格划分结果的情况下进行调整。这里给出一个不是完全自动化的曲面调整操作算法，而是根据实际算例情况选择合适的方法进行调整。其基本思路如下：

典型算例，如大英博物馆大中庭屋顶，如图 2-13(a)所示，该曲面实际上是一个裁剪曲面，取消裁剪后，其完整曲面如图 2-13(b)所示。由于 Williams 教授在创建该曲面的几何模型时，采用了一些复杂的数学公式，以获得满意的几何形状，该曲面的中心存在一个尖锐的下降。一些算法很难在这样一个有着剧烈变化的曲面上实施。

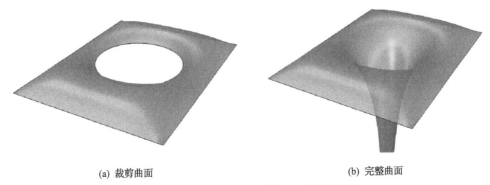

(a) 裁剪曲面　　　　　　　　　　　　　　(b) 完整曲面

图 2-13 大英博物馆大中庭屋顶原始曲面

裁剪边界之外剧烈变化的曲面对最终网格划分结果并没有影响，因此可以调整为边界内曲面基本不变，并消除边界外尖端的曲面。在这一需求下，类似曲线调整的方法，移动曲面点并拟合生成新曲面的算法并不合适。因为全局插值算法不具有局部修改性，一个插值点的移动会导致整个曲面的变化，尽管随着距离的增大变化幅度会减小。而局部插值算法能满足局部修改的需求，但其光顺性难以保证。建筑曲面也罕有剧烈转角等情形，局部插值算法的优势在于可以处理转角。而逼近算法同样会给曲面形状带来改变，且计算复杂，因此亦不予以采用。

NURBS 曲面的形状由控制点、权重值和节点向量唯一确定，修改以上三个量中的任何一个都可以改变曲面的形状。其中，修改权重值不够直观，缺乏经验的用户难以把握调整后的曲面形状。修改节点向量，在数学和几何上没有合适的解释，用户更难以把握。修改控制点是一个不错的选择，且修改控制点满足局部修改性[128]。这里选择通过移动控制点来局部修改 NURBS 曲面的形状。

原曲面的控制点分布如图 2-14(a) 所示。整体控制点分布较为均匀，中央部分控制点剧烈下降，这里采用调整控制点的方式调整曲面。由于曲面外边界较为规整，中央下降部分控制点的 x、y 值可与其余部分对齐。z 值被适当抬高至某一高度，新的控制点分布及调整后的曲面如图 2-14(b) 所示。曲面经过类似的调整，既方便了计算、扩大了可应用算法的范围，又保持了曲面的形状，对网格生成结果不产生影响。需要指出的是，该调整方法并不唯一。具体划分结果见第 10 章。

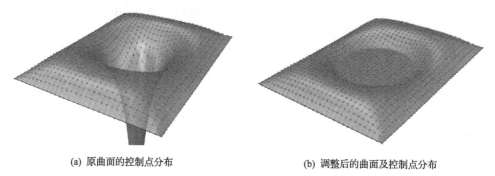

(a) 原曲面的控制点分布　　　　　　　　　(b) 调整后的曲面及控制点分布

图 2-14　大英博物馆大中庭屋顶曲面调整

总体的调整原则是，在保持原曲面形状不变的情况下，消除不利因素。但是，该步骤并没有自动化的计算方法，需要操作者根据具体情况进行调整。

2.4　本 章 小 结

本章介绍了自由曲线、曲面的表示方法和重要的几何算法，为后续研究提供理论基础。

重点介绍了曲面的 NURBS 表示方法和网格表示方法。NURBS 曲面是基于矩形参数域的参数曲面，其形状由控制点、权重值、节点向量唯一确定，可以很容易地将 NURBS 曲面转换为网格曲面，但将多重曲面或者网格曲面转换成 NURBS 曲面相对困难。介绍了 Voronoi 图及 Delaunay 三角剖分的概念以及构造方法，这将是在后续提出的网格划分理论的基础或重要组成部分。介绍了曲面上曲线的拟合方法、多种曲线划分方法以及曲面上的曲线调整方法。这些都是重要的几何算法，将运用在后续网格划分算法中。

第 3 章　基于映射和推进的单曲面建筑网格划分

3.1　映射法生成网格

3.1.1　参数域连线并映射

在应用 2.3.2 节中曲线分段方法对曲面的边界曲线分段之后(图 3-1(a)),将边界上的节点反向映射回参数域中(图 3-1(b))。这里以图 3-1(a)所示的曲面为例,四条边界按照逆时针方向依次等分为 6、14、12、20 段,不难看出,在曲面边界上均匀分布的节点,反向映射回参数域边界上变成了不均匀分布,此现象是由参

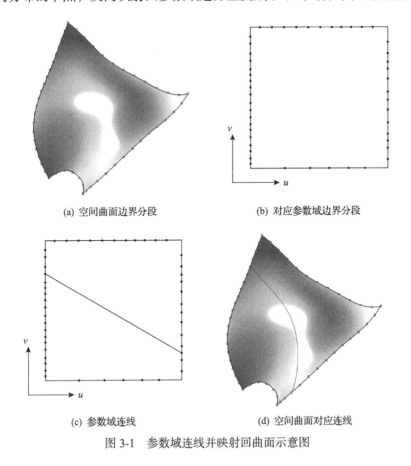

(a) 空间曲面边界分段　　　　　　　(b) 对应参数域边界分段

(c) 参数域连线　　　　　　　(d) 空间曲面对应连线

图 3-1　参数域连线并映射回曲面示意图

数化不均匀导致的。随后，便可以按照设计人员的意图，根据希望的某个方向，在参数域边界的两个点之间连成直线(图 3-1(c))，最后将参数域连线映射到空间曲面上，就能得到所需求的线条(图 3-1(d))。

同样的方法，可以在参数域中连接多条直线，并映射回空间曲面上，如图 3-2 所示。最终，可以将整个曲面填满。通过这种途径来生成曲面上的曲线，有如下优点：①能随意选择连线方向，更好地契合设计师的想法；②曲线非常光滑流畅，从而为后续网格的光顺性要求提供了保障；③曲线与曲线之间的基本间隔比较均匀，即使某处差强人意，也能够通过曲线调整方法进行改善。

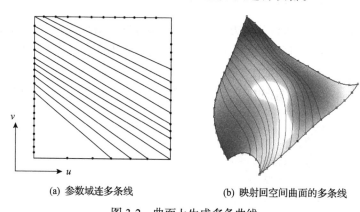

(a) 参数域连多条线　　　　　　　(b) 映射回空间曲面的多条线

图 3-2　曲面上生成多条曲线

3.1.2　算例分析

1. 算例 1——莫比乌斯环

图 3-3 为一个莫比乌斯环曲面，采用映射法生成的网格如图 3-4 所示。

图 3-3　莫比乌斯环

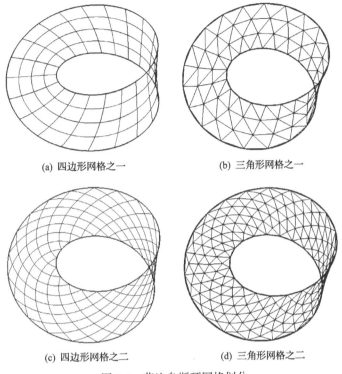

(a) 四边形网格之一   (b) 三角形网格之一

(c) 四边形网格之二   (d) 三角形网格之二

图 3-4 莫比乌斯环网格划分

2. 算例 2——叶片

如图 3-5 所示,叶片形也是建筑设计中常见的曲面形状。图 3-6 为建模的一个类似叶片形状的曲面,其采用映射法生成的网格如图 3-7 所示。

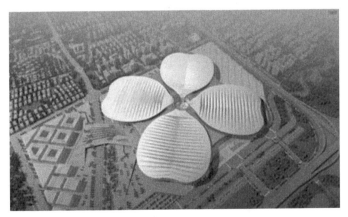

图 3-5 形如叶片的国家会展中心(上海)

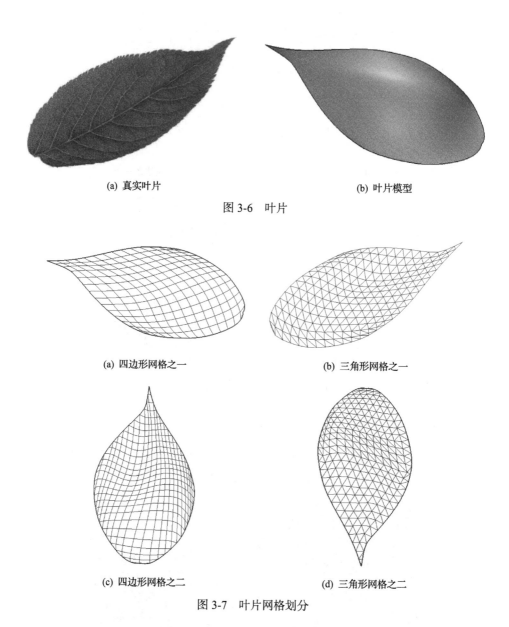

(a) 真实叶片　　　　　　　　　　　　(b) 叶片模型

图 3-6　叶片

(a) 四边形网格之一　　　　　　　　　　(b) 三角形网格之一

(c) 四边形网格之二　　　　　　　　　　(d) 三角形网格之二

图 3-7　叶片网格划分

3. 算例 3——武汉站曲面

图 3-8 为武汉站曲面模型,其采用映射法生成的网格如图 3-9 所示。

(a) 武汉站

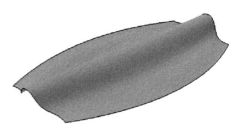

(b) 武汉站曲面模型

图 3-8　武汉站及其曲面模型

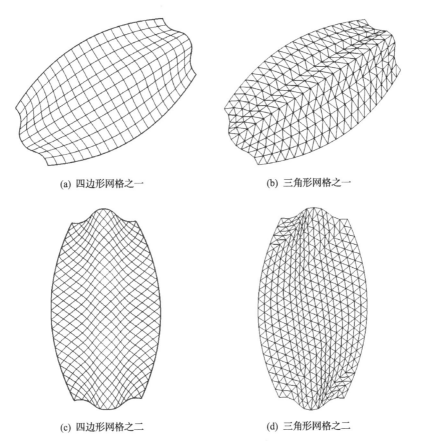

(a) 四边形网格之一

(b) 三角形网格之一

(c) 四边形网格之二

(d) 三角形网格之二

图 3-9　武汉站网格划分

4. 算例 4——上海世博轴阳光谷

以上海世博轴阳光谷为例,此建筑的网格划分方案是由上海现代建筑设计(集团)有限公司的李承铭等[87]提出的,首先在平面上手绘网格,再投影到曲面上,最后加以优化。下面采用本章提出的方法进行网格划分。图 3-10 为参照上海世博轴阳光谷形状建模的曲面。

图 3-10　上海世博轴阳光谷曲面(局部)

3.2　映射推进法

鉴于上述讨论，映射法能够在曲面上生成较流畅的曲线。如果要生成四边形网格，可以通过两个方向的曲线集相交，如图 3-11(a)和(c)所示；如果要生成三

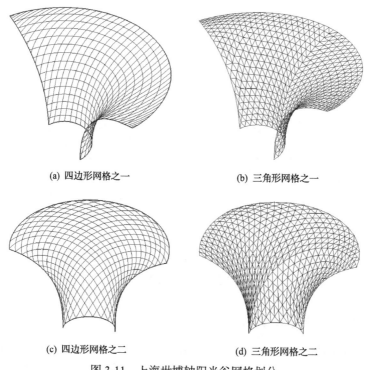

(a) 四边形网格之一　　　　　　　　　(b) 三角形网格之一

(c) 四边形网格之二　　　　　　　　　(d) 三角形网格之二

图 3-11　上海世博轴阳光谷网格划分

角形网格，则连接四边形网格对角线，如图 3-11(b)和(d)所示，但效果并不好。如果要获得更为流畅的三角形网格，则需另辟蹊径，这里提出一种方法——映射推进法，即在一个方向的由多条映射曲线组成的曲线集中，逐条网格推进，在两两相邻曲线之间依次生成三角形网格，最终将起始线和终止线之间的网格全部划分。映射推进法的操作流程如图 3-12 所示。

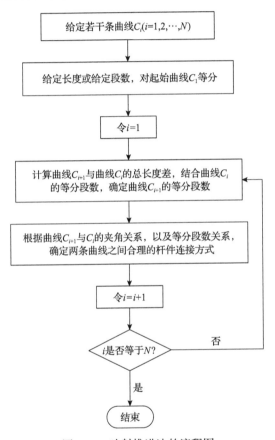

图 3-12　映射推进法的流程图

在映射推进法给出曲面上同一个方向的若干条曲线之后，如图 3-13 所示，首先选择第 1 条线作为起始线，对起始线进行等分，等分方式可以是给定段数或给定长度，然后依次确定下一条曲线的等分段数。

设此时已知第 i 条曲线的等分段数为 N_i，那么现在需要推求第 $i+1$ 条曲线的等分段数，即确定 N_{i+1} 值，如图 3-14(a)所示。

计算出第 i 条曲线的长度 L_i，第 $i+1$ 条曲线的长度 L_{i+1}。

设 l 为第 i 条曲线的每个小分段的长度，即 $l=L_i/N_i$。

设 Δ 为两条曲线的长度差，即 $\Delta=L_{i+1}-L_i$。

根据Δ和l的关系，判断N_{i+1}取值如下：

(1)若$\Delta > 3.6l$，则$N_{i+1}=N_i+4$；

(2)若$2.6l < \Delta \leqslant 3.6l$，则$N_{i+1}=N_i+3$；

(3)若$1.6l < \Delta \leqslant 2.6l$，则$N_{i+1}=N_i+2$；

(4)若$0.6l < \Delta \leqslant 1.6l$，则$N_{i+1}=N_i+1$；

(5)若$-0.6l < \Delta \leqslant 0.6l$，则$N_{i+1}=N_i$；

(6)若$-1.6l < \Delta \leqslant -0.6l$，则$N_{i+1}=N_i-1$；

(7)若$-2.6l < \Delta \leqslant -1.6l$，则$N_{i+1}=N_i-2$；

(8)若$-3.6l < \Delta \leqslant -2.6l$，则$N_{i+1}=N_i-3$；

(9)若$\Delta \leqslant -3.6l$，则$N_{i+1}=N_i-4$。

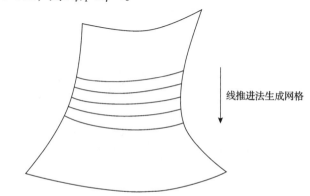

图 3-13 映射推进法的例图

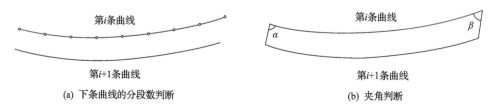

图 3-14 映射推进过程中的判断

继而，需要对第i条曲线和第$i+1$条曲线之间的夹角进行判断，如图 3-14(b)所示，不同的夹角组合的网格生成方式略有差异，夹角情况分为如下几种：

(1)α、β都不大于90°；

(2)α、β一个大于90°，一个不大于90°；

(3)α、β都大于90°。

对三种情况分别加以讨论，确定两条曲线间的杆件连接规则如下：

(1)若α、β都不大于90°，则有$\alpha \leqslant \beta \leqslant 90°$和$\beta < \alpha \leqslant 90°$两种情况，两种情况类似，这里讨论$\alpha \leqslant \beta \leqslant 90°$的情况。

如图 3-15(a)所示，$\alpha \leqslant \beta \leqslant 90°$，设上面一条曲线和下面一条曲线分别有 n 个点和 m 个点，分别为 $P_0, P_1, \cdots, P_{n-1}$；$Q_0, Q_1, \cdots, Q_{m-1}$。

如图 3-15(b)所示，依次计算 $\angle Q_0 P_1 P_2$，$\angle Q_0 P_2 P_3$，$\cdots$，直到 P_k 点，使得 $\angle Q_0 P_k P_{k+1} > 90°$。首先将 $P_0 Q_0, P_1 Q_0, P_2 Q_0, \cdots, P_k Q_0$ 连线，随后将 $P_k, Q_1, P_{k+1}, Q_2, P_{k+2}, Q_3, \cdots$ 相邻两点依次连线，即 $P_k Q_1, Q_1 P_{k+1}, P_{k+1} Q_2, \cdots$。

如此不断连线，推进到两条曲线的另一端会出现三种情况，叙述如下：

①如图 3-15(c)所示，上面一条曲线有剩余点(小方块所示)，则将这些剩余点与 Q_{m-1} 点连线(虚线所示)；

②如图 3-15(d)所示，点数正好匹配；

③如图 3-15(e)所示，下面一条曲线有剩余点(小方块所示)，则将这个剩余点与 P_{n-1} 点连线(虚线所示)。

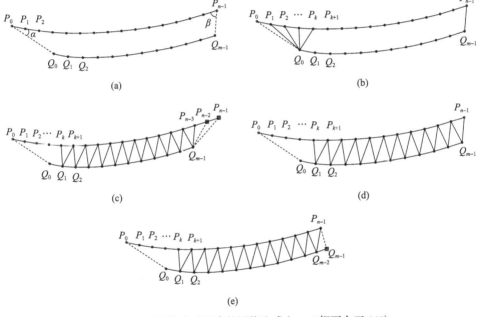

图 3-15　映射推进过程中的网格生成(α、β 都不大于 90°)

(2)若 α、β 都大于 90°，则有 $90° < \alpha \leqslant \beta$ 和 $90° < \beta < \alpha$ 两种情况，两种情况类似，这里讨论 $90° < \alpha \leqslant \beta$ 的情况。

如图 3-16(a)所示，$90° < \alpha \leqslant \beta$，设上面一条曲线和下面一条曲线分别有 n 个点和 m 个点，分别为 $P_0, P_1, \cdots, P_{n-1}$；$Q_0, Q_1, \cdots, Q_{m-1}$。

如图 3-16(b)所示，依次计算 $\angle P_{n-2} P_{n-1} Q_{m-2}$，$\angle P_{n-2} P_{n-1} Q_{m-3}$，$\cdots$，直到 Q_k 点，使得 $\angle P_{n-2} P_{n-1} Q_k \leqslant 90°$。首先将 $P_{n-1} Q_{m-1}, P_{n-1} Q_{m-2}, \cdots, P_{n-1} Q_k$ 连线，随后将 $Q_k, P_{n-2}, Q_{k-1}, P_{n-3}, Q_{k-2}, \cdots$ 相邻两点依次连线，即 $Q_k P_{n-2}, P_{n-2} Q_{k-1}, Q_{k-1} P_{n-3}, \cdots$。

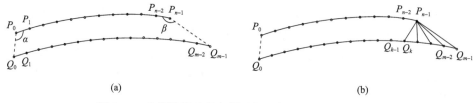

(a)   (b)

图 3-16　映射推进过程中的网格生成(α、β都大于 90°)

如此不断连线，推进到两条曲线的另一端同样会出现三种情况，和(1)中类似处理，此处不再赘述。

(3)若α、β一个大于 90°，一个不大于 90°，则有$\alpha > 90°$、$\beta \leqslant 90°$和$\alpha \leqslant 90°$、$\beta > 90°$两种情况，两种情况类似，这里讨论$\alpha \leqslant 90°$、$\beta > 90°$的情况。

这里，根据α、β偏离 90°的程度，又可以细分为如下两种情况：

①若 $90° - \alpha \leqslant \beta - 90°$，如图 3-17(a)所示，则网格生成过程与(2)相同；

②若 $90° - \alpha > \beta - 90°$，如图 3-17(b)所示，则网格生成过程与(1)相同。

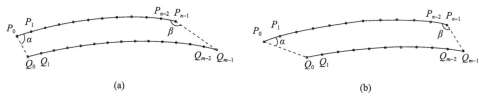

(a)   (b)

图 3-17　映射推进过程中的网格生成(α、β一个大于 90°，一个不大于 90°)

映射推进法示例。仍然以图 3-2 的曲面为例来展示映射推进法生成网格的效果。图 3-18(a)为曲线微调之前的映射推进法生成的网格，图 3-18(b)为曲线微调之后的映射推进法生成的网格。

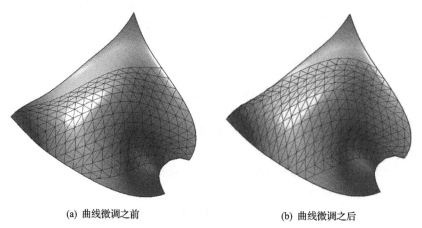

(a) 曲线微调之前   (b) 曲线微调之后

图 3-18　映射推进法生成网格的示例

3.3　本 章 小 结

本章针对 NURBS 曲面的双参数化机制，给出了基于映射思想的自由曲面网格划分算法，实现四边形网格和三角形网格两种划分方案。

采用映射法，对 4 个算例进行分析，结果表明该方法生成的四边形网格和三角形网格整体大小均匀、线条流畅，具有较好的视觉美感，而且适用性较广。

提出的映射推进法生成三角形网格，在推进的过程中较大程度地控制了网格的杆件长度，在某种程度上避免了畸形网格(过于尖锐的网格)的出现，能够生成比较均匀的网格。但是在某条线上下两侧可能会出现两排网格整体朝向相反的情况，使线条有中断的视觉印象，这一点有待改善。

第4章 基于自定义单元法的单曲面建筑网格划分

本章基于映射法[16]和网格演化[129, 130]的思想，提出自定义单元法的单曲面网格划分算法。首先，该网格划分算法在参数域进行，通过对网格单元的定义与选择，建立网格拓扑的参数化表达；其次，引入度量控制机制确定网格节点参数坐标，改善映射畸变造成的网格失真；最后，参数网格映射到三维空间生成曲面网格。本章基于 MATLAB 编制网格划分及可视化源程序，并通过算例验证该方法在自由曲面网格划分中的有效性。

4.1 曲面特征识别及参数域节点推进方向的确定

自由曲面的建筑网格划分是以几何多面体网格结构实现对自由曲面的重构，而网格结构是以空间三维域的节点和连接杆件为基本要素组成的。其中，网格节点是曲面的采样点，具有非连续的曲面几何信息；杆件则是节点拓扑关系的具体实现。换言之，曲面的网格剖分过程是确定离散节点的几何和拓扑信息的过程。

与有限元网格(图 4-1(a))节点的无序性不同，建筑网格(图 4-1(b))中的节点往往具有确定性、重复性、规律性。建筑网格结构中的节点可以人为认定由初始节点衍生而来，初始节点个数可以是单个，也可以是多个。初始节点作为"父代节点"，按照一定规律，衍生出"子代节点"，完成节点的第一次推进。而第一次推进生成的"子代节点"又作为第二次推进的"父代节点"，生成下一代节点。

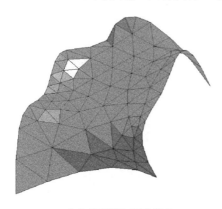
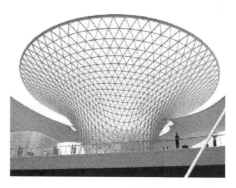

(a) 自由曲面有限元网格模型   (b) 上海世博轴阳光谷

图 4-1 有限元网格和建筑网格

如此循环推进，最终生成全部的网格节点，即节点生成的全过程。如图 4-2(a)所示的网格结构，其节点由 7 个初始节点多次推进生成，而图 4-2(b)是由 1 个初始节点经过 5 次衍生形成的网格结构。

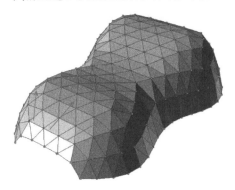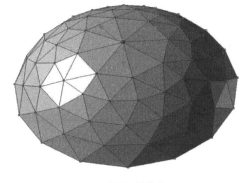

(a) 多个初始节点　　　　　　　　　　　　(b) 单个初始节点

图 4-2　初始节点衍生网格

由式(2-5)可知，NURBS 曲面参数域为 u、v 双向参数域，因此要在该平面域推进初始节点，首先要确定节点的推进方向。为达到网格划分的均匀性目标，选择曲面形状特征变化明显的参数方向，即曲面结构线长度差异较大的方向作为节点的推进方向，其可能为 u、v 方向或参数对角线方向(图 4-3)。

如图 4-4 所示，节点衍生宜选择 u 结构线方向进行。自由曲面的结构线即为曲面的等参数线，其能很好地反映曲面实际尺寸特征。对于 $u = u_0$ 的结构线，其定义如下：

$$C_{u_0}^w(v) = S^w(u_0, v) = \sum_{i=0}^{n}\sum_{j=0}^{m} N_{i,p}(u_0)N_{j,q}(v)P_{i,j}^w = \sum_{j=0}^{m} N_{j,q}(v)Q_j^w(u_0) \qquad (4\text{-}1)$$

其中，

$$Q_j^w(u_0) = \sum_{i=0}^{n} N_{i,p}(u_0)P_{i,j}^w$$

类似地，对于 $v = v_0$ 的结构线，其定义如下：

$$C_{v_0}^w(u) = S^w(u, v_0) = \sum_{i=0}^{n} N_{i,p}(u)Q_i^w(v_0) \qquad (4\text{-}2)$$

其中，

$$Q_i^w(v_0) = \sum_{j=0}^{m} N_{j,q}(v_0)P_{i,j}^w$$

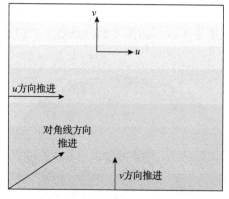

图 4-3　参数节点推进方向

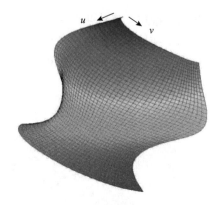

图 4-4　曲面特征与节点推进

4.2　单元自定义及网格拓扑的参数化表达

在自定义单元法的网格划分中，网格的规模和形式取决于初始节点数量、节点推进步数、上下代及同代节点拓扑关系，通过对这些参数的不同定义，可以为同一曲面模型提供不同的网格划分方案。其中，初始节点数量、节点推进步数可以根据建筑师对网格数目的要求确定，也可以根据目标杆长取值；节点拓扑关系可以自定义，从而反映节点的衍生规律。

节点衍生规律可以分为分生和共生两大类型。如图 4-5(a) 所示，父代节点数量为 3 个，每个父代节点分生出 3 个子代节点，这样一次推进生成 7 个子代节点，而生成的 7 个子代节点又作为节点下次推进的父代节点。其中，每个父代节点分生出的子代节点的数量可以人为定义。例如，在图 4-6(a) 中，若每个父代节点分

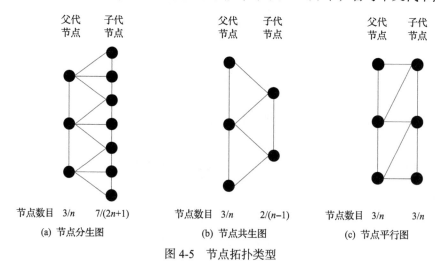

图 4-5　节点拓扑类型

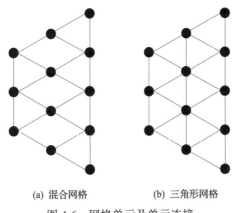

(a) 混合网格　　　　　(b) 三角形网格

图 4-6　网格单元及单元连接

生出的子代节点数量为 2，那么将得到 4 个子代节点。总之，通过节点分生关系的定义，可以实现下代节点数量的迅速增加，用于扩展型曲面的网格生成。

　　节点共生与节点分生相似，如图 4-5(b) 所示，父代节点数量为 3 个，每 2 个父代节点依次共生出 1 个子代节点，这样子代节点比父代节点数量减少 1 个，该拓扑形式可以适应收缩型曲面。同理，若定义每 3 个父代节点生成 1 个子代节点，图中子代节点锐减为 1 个，从而可以实现网格的迅速收缩。而图 4-5(c) 所示的拓扑类型，上下代节点数目一致，适用于曲面尺寸特征沿推进方向基本不变的情况。

　　这样，可以以网格节点为对象，以"代"为整体进行节点推进。在推进过程中，通过对上下代及同代节点拓扑关系的不同定义，可以形成不同形式的网格单元，同时各种单元有效连接，从而适应曲面变化。图 4-6(a)、(b) 均为 3 个初始节点 2 次分生形成的扩展型网格，但由于第 2 代同代节点拓扑关系定义不同，分别形成四边形与三角形混合网格和单一三角形网格。

　　图 4-7 为节点在第 i 次推进形成的网格单元、节点和杆件顺序编号。那么，其拓扑信息可以采用枝-点矩阵 $C_{m \times n}^i$ 描述，m 为杆件数量，n 为节点数目，杆件 k 始节点记为 $s(k)$，末节点记为 $t(k)$，则矩阵任意元素 $C(k,r)$ 定义如下：

$$C(k,r) = \begin{cases} +1, & s(k) = r \\ -1, & t(k) = r \\ 0, & 其他 \end{cases} \tag{4-3}$$

　　整个网格结构的拓扑矩阵 C 由每一步推进形成的网格矩阵 C^i 集成而来。假设节点在第 i 步推进的网格单元拓扑矩阵为 $C_{p \times q}^i$，与其相邻的第 $i+1$ 步的网格单元拓扑矩阵为 $C_{k \times j}^{i+1}$，两步推进中公共节点数目为 s，公共杆件数目为 t，那么矩阵集成如图 4-8 所示。同理，若推进步总数为 N，则 N 个矩阵顺序集成形成整个网格结构的拓扑矩阵 C。

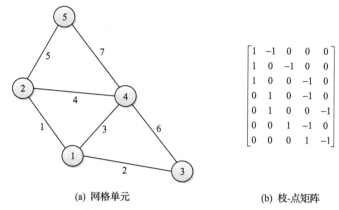

(a) 网格单元　　　　　　　　　　　　　(b) 枝-点矩阵

图 4-7　网格单元及枝-点矩阵示例

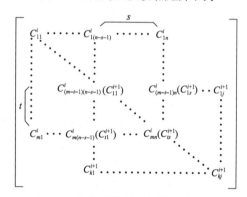

图 4-8　相邻网格单元拓扑矩阵集成

4.3　映射度量及节点参数坐标的确定

在自由曲面网格结构中，杆件作为基本单元，其长度应尽量均匀，这既是为满足结构美观性的视觉效果，也是结构力学性能和制造安装工艺的要求。为评价结构杆单元的均匀性，通常将构成网格的所有杆件单元的长度看成一个样本 $(L_1,$ $L_2,\cdots,L_n)$，样本容量为 n，则该网格结构的杆长均值 $\bar{L}$ 和杆长方差 S_L^2 定义如下：

$$\bar{L} = \frac{1}{n}\sum_{i=1}^{n}L_i \tag{4-4}$$

$$S_L^2 = \frac{1}{n-1}\sum_{i=1}^{n}\left(L_i - \bar{L}\right) \tag{4-5}$$

其中，S_L^2 越小，说明网格杆件单元间的长度差异越小，网格杆件单元的均匀性越好。

映射法的曲面网格划分在二维平面域进行，并通常采用等分参数域的方式，形成均匀的参数网格。但参数空间到物理空间的映射是双非线性的，因此参数空间形成的各向同性质量较好的网格在映射到三维空间后，往往存在扭曲和变形的情况，网格的质量出现下降，这种映射畸变现象在曲率变化剧烈的曲面中尤其明显。如图 4-9 所示，参数空间等边三角形网格映射后，杆长不均匀，网格形状狭长，质量下降。因此，在根据曲面尺寸特征选择相应单元的基础上，通过引入相应的度量控制机制，反映曲面曲率特征，进而确定节点参数坐标，这对减小映射畸变的影响、实现高质量的网格划分十分必要。

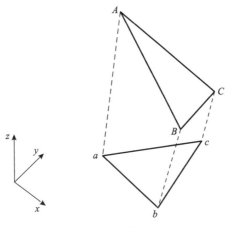

图 4-9　映射畸变

黎曼度量[131]采用曲面第一范式建立度量矩阵，从而反映曲面的曲率变化，可以用来控制映射网格的大小和形状。对于参数曲面 $S(u,v)=\left[x(u,v),y(u,v),z(u,v)\right]^{\mathrm{T}}$，黎曼度量矩阵定义如下：

$$M=\begin{bmatrix} A & B \\ B & C \end{bmatrix}=\begin{bmatrix} S_u \cdot S_u & S_u \cdot S_v \\ S_u \cdot S_v & S_v \cdot S_v \end{bmatrix} \tag{4-6}$$

式中，$S_u=\dfrac{\partial S}{\partial u}=\left[\dfrac{\partial x}{\partial u},\dfrac{\partial y}{\partial u},\dfrac{\partial z}{\partial u}\right]^{\mathrm{T}}$；$S_v=\dfrac{\partial S}{\partial v}=\left[\dfrac{\partial x}{\partial v},\dfrac{\partial y}{\partial v},\dfrac{\partial z}{\partial v}\right]^{\mathrm{T}}$

对于 NURBS 参数曲面，其偏导数推导可得

$$\begin{cases} \dfrac{\partial S}{\partial u}=\displaystyle\sum_{i=0}^{n}\sum_{j=0}^{m}N_{i,p}^{(1)}(u)N_{j,q}(v)P_{i,j}^{W} \\[4mm] \dfrac{\partial S}{\partial v}=\displaystyle\sum_{i=0}^{n}\sum_{j=0}^{m}N_{i,p}(u)N_{j,q}^{(1)}(v)P_{i,j}^{W} \end{cases} \tag{4-7}$$

式中，$N_{i,p}^{(1)}(u)$ 和 $N_{j,q}^{(1)}(v)$ 分别为基函数 $N_{i,p}(u)$ 和 $N_{j,q}(v)$ 的一阶导数，即

$$N_{i,p}^{(1)} = \frac{p}{u_{i+p} - u_i} N_{i,p-1}(u) + \frac{p}{u_{i+p+1} - u_{i+1}} N_{i+1,p-1}(u) \qquad (4\text{-}8)$$

$$N_{j,q}^{(1)} = \frac{q}{v_{j+q} - v_j} N_{j,q-1}(v) + \frac{q}{v_{j+q+1} - v_{j+1}} N_{j+1,q-1}(v) \qquad (4\text{-}9)$$

那么，对于参数域线段 P_1P_2，其上任意一点 P 可以表示为 $P = P_1 + t(P_2 - P_1)$，$0 \leqslant t \leqslant 1$。$P$ 的黎曼度量表示为 $M = \begin{bmatrix} A(t) & B(t) \\ B(t) & C(t) \end{bmatrix}$，考虑黎曼度量后，线段上两点 E 和 F 之间的实际长度可表示为

$$l_{EF} = \int_{t_1}^{t_2} \sqrt{A(t)\left(\frac{\mathrm{d}u}{\mathrm{d}t}\right)^2 + 2B(t)\frac{\mathrm{d}u}{\mathrm{d}t}\frac{\mathrm{d}v}{\mathrm{d}t} + C(t)\left(\frac{\mathrm{d}v}{\mathrm{d}t}\right)^2} \, \mathrm{d}t \qquad (4\text{-}10)$$

那么，以节点沿 v 向推进为例，采用以下方式确定节点参数坐标值。

在节点推进方向上，首先根据推进步数等分参数域，确定同代节点所在参数线，如图 4-10 所示，$P_{0,0}, P_{1,0}, \cdots, P_{n,0}$ 为节点沿 v 向等分确定的参数坐标，即 $P_{i,0}(u,v) = \left(0, \dfrac{i}{n}\right)$；然后，由式(4-10)计算 $P_{0,0}P_{1,0}, P_{1,0}P_{2,0}, \cdots, P_{n-1,0}P_{n,0}$ 在黎曼度量下的直线实际长度，并采用二分法，先沿参数线调整 $P_{1,0}$ 坐标，使 $P_{0,0}P_{1,0}$ 和 $P_{1,0}P_{2,0}$ 直线的实际长度一致，再调整 $P_{2,0}$ 坐标，使 $P_{1,0}P_{2,0}$ 和 $P_{2,0}P_{3,0}$ 直线的实际长度一致，如此依次调整 $P_{3,0}, \cdots, P_{n-1,0}$ 坐标，完成一次调整。如此不断循环，直至 $P_{0,0}P_{1,0}$，$P_{1,0}P_{2,0}, \cdots, P_{n-1,0}P_{n,0}$ 直线的实际长度相等，最终确定同代节点所在参数线位置。

在推进的反方向上，在上一步确定的参数线上分布同代节点，对于初始节点，认为是第 0 次推进，其个数自行定义，在节点推进中，由于节点的衍生具有规律性，所选择的自定义单元类型确定后，每代节点的数目即为定值。在每一推进步中，同样首先根据同代节点数目等分参数线，然后采用相同的方式，不断调节节点参数坐标，直至同代节点之间黎曼度量下的直线距离相等。如图 4-10 所示，初始节点个数为 $m+1$，沿参数线 $v=0$ 均匀分布，节点参数坐标依次记为 $P_{0,0}, P_{0,1}, \cdots$，$P_{0,m}$，则 $P_{0,j} = \left(0, \dfrac{j}{m}\right)$，分别计算节点间的曲面距离，并依次调整 $P_{0,1}, \cdots, P_{0,m-1}$ 的位置，最终使节点间的直线距离趋于均匀。

当节点沿对角线推进时，可采用以上相似的方式。在推进方向上，首先根据推进步数 n 等分参数对角线，即 $P_i = (i/n, i/n)$；采用二分法，沿对角线调整 P_1 坐标，

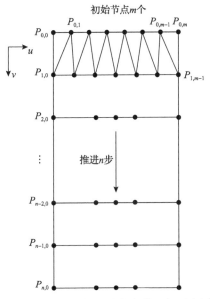

图 4-10　沿 v 向推进节点参数坐标示意图

使 P_0P_1 与 P_1P_2 黎曼度量下的长度一致, 再修正 P_2 坐标, 使 P_1P_2 与 P_2P_3 直线的距离相等, 如此依次调整 $P_3,\cdots,P_{n-1}$ 坐标。循环直至 P_0P_1, $P_1P_2,\cdots$, $P_{n-1}P_n$ 直线的实际长度相等, 确定同代节点所在参数线的基准点位置。

根据得到的基准点坐标确定同代节点所在参数线, 并采用二分法不断调整节点坐标, 直至同代节点之间黎曼度量下的距离相等, 最终确定参数网格节点坐标。其参数节点形成的示意图如图 4-11 所示。

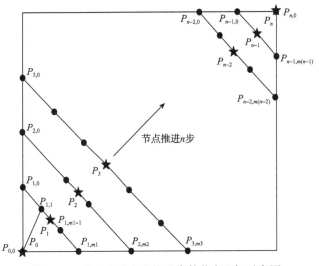

图 4-11　沿对角线方向推进参数节点坐标示意图

4.4　参数网格映射

通过上述网格划分过程，可以得到参数网格几何拓扑信息。由于映射法具有拓扑不变性，网格拓扑矩阵 C 在映射前后保持一致；而曲面节点的几何信息由曲面 NURBS 模型确定，即将参数域节点坐标值 $P_{i,j}(u,v)$ 代入式 (2-5)，得到节点三维坐标 $P_{i,j}(x,y,z)$。这样，自由曲面网格结构的几何拓扑信息完全确定，自定义单元法的自由曲面网格划分最终完成。自定义单元法的自由曲面网格划分流程如图 4-12 所示。

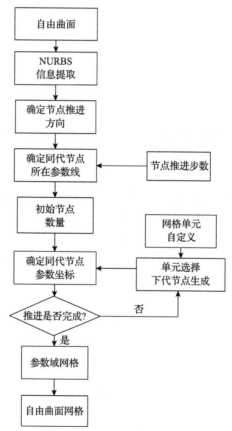

图 4-12　自定义单元法的自由曲面网格划分流程图

综上所述，自定义单元法的网格划分首先在平面域进行，然后将参数网格映射到三维空间得到曲面网格，如图 4-13 所示，该方法根据曲面的尺寸特征，通过自动选择合适的自定义单元类型，自适应曲面的扩展和收缩，同时针对曲面曲率等几何特征，引入度量机制来确定参数域网格节点参数坐标，从而不追求在参数域上生成各向同性质量较高的网格，而是利用映射畸变，使各向异性的参数网格在映射后质量得到提高，解决传统映射法中存在的网格畸变问题，从而提高网格划分的均匀性。此外，不同的自定义单元及其组合丰富了网格的建筑形式，从而满足建筑网格多样美观的要求。

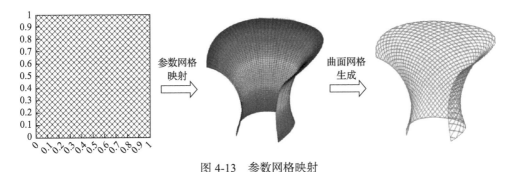

图 4-13　参数网格映射

4.5　自定义单元法建筑网格划分算例

自定义单元法可以实现对任意 NURBS 单一曲面的网格划分。通过对不同曲面特征的自由曲面进行网格划分，用具体的算例验证该方法在自由曲面网格划分中的有效性和通用性。

4.5.1　沿参数域 v 向推进的曲面网格划分

如图 4-14 所示，该建筑曲面线条流畅，曲面交替收缩和扩展，呈葫芦造型。通过获取曲面 NURBS 信息计算可知，曲面沿 v 向参数线尺寸特征变化明显，其中曲面最窄处结构线长度约为 129.9m，最宽处结构线长度约为 225.2m；同时，u 向结构线长度为 159.5～189.1m，曲面尺寸变化相对较小。显然，应选择 v 向作为参数域节点的推进方向。提取 $v=0$ 结构线计算，其长度约为 134.1m，给定初始节点 17 个，节点推进步数取 36 步，采用图 4-5 所示的自定义三角形网格单元类型，进行网格划分。

曲面网格划分结果如图 4-15 所示，图 4-15(a)为参数网格，图 4-15(b)为空间网格。由图 4-15(b)可知，网格总体分 5 个层次，其中在第 1～10 推进步，曲面扩展，此时自动选择图 4-5(a)类型的三角形单元，同代节点经过 10 步推进增加到 27 个；在第 11～15 推进步，曲面尺寸基本无变化，自动选择图 4-5(c)单元类型；而在第 16～25 推进步，同代节点数目随曲面收缩而逐步减少为 17 个，采用图 4-5(b)单元类型；在第 26～29 推进步，曲面尺寸基本不变，单元类型与第 11～15 推进步相同；最后 6 次推进，同代节点数目增加到 23 个，各推进步的自定义单元类型如表 4-1 所示。

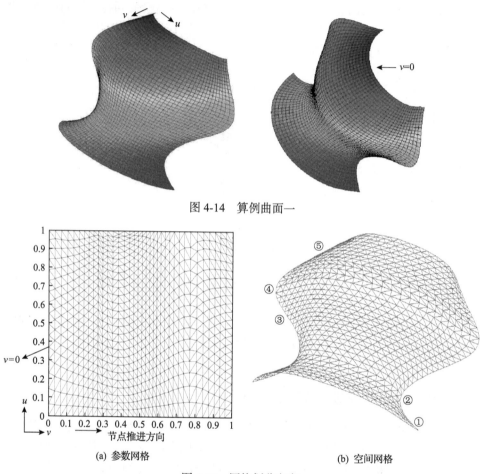

图 4-14　算例曲面一

(a) 参数网格　　　　　　　　　　　　　(b) 空间网格

图 4-15　网格划分方案

表 4-1　曲面一不同划分方案中的网格单元类型

曲面网格	单元类型		
	图 4-5(a)	图 4-5(b)	图 4-5(c)
图 4-15(b)	1~10,30~36	16~25	11~15,26~29
图 4-16(a)	1~8,22~26	11~18	9~10,19~21

此外，可以通过参数选择，进行多方案的网格划分，图 4-16 分别为 12 个初始节点、26 推进步和 10 个初始节点、20 推进步的网格划分结果，各方案曲面网格信息如表 4-2 所示。由此可见，自定义单元的曲面网格划分算法，通过不同拓

扑形式单元的定义与选择,灵活自适应曲面尺寸特征,满足网格均匀多样的要求,同时通过参数控制网格规模,提供多样化网格划分方案。

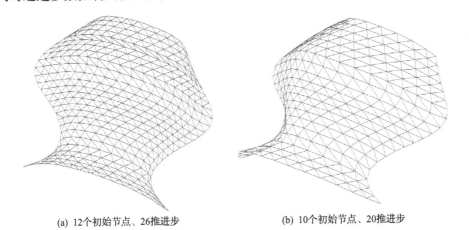

(a) 12个初始节点、26推进步　　　　　　　　(b) 10个初始节点、20推进步

图 4-16　两种网格划分方案

表 4-2　曲面一的两种网格划分方案基本信息

曲面网格	初始节点数	推进步数	节点总数	杆件总数	杆长均值/m	杆长方差/m²
图 4-16(a)	12	26	425	1192	10.05	1.21
图 4-16(b)	10	20	268	738	12.69	1.46

4.5.2　沿参数域 u 向推进的曲面网格划分

该曲面 u、v 参数方向如图 4-17 所示。采用图 4-5 的单元类型,选择 v 向作为节点推进方向,初始节点为 15 个,沿 $v=0$ 结构线布置,给定推进步数 49,得到参数网格(图 4-18(a))和空间网格(图 4-18(b))。

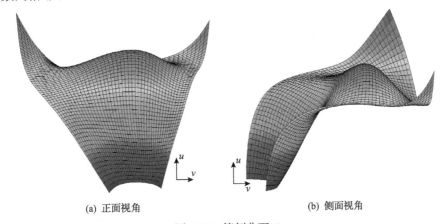

(a) 正面视角　　　　　　　　　　　　　　(b) 侧面视角

图 4-17　算例曲面二

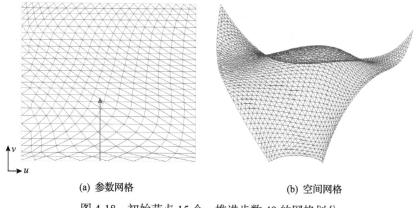

(a) 参数网格   (b) 空间网格

图 4-18　初始节点 15 个、推进步数 49 的网格划分

通过对网格参数的不同选择，自定义单元法能够实现对网格规模的量化控制。例如，若初始节点选为 8 个，推进步数为 25，则得到网格划分结果如图 4-19 所示。两种网格划分方案各推进步所采用的单元类型如表 4-3 所示，网格信息如表 4-4 所示。

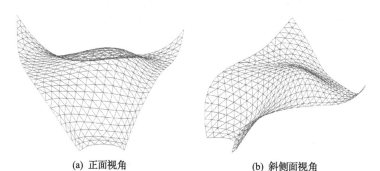

(a) 正面视角   (b) 斜侧面视角

图 4-19　初始节点 8 个、推进步数 25 的网格划分

表 4-3　曲面二不同划分方案中的网格单元类型

曲面网格	单元类型	
	图 4-5(a)	图 4-5(c)
图 4-17	1~5, 7~8, 11, 14, 17, 20, 22~25	6, 9~10, 12~13, 15~16, 18~19, 21
图 4-18	1~12, 14, 17, 20, 23, 25, 28, 30, 34, 38, 41~49	13, 15~16, 18~19, 21~22, 24, 26, 27, 29, 31~33, 35~37, 39~40

表 4-4　曲面二的两种网格划分方案基本信息

曲面网格	初始节点数	推进步数	节点总数	杆件总数	杆长均值/m	杆长方差/m²
图 4-17	8	25	412	1154	1.15	0.22
图 4-18	15	49	1538	4455	0.58	0.10

对于任意复杂自由曲面，只要其为单一 NURBS 模型曲面，自定义单元法均可获得良好划分效果。对于图 4-20 的自由曲面，给定初始节点 45 个，推进步数为 35，得到图 4-21 的空间网格，网格信息如表 4-5 所示。

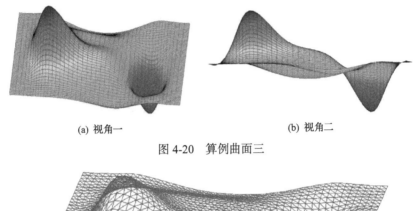

(a) 视角一　　　　　　　　　　　　　　　(b) 视角二

图 4-20　算例曲面三

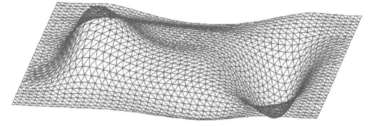

图 4-21　初始节点 45 个、推进步数 35 的网格划分

表 4-5　曲面三的网格划分方案基本信息

曲面网格	节点总数	杆件总数	杆长均值/m	杆长方差/m²
图 4-20	1764	5131	0.2603	0.049

4.5.3　沿参数域对角线方向推进的曲面网格划分

图 4-22 的曲面形状自由，曲面尺寸沿参数对角线方向呈现交替收缩和扩张。提取曲面信息可得，$P_A = (-8.69, 61.62, 16.54)$，$P_B = (19.59, 23.66, 5.83)$，$P_C = (8.69, -18.38, 9.14)$，$P_D = (-35.92, 22.14, -8.61)$，$P_E = (-35.92, 22.14, -8.61)$，对角线曲面长度为 94.92m。取参数对角线方向进行节点推进，设定目标杆长 3.8m，推进步数为 25，以 C 点为初始节点进行推进，得到参数网格(图 4-23)和空间网格(图 4-24、图 4-25)。

如图 4-23 所示，自定义单元法通过不同单元的使用，实现网格的收缩(Q_2 区域)和扩展(Q_1 区域)，自适应曲面尺寸变化。在 Q_1 区域，曲面尺寸不断扩张，选择分生单元进行推进；而在 Q_2 区域，曲面尺寸收缩，共生单元实现网格缩减；同时，由于 Q_1 区域曲面曲率相对 Q_2 区域较小，因此 Q_1 区域形成的网格较稀疏。同时，不同单元的定义与选择也丰富了网格的形式。在图4-25中，网格节点数目与图4-24相同，但是由于定义的拓扑关系不同，其形成了菱形与三角形混合的网格。两种网格划分方案的网格信息如表4-6所示。

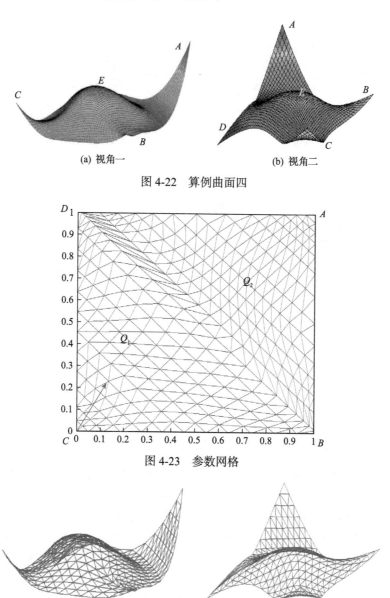

(a) 视角一　　　　　　　　　　　(b) 视角二

图4-22　算例曲面四

图4-23　参数网格

(a) 视角一　　　　　　　　　　　(b) 视角二

图4-24　空间网格(三角形网格)

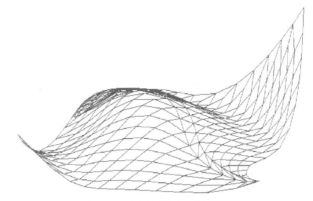

图 4-25　空间网格（四边形网格）

表 4-6　曲面四的两种网格划分方案基本信息

曲面网格	节点总数	杆件总数	杆长均值/m	杆长方差/m²
图 4-24	302	857	3.52	1.23
图 4-25	302	625	4.05	0.98

4.6　本 章 小 结

针对 NURBS 自由曲面，本章详细阐述了基于自定义单元的建筑网格划分方法，该方法可以实现网格杆长均匀，形式多样。针对不同曲面特征的自由曲面，分别进行了相应的算例分析，验证了自定义单元法的通用性和有效性：

（1）网格划分在矩形参数域进行，从而将复杂的三维空间问题转化为二维平面问题，大大降低了网格划分的难度。

（2）节点推进方向取决于曲面特征，宜选择曲面尺寸规律变化的方向作为节点推进方向。

（3）通过不同单元类型的定义和选择适应曲面尺寸变化。当曲面扩展时，宜选择分生单元，同理共生单元适用于收缩曲面。

（4）单元类型丰富，网格形式多样，可以更好地满足建筑师的建筑美学要求。同时，通过参数选择，可以实现对自由曲面网格划分的量化控制，生成不同规模和形式的曲面网格，使自由曲面结构的网格划分更加灵活可控，从而提供多样化网格划分方案供建筑师选择。

（5）基于映射原理，其适用于 NURBS 模型的单一自由曲面，对于非 NURBS 表达的曲面还无法直接应用。此外，对于多个 NURBS 曲面构成的组合曲面，还需要采用单一 NURBS 曲面拟合、曲面连接处网格拼接等技术手段进行处理。

第5章 基于引导线的建筑网格划分

5.1 引　　言

针对 NURBS 曲面建筑网格划分的文献鲜有提及边界裁剪、内部孔洞等情形。例如，潘炜等[95]将曲面分成若干个扇形，从曲面中央(即扇形顶角)开始划分，将扇形边界分成多种类型，进行特殊处理，但未顾及内部孔洞。丁慧[132]、郝传忠[133]等将边界分成内边界与外边界，亦分成多种类型，进行特殊处理。本章提出空间引导线法，通过对具有内边界情况进行适当处理，可以实现较好的网格划分，有效地表达建筑师的设计意图。

5.2　空间曲面引导线推进法

5.2.1　引导线定义

一般而言，对于一个曲面有多种网格划分形式，能够满足建筑美学与力学的要求，不存在正确解。改变网格形式、网格密度、网格走向，都会影响最终的网格划分结果。一个简单的例子，如图 5-1 所示,对于一个平面上的四边形面,图 5-1(a)和(b)分别对应着相同的网格形式和两种不同的网格走向。图 5-1(a)是一个正交的四边形网格，走向与边界平行；图 5-1(b)也是一个正交的四边形网格，而其走向与边界成 45°角。这两个网格同样都满足建筑网格需求上均匀、流畅、传力路径明确的需求。尽管在结构设计阶段两者消耗的材料会有多少之分，但在建筑设计阶段，网格的选取完全依赖于建筑师的审美。

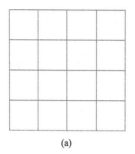
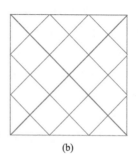

(a)　　　　　　　　　　　　　(b)

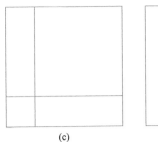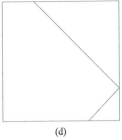

图 5-1　平面上的引导线及网格划分结果

建筑师希望能够人为地把握网格形式、网格密度和网格走向，以体现其设计意图。而网格生成的过程希望是自动化的，能够快速看到设计意图所对应的最终网格结果，检验设计，并能通过修改初始设置的网格形式、网格密度和网格走向以进行敏捷的迭代设计。

针对这一具体需求，提出了引导线概念[99]。引导线是一条由用户定义在曲面上的曲线，用于确定网格形式和走向。引导线被确定后，再确定网格密度，即可通过某种预先定义好的推进方法在曲面上自动化地推进引导线。图 5-1(c) 和(d) 中的曲线即是初始引导线。初始引导线进行推进后，分别生成如图 5-1(a) 和(b) 所示的结果，进而生成网格。图 5-1 仅仅是一个示意，实际引导线的形状及推进过程更为复杂。

引导线是一条曲面上的曲线，同时其推进过程又需要空间表达形式，这一转换过程需要应用点到 NURBS 曲面的正投影算法。

5.2.2　引导线推进法

引导线推进法的基本步骤如下。

步骤 1：在曲面上绘制初始引导线，亦可以选取一段边界作为初始引导线（图 5-2(a)）。

步骤 2：引导线端点沿边界推进一段距离（图 5-2(b)）。

步骤 3：生成新的引导线（图 5-2(c)）。

步骤 4：推进引导线（图 5-2(d)）。

步骤 5：引导线分段（图 5-2(e)）。

步骤 6：生成网格（图 5-2(f)）。

其中，步骤 2 的端点推进方式如下。对于引导线 C，其两个端点 P_0 和 P_n 首先在空间上沿方向向量 D 移动距离 L。其中，L 由用户定义，方向向量按式(5-1)计算：

$$D = \pm N \times \tau \tag{5-1}$$

式中，N 为端点处的曲面单位法向量；τ 为端点处的引导线单位切向量；D 的方向与这两个向量正交，如图 5-3 所示，即 D 为在端点处曲面切平面内且与引导线正交的向量。其中，P_0 和 P_n 不仅仅是曲线的端点，亦是 NURBS 曲线的首末控制点。

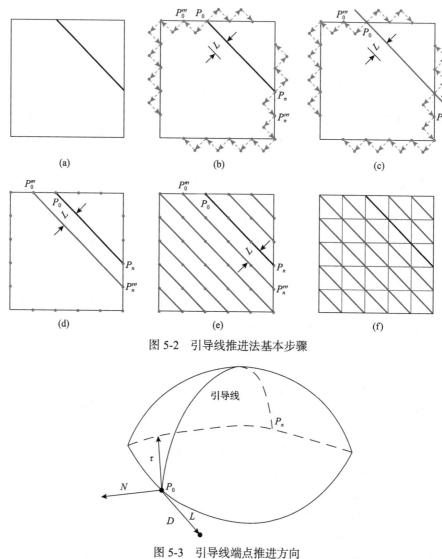

图 5-2　引导线推进法基本步骤

图 5-3　引导线端点推进方向

　　一般情况下，$P_0 + LD$ 的端点不会恰好落在曲面的边界上，对该点做曲面边界的正投影即可。这样就得到两个新端点，记为 P_0''' 和 P_n'''。

　　其中，步骤 3 和步骤 4 中的新引导线生成与推进方法有平移法、偏移法、缩放法等。经过实践测试，在此空间曲面引导线推进法采用缩放法[99]，基于曲面展开的平面引导线推进法采用平移法[98]。下面介绍缩放法引导线推进法的思路。

目标是按照初始引导线的形状将 P_0''' 和 P_n''' 用新的引导线连接。根据 NURBS 曲线的仿射不变性，将仿射变换应用于一条 NURBS 曲线，等同于将这一变换分别应用于该曲线的所有控制点，该曲线仍为一条 NURBS 曲线，且形状不变。其中，仿射变换包括缩放变换、平移变换和旋转变换，但不包括切变变换。可以将仿射变换应用到初始引导线上，以求得这条新的引导线。具体变换过程如下：

令 l_1 为 P_0 和 P_n 之间的欧氏距离，令 l_2 为 P_0''' 和 P_n''' 之间的欧氏距离。若 $l_1 \neq l_2$，则需要应用缩放变换，对于所有的控制点 P_i，有

$$P_i' = (P_i - P_n) \times \frac{l_2}{l_1} + P_n, \quad i = 0, 1, \cdots, n \tag{5-2}$$

式中，P_i' 为缩放变换后曲线 C' 的控制点。此时，C' 和 C 互为相似曲线，形状相同，尺寸不同。然后应用平移变换，将 P_n''' 端点对齐，有

$$P_i'' = P_i' + (P_n''' - P_n'), \quad i = 0, 1, \cdots, n \tag{5-3}$$

式中，P_i'' 为缩放和平移变换后曲线 C'' 的控制点。此时，P_n''' 与 P_n'' 重合，一般情况下，P_0''' 和 P_0'' 不会恰好重合，需要应用旋转变换，将 P_0''' 对齐，如图 5-4 所示。

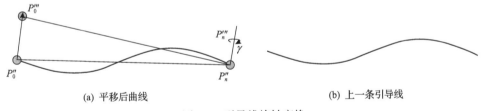

(a) 平移后曲线　　　　　　　　　　(b) 上一条引导线

图 5-4　引导线旋转变换

可定义转轴 r 与 P_0''、P_0'''、P_n'''（P_n''）三点所成平面正交：

$$r = (P_0'' - P_n'') \times (P_0''' - P_n''') \tag{5-4}$$

则转角 γ 为

$$\gamma = 2 \arcsin \frac{|P_0''' - P_0''|}{2|P_0'' - P_n''|} \tag{5-5}$$

已知转轴和转角，理论上可以计算各 P_i''' 的值。具体计算思路如下：为方便计算，首先需要通过平移变换 T'，将 P_n'' 变换到与坐标系原点重合，再进行旋转变换 R'，将转轴 r 与 z 轴重合，然后根据转角 γ 计算旋转矩阵 R，最后做变换 R'、

T' 对应的逆变换 R'^{-1}、T'^{-1}，得到 P_i'''，即

$$P_i''' = P_i'' \times T' \times R' \times R \times R'^{-1} \times T'^{-1} \tag{5-6}$$

坐标计算采用齐次坐标系，几何上一般采用右手定则。旋转矩阵 R 如下：

$$R = \begin{bmatrix} \cos\gamma & -\sin\gamma & 0 & 0 \\ \sin\gamma & \cos\gamma & 0 & 0 \\ 0 & 0 & 1 & 0 \\ 0 & 0 & 0 & 1 \end{bmatrix} \tag{5-7}$$

平移变换矩阵 T' 如下：

$$T' = \begin{bmatrix} 1 & 0 & 0 & -P_{n,x}'' \\ 0 & 1 & 0 & -P_{n,y}'' \\ 0 & 0 & 1 & -P_{n,z}'' \\ 0 & 0 & 0 & 1 \end{bmatrix} \tag{5-8}$$

不需要求逆矩阵，根据几何意义构造平移变换矩阵 T' 的逆矩阵 T'^{-1}，即

$$T'^{-1} = \begin{bmatrix} 1 & 0 & 0 & P_{n,x}'' \\ 0 & 1 & 0 & P_{n,y}'' \\ 0 & 0 & 1 & P_{n,z}'' \\ 0 & 0 & 0 & 1 \end{bmatrix} \tag{5-9}$$

旋转变换矩阵 R' 实际上由绕 x、y 两轴的旋转矩阵相乘得到，其中旋转方向由右手定则确定，绕 x 轴转角由 r_y 和 r_z 确定，即

$$a_x = \arctan\frac{r_y}{r_z} \tag{5-10}$$

则绕 x 轴旋转，变换矩阵如下：

$$R_x' = \begin{bmatrix} 1 & 0 & 0 & 0 \\ 0 & \cos a_x & -\sin a_x & 0 \\ 0 & \sin a_x & \cos a_x & 0 \\ 0 & 0 & 0 & 1 \end{bmatrix} \tag{5-11}$$

以上旋转矩阵仅仅是推导的示意，在实际的计算中，不会去计算消耗巨大的三角函数，实际计算公式如下：

$$R'_x = \begin{bmatrix} 1 & 0 & 0 & 0 \\ 0 & \dfrac{r_z}{\sqrt{r_y^2 + r_z^2}} & -\dfrac{r_y}{\sqrt{r_y^2 + r_z^2}} & 0 \\ 0 & \dfrac{r_y}{\sqrt{r_y^2 + r_z^2}} & \dfrac{r_z}{\sqrt{r_y^2 + r_z^2}} & 0 \\ 0 & 0 & 0 & 1 \end{bmatrix} \tag{5-12}$$

可根据几何意义构造旋转矩阵的逆矩阵，即取反向的转角，用 $-a_x$ 来替换 a_x。也可以根据旋转矩阵是正交矩阵的性质，其的逆矩阵即是其转置，即

$$R'^{-1}_x = R'^{\mathrm{T}}_x \tag{5-13}$$

R'_y 和 R'^{-1}_y 的计算方法类似。

至此曲线 C''' 已被求得，记为 C_2，其形状与曲线 C 相似，且端点与 P'''_0 和 P'''_n 重合。但是，一般情况下，该曲线不会恰好落在曲面上。此时，需要将曲线投影到曲面上。具体的思路如下。

步骤 1：将曲线 C''' 以参数域均匀分成若干段，得到一系列点 $\{Q_i\}$。

步骤 2：对于每个 Q_i，求其到曲面的正投影，得到曲面上的投影点 Q'_i，其参数域点为 Q''_i。

步骤 3：对参数域点列 $\{Q''_i\}$ 求全局插值得到曲线 C''_2，作为该曲线的二次映射表示。

步骤 4：对空间点列 $\{Q'_i\}$ 求全局插值得到曲线 C'_2，作为该曲线的空间表示。

至此，就获得了一条新的引导线。该引导线保持了初始引导线的形状，且严格位于曲面上。

以上推进方法反复执行多次，直至覆盖整个曲面，如图 5-2(d) 和 (e) 所示。

对于生成网格，有如下两种思路：

(1) 采用潘炜[134]的引导线推进法的思路，将引导线根据目标杆长分割成若干段，形成若干个节点，然后根据一定规则连接前后两条引导线上的节点，即形成三角形网格，如图 5-2(f) 所示。但是，该方法适应性有限，当相邻两条引导线长度差异较大、变化不够均匀或引导线与边界夹角过小时，生成的三角形网格质量较差。

(2) 再生成另一个方向的引导线。在得到两个方向的引导线后，对这个曲线网的曲线求交，并打断，即获得了四边形网格。若目标网格形式是三角形，则连接四边形的对角线，即可得到三角形网格。

以上只是引导线推进法的一种指导思路，具体还需要根据曲面的形式确定推

进的细节。

5.2.3　算例分析

1. 算例 1——月牙形曲面

上海辰山植物园有三个类似月牙形的自由曲面建筑，如图 5-5 所示。这里创建了一个月牙形 NURBS 自由曲面来模拟上海辰山植物园的建筑效果并作为算例，如图 5-6 所示，引导线法应用于该曲面的网格划分。

图 5-5　上海辰山植物园全景

图 5-6　自建 NURBS 月牙形曲面及初始引导线

引导线的优势之一是可以通过调整引导线进行敏捷迭代设计，这一优势将在这个算例中得以体现。整个网格的走向可由初始引导线确定，初始引导线的确定可以反映设计意图，而确定了初始引导线后，剩下的工作都可以自动化完成。

在这里，选取 3 个不同的引导线走向，引导线风格决定最终的网格，如图 5-7 所示。在一台 Intel Core i5-4590 @ 3.30GHz 计算机上进行实践，计算时间统计如表 5-1 所示。调整完引导线后，稍等几分钟，即能得到计算结果，若不满意可以继续调整，该方法基本可以满足交互需求。

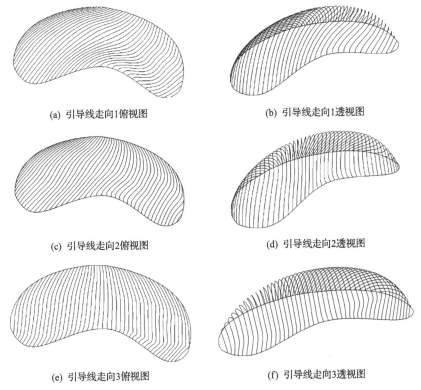

(a) 引导线走向1俯视图　　　　　　　　(b) 引导线走向1透视图

(c) 引导线走向2俯视图　　　　　　　　(d) 引导线走向2透视图

(e) 引导线走向3俯视图　　　　　　　　(f) 引导线走向3透视图

图 5-7　月牙形曲面不同走向引导线覆盖结果

表 5-1　月牙形曲面不同走向引导线覆盖计算时间

引导线形式	引导线覆盖计算时间/ms
走向 1	78492
走向 2	112701
走向 3	115750

图 5-7 仅展示了不同走向引导线对整个曲面的覆盖，可以挑选合适的引导线走向。结合两个方向的引导线，即可形成四边形网格，如图 5-8 所示。

可以发现，引导线推进法的另一个优势在于，曲面内部的网格视觉流畅性很好，局部及边界处可能有少量瑕疵，但是可以通过以后介绍的方法解决，这里仅展示原始引导线推进法的结果。

2. 算例 2——大英博物馆大中庭屋顶曲面

大英博物馆大中庭屋顶[135]覆盖了一个东西 73m、南北 97m 的矩形区域，中央偏北 3m 有一个直径为 44m 的阅览室，其内部建筑效果如图 5-9 所示，原始曲面如图 5-10（a）所示，原始网格如图 5-10（b）所示。

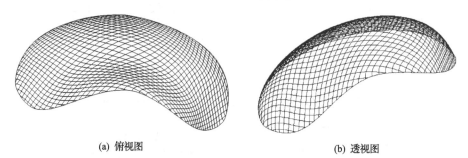

(a) 俯视图　　　　　　　　　　　　　　　　　　(b) 透视图

图 5-8　月牙形曲面由引导线推进法生成的四边形网格

图 5-9　大英博物馆大中庭屋顶内景

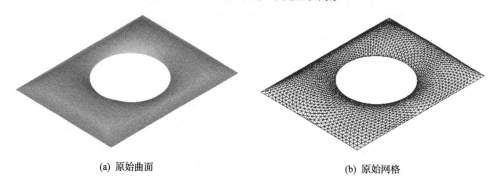

(a) 原始曲面　　　　　　　　　　　　　　　　　(b) 原始网格

图 5-10　大英博物馆大中庭屋顶

对于这样一个中央带孔洞的曲面，引导线推进法难以直接应用。先将曲面分片重构成四个独立的子曲面，再在这四个子曲面上进行引导线推进法。实际上，对于引导线推进法这种不依赖参数域的方法，可以不进行重构，这也是引导线推进法的优势之一。但是，重构之后就不需要处理分片裁剪边界的问题，子曲面划分完成后进行合并会更容易一些。三角形网格的划分过程如图 5-11 所示，划分结果如图 5-12 所示。这里引导线推进法进行了微调，选取了首末两条边界作为引导线的形状参照，插值计算中间引导线的形状。四边形网格的划分过程如图 5-13 所示，划分结果如图 5-14 所示。

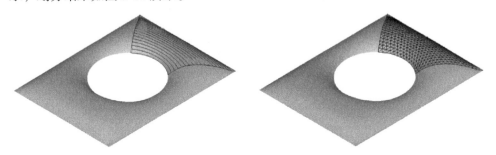

(a) 子曲面引导线推进   (b) 子曲面引导线分段及网格连接

图 5-11　大英博物馆大中庭屋顶引导线推进法三角形网格划分过程

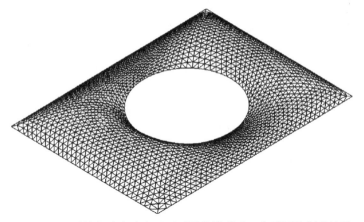

图 5-12　大英博物馆大中庭屋顶引导线推进法三角形网格划分结果

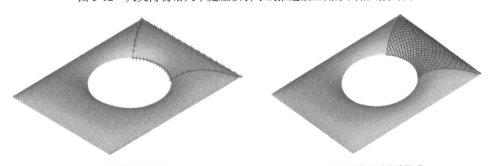

(a) 子曲面端点推进   (b) 子曲面引导线推进

图 5-13　大英博物馆大中庭屋顶引导线推进法四边形网格划分过程

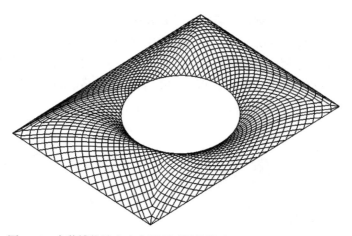

图 5-14　大英博物馆大中庭屋顶引导线推进法四边形网格划分结果

图 5-12 和图 5-14 所示的网格均匀流畅，仅在子曲面的交界处存在稍许不流畅的现象，这可以通过后期弹簧质点松弛算法进行处理。由于该曲面在被划分成四个子曲面并重构后，边界非常规整，引导线推进法难以处理边界的弱点并没有暴露出来，取得了非常好的划分效果。当然引导线推进法也不是获得该划分结果的唯一方法。由于该曲面较为平坦，Williams[135]采用平面划分网格并垂直投影至曲面的方式，也取得了很好的网格划分效果（图 5-10(b)）。

对于有内边界的曲面，除了类似算例 2 先分成多个曲面，再进行划分，也可以继续采用引导线推进法进行划分。但与完整曲面不同的是，需要求所有引导线与内外边界的交点，并根据交点情况对引导线进行处理，如算例 3 和算例 4。

3. 算例 3——一个外边界为五边形、内边界为星形的裁剪曲面

曲面上给定了两条近似正交的引导线，如图 5-15 所示。通过等间距偏移这两条引导线，得到四边形网格 M_{5-1}，如图 5-16 所示。

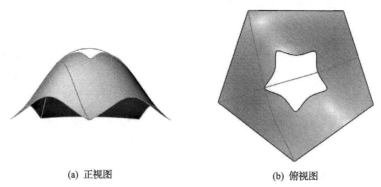

(a) 正视图　　　　　　　　　　　　(b) 俯视图

图 5-15　具有星形内边界的曲面和引导线

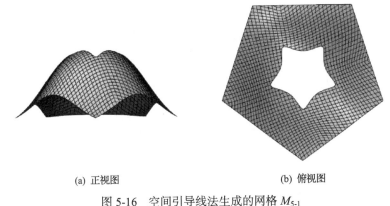

(a) 正视图　　　　　　　　　　(b) 俯视图

图 5-16　空间引导线法生成的网格 $M_{5\text{-}1}$

4. 算例 4——一个外边界近似为圆角六边形、内边界近似为圆形的裁剪曲面

本算例的参数域为自身的水平投影，如图 5-17 所示。曲面上已经给出了三条流畅的自由曲线（图中曲线 C_1、C_2 和 C_3）。以曲线 C_1 和 C_2 作为引导线，采用空间引导线法生成网格，如图 5-18(a) 和 (c) 所示。为了调节网格的走势，再以曲线 C_1 和 C_3 作为引导线，采用空间引导线法生成另一个网格，如图 5-18(b) 和 (d) 所示。

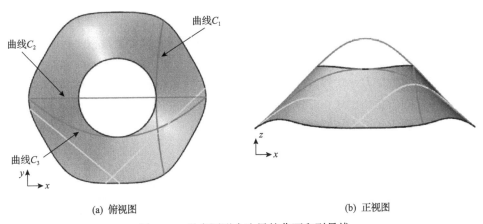

(a) 俯视图　　　　　　　　　　(b) 正视图

图 5-17　具有图形内边界的曲面和引导线

参数设置完毕后，空间引导线仅需数秒即可完成曲面的网格划分。设计师可以根据结果交互地调整参数，以达到更好的网格划分效果。从图 5-16 和图 5-18 中可以看出，空间引导线法生成的网格 $M_{5\text{-}1}$、$M_{5\text{-}2}$ 和 $M_{5\text{-}3}$，不但均匀、规整，而且十分流畅，具有较好的建筑美感。此外，通过选取不同形态的曲线作为引导线，空间引导线法可以生成不同走势的网格，如网格 $M_{5\text{-}2}$ 和 $M_{5\text{-}3}$。

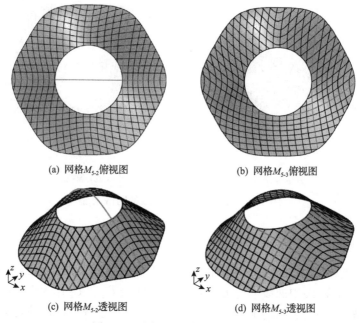

(a) 网格M_{5-2}俯视图　　　　　　　　　(b) 网格M_{5-3}俯视图

(c) 网格M_{5-2}透视图　　　　　　　　　(d) 网格M_{5-3}透视图

图 5-18　空间引导线法生成的网格

作为对比,分别采用等参线法和映射引导线法对图 5-17 中的曲面进行网格划分。等参线法是按一定间距提取 NURBS 曲面的等参线,形成四边形网格,如图 5-19 所示。映射引导线法是在曲面的参数域中等间距偏移直线段,再映射到曲面上形成网格,如图 5-20 所示(图中白线对应于参数域中的直线段)。由这两种方法得到的网格也具有相对较好的流畅性,但在参数域中很规整的网格映射到曲面后,由于尺度的非均匀变化,网格的规整性明显下降。此外,这两种方法难以调控网格的走势或调控能力有限。

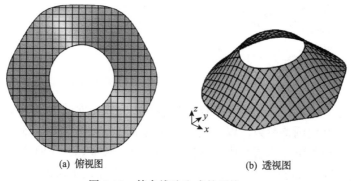

(a) 俯视图　　　　　　　　　　　　(b) 透视图

图 5-19　等参线法生成的网格 M_{5-4}

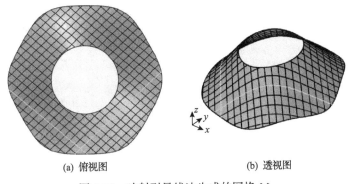

| (a) 俯视图 | (b) 透视图 |

图 5-20　映射引导线法生成的网格 M_{5-5}

因此，与现有的等参线法和映射引导线法相比，空间引导线法避免了映射畸变，不仅能生成规整、流畅的网格，还能灵活地调控网格走势，为建筑设计提供了重要的技术支撑。

5.3　改进的引导线法

改进的引导线法的步骤与原来的引导线法基本一致，但是多了曲线求交并修正引导线的这个过程。假设图 5-21(a)为一展开的有内边界平面，以此为例，阐述改进的引导线法划分网格的基本步骤。

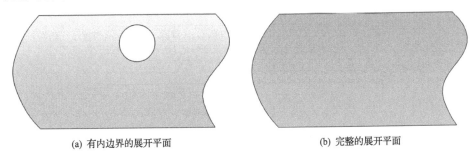

| (a) 有内边界的展开平面 | (b) 完整的展开平面 |

图 5-21　展开的平面

注意到，图 5-21 中平面的上下两条边界是近乎平行的，因此选取其中一条边界作为引导线，向另一条边界推进，可以得到较好的引导线推进结果。在此，选取上边界为引导线，在完整的展开平面上推进，结果如图 5-22 所示。

当引导线布满整个平面之后，求每条引导线与内边界的交点，并将有交点的引导线按顺序进行编号，根据引导线与内边界的关系，分为三种情况，即两条引导线与内边界相切、一条引导线与内边界相切、没有引导线与内边界相切，如图 5-23 所示。

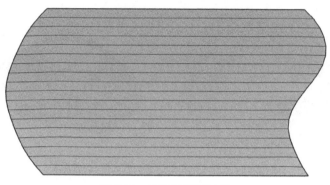

图 5-22　平面及其引导线

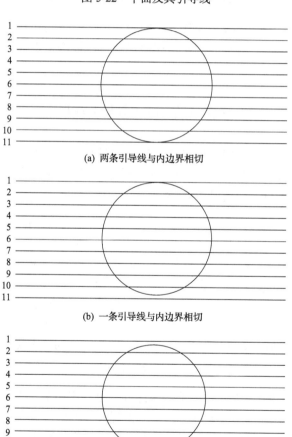

(a) 两条引导线与内边界相切

(b) 一条引导线与内边界相切

(c) 没有引导线与内边界相切

图 5-23　引导线与内边界的关系

图中数字仅表示序号

对于与内边界相切的引导线，求出引导线与内边界的切点坐标即可，这样相当于把引导线分为两段，分段点刚好为切点，但这样的情况在实际操作中很难遇到，绝大多数还是引导线与内边界相交的情况。对于与内边界相交的引导线，求出其与内边界的两个交点坐标，并删除内边界之内的引导线部分。图 5-23 中的三种情况修正后的结果如图 5-24 所示。

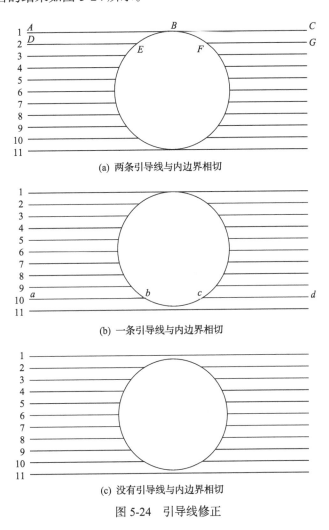

(a) 两条引导线与内边界相切

(b) 一条引导线与内边界相切

(c) 没有引导线与内边界相切

图 5-24 引导线修正

同样以图 5-21 为例，经过上述引导线修正后，修正结果如图 5-25 所示。

当引导线布满曲面之后，需要对每一条引导线按建筑师给定的杆长进行等分，并连接等分点形成平面网格。针对图 5-24(a) 中的情况，分别对切点两侧和内边界之外的引导线部分进行等分，如 *AB*、*BC*、*DE*、*FG* 段；对于图 5-24(b) 中最后一条与内边界相交的引导线，除等分 ab、cd 段外，还需对 bc 间的内边界弧线进行等分，以避免在此处没有等分点与其相邻引导线相连而出现畸形网格的情况。最终平面网格如图 5-26 所示。

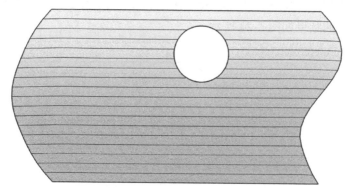

图 5-25　有内边界的展开平面修正后的引导线

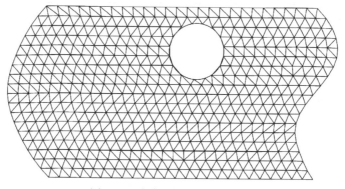

图 5-26　有内边界的平面网格图

可以看出，采用改进的引导线法划分的网格，大小规则、杆长相近、线条流畅、内边界处网格质量也较好，而且将引导线法的适用范围扩展到了有内边界的自由曲面网格划分。需要注意的是，前面所选算例虽然是展开的平面，目的是契合展开后平面的网格划分算法这一要求，实际上，改进的引导线法同样适用于曲面的网格划分。

下面给出两个算例。算例 1 为单孔洞的自由曲面，采用引导线法对其进行网格划分，引导线如图 5-27 所示，划分结果如图 5-28 所示。

算例 2 为双孔洞的自由曲面，采用引导线法对其进行网格划分，引导线如图 5-29 所示，划分结果如图 5-30 所示。

图 5-27　单孔洞曲面及其引导线

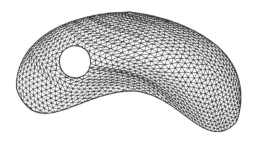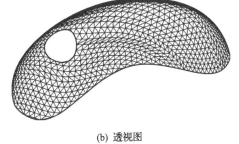

(a) 俯视图　　　　　　　　　　　　　　　　(b) 透视图

图 5-28　单孔洞曲面空间网格图

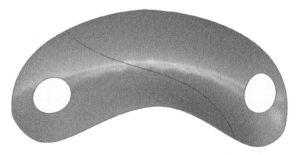

图 5-29　双孔洞曲面及其引导线

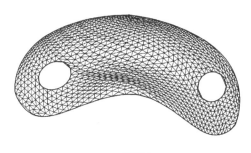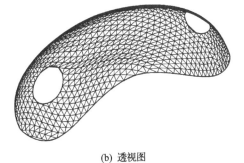

(a) 俯视图　　　　　　　　　　　　　　　　(b) 透视图

图 5-30　双孔洞曲面空间网格图

5.4　本 章 小 结

本章提出了空间引导线法，其优势主要在于可以人为把握网格走向、形式和尺寸，能反映设计意图。在确定引导线形状和参数后，可以快速自动化生成网格，支持敏捷迭代设计。采用空间曲线的数据进行引导线形状确定，曲线形状不受 NURBS 曲面映射畸变的影响，支持较复杂曲面的设计。

其不足主要在于若采用双方向引导线进行推进，各个方向都关注自己的推进距离，内部网格均匀流畅，但两个方向的引导线落到边界时不一定能交汇。而建筑上对支座处有较高的美学与力学要求，期望杆件在支座处交汇。引导线推进到曲面末端时可能会出现最后一排网格过密或过疏的情况。在推进之前很难把握推进距离，只能进行迭代设计。单方向引导线推进结合引导线分段连线的方法生成三角形网格，边界情况较好，但适应性有限，在曲面性质较好且仔细调整参数的情况下效果较好，很多时候得到的三角形网格虽然均匀，但流畅性不佳。生成三角形网格方法较优的一种选择是，双方向推进引导线，形成四边形网格，再连接四边形网格的对角线，这样前两个方向网格流畅，而第三个方向网格不够流畅。若采用三方向推进引导线，一般情况下三向引导线不太可能交于一点，需要进行点合并，也会引起不流畅的现象。

第6章 基于曲面展开的建筑网格划分

从平面到曲面，维度从二维上升到三维，三维曲面网格划分的难度也相应增加。既然在平面上划分网格相对容易，那么不禁联想，能否将曲面和平面联系起来，将原来的曲面网格划分工作转换为平面网格划分工作。一种可行的方式是，将三维曲面展开到平面上，然而并不是所有曲面都是可展开的曲面，相反，绝大多数曲面都是不可展开的曲面，它们在展开的过程中会出现裂纹、重叠等现象。因此，如何在尽量保证原曲面特征、减少畸形失真的情况下，实现自由曲面的展开，是一个值得探索的课题。

很长一段时间以来，复杂曲面的展开问题是计算机辅助几何设计领域的热点和难点，目前的研究主要包括三类曲面展开方法，即几何展开法、力学展开法和几何展开/力学修正法。几何展开法中，Parida 等[136]提出了一种三角平面网格法，即将原曲面离散成许多三角面片，再逐一展开到平面上，该方法容易产生较多裂纹和较大的累积误差；Randrup[137]用圆柱面逼近曲面，通过曲面的高斯影像来决定投影平面，并在投影平面上构造展开平面，算例成功地将该方法用于船体外壳的设计中；Bennis 等[138]先将曲面等参数细分成网格，沿某个方向计算曲面等参数线的测地曲率，将这些曲线展开到平面上，实现曲面的展开，然而该方法仍不能避免累积误差；席平[139]先将三维曲面分为平面、直纹面、复杂曲面三种，前两种都是可展开曲面，而对于第三种复杂曲面，将其分割为若干个条状区域，每个条状区域均用直纹面逼近，最后把每个直纹面三角网格化并展开，得到复杂曲面的近似展开；马健强[140]将曲面离散成网格，运用面积不变准则近似展开，本章也是基于这种思路开展工作的。力学展开法中，大多是建立能量模型，通常地说，多为弹簧模型，为展开后的离散三角形建立目标函数，将每条边看成杆件，展开前后杆件长度的变化可以看成一种存储在弹簧质点系统中的弹性变形能，如图 6-1 所示，不断优化调整两点距离，使弹性变形能最小，最终结果即为展开平面。在此基础上许多学者进行了深入改良，Azariadis 等[141]提出了基于仿射映射、约束的能量最小法来展开曲面，展开精度通过矩阵的奇异值分解来控制；梁堰波等[142]在三角形网格的顶点上施加适当的力使之产生相应的变形，相邻两个三角片进行翻转，不断调整优化，结果表明，该曲面展开算法能够解决累积误差和通用性不佳的缺点，适用于任意形状的曲面；李基拓[143]通过曲面分割提高曲面的可展程度，之后将基于质点-弹簧模型的曲面准对称化展开算法和基于双向映射的曲面层次网格化展开算法两者有机结合起来，这样便从横向及纵向两个角度提高了复杂曲面的展开能力。几何展开/力学修正法是将上述两种方法适当结合，第一步将原曲面近似粗略展开，第二步进行力学修正，如设定边界条件、有限元划分、施加荷载、反复调整使缝隙裂纹封闭等，修正后的曲面即为展开的曲面。

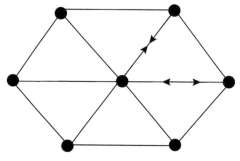

图 6-1　弹簧质点系统

在实现了曲面展开之后，紧接着在展开的平面上划分网格，将二维平面等顶角分成 6 部分，对每部分依次采取线推进法生成网格，实现整个二维平面的网格划分。最后依据展开前后的拓扑不变性，将划分好的二维平面网格映射回三维空间曲面，得到自由曲面的网格。

6.1　自由曲面的展开

本章以展开前后面积不变作为曲面展开的标准，将自由曲面的 u、v 向参数域相同等分，因此空间曲面离散成 $N \times N$ 网格，如图 6-2 所示，曲面上形成矩形点阵，则曲面的展开等效为点的映射展开。

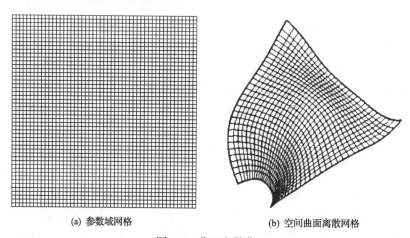

(a) 参数域网格　　　　　　　　　　(b) 空间曲面离散网格

图 6-2　曲面离散化

6.1.1　面积变化最小准则

曲面展开是以曲面上的某个点作为展开中心点开始的，其附近点展开理论如下。

若以某点为展开中心，其周围 8 个点的展开方式如图 6-3 所示，展开中心 A_0 对应 B_0，设 δ 是展开前后中心内角和的增值，即

$$\delta = 2\pi - (\alpha_1 + \alpha_2 + \alpha_3 + \alpha_4) \tag{6-1}$$

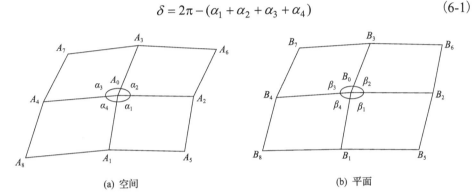

(a) 空间　　　　　　　　　　　　　(b) 平面

图 6-3　展开中心附近点展开图解

将 δ 加权分配到 4 个区域中，计算得到展开后平面上对应的 4 个夹角 β_i 为

$$\beta_i = \alpha_i + \delta \times \alpha_i \Big/ \sum \alpha_i \tag{6-2}$$

假设展开前后，u、v 两个方向的伸缩率相同，设为 t，即

$$t = \frac{|B_0 B_1|}{|A_0 A_1|} = \frac{|B_0 B_2|}{|A_0 A_2|} = \frac{|B_0 B_3|}{|A_0 A_3|} = \frac{|B_0 B_4|}{|A_0 A_4|} \tag{6-3}$$

根据展开后 4 个三角形 $\triangle B_0 B_1 B_2$、$\triangle B_0 B_2 B_3$、$\triangle B_0 B_3 B_4$、$\triangle B_0 B_4 B_1$ 的面积之和与展开前的面积之和相等，即

$$
\begin{aligned}
&S_{\triangle A_0 A_1 A_2} + S_{\triangle A_0 A_2 A_3} + S_{\triangle A_0 A_3 A_4} + S_{\triangle A_0 A_4 A_1} \\
&= S_{\triangle B_0 B_1 B_2} + S_{\triangle B_0 B_2 B_3} + S_{\triangle B_0 B_3 B_4} + S_{\triangle B_0 B_4 B_1}
\end{aligned} \tag{6-4}
$$

结合式 (6-3) 可求得 t 值为

$$t = \sqrt{\frac{R}{S}}$$

式中，R、S 分别为

$$\begin{aligned}
R &= |A_0 A_1||A_0 A_2|\sin\alpha_1 + |A_0 A_2||A_0 A_3|\sin\alpha_2 \\
&\quad + |A_0 A_3||A_0 A_4|\sin\alpha_3 + |A_0 A_4||A_0 A_1|\sin\alpha_4 \\
S &= |A_0 A_1||A_0 A_2|\sin\beta_1 + |A_0 A_2||A_0 A_3|\sin\beta_2 \\
&\quad + |A_0 A_3||A_0 A_4|\sin\beta_3 + |A_0 A_4||A_0 A_1|\sin\beta_4
\end{aligned} \tag{6-5}$$

将 t 值代回式(6-3)，并将 $B_0 B_1$ 的方向统一为 $-y$ 向，先确定 B_1 点，继而可以确定 B_2、B_3、B_4 点。接下来需要确定 B_5、B_6、B_7、B_8 点，采用的是展开前后空间四边形面积变化最小的原则。例如，已知 B_0、B_1、B_2 点，求四边形第四个点 B_5，设 ζ_1、ζ_2、ζ_3 分别为 $\triangle A_1 A_5 A_2$、$\triangle A_0 A_1 A_5$、$\triangle A_0 A_2 A_5$ 的面积，相对应地，设 ε_1、ε_2、ε_3 分别为 $\triangle B_1 B_5 B_2$、$\triangle B_0 B_1 B_5$、$\triangle B_0 B_2 B_5$ 的面积。同时，对于空间中任意逆时针方向排列的 3 点 $P_1(x_1, y_1)$、$P_2(x_2, y_2)$ 和 $P(x, y)$，此 3 点构成的三角形面积 ε 为

$$\varepsilon = \frac{1}{2}\begin{vmatrix} x_1 & y_1 & 1 \\ x_2 & y_2 & 1 \\ x & y & 1 \end{vmatrix} \tag{6-6}$$

令 ψ 为展开前后四边形面积的变化量的平方和，即

$$\psi = \sum_{i=1}^{3} (\varepsilon_i - \zeta_i)^2 \tag{6-7}$$

设 $B_5(x, y)$，为使 ψ 最小，则有

$$\begin{cases} \partial\psi/\partial x = 0 \\ \partial\psi/\partial y = 0 \end{cases} \tag{6-8}$$

解方程组即可求得 x、y 值，从而确定 B_5 点，同理可以求出 B_6、B_7、B_8 点。

6.1.2　曲面展开步骤

基于上述理论基础，完整的曲面展开步骤叙述如下：

(1)以曲面中心点(即 $u=1/2$，$v=1/2$)作为展开中心，展开其周围一圈 8 个点。

(2)沿着参数域对角线的一个方向，依次展开点。如图 6-4 所示，A_0—A_8—A_{11}…是对角线方向，B_0、B_1、B_4、B_8 点已知，欲求 B_{11} 点。首先，根据角加权分配、$|A_8 A_9|$ 与 $|A_8 A_{10}|$ 伸缩率相同、$\triangle A_8 A_9 A_{10}$ 展开前后面积不变，确定 B_9、B_{10} 点；其次，已知 B_9、B_{10} 点以及 β_1，则 B_{11} 在以 $|B_9 B_{10}|$ 为弦、β_1 为圆周角的圆上，如图 6-5 所示，确定圆上的一点 P 使得 $\triangle P B_9 B_{10}$ 与 $\triangle A_{11} A_9 A_{10}$ 的面积相等，则 P 点即为 B_{11} 点；最后，依次类推，该方向对角线的所有点均可展开，如图 6-6(a)所示。

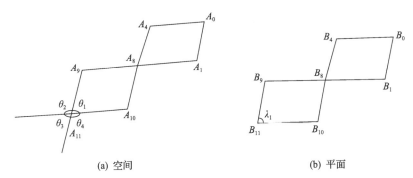

(a) 空间　　　　　　　　　　　　　　　(b) 平面

图 6-4　对角线点展开图解

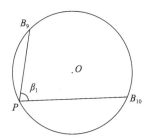

图 6-5　已知角和对边确定顶点

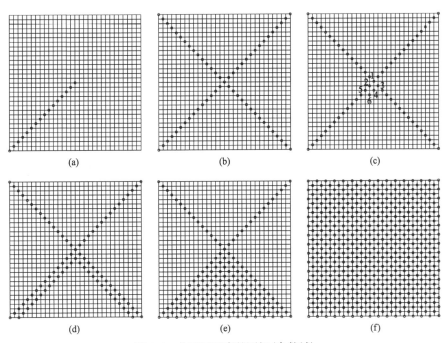

图 6-6　曲面展开步骤图解(参数域)

(3)同理,沿着参数域对角线的另外三个方向,依次展开点,如图 6-6(b)所示。

(4)对角线将整个区域分成四部分,取其中一部分,如图 6-6(c)所示,因为点 1、2、3 已知,根据展开前后空间四边形面积变化最小原则,可展开点 4;又因为点 2、5、4 已知,可展开点 6;依次类推,可将两条次对角线上的点分别展开,如图 6-6(d)所示;进一步,可将该部分的点分别展开,如图 6-6(e)所示。

(5)整个区域的另外三部分也按上述操作,得到点的展开结果如图 6-6(f)所示。

(6)至此,边界线上每 2 个展开点之间存在 1 个空缺点,内部每 4 个展开点之间存在 1 个空缺点,采取一种近似方法将所有点补齐,如图 6-7 所示,按照空间中 $|P_1P|$ 与 $|PP_2|$ 的比值,在平面上 Q_1、Q_2 间插值得点 Q,对于 4 点情况,先横向两点插值得点 Q',再竖向两点插值得点 Q'',再求它们的中点得点 Q,如此,所有的空缺点得以补齐,最终曲面上矩形点阵所有的点都能够有序展开。

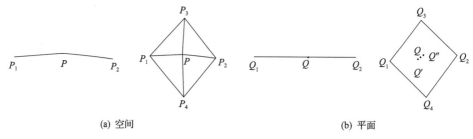

(a) 空间　　　　　　　　　　　　　　　　(b) 平面

图 6-7　剩余点展开

6.1.3　曲面展开实例

以图 6-2(b)中的自由曲面为例,按照上述方法进行展开,展开结果如图 6-8 所示。

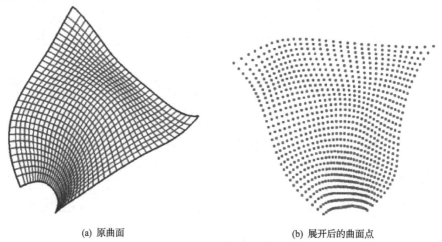

(a) 原曲面　　　　　　　　　　　　　　　(b) 展开后的曲面点

图 6-8　曲面的展开结果

相比于以往的几何展开法容易产生裂缝和重叠且对曲面自由度要求较高的缺点，以及能量展开法计算复杂、迭代耗时的不足，此方法的优势在于考虑了曲面走向、形状和面积分布，以各个网格点的形式逐步展开，基于面积不变的基本准则，能够避免裂缝和重叠，同时有效保证了展开前后自由曲面的面积和形状大致不变，可操作性和适用性更好。

6.2　二维平面的网格划分

自由曲面经过上述展开后，在平面上形成 $N \times N$ 的矩形点集，运用点集拟合成曲面的技术，可以将展开后的点集拟合成一个有边界的二维平面，接下来的工作就是在这个二维平面上进行网格生成。以往针对平面网格生成的研究大都采用波前法生成有限元网格[144, 145]，或 Delaunay 三角法迭代优化[80]，但有限元网格不满足建筑美观的要求，Delaunay 三角法迭代优化又相对复杂耗时。这里采用线推进法，生成的网格既能保证流畅、均匀，又简便快捷高效。

对于一个给定的二维平面，如图 6-9(a) 所示，取它的中心点（即 $u=1/2, v=1/2$），经过中心点的三条直线将二维平面分成六部分，每部分的顶角均为 60°，如图 6-9(b) 所示。

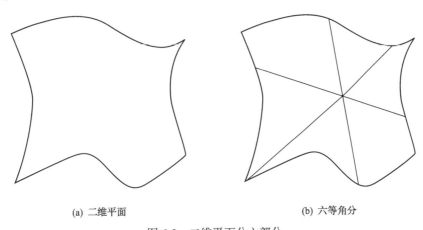

(a) 二维平面　　　　　　　　　　　　　(b) 六等角分

图 6-9　二维平面分六部分

本章将每部分单独拿出来，利用线推进法进行三角形网格生成。根据外边界的情况不同，考虑分析了如下 8 种情形，如图 6-10 所示，这 8 种情形能满足绝大多数需求，至于更复杂的情况，暂时未予考虑。

这里以图 6-9(a) 的曲面为例，利用线推进法生成平面三角形网格的步骤如下：

(1) 取二维平面六分后的一份，如图 6-11(a) 所示，将两条斜边按照给定的长度 L 等分。

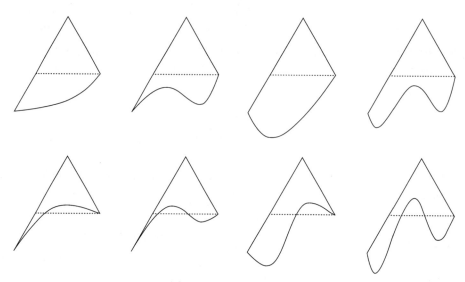

图 6-10　8 种外边界情形

(2)将两条斜边上的等分点依次连线,如图 6-11(b)所示,当连线与外边界逐渐靠近时,如线 MN,距离为 $0.5 \times \sqrt{3} L/2 \sim 1.5 \times \sqrt{3} L/2$,则取外边界距离连线最近的点 P,连接 MP、PN。

(3)两条斜边上剩余的等分点继续线推进,如图 6-11(c)所示,左边部分自 MP 向下平行线推进,右边部分自 PN 向下平行线推进。

(4)线推进完成后,将所有的连线按照给定的长度 L 等分,每条相邻连线上的等分点根据一定的连接方式连接成杆件,如图 6-11(d)所示。

(5)将二维平面另外 5 部分也进行同样处理,便可得到整个二维平面的网格生成结果,如图 6-12 所示。

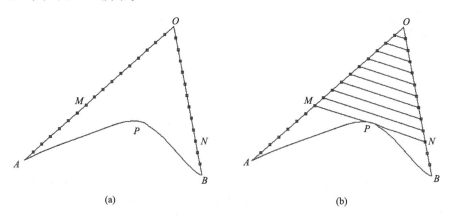

(a)　　　　　　　　　　　　　　　(b)

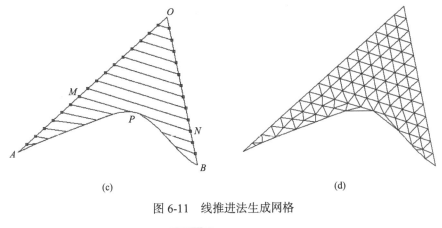

(c)　　　　　　　　　　　　　　　　(d)

图 6-11　线推进法生成网格

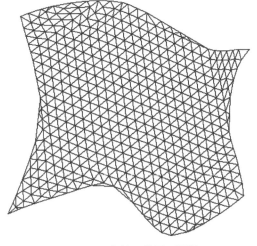

图 6-12　完整二维平面网格

可以看出，利用线推进法进行有边界的二维平面的网格生成，能够从整体上保证网格大小均匀、杆件线条流畅，而且能适应较复杂的边界情形，边界处的网格虽然不如内部的网格均匀，但尽可能地减少了畸形网格的出现，同时兼顾了线条的流畅性。

6.3　平面网格的空间映射

通过上述方法，能够将空间自由曲面展开并拟合形成二维平面，进而生成二维平面的平面网格，最后的工作则是将平面网格映射回空间曲面。

获取平面网格杆件、节点的信息，因为二维平面也是 NURBS 曲面，所以根据第 2 章所述的 NURBS 曲面映射理论，可以反向求解出每个节点在二维平面中

的 u、v 值,将此 u、v 值代入三维空间自由曲面计算相对应的空间坐标,记录下所有节点的空间坐标。

　　因为映射不改变网格节点的拓扑关系,所以根据平面网格的拓扑关系,将映射后的空间点连成杆件,就可以得到自由曲面的空间网格结果。该方法生成的空间曲面网格整体均匀流畅,唯有边界处可能存在部分网格有待手动优化的情况,又因为边界处网格并不关联内部网格,所以这个优化过程是简单并且快速的。以图 6-2(b)的曲面为例,其展开二维平面的平面网格及映射后的空间网格如图 6-13 所示。

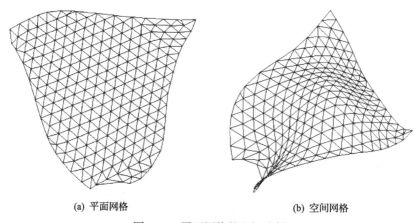

(a) 平面网格　　　　　　　　　　　(b) 空间网格

图 6-13　平面网格的空间映射

6.4　算　例　分　析

1. 算例 1——叶片形曲面

　　对图 6-14(a)中的叶片采用本章的算法进行网格划分,图 6-14(b)为叶片展开后的平面展开点,图 6-14(c)为展开后的有边界的二维平面上所生成的平面三角形网格,图 6-14(d)、(e)为最终生成的空间网格。

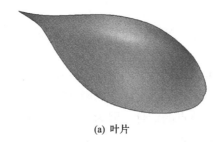

(a) 叶片

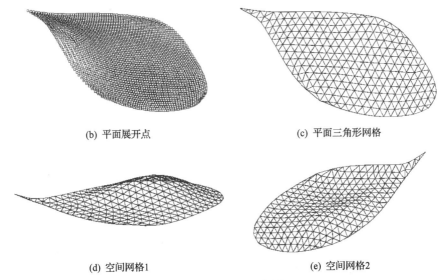

(b) 平面展开点　　　　　　　　　　(c) 平面三角形网格

(d) 空间网格1　　　　　　　　　　(e) 空间网格2

图 6-14　叶片网格划分

2. 算例 2——武汉站局部屋面

图 6-15 为武汉站局部屋面及网格划分,采用本章的网格划分算法。图 6-15(b) 为展开后的平面展开点,图 6-15(c) 为展开后的有边界的二维平面上所生成的平面三角形网格,图 6-15(d)、(e) 为最终生成的空间网格。

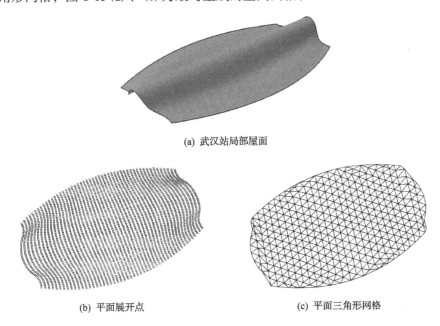

(a) 武汉站局部屋面

(b) 平面展开点　　　　　　　　　　(c) 平面三角形网格

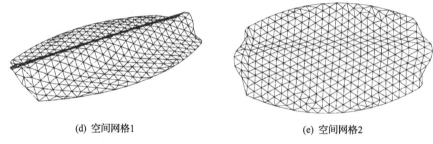

(d) 空间网格1　　　　　　　　　　　　　　(e) 空间网格2

图 6-15　武汉站局部屋面及网格划分

3. 算例 3——上海世博轴阳光谷局部曲面

图 6-16 为上海世博轴阳光谷局部曲面及网格划分,采用本章的网格划分算法。图 6-16(b) 为展开后的平面展开点,图 6-16(c) 为展开后的有边界的二维平面上所生成的平面三角形网格,图 6-16(d)、(e) 为最终生成的空间网格。

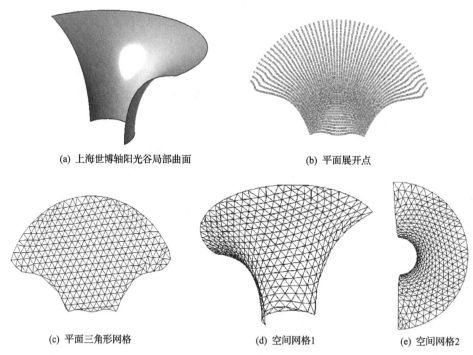

(a) 上海世博轴阳光谷局部曲面　　　　　　　(b) 平面展开点

(c) 平面三角形网格　　　　　(d) 空间网格1　　　　　(e) 空间网格2

图 6-16　上海世博轴阳光谷局部曲面及网格划分

4. 算例 4——凹凸起伏曲面

图 6-17 为凹凸起伏曲面及网格划分,采用本章的网格划分算法。图 6-17(b) 为展开后的平面展开点,图 6-17(c) 为展开后的有边界的二维平面上所生成的平面

三角形网格，图 6-17(d)、(e)为最终生成的空间网格。

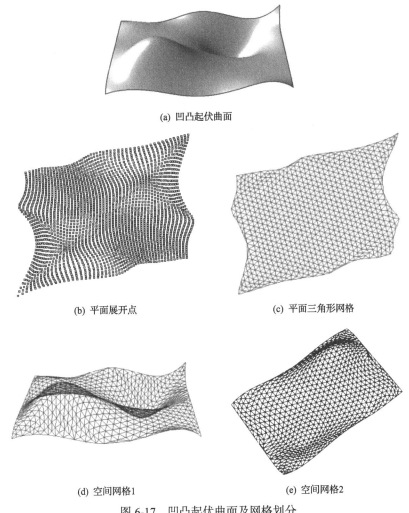

(a) 凹凸起伏曲面

(b) 平面展开点　　　　　　　　　　(c) 平面三角形网格

(d) 空间网格1　　　　　　　　　　(e) 空间网格2

图 6-17　凹凸起伏曲面及网格划分

6.5　本 章 小 结

　　本章基于曲面展开的思想实现自由曲面的网格划分，分为三个步骤，即曲面展开、平面网格生成、空间映射。该算法生成的网格整体上大小均匀、线条流畅，尤其是曲面内部，也能适应较复杂的边界，兼顾边界网格的质量。具体步骤如下：

　　(1)给出一种曲面展开方式，以参数域中心点作为展开中心，两条对角线作为展开基线，并根据面积变化最小原则，将空间曲面展开为有边界的二维平面。对于大多数自由曲面均能得到较好展开，但对于非常复杂自由的曲面或极不规则的曲面，展开效果欠佳，有待进一步优化算法。

(2)针对有边界的二维平面，从中心点将平面等分成六部分，依次使用线推进法生成平面网格。需要注意的是，边界复杂性对该算法有较大影响，本章综合分析了 8 种边界情况，虽然已经能解决绝大多数的曲面边界情形，但仍未覆盖所有情形，这部分有待深入研究。

(3)将二维平面的平面网格映射回自由曲面形成空间网格，若有必要，可以对边界处网格进行适度简单优化，得到最终结果。

第7章 基于映射和双向等分的网格生成方法

7.1 引 言

空间引导线法能较好地控制网格走势，生成总体上规整、流畅的网格，但网格在边界线附近长度不一、形状不佳。为了避免出现边界附近网格质量明显下降的问题，基于映射技术和曲面双向等分的思想，本章提出一种新的曲面网格自动生成方法，称为映射等分法。该方法在参数域内拟合曲线再映射到曲面上，保证生成的曲线始终在曲面上，在空间上对曲线进行分段，在一定程度上避免了映射畸变。通过两个方向上的曲线网将四条首尾相连的边界线确定的网格划分区域，近似等分成棋盘形的网格。引入多种针对 NURBS 曲面的处理方法，拓展算法的适用范围，提高网格的质量，并与等参线法、映射法以及第 5 章提出的空间引导线法进行对比，说明映射等分法的优缺点。

映射等分法既可以用于建筑曲面整体的网格划分，也可以用于局部曲线或网格的布置，为建筑曲面的网格划分提供一个简单高效的辅助设计工具。

7.2 基 本 算 法

映射等分法主要分为前处理、点阵布置以及后处理三个阶段。下面以图 7-1 (a) 所示的曲面为例，说明具体步骤。

7.2.1 前处理

前处理主要包括确定网格生成区域和设置网格生成参数两方面，是网格生成算法中需要用户参与的部分。

1) 确定网格生成区域

输入待划分的曲面，建立与平面域的双向映射关系，可选择的方法包括 NURBS 曲面参数映射、平面投影以及曲面展开等。通过少量的手动操作，如边界线的分割、合并，固定点设定，曲面的分块、扩展等，构造一个或者多个网格划分区域，每个网格划分区域由四条首尾相连的曲线围成。算例中，构造的网格划分区域如图 7-1 (b) 所示。

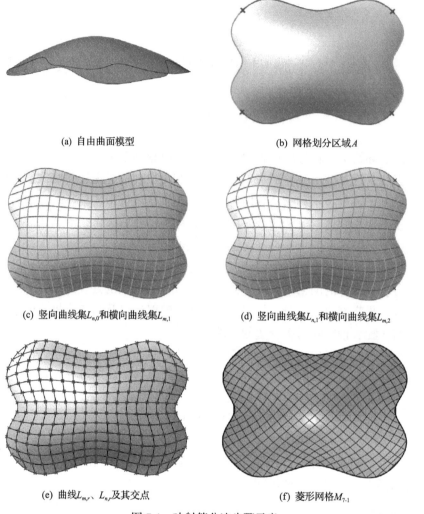

(a) 自由曲面模型　　　　　　　　　　(b) 网格划分区域A

(c) 竖向曲线集$L_{n,0}$和横向曲线集$L_{m,1}$　　　　(d) 竖向曲线集$L_{n,1}$和横向曲线集$L_{m,2}$

(e) 曲线$L_{m,r}$、$L_{n,r}$及其交点　　　　　　(f) 菱形网格M_{7-1}

图 7-1　映射等分法步骤示意

2）设置网格生成参数

设定主方向等分曲线数 m、次方向等分曲线数 n、曲线分段的方式、需要输出的网格样式等。m 和 n 除了直接指定，也可以根据设计杆长 h_0 确定，即

$$m = \left\langle \frac{l_{n,0} + l_{n,n+1}}{2h_0} - 1 \right\rangle \tag{7-1}$$

$$n = \left\langle \frac{l_{m,0} + l_{m,m+1}}{2h_0} - 1 \right\rangle \tag{7-2}$$

式中，$\langle\cdot\rangle$ 表示按四舍五入取整；$l_{n,0}$、$l_{n,n+1}$ 为次方向上两条边界线的长度；$l_{m,0}$、$l_{m,m+1}$ 为主方向上两条边界线的长度。

算例中，设定横向为主方向，$m=12$，$n=16$，曲线分段采用均弧划分，输出菱形网格。

7.2.2 点阵布置

在网格生成区域和参数确定后，算法的下一步是通过一系列的几何操作，在曲面上自动布置网格点。具体步骤如下：

(1) 将两条主方向边界线分别等分为 $n+1$ 段，并以测地线连接相同分位值的分段点，得到 n 条曲线。将这 n 条曲线和两条次方向边界线记为 $L_{n,0}$。

(2) 将 $L_{n,0}$ 中的曲线都等分为 $m+1$ 段，再将位于同一分位值上的分段点拟合成 m 条曲面上的光滑曲线。将这 m 条曲线和两条主方向边界线记为 $L_{m,i}$（i 为循环次数）。

(3) 类似地，将 $L_{m,i}$ 中的曲线都等分为 $n+1$ 段，再将位于同一分位值上的分段点拟合成 n 条曲面上的光滑曲线。将这 n 条曲线和两条次方向边界线记为 $L_{n,i}$。

(4) 按照上述方法，利用新的主方向（或次方向）曲线，生成新的次方向（或主方向）曲线（图 7-1 (c) 和 (d)）。当一次循环前后各网格点的移动距离足够小或者循环次数到达上限时，结束循环。

(5) 循环终止后，曲线集 $L_{m,r}$ 和 $L_{n,r}$（r 为已执行循环次数）的交点为 $(m+2)\times(n+2)$ 的点阵，即网格点（图 7-1 (e)）。

7.2.3 后处理

除了曲线集 $L_{m,r}$ 和 $L_{n,r}$ 构成的四边形网格，通过设定最小相似单元内部点阵的拓扑连接方式，如图 7-2 所示的 4 种基本连接方式，再拓展应用于 $(m+2)\times(n+2)$ 的网格点阵，可以得到多种形式的网格或曲线。

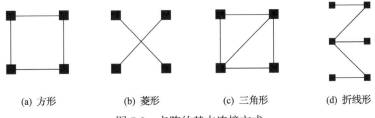

(a) 方形　　　　(b) 菱形　　　　(c) 三角形　　　　(d) 折线形

图 7-2　点阵的基本连接方式

算例中，最终按照设定输出菱形网格，如图 7-1 (f) 所示。此外，通过改变基本单元的拓扑连接方式，生成其他样式的网格，如图 7-3 所示的两种网格。

通过编写映射等分法网格划分程序，实现网格划分的自动化。以上步骤中涉及的几何操作并不复杂，且循环过程一般仅需数次即可终止。因此，程序能较快地得到运算结果，便于交互地进行网格设计。

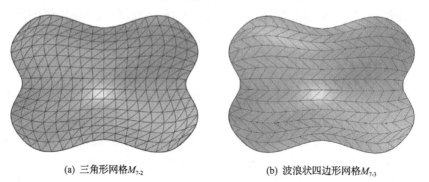

(a) 三角形网格$M_{7\text{-}2}$　　　　　　　　　　(b) 波浪状四边形网格$M_{7\text{-}3}$

图 7-3　三角形网格和四边形网格

7.3　算　法　完　善

7.3.1　边界线数量调整

将边界线由 q 条曲线段组成的曲面简称为 q 边曲面。7.2 节以 4 边曲面为例说明了映射等分法的基本算法。而通过调整曲面边界线数量，能够使上述算法适用于 3 边曲面和环形的 2 边曲面。

对于 3 边曲面，可以将 3 边曲面的一个角点视为一条长度极短的边，称为退化边，进而将 3 边曲面转化为 4 边曲面进行网格生成。如图 7-4 所示，将 3 边曲面的两个不同角点视为退化边，分别采用映射等分法生成等分曲线，得到两个规整性较差的网格（$M_{7\text{-}4}$ 和 $M_{7\text{-}5}$），再分别提取这两个网格上与退化边不相交的曲线，重新组合成一个网格，即可得到较为规整的网格（$M_{7\text{-}6}$）。由此实现了 3 边曲面的网格生成。

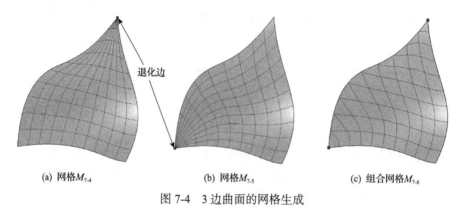

(a) 网格$M_{7\text{-}4}$　　　　　　　(b) 网格$M_{7\text{-}5}$　　　　　　　(c) 组合网格$M_{7\text{-}6}$

图 7-4　3 边曲面的网格生成

除了 3 边曲面，也存在仅有 2 条边界线的环形曲面，即 2 边曲面。针对这种情况，首先在曲面上确定一条连接 2 条边界线的曲线 C（图 7-5(a)中的线），再将 2 边曲面视为 2 条边界线在曲线 C 处重合的 4 边曲面，即可采用映射等分法生成曲面网格，如图 7-5(b)所示。

(a) 曲面　　　　　　　　　　　　　　(b) 网格M_{7-7}

图 7-5　环形曲面的网格生成

7.3.2　分块网格划分及缩格处理

1) 分块网格划分

对于某些曲面，如某一个方向尺寸变化较大的曲面，直接采用映射等分法生成的网格均匀性较差，可以首先对该曲面进行分块，再对每块曲面进行网格划分，其中曲面分块详见第 10 章。例如，直接采用映射等分法得到的网格 M_{7-8}，虽然流畅性较好，但长边周边网格和短边周边网格的大小存在较大的差异，如图 7-6(a)所示。将该曲面分成一个 4 边曲面和一个 3 边曲面，再分别采用映射等分法进行网格划分，由此得到的网格 M_{7-9} 大小规整，但线条在曲面分割线附近可能并不流畅，如图 7-6(b)中被圈出的区域，只需整合网格 M_{7-8} 的竖线和网格 M_{7-9} 的横线，

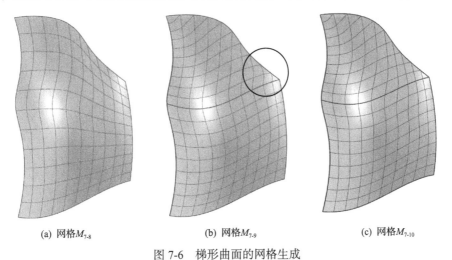

(a) 网格M_{7-8}　　　　　　　(b) 网格M_{7-9}　　　　　　　(c) 网格M_{7-10}

图 7-6　梯形曲面的网格生成

即可得到大小规整、线条流畅的网格 $M_{7\text{-}10}$，如图7-6(c)所示。

2)缩格处理

针对某一个方向上尺寸变化较大的曲面，除了进行分块划分，也可以采用缩格处理改善网格大小的均匀性。缩格处理是指当网格尺寸大于一定限值时，通过引入少量的三角形网格，调控网格的数量，网格整体的杆件长度趋于均匀。映射等分法包含两种缩格处理的自动实现，分别是"×2"型缩格，即网格数量增加为两倍或减少为二分之一，以及"+1"型缩格，即网格数量递增或递减，如图7-7所示。

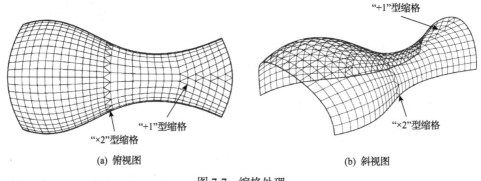

(a) 俯视图   (b) 斜视图

图7-7   缩格处理

7.3.3   固定点设置

由于结构的传力路径或特殊造型的需求等，曲面边界上会存在一些特殊的位置，如设置为网格结构的支座。为了实现支座的设定，将映射等分法中边界线的分段方式调整为包含固定点的曲线等分，而其他步骤不变，可生成考虑固定点的网格。此外，为了改善网格的均匀性和流畅性，还需要对考虑固定点的网格进行渐变优化。在渐变优化中，需要计算各条边界线上分段点的长度分位值。在某一方向上，第 i 条曲线第 j 个分段点 P_{ij} 在第 i 条曲线上的分位值为 w_{ij}，由同向的两条边界线上第 j 个分段点的分位值按线性插值得到，即

$$w_{ij} = \frac{(n-i) \times w_{0j} + i \times w_{n+1j}}{n+1} \tag{7-3}$$

式中，$0 \leqslant i \leqslant n+1$；$0 \leqslant j \leqslant m+1$。特殊地，当下标 i 为 0、$n+1$ 或 j 为 0、$m+1$ 时，点 P_{ij} 在边界线上，对应的 w 作为式(7-3)的已知值。

通过式(7-3)控制各曲线分段点的分布，以实现内部网格大小的渐变控制。以图7-8(a)所示的简单曲面为例，进行具体说明。

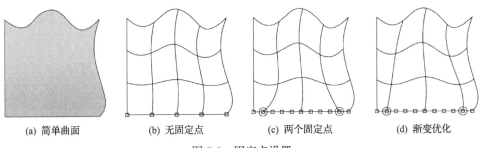

| (a) 简单曲面 | (b) 无固定点 | (c) 两个固定点 | (d) 渐变优化 |

图 7-8　固定点设置

1)初始设置

在简单曲面上采用映射等分法生成水平方向 $n = 2$、竖直方向 $m = 3$ 的曲线网，如图 7-8(b)所示。水平方向曲线都被等分为 4 段。在不设置固定点的情况下，各条水平方向曲线上同一编号 j 的分段点的分位值相同，即

$$w_{ij} = 0.25 \times j \tag{7-4}$$

式中，$0 \leqslant i \leqslant 3$；$0 \leqslant j \leqslant 4$。

2)固定点设置

在下边界线上设置了两个固定点，其在曲线上的分位值分别为 $w_{01} = 0.1$ 和 $w_{03} = 0.9$。对该边界线进行考虑固定点的曲线分段，结果如图 7-8(c)所示。

3)渐变优化

由式(7-3)重新计算内部分段点的分位值，结果如表 7-1 所示。将映射等分法中的曲线分段方式改为按相对位置分段，而其余条件不变，对原网格重新进行划分，结果如图 7-8(d)所示。

表 7-1　分段点的分位值

i	j				
	0	1	2	3	4
0	0	0.1	0.5	0.9	1
1	0	0.15	0.5	0.85	1
2	0	0.2	0.5	0.8	1
3	0	0.25	0.5	0.75	1

7.3.4　复杂边界处理

1)内边界

对于存在内边界的裁剪曲面，首先采用映射等分法生成不考虑内边界的网格，如图 7-9(a)所示，再将该网格和内边界线求交点，并剔除不在曲面上的杆件，如

图 7-9(b)所示。该方法操作简单，易实现，但会出现内边界线附近的节点数量较多、杆件长短不一等不利情况，不符合建筑网格的要求。

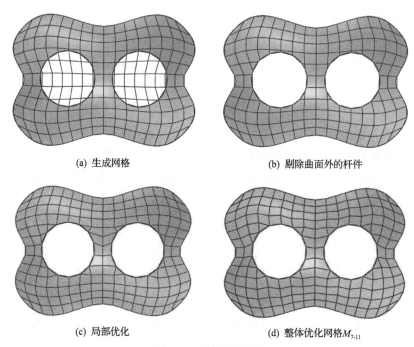

(a) 生成网格　　　　　　　　　　　　　　　(b) 剔除曲面外的杆件

(c) 局部优化　　　　　　　　　　　　　　　(d) 整体优化网格$M_{7\text{-}11}$

图 7-9　内边界的处理

为此，采用如下步骤进行改进：

(1)将内边界进行合理分段，如按设计杆长进行等分。

(2)采用映射等分法生成不考虑内边界的初始网格。

(3)将各内边界分段点替换成一个离其最近或较近的网格点(每个网格点仅能被替换一次)。

(4)对调整后的点阵进行曲线拟合、分段等操作，并裁去不在曲面上的部分，得到局部优化的网格，如图 7-9(c)所示。

(5)对网格进行基于映射等分法的全局优化，即对局部优化后的网格在两个方向上相互依托地进行曲线分段、拟合等操作，调整曲线形态，经多次迭代后得到新的网格，如图 7-9(d)所示。由此得到的网格，节点数量明显减少，杆件均匀性明显提高。

2)外边界

对于外边界较为复杂的曲面，如图 7-10(a)所示，首先通过取消裁剪或曲面延伸等方式，得到一个包含原曲面的扩展曲面。然后，在扩展曲面的四边形区域内用映射等分法生成网格，如图 7-10(b)所示。之后，裁去不在原曲面上的曲线部分，如图 7-10(c)所示，合并边界线上距离较小的网格点。最后，对调整后的网格进行基于映射等分法的全局优化，得到最终的网格，如图 7-10(d)所示。

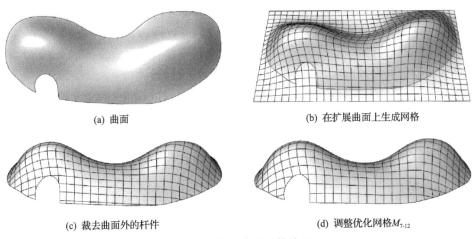

(a) 曲面　　　　　　　　　　　　(b) 在扩展曲面上生成网格

(c) 裁去曲面外的杆件　　　　　　　(d) 调整优化网格$M_{7\text{-}12}$

图 7-10　复杂外边界的处理

7.4　对　比　分　析

采用两种传统网格划分算法(即等参线法和映射法)对图 7-1(a)中的曲面进行网格划分。等参线法是指按一定间距提取曲面 u 向和 v 向的等参线，形成四边形网格，如图 7-11(a)所示。映射法是指首先将两对边界线分别等分为 16 段和 13 段，然后在参数域内连接相对的分段点后映射到曲面上，如图 7-11(b)所示。这两种算法得到的网格，虽然具有相对较好的流畅性，但边界线附近的网格均匀性较差，难以满足建筑网格的需求。

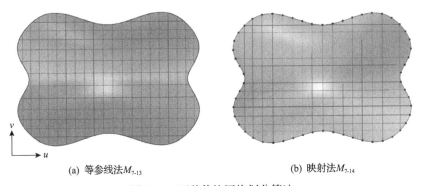

(a) 等参线法$M_{7\text{-}13}$　　　　　　　(b) 映射法$M_{7\text{-}14}$

图 7-11　两种传统网格划分算法

引导线法是指通过在曲面上偏移引导线来实现曲面网格的生成，图 7-12(a)

给出了一个用引导线法在星形曲面上生成四边形网格的算例。该网格在曲面内部较为规整，但在边界附近较为杂乱且有较多的节点。基于映射等分法，任取一条引导线将曲面分为两块，再在两个分块上分别生成一组与该引导线不相交的等分曲线。对于两条引导线，可分别得到两组等分曲线，如图 7-12(b) 和 (c) 所示。之后，合并这四组曲线在边界上的部分节点，再将调整后的节点作为固定点，重新在各分块上生成等分曲线，即四边形网格，如图 7-12(d) 所示。

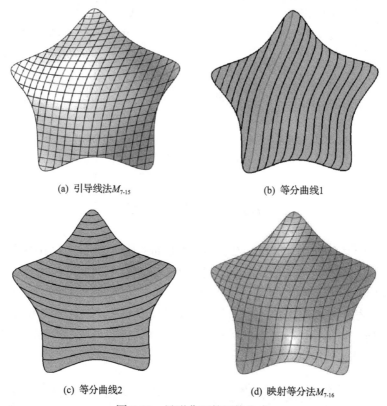

(a) 引导线法M_{7-15}　　　　　　　　(b) 等分曲线1

(c) 等分曲线2　　　　　　　　(d) 映射等分法M_{7-16}

图 7-12　星形曲面的网格生成

　　与传统的网格划分算法相比，映射等分法提高了杆件的均匀性，减少了节点数量，有助于降低网格结构的建造成本。

7.5　本　章　小　结

　　本章基于映射技术和曲面双向等分的思想，提出了映射等分法。首先，建立曲面从空间域到平面域的双向映射机制，并对曲面进行少量的手工处理，得到由四条边界线确定的网格划分区域。然后，将两条相对的边界线进行等分，并以测地线连接相对的分段点生成一组曲线。之后，等分该组曲线和同向的边界线，并将同一分位值的分段点拟合成一组另一个方向上的等分曲线。轮流对这两组曲线进行等分、拟合等操作，直到分段点位置无明显变化。最后，按设定的规律将分段点连接成曲面网格。

通过在映射等分法中加入对自由曲面的针对性操作，如边界线数量调整、分块网格划分、缩格处理、复杂边界处理等，拓展了映射等分法的适用范围，提高了网格质量。与传统网格划分算法的算例对比表明，映射等分法提高了网格的均匀性，减少了节点数量，有助于降低网格结构的建造成本。

映射等分法自动化程度高，生成速度快，避免了映射畸变，生成的网格样式丰富、线条流畅、杆长均匀，可用于自由曲面整体或局部的网格生成，为网格结构的设计提供了有用的工具。

但是映射等分法也有一定的局限性。借助于映射技术，映射等分法将空间曲面的网格划分问题转换成了简单的平面图形的网格划分，但这也限制了算法的适应性。对于复杂的多重曲面(或者网格曲面)，要建立一个合适的映射关系并不容易。此外，映射等分法中曲线等分再拟合的策略不一定能形成高质量的网格，尤其是对于两个方向上尺度变化明显的曲面。为此，映射等分法中还引入了缩格处理来改善网格的均匀性和规整性，但这改变了原本完全规则的拓扑，降低了网格的流畅性。

第8章 基于映射和拟桁架法的三角形网格划分

8.1 引　言

通过物理类比，将网格优化问题转换为相对简单的运动平衡求解问题，是一种比较常见的方法。例如，Shimada 等[76]将网格节点类比为气泡中心点，通过求解气泡紧密堆积的平衡位置，优化节点分布的均匀性，提出了气泡堆积法。Persson 等[72]将网格类比为桁架结构，通过寻找桁架内力平衡状态、优化杆长分布，提出了拟桁架法，并发布了运行在 MATLAB 上的平面网格生成器 distmesh，但 distmesh 也存在较多的缺点[74]，为此文献[146]提出了一些改进的办法。2015 年，基于网格生成器 distmesh，Koko[74]提出了一个新的网格生成器，解决了 distmesh 中对于非均匀网格较差的鲁棒性和固定点的不良处理等问题。气泡堆积法和拟桁架法都是主要用于平面图形的三角形网格划分算法。

另外，结合映射思想，可将平面网格划分或优化方法应用到曲面上。例如，危大结等[94]和潘炜[134]利用曲面近似展开的思想实现曲面与平面的双向映射，再分别结合 Delaunay 三角法和线推进法生成平面网格，完成对自由曲面的网格划分。结合物理模拟和映射技术，Zheleznyakova 等[79, 80]提出了拟分子运动法。他们将网格节点类比为相互作用的带电粒子，通过求解系统平衡状态得到节点的最优分布，再利用 Delaunay 三角法在 NURBS 曲面的参数域中生成平面网格，借用 NURBS 曲面的映射函数得到空间网格。

本章基于映射思想和物理模拟的思路，提出一种新的三角形网格自动划分方法，即映射拟桁架法。该方法的大体步骤可以描述如下：首先，将 NURBS 曲面从空间域映射到平面域上得到相应的平面图形；然后，对其采用考虑曲面信息的拟桁架法进行网格划分，得到平面三角形网格；最后，将其映射回空间域，得到曲面上的三角形网格。为了验证算法的有效性，编写了映射拟桁架法网格划分程序，对多个造型各异的自由曲面进行多种模式的网格划分。

8.2　算法概述及网格划分程序

为了实现自由曲面的网格划分，在 Delaunay 三角法、映射法和平面拟桁架法等经典网格划分算法的基础上，提出了映射拟桁架法。映射拟桁架法继承了平面拟桁架法将网格类比为桁架结构的思想，但在初始布点方式、距离函数 $d(u,v)$、

网格大小控制函数 $h(u,v)$ 等方面进行了重要的调整，使其可以更好地应用于 NURBS 曲面的网格划分。映射拟桁架法主要步骤如下。

（1）正映射：将 NURBS 曲面 S 从空间域映射到平面域上，得到相应的平面网格划分区域 A。

（2）初始化：在区域 A 的包络矩形内生成均匀分布的点阵 P_0，求 P_0 到边界的距离函数 $d(u,v)$，判断点阵 P_0 中的点是否在区域 A 内并移除外部点，得到在区域 A 内的点阵 P。

（3）网格调整：将点阵 P 用 Delaunay 三角法连成三角形网格 T_0，剔除在区域 A 外的三角形，得到网格 T。将网格 T 类比为平面桁架结构，用函数 $h(u,v)$ 代表 (u,v) 处的期望杆长。由实际杆长与期望杆长之差引发杆件轴力，网格点在各杆件轴力的作用下产生运动，迭代求解网格点平衡位置。迭代终止的条件为节点位移小于给定值且最差的网格质量指标大于给定值或迭代次数达到了设定的最大值。

（4）逆映射：将平面网格映射回空间曲面，得到曲面 S 的空间网格。

基于映射拟桁架法，在 Windows 平台上基于 MFC 框架，开发了映射拟桁架法网格划分程序。该程序主要采用 C++语言编写代码，应用 OpenGL[147]、OCC 和 CGAL 等图形类算法库，通过 NURBS 技术和带符号的距离函数进行几何表示，通过 IGES 格式进行几何数据的保存和交换，并集成在本课题组开发的软件"ZD-Mesher"[148]中。

映射拟桁架法网格划分程序的计算流程如图 8-1 所示。

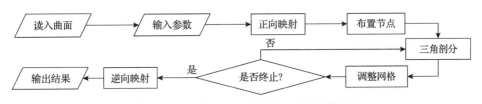

图 8-1　映射拟桁架法网格划分程序的计算流程

下面以图 8-2（a）所示的曲面为例，具体阐述映射拟桁架法程序对曲面的网格划分过程。

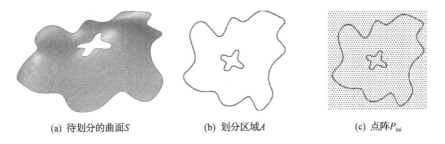

(a) 待划分的曲面 S　　　　　(b) 划分区域 A　　　　　(c) 点阵 P_{ini}

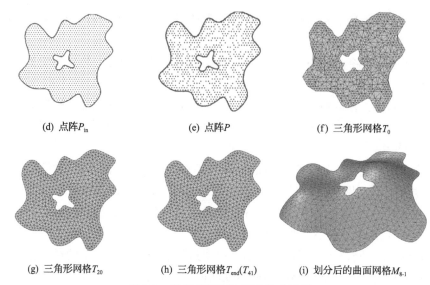

(d) 点阵P_{in}　　　　(e) 点阵P　　　　(f) 三角形网格T_0

(g) 三角形网格T_{20}　　　(h) 三角形网格$T_{end}(T_{41})$　　　(i) 划分后的曲面网格M_{8-1}

图 8-2　映射拟桁架法网格生成过程

(1)读入曲面。建筑上的自由曲面模型通常是采用 Rhinoceros、3DMax 等三维建模软件建立的 NURBS 曲面模型。IGES 格式是 CAD 领域广泛使用的图形文件格式之一。利用 OCC 算法库提供的技术支持，该程序可以直接从包含曲面信息的 IGES 文件中读入曲面信息，建立 NURBS 曲面的双向映射关系。裁剪曲面是由完整曲面和作为分割线的曲线联合表示的。造型相同的曲面可以对应于不同的参数域，而且可以通过曲面重建修改参数域以及两者间的映射关系。合适的映射关系能减少曲面上的曲线在空间上和参数域上的尺度变化，有助于达到较好的网格划分效果。在建筑学领域，对于作为屋盖的曲面，俯视图作为其参数域通常是一个不错的选择；对于作为幕墙的曲面，正视图作为其参数域通常是一个不错的选择。但对于某些曲面，如简单的球面，无法利用正投影建立与平面的一一对应关系，则需要采用其他方法。

简化起见，本章主要以 NURBS 曲面自身的映射关系为重点进行阐述，但也适用于其他映射关系，如通过曲面展开而形成的映射关系。算例中的曲面大多采用某一方向的正投影作为其参数域。对于一个参数域不是正投影的曲面，可以通过重建曲面的双向映射关系，将其正投影设定成参数域。

(2)输入参数。在选定待划分的曲面后，程序弹出用于参数设置的对话框，如图 8-3 所示。在对话框中，第一部分参数主要控制网格大小及其分布，其他部分参数的用途包括网格走向设置、固定点选取和算法的局部调整。用户通过调整这些参数来控制网格的生成过程，可能需要多次调整，以便获得最满意的网格。

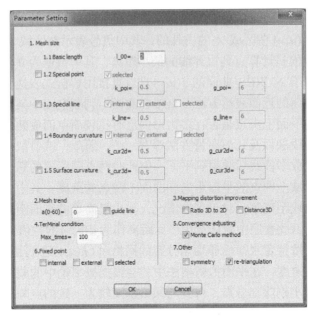

图 8-3　网格划分程序的参数设置对话框

（3）正向映射。将 NURBS 曲面 S 的边界曲线离散化成等长的小线段，即用闭合的多段线（多边形）近似表达原边界线（边界线本身就是多段线的就不用再划分）。将划分后的边界线映射到参数域上，即映射各分段点并保持拓扑连接方式不变，得到由单个或多个多边形表示的平面网格划分区域 A，如图 8-2（b）所示。

（4）布置节点。按照相等的间距 l_{00} 在区域 A 内布置点阵 P_{ini}，如图 8-2（c）所示。点阵 P_{ini} 中各点的坐标由式（8-1）和式（8-2）确定：

$$\begin{cases} u = u_0 + m l_{00} \\ v = v_0 + 2n\dfrac{\sqrt{3}}{2} l_{00} \end{cases} \tag{8-1}$$

$$\begin{cases} u = u_0 + \dfrac{l}{2} + m l_{00} \\ v = v_0 + (2n+1)\dfrac{\sqrt{3}}{2} l_{00} \end{cases} \tag{8-2}$$

式中，(u_0, v_0) 为包络区域 A 的矩形（$l_u \times l_v$）的中心；$m = 0, \pm 1, \pm 2, \cdots, \pm[l_u/l_{00}]$；$n = 0, \pm 1, \pm 2, \cdots, \pm[l_v/l_{00}]$，其中 $[x]$ 表示不大于 x 的正整数。然后，剔除 P_{ini} 中对应的 $d(u,v) > 0$ 的节点，得到区域 A 内的点阵 P_{in}，如图 8-2（d）所示。

映射拟桁架法沿用了拟桁架法中距离函数 $d(u,v)$ 的概念。$d(u,v)$ 在拟桁架法中是用来表示平面区域 A 的带符号的距离函数的，由符号和数值两部分组成，符号是用来判断点 (u,v) 在区域 A 的内外的，其中负号表示在区域 A 内，正号表示在区域 A 外；数值是计算点到边界线的最小距离，其中数值为 0 表示该点正好位于边界线上。由于 NURBS 曲面的 $d(u,v)$ 难以直接用解析式表达，映射拟桁架法采用了一种离散化的近似表达方法。直接在曲面上判断空间中某点是否在曲面上相对较难，而在平面上求点是否在多边形内已有比较简单而成熟的算法，如象限法、面积法、射线法以及几何向量方法等[149, 150]。因此，映射拟桁架法需要将曲面边界线离散化成多段线后映射到平面。但此时两点间距离的意义也变得更加多样，主要有参数域上两点的平面距离和曲面上两点的距离。其中，后者常用的有空间距离和测地线距离等。对于多数情况，采用最简单的平面距离就可以达到较好的划分效果，因此程序中默认选用平面距离作为 $d(u,v)$ 的数值。

当期望得到按特定规律而非均匀分布的网格时（$h(u,v)$ 不再恒等于 1），为了提高算法的收敛速度，在平面拟桁架法中，会根据概率论中的蒙特卡罗原则，按照各点的 h 值大小剔除部分点，得到与网格密度较为一致的点阵分布。由此得到的初始网格会比较凌乱。但无论是否在初始布点后剔除部分点，在多次迭代后，网格会变得比较规整，相对杆长的分布较为一致，网格的大小和流畅性会因为节点数的不同而存在差异。映射拟桁架法同样也可以根据蒙特卡罗原则对初始布点进行筛选。筛选后的点阵 P 如图 8-2(e) 所示。在输入参数这一步骤中，用户可以通过参数设定，决定是否启用基于蒙特卡罗原则的筛选算法。

(5) 三角剖分。采用 Delaunay 三角剖分将平面点阵 P_{in} 连接成三角形网格，再将三角形中心（一般取重心）位于区域 A 外（即距离函数 $d(u,v) > 0$）的三角形剔除，得到三角形网格 T_1。在第 i 次循环中，得到的三角形网格记为 T_i，如图 8-2(f) ～ (h) 所示。

(6) 调整网格。将网格 T_i 类比为平面桁架结构，用函数 $h(u,v)$ 代表 (u,v) 处的相对期望杆长。将网格 T 的杆长与期望杆长之差作为平面桁架的不平衡力。杆件的具体物理模型采用只有互斥力的线弹性模型，即

$$f(l, l_0) = \begin{cases} k(l_0 - l), & l < l_0 \\ 0, & l \geqslant l_0 \end{cases} \tag{8-3}$$

式中，l 为实际杆长；l_0 为期望杆长。杆件中点 (u,v) 处的期望杆长 $l_0(u,v)$ 为

$$\begin{cases} l_0(u,v) = R_{lh} h(u,v) \\ R_{lh} = \left(\dfrac{\sum l_j^2}{\sum h(u_j, v_j)^2} \right)^{0.5} \end{cases} \tag{8-4}$$

以节点 p_i 和 p_j 为端点的杆件作用力为

$$F(p_i) = g(p_i, p_j) = f(l(p_i, p_j), l_0(p_i, p_j)) \tag{8-5}$$

式中，$l(p_i, p_j)$ 为两端点间的距离；$l_0(p_i, p_j)$ 为将两端点的中点位置代入式(8-4)所求得的期望杆长。

各节点受到周围杆件的合力 $F(p_i)$ 为

$$F(p_i) = \sum_{p_j \in P_i} g(p_i, p_j) \tag{8-6}$$

式中，P_i 为所有与节点 p_i 直接相连的节点的集合。

根据建立的桁架受力模型，确定了各个杆件的受力状态，之后就需要模拟桁架节点的运动轨迹，求解平衡位置。映射拟桁架法沿用了拟桁架法的数值求解方法，即采用显式欧拉法求常微分方程(8-7)的解[72]。

$$\frac{\mathrm{d}s}{\mathrm{d}t} = F(p), \quad t \geqslant 0 \tag{8-7}$$

初始状态下（$t = 0$ 时），节点的位置为 p^0。迭代的时间步长为一个较小值 Δt。已知 $t = n\Delta t$ 时的节点位置 p^n，可由式(8-6)求得 $F(p_i^n)$，再由式(8-8)求得一个时间步长后（$t = (n+1)\Delta t$ 时）的节点坐标 p^{n+1}。

$$p^{n+1} = p^n + \Delta t F(p_i^n) \tag{8-8}$$

每次移动后，可能会存在部分节点位于网格划分区域 A 之外的情况，需要将这些节点移回区域 A，具体方法如下：计算各节点在新位置上的距离函数 $d(u,v)$，并将 $d(u,v) > 0$ 的节点按照式(8-9)拉回区域 A 的边界线上。这相当于作用了一个垂直边界线切线方向向内的反力在节点上，保证节点不会移动到边界外。

$$p_i^{n+1\prime} = p_i^{n+1} - d(p_i^{n+1}) \nabla d(p_i^{n+1}), \quad d(p_i^n) > 0 \tag{8-9}$$

式中，$p_i^{n+1\prime}$ 为调整后的位置；$\nabla d(p_i^{n+1})$ 为方向向量，采用有限差分法计算。

根据式(8-8)和式(8-9)，由节点在前一时刻的位置，确定其在下一时刻的位置，如此循环调整节点位置。

当 $f = 0$ 时，$l = l_0$，是理想的平衡状态。但为了使节点能充分地布满整个图形，保证边界的饱满，要求多数的杆件受到一定的斥力作用（$l > l_0$）。这意味着当 l 接近期望杆长时，$f(l, l_0)$ 应为正。因此，设置 l_0 应稍大于实际期望的杆长（实践表明较合理的放大倍数大约是 1.2）。

注意到节点受到的力与节点的拓扑有关，在上述循环计算中，节点位置发生了改变。若对位置更新后的节点重新用 Delaunay 三角法生成网格，很可能会和原网格的拓扑有所不同。Delaunay 三角法需要相对较大的运算。为了提升运算效率，在最大的节点移动距离超过给定阈值或每隔多个时间步长后，才启用 Delaunay 三角法重新生成网格，可以由用户自主设定是否启用 Delaunay 三角法重建网格。

(7)终止判别。循环的终止条件有多种选择，即节点位移小于给定值、最差的网格质量指标大于给定值、迭代次数到了设定的最大值以及它们的组合。在拟桁架法中，只用最大节点位移是否小于给定值作为收敛判断，是比较有局限性的。网格的质量在运动模拟中通常表现为在最初的多个时间步长内快速上升，之后往往表现出波动的特性。收敛条件设置得过于苛刻，可能无法终止。当终止条件得到满足时，循环终止继续下一步，否则返回三角剖分这一步骤。

(8)逆向映射。将平面网格映射回空间曲面，即可得到相应点的空间坐标，并按照平面网格的拓扑将空间节点连接成网格，得到最终的网格(M_{8-1})，如图 8-2(i)所示。

(9)输出结果。最后，输出程序的运行日志、网格质量评价文件，以及记录网格和曲面信息的 IGES 文件。

8.3　边界适应性及网格调控

映射拟桁架法能划分各种造型的自由曲面，有很强的边界条件适应性。在计算过程中，边界曲线会被离散为多段线。只要曲面和参数域保持一一映射的关系，很复杂的边界曲线在参数域中也是一个或多个多边形，并且只要划分的线段足够多，就可以满足任意精度的要求。而平面多边形的边界信息以带符号的距离函数 $d(u,v)$ 表示。6 个造型各异的曲面采用映射拟桁架法划分得到高质量的网格，如图 8-4 所示。

对于均匀网格来说，期望杆长 l_0 是一个常数。但是在一些情况下，设计师会更倾向于大小各异的网格。如何在网格划分时调控好网格大小的分布是一个重要问题。

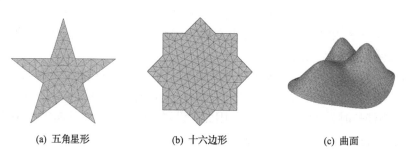

(a) 五角星形　　　　　　(b) 十六边形　　　　　　(c) 曲面

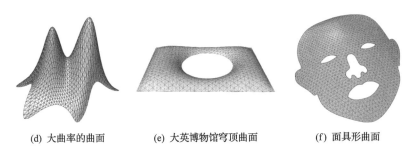

(d) 大曲率的曲面　　　　(e) 大英博物馆穹顶曲面　　　　(f) 面具形曲面

图 8-4　映射拟桁架法生成的网格

在映射拟桁架法中，式(8-4)定义了各个位置上的期望杆长。在迭代终止后，实际杆长 l 会接近于(一般稍大于)期望杆长 l_0($l \approx ml_0$，m 大约为 1.2)。由式(8-10)可知，相对杆长的分布也会接近于 $h(u,v)$。

$$\frac{l}{h} \approx \frac{ml_0}{h} = \frac{ml_{0\min}}{h_{\min}} = \frac{ml_{0\max}}{h_{\max}} = mR_{lh} \qquad (8\text{-}10)$$

程序中设定 $h \in [h_{\min}, h_{\max}]$，则

$$h = \frac{l_0}{l_{0\max}/h_{\max}} = \frac{l_0}{l_{0\min}/h_{\min}} \approx \frac{h_{\min}}{ml_{00}}l \qquad (8\text{-}11)$$

式中，$h_{\min}$ 和 l_{00} 是由用户设定的值，且 $l_{00} \approx l_{0\min}$，$h_{\min}>0$；$h_{\max}=1$。

由式(8-11)可知，程序可以从基本杆长 l_{00} 和杆长控制函数 $h(u,v)$ 实现对网格大小的深度控制，其中前者控制网格的整体大小，后者表示以点 (u,v) 为中心杆件的相对期望杆长，用于控制网格相对大小的分布。根据设计师的潜在需要，能否设计出合适好用的 $h(u,v)$ 函数，是影响映射拟桁架法是否能被设计师接受的关键之一。

为了获得与曲面特征相适应或者符合特定要求的网格分布，不同于已有的杆长控制函数的确定方法[74, 147]，映射拟桁架法采用了一种简单、灵活的杆长控制函数 $h(u,v)$，它在设计时主要考虑了到参考点或线的距离、曲线的曲率以及曲面的曲率等方面因素对杆长的影响。

(1)整体大小。首先，基本杆长 l_{00} 是控制网格大小的主要因素。当以杆长均匀性为目标时，即 $h(u,v)$ 恒定为 1，则 l_{00} 的大小决定了网格整体的大小。图 8-5 给出了同一个曲面取两个不同的 l_{00} 值而划分的曲面示例。从图中可以看出，当 $h(u,v)$ 恒定为 1 时，网格 $M_{8\text{-}2}$ 和 $M_{8\text{-}3}$ 的杆件长度均匀、单元形状规整、内部线条流畅。

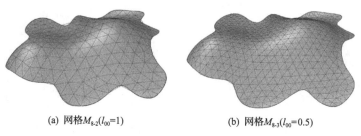

(a) 网格$M_{8-2}(l_{00}=1)$　　　　　　　　(b) 网格$M_{8-3}(l_{00}=0.5)$

图 8-5　网格整体大小调控

(2)距离因素。有时，为了准确地表达造型或者提升网格结构的承载力等，靠近某些点或者线的区域需要比其他区域有着更加稠密的网格。为此，在上述映射拟桁架法的基本步骤外，增加如下两个简单步骤：在曲面上选取点(线)作为距离调控参考点(线)；根据杆件中心到参考点(线)的距离大小，更准确地说是根据特定的$h_{\text{dis}}(u,v)$函数，调整杆件的期望长度。$h_{\text{dis}}(u,v)$函数的形式有多种方案可供选择，这里采用简单易用的线性函数形式，即

$$h_{\text{dis}}(p) = k + (1-k)\frac{d_{\text{dis}}(p)}{g\,l_{00}} \tag{8-12}$$

式中，p 为杆件中点，其坐标为(u,v)；k、g 均由用户输入，k 为最稠密区域杆长和最稀疏区域杆长的比值($k = h_{\text{min}}$)，g 为最稠密区域到最稀疏区域的过渡区域的大小；$d_{\text{dis}}(p)$ 为从点 p 到参考点(线)的最小距离。通过改变式(8-12)中参数 k、g 的大小，调控边界线附近网格的稠密程度。中心点紧邻参考点(线)的杆长大致为l_{00}，而最稀疏区域内的杆长稳定在 l_{00}/k 左右，两者间的过渡区域范围大概为 $g\,l_{00}$。如果曲面上不存在离参考点(线)的最短距离大于 $g\,l_{00}$，那么就不存在最稀疏区域。整个曲面都处于网格大小渐变的过渡区域。

举例来说，算例 1 是一个四角拱形曲面，以它的四个角点作为距离调控参考点，采用两组参数分别进行网格划分，如图 8-6 所示。算例 2 是一个有多条边界线的面具形曲面，以它的内边界作为距离调控参考线，同样采用两组参数分别进行网格划分，如图 8-7 所示。从图 8-6 和图 8-7 中可以看出，在距离因素调控下，网格按照指定的规律分布得疏密有致、过渡自然，保持着较高的规整性。

(3)曲线曲率因素。为了用较少的杆件准确地表达曲面边界，网格大小对曲线曲率的适应也是必要的。根据曲线的曲率大小，可调整周边的网格大小。曲线上曲率较大位置附近的网格较密，曲率较小位置附近及离边界线较远的网格较疏。一般需要考虑曲率调整的曲线就是边界线。类似距离因素的调整模式，对于曲率

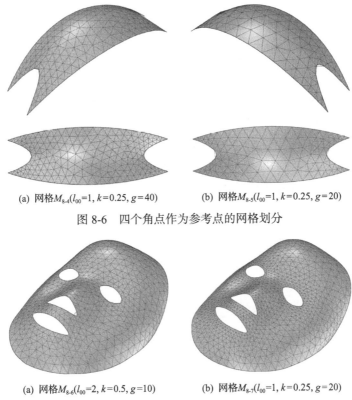

(a) 网格$M_{8-4}(l_{00}=1, k=0.25, g=40)$　　　　(b) 网格$M_{8-5}(l_{00}=1, k=0.25, g=20)$

图 8-6　四个角点作为参考点的网格划分

(a) 网格$M_{8-6}(l_{00}=2, k=0.5, g=10)$　　　　(b) 网格$M_{8-7}(l_{00}=1, k=0.25, g=20)$

图 8-7　内边界作为参考线的网格划分

因素的调整，也是采用简单的线性方程模式（相对曲率半径而言），如式（8-13）所示。为了降低运算的复杂度，考虑到曲率平缓的区域并不需要调整网格，引入一个参数c_b作为需要考虑网格调整的曲率下界（默认取为$2/l_{00}$）。下面采用两种方法实现考虑曲线曲率因素的网格大小调控。

$$k_1 = k+(1-k)\left|\frac{r}{r_b}\right| = k+(1-k)\left|\frac{c_b}{c}\right| \tag{8-13}$$

式中，c 为曲率；r 为曲率半径；$r_b =1/c_b$。

　　①直接法。直接法是直接计算网格点在边界线上的最近点，并以最近点作为曲率调控参考点，按照式（8-13）进行曲率因素的调整，然后按照式（8-12）进行距离因素的调整，本质是曲率和距离两个因素的串联调整，其对应的控制方程为

$$k_1 = k+(1-k)\left|\frac{c_b}{c_{\text{cloest}}}\right| \tag{8-14}$$

$$h_{\mathrm{cur2d}}(p)=k_1+(1-k_1)\frac{d_{\mathrm{cloest}}}{g\,l_{00}} \tag{8-15}$$

式中，c_{cloest} 为网格点 p 在边界线上的最近点的曲率；d_{cloest} 为网格点和最近点之间的距离。

图 8-8 给出了两个用直接法根据边界线曲率调控网格大小的算例。对于图 8-8(a)中的算例，在边界上五个弧度较大的转角处，网格 $M_{8\text{-}8}$ 的杆件的尺寸相对较小，大约是内部杆长的一半，达到了预期的调控目标。然而，对于图 8-8(b)中的算例，由于心形曲面在边界线内凹处存在非常明显的曲率突变，生成的网格 $M_{8\text{-}9}$ 在曲率突变附近出现了一些狭长的三角形。

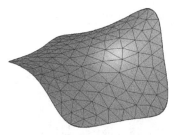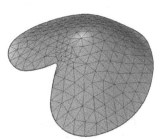

(a) 网格$M_{8\text{-}8}(l_{00}=1,\,k=0.5,\,g=6)$　　　　　(b) 网格$M_{8\text{-}9}(l_{00}=1,\,k=0.2,\,g=12)$

图 8-8　直接法生成的考虑边界线曲率调控的网格

②间接法。为了避免出现狭长的网格，控制网格边长的变化梯度，进一步提出了间接法。间接法是首先在边界线上按较高的密度布置采样点集。采样点集需要尽可能覆盖曲线上曲率较大的位置。方便起见，直接采用边界线离散表示时的分段点作为采样点集，记为 P_{sam}。然后，计算各个采样点在曲线上的曲率。直接剔除点集 P_{sam} 中对应的曲率小于曲率下界 c_{b} 的采样点，得到点集 P_{ref} 之后，以点集 P_{ref} 中的点作为曲率调控参考点。间接法生成的杆长控制方程是先对各参考点处的相对期望杆长按曲率大小进行调整，再以各参考点为中心辐射，按距离大小调整周边的相对期望杆长，具体采用以下公式计算：

$$k_{1,i}=k+(1-k)\left|\frac{c_{\mathrm{b}}}{c_{\mathrm{ref},i}}\right| \tag{8-16}$$

$$k_{2,i}=k_{1,i}+(1-k_{1i})\frac{d_{\mathrm{ref},i}}{g\,l_{00}} \tag{8-17}$$

$$h_{\mathrm{cur2d}}(p)=\min_{i=1}^{n_{\mathrm{r}}}[k_{2,i}] \tag{8-18}$$

式中，$c_{\mathrm{ref},i}$ 为第 i 个参考点对应的曲率；$d_{\mathrm{ref},i}$ 为网格点到第 i 个参考点的距离；n_{r}

为参考点的数目。

采用间接法重新对心形曲面进行曲线曲率调控下的网格划分，得到的网格如图 8-9(a) 所示。网格 $M_{8\text{-}10}$ 中不存在狭长的低质量网格，网格大小的过渡较为自然。此外，对于一个造型更复杂的五角星形的曲面，间接法同样取得了较好的网格划分效果。对应的网格 $M_{8\text{-}11}$ 形状规整，且在曲面内边界的五个转角处，以较小的杆长较准确地表达了边界线形状，如图 8-9(b) 所示。这两个算例表明间接法能较好地适应曲率变化明显的曲线。

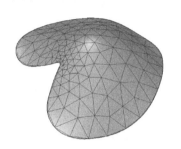
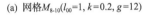

(a) 网格 $M_{8\text{-}10}(l_{00}=1,\,k=0.2,\,g=12)$　　　　　(b) 网格 $M_{8\text{-}11}(l_{00}=0.5,\,k=0.4,\,g=8)$

图 8-9　间接法生成的边界线曲率调控下的网格

(4) 曲面曲率因素。为了用较少的网格数量准确地表达自由曲面，网格大小对曲面曲率的适应也是必要的。与曲线曲率的调整类似，设置曲面曲率下界 c_{b}（也默认取为 $2/l_{00}$）。为了适应各个方向上最小的曲率半径，这里的曲率默认采用最大主曲率。同样，只有最大主曲率大于 c_{b} 的曲面区域才有调整网格大小的必要，具体调整方法也分为直接法和间接法。

①直接法。对于某个网格节点，直接以其所处位置的最大主曲率 c 进行曲率调整。如果 $c < c_{\text{b}}$，则 $h=1$；如果 $c \geqslant c_{\text{b}}$，则由式 (8-19) 计算相对期望杆长：

$$h_{\text{cur3d}}(p) = k+(1-k)\left|\frac{c_{\text{b}}}{c}\right| \tag{8-19}$$

直接法比较简单易懂，但如果局部区域的曲率变化较大，相邻网格边长的变化将会非常明显，导致出现狭长的三角形网格，如图 8-10(a) 所示。

②间接法。间接法是先在网格划分区域内上按合理的密度布置采样点集，为方便起见，这里就以初始布点时产生的点阵 P_{in} 作为采样点集 P_{sam}。剔除点集 P_{sam} 中对应的曲率小于 c_{b} 的点，得到曲率调控参考点集 P_{ref}。之后，代入式 (8-16)～式 (8-18) 进行计算，但此时公式中的 c_{b} 和 $c_{\text{ref},i}$ 都为曲面曲率，而 $h_{\text{cur2d}}(p)$ 也改为了 $h_{\text{cur3d}}(p)$。

图 8-10(b) 给出了采用间接法生成的曲面曲率调整下的网格。相比于网格 $M_{8\text{-}12}$，网格 $M_{8\text{-}13}$ 有着更加协调的杆件、更加规整的三角形单元。这表明间接法能

更好地对曲率变化明显的曲面进行大小调控。

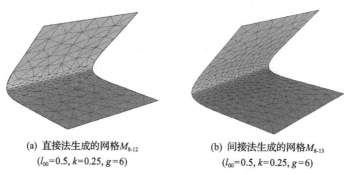

(a) 直接法生成的网格$M_{8\text{-}12}$
(l_{00}=0.5, k=0.25, g=6)

(b) 间接法生成的网格$M_{8\text{-}13}$
(l_{00}=0.5, k=0.25, g=6)

图 8-10　曲面曲率调整下的网格

(5) 网格大小综合调整。曲率的直接法调整概念简单，但容易在曲率变化明显的区域形成狭长三角形。而间接法克服了直接法的不足，引入曲率参考点控制变化梯度，可有效避免出现狭长三角形，使网格划分效果更佳。因此，后续主要采用间接法实现曲率因素对网格大小的调控。

将到参考点或线的距离、曲线或曲面的曲率等因素整合在一起，得到多种因素共同作用下的杆长控制函数，即

$$h(p) = \min\left[h_{\text{dis}}, h_{\text{cur2d}}, h_{\text{cur3d}}, 1\right] \tag{8-20}$$

需要注意的是，对于不同的控制因素，对应的参数 k、g 可以在图 8-3 所示的对话框中分别设定。

在图 8-11～图 8-13 中，参考现有的建筑结构(膜结构、网壳、斜屋顶)的表面造型，建立了三个自由曲面，并强化曲面在弯曲、光顺和自由方面的特征。对这

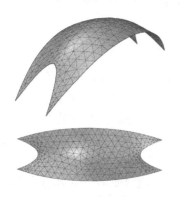

图 8-11　考虑到参考点距离和
边界线曲率因素的网格 $M_{8\text{-}14}$

(l_{00} = 0.5, k_{poi} = 0.2, g_{poi} = 20, k_{cur2d} = 0.2, g_{cur2d}=10)

图 8-12　考虑到外边界距离和
内边界曲率因素的网格 $M_{8\text{-}15}$

(l_{00} = 0.25, k_{line} = 0.5, g_{line} = 10, k_{cur2d} = 0.25, g_{cur2d} = 20)

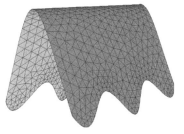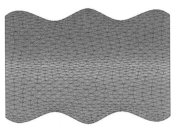

图 8-13　考虑边界曲率和曲面曲率的网格 $M_{8\text{-}16}$

（$l_{00} = 0.25$，$k_{cur2d} = 0.25$，$g_{cur2d} = 10$，$k_{cur3d} = 0.5$，$g_{cur3d} = 10$）

三个曲面都采用映射拟桁架法进行网格划分，同时启用综合的杆长控制函数，进行多因素影响下的网格调控。

图 8-11 中的曲面是一个拱形雨篷的表面，划分时从到四个角点的距离和边界线曲率两个方面调控网格大小。生成的网格 $M_{8\text{-}14}$ 在靠近四个角点和两条边界线上曲率较大处时，杆长逐渐变小，且最大杆长大约是最小杆长的 5 倍。

图 8-12 中的曲面是星形网壳屋顶表面，划分时从到外边界距离和内边界曲率两个方面调控网格大小。靠近内边界五个转角处的区域具有最小的杆长，大约是靠近外边界杆长的 1/2，是内部杆长的 1/4，与设定的参数 $k_{line} = 0.5$，$k_{cur2d} = 0.25$ 吻合。

图 8-13 中的曲面是由简单的斜屋顶表面经过处理得到的自由曲面。划分时从边界曲率和曲面曲率两个方面调控网格大小。生成的网格 $M_{8\text{-}16}$ 在大曲率位置附近具有更小的网格单元。

从这三个算例可以直观地看出，映射拟桁架法实现了对网格大小的深度控制，划分的网格疏密有致、过渡自然、形状规整。

（6）网格走向调整。设计师很可能会对网格的走向进行要求，而映射拟桁架法可以通过旋转初始点集，控制网格的整体走向。每个网格点 $p(u,v)$ 以点 $p_0(u_0,v_0)$ 为圆心旋转 α 度。在不专门设定的情况下，点 p_0 采用平面网格划分区域 A 的包络矩形的中心。旋转后的节点 $p'(u',v')$ 由式（8-21）计算：

$$\begin{cases} u' = (u - u_0) \times \cos\alpha - (v - v_0) \times \sin\alpha + u_0 \\ v' = (u - u_0) \times \sin\alpha + (v - v_0) \times \cos\alpha + v_0 \end{cases} \tag{8-21}$$

用户可以在程序中直接定义旋转角 α 的值，也可以通过设定一条引导线间接地求取旋转角度。引导线由两个顶点 $p_1(u_1,v_1)$ 和 $p_2(u_2,v_2)$ 确定。这两个顶点一般由用户交互选取，那么 α 为

$$\alpha = \begin{cases} \arctan\left[(v_2 - v_1)/(u_2 - u_1)\right], & u_1 \neq u_2 \\ 90°, & u_1 = u_2 \end{cases} \tag{8-22}$$

作为示例，采用映射拟桁架法对一个面具造型的曲面进行网格划分，并设定两个不同旋转角度下生成的网格 $M_{8\text{-}17}$ 和 $M_{8\text{-}18}$，如图 8-14 所示。网格 $M_{8\text{-}17}$ 和 $M_{8\text{-}18}$ 在网格线的走向上大约有 30° 的差异。

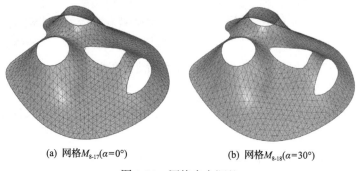

(a) 网格 $M_{8\text{-}17}(\alpha=0°)$ (b) 网格 $M_{8\text{-}18}(\alpha=30°)$

图 8-14 网格走向调整

（7）固定点设置。设计师可能希望自由曲面上的某些特定位置能成为网格的节点，如边界线的转折点、曲面上最大曲率点以及与其他结构关联而需要布置节点的位置等。由于映射拟桁架法是将网格类比为桁架结构，设置固定点并不困难，只需要在运动模拟过程中，将固定点上受到的力都强制设为零。此外，固定点设置时，为了加快收敛和避免固定点附近网格过密，需要对初始点阵进行调整，去除点阵 P 中距离任一固定点 p_{fix} 小于 $0.5h(p_{\text{fix}})$ 的点。例如，在图 8-15 给出的映射拟桁架法网格划分算例中，曲面边界线上的 6 个转折点既设定为固定点，又设定为考虑距离因素调控网格大小的参考点。网格 $M_{8\text{-}19}$ 能较好地表达原曲面的尖锐特征（即边界上的 6 处转折），又具有较高的规整性。

设计师也可能希望在曲面的不同区域有不同的网格。一个简单的实现方法是用几个分割线将曲面分成几块，再将分割线按照期望长度划分成若干段。之后，将分段点固定，逐一划分各个曲面分块。这种方法也可以用于多重曲面的网格划分。例如，在图 8-16 中，自由曲面被划分成两个分块，并且分割线上的节点是固定的。两块曲面用映射拟桁架法在不同的参数设定下生成大小分布不同的两种网格。

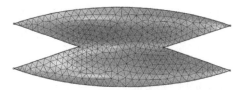 

图 8-15 网格 $M_{8\text{-}19}$（6 个固定点）   图 8-16 分块划分的网格 $M_{8\text{-}20}$

8.4　映射畸变的改善方法

基于映射技术的网格生成方法多数都面临映射畸变的问题。由于映射前后各点间距离变化得不均匀,高质量的平面网格映射到三维空间后变得狭长、不均匀,因此出现网格质量下降的现象,称为映射畸变。针对映射拟桁架法,提出了三种在一定程度上改善映射畸变的方法。

以图 8-17 中 20m 高的山峰形曲面为例。该曲面以竖直投影为参数域,对应直径为 40m 的圆。以生成尽可能均匀的网格为目标,设置基本杆长 $l_{00} = 2m$,直接采用映射拟桁架法划分的网格如图 8-18 所示。网格 $M_{8\text{-}21}$ 在山腰处存在较明显的拉伸变形。

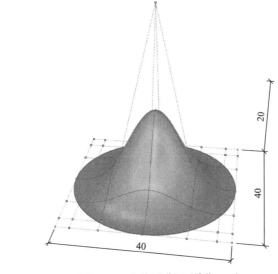

图 8-17　山峰形曲面(单位:m)

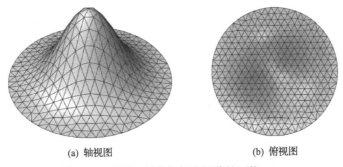

(a) 轴视图　　　　　　　　　　(b) 俯视图

图 8-18　采用映射拟桁架法划分的网格 $M_{8\text{-}21}$

（1）距离比。若在参数域划分阶段就根据各处的映射畸变情况对平面网格划分加以控制，则能在一定程度上改善曲面网格的形态。对杆长控制函数进行空间平面距离比的修正，就是基于这一思想。

曲面上一点 $p(x,y,z)$ 的空间平面距离比为

$$R = \frac{\mathrm{d}u' / \mathrm{d}u + \mathrm{d}v' / \mathrm{d}v}{2} \tag{8-23}$$

式中，$\mathrm{d}u'$ 为点 p 到点 $p_{\mathrm{d}u}$ 的空间距离；$\mathrm{d}v'$ 为点 p 到点 $p_{\mathrm{d}v}$ 的空间距离；$\mathrm{d}u$ 和 $\mathrm{d}v$ 取一较小值。点 p、点 $p_{\mathrm{d}u}$ 和点 $p_{\mathrm{d}v}$ 分别为参数域上的点 $p(u,v)$、点 $p(u+\mathrm{d}u,v)$、点 $p(u,v+\mathrm{d}v)$ 在曲面上的对应点。

空间平面距离比调整后的相对期望杆长为

$$h'(p) = \frac{h(p)}{R(p)} \tag{8-24}$$

数值上，R 越大，期望杆长 h' 越小。

此外，节点将在不平衡力的作用下迭代移动到最佳位置。然而，如果变形过于剧烈，空间上形状规整的三角形映射到平面后可能变得狭长，反之亦然。采用 Delaunay 三角法重新将节点连接成网格，可能导致空间上出现低质量的网格。为了避免这个矛盾，在网格划分程序的参数设置对话框中设定取消重新三角剖分的环节。在后续的网格调整中，内部节点间的拓扑连接方式不变，边界附近的节点拓扑调整几次后也固定下来。

示例中的曲面采用调整后的 $h'(u,v)$ 进行三角形网格划分，得到的结果如图 8-19 所示。

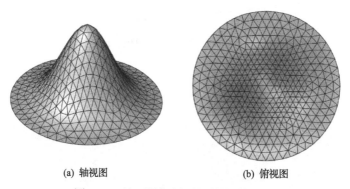

(a) 轴视图　　　　　　　(b) 俯视图

图 8-19　基于距离比调整后的网格 M_{8-22}

（2）杆长。众所周知，平面上两点的欧氏距离为

$$d(p(u_1,v_1),p(u_2,v_2)) = \sqrt{(u_1-u_2)^2+(v_1-v_2)^2} \qquad (8\text{-}25)$$

而空间上两点的欧氏距离为

$$d(p(x_1,y_1,z_1),p(x_2,y_2,z_2)) = \sqrt{(x_1-x_2)^2+(y_1-y_2)^2+(z_1-z_2)^2} \qquad (8\text{-}26)$$

在网格划分程序中，实际杆长默认取两个节点间的平面距离。这里改用空间距离来表示实际杆长，而期望杆长的计算方式不变。类似于距离比的调整方法，杆长采用空间距离表示后，在网格调整的过程中，不再使用 Delaunay 三角法修改节点拓扑连接方式，而其他步骤不变，重新对图 8-17 中的曲面算例进行网格划分，得到网格 $M_{8\text{-}23}$，如图 8-20 所示。

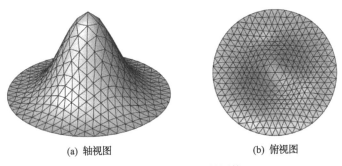

(a) 轴视图　　　　　　　　　　　　(b) 俯视图

图 8-20　基于杆长调整后的网格 $M_{8\text{-}23}$

(3) 映射关系。在映射拟桁架法中，类似于其他映射方法，一个合适的映射关系将有助于生成高质量的网格。NURBS 曲面自身与参数域的映射关系，尤其利用曲面的正投影变换重建而来的映射关系，是程序中默认采用的映射关系。此外，利用曲面的近似展开算法建立双向映射关系的方法也被许多基于映射思想的网格划分算法采用，并取得了较好的效果[133, 134, 151]。下面将介绍一种曲面近似展开方法，用于改善一些 NURBS 曲面的映射畸变。

在 Rhinoceros 软件中，*squish* 指令和 *squishback* 指令分别实现了将两个方向都有曲率的不可展 NURBS 曲面近似展开成平面的功能以及将展开的平面上的曲线或点对应至原曲面的功能。这两个指令本质上就是建立一种曲面与平面间的双向映射关系，其中 *squish* 指令是从曲面映射到平面，*squishback* 指令是从平面逆映射到曲面，并且通过内部算法保证曲面和平面间的度量差异较小。为了利用这种映射关系，需要局部地修改网格划分流程。首先，在 Rhinoceros 软件中利用 *squish* 指令将曲面展开成平面图形(图 8-21 (a))，再将该平面图形导入网格划分程序中划分成网格(图 8-21 (b))，接着将平面网格导回 Rhinoceros 软件中，并利用 *squishback* 指令将网格边对应到原曲面上。但得到的三维网格边存在扭曲、弯折的问题，如

图 8-21(c)中圈出的区域。最后，将曲面和网格导入网格程序中，保持拓扑连接方式不变，重新将节点以直线段相连(图 8-21(d))。最终的网格如图 8-22 所示。

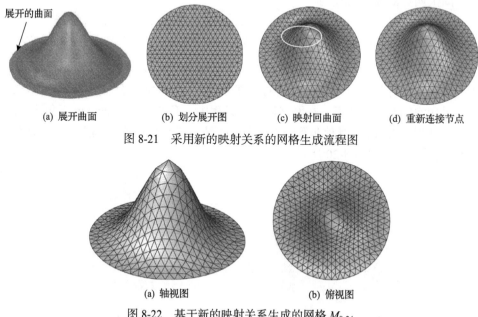

展开的曲面

(a) 展开曲面　　　　(b) 划分展开图　　　　(c) 映射回曲面　　　　(d) 重新连接节点

图 8-21　采用新的映射关系的网格生成流程图

(a) 轴视图　　　　　　　　　　　(b) 俯视图

图 8-22　基于新的映射关系生成的网格 $M_{8\text{-}24}$

需要说明的是，这种实现方法需要在映射拟桁架法程序(在 Windows 平台上采用 C++语言和 MFC 框架开发)和 Rhinoceros 软件之间通过 IGES 文件的导入和导出，实现几何信息的相互传递，并不便捷。正如 1.3 节介绍的，Rhinoceros 软件提供了较为完善的二次开发平台。在此平台上实现的映射拟桁架法程序可以直接在软件内部实现信息的交流，进而可以更高效地实现上述基于曲面近似展开的网格划分算法。

(4)比较。至此，上述提出的三种改善映射畸变的方法，分别考虑了空间平面距离比、杆长的表示方式以及映射关系这三个方面。以山峰形曲面为算例，与原本的映射拟桁架法划分的网格 $M_{8\text{-}21}$ 相比，调整后的网格 $M_{8\text{-}22}$、$M_{8\text{-}23}$ 和 $M_{8\text{-}24}$ 都在映射畸变较大的位置(山腰处)所对应的平面网格有适当的收缩，抵消了部分映射畸变，使曲面网格更加均匀。

为了比较这四个网格的质量，一般用杆长的标准差与平均数的比值——离散系数，来反映网格大小的均匀性。杆长的离散系数越小，网格越均匀。单个三角形的质量[152]常由形状质量指标评价，比较有代表性的定义为

$$q = 4\sqrt{3}\ \frac{A_{\text{tri}}}{l_1^2 + l_2^2 + l_3^2} \tag{8-27}$$

式中，A_{tri} 为三角形的面积；l_1、l_2 和 l_3 为三角形的边长；$q \in [0,1]$，等边三角形的 $q = 1$，退化为三点共线的"三角形"的 $q = 0$，并且 q 越大，三角形越接近正三角形，其质量越好。形状质量系数均值越高且离散系数越小，网格越规整。

表 8-1 给出了网格调整前后的质量评价。四个网格的杆长均值几乎相同。网格 M_{8-21} 的形状质量系数均值仅为 0.909，是四个网格中最小的。相比于网格 M_{8-21}，三个调整后的网格有着相似的表现，即杆长的离散系数下降了 0.051～0.055，而形状质量系数均值提升了 0.008～0.021。由此可知，这三种调整策略都在一定程度上抵消了部分映射畸变，提高了网格质量。

表 8-1　网格调整前后的质量评价

对象	杆长		形状质量系数	
	均值/m	离散系数	均值	离散系数
网格 M_{8-21}	2.45	0.223	0.909	0.089
网格 M_{8-22}	2.46	0.170	0.917	0.084
网格 M_{8-23}	2.46	0.172	0.930	0.049
网格 M_{8-24}	2.43	0.168	0.922	0.046

8.5　算例分析

与映射气泡法较为类似，拟分子运动法[79, 80]将节点类比为带同种电荷的分子，通过求解分子系统的平衡方程，优化节点位置，并结合映射技术和 Delaunay 三角法，生成曲面网格。两种方法的主要区别在于初始布点的方式以及节点间的受力。不同于映射拟桁架法采用的等间距点阵，拟分子运动法在曲面的局部区域随机布置大量节点，节点在分子间的库仑力作用下扩散到整个曲面。在映射拟桁架法中，仅有拓扑相连的两个节点间会有相互作用力。而在拟分子运动法中，任意两个节点间都存在相互作用力，并不需要在运动平衡求解的过程中反复利用 Delaunay 三角法调整节点的拓扑，但这会导致当节点数量很大时，节点间相互作用力的计算量变得巨大。

以图 8-23 中的山峦形曲面为例，分别采用映射拟桁架法和拟分子运动法进行以均匀性为目标的网格划分，并且在划分时考虑两种节点数规模。由此生成了两组网格，其中映射拟桁架法生成的网格如图 8-24 所示，而拟分子运动法生成的网格如图 8-25 所示。从视觉上看，映射拟桁架法生成的网格有着更好的网格流畅性。通过定量分析，由表 8-2 可知，对于节点数相同的两对网格（M_{8-25} 和 M_{8-27}，M_{8-26} 和 M_{8-28}），都是前者有着更小的离散系数（0.108<0.119，0.106<0.115）。这表明，相比于拟分子运动法生成的网格（M_{8-27} 和 M_{8-28}），映射拟桁架法生成的网格（M_{8-25}

和 M_{8-26}) 有着更好的均匀性。四个网格都有着较高的规整性，其形状质量系数均值都在 0.97 左右，相差不大。当节点数为 200 时，两种方法在求解速度上相差不大，都只花费了不到 2s 的时间。当节点数上升到 1000 时，映射拟桁架法在运算速度上表现出了明显的优势，花费的时间比拟分子运动法少了 11.5s。

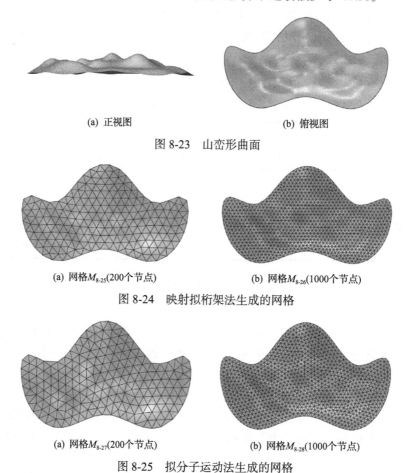

(a) 正视图　　　　　　　　　　　　　　(b) 俯视图

图 8-23　山峦形曲面

(a) 网格 M_{8-25}(200个节点)　　　　　　　　　(b) 网格 M_{8-26}(1000个节点)

图 8-24　映射拟桁架法生成的网格

(a) 网格 M_{8-27}(200个节点)　　　　　　　　　(b) 网格 M_{8-28}(1000个节点)

图 8-25　拟分子运动法生成的网格

表 8-2　网格评价

方法	对象	节点数	运算时间/s	杆长		形状质量系数	
				均值/m	离散系数	均值	离散系数
映射拟桁架法	网格 M_{8-25}	200	1.97	4.81	0.108	0.968	0.0418
	网格 M_{8-26}	1000	56.1	2.09	0.106	0.974	0.0386
拟分子运动法	网格 M_{8-27}	200	1.69	4.85	0.119	0.967	0.0522
	网格 M_{8-28}	1000	67.6	2.10	0.115	0.968	0.0346

　　以上算例表明，相比于拟分子运动法，映射拟桁架法有着更快的运算速度、更好的网格划分效果。

　　位于上海市的世博轴阳光谷是比较有代表性的自由曲面建筑，如图 8-26（a）所示。针对阳光谷曲面，采用映射拟桁架法生成两种走向的网格，如图 8-26（b）和（c）所示。网格 $M_{8\text{-}29}$ 比网格 $M_{8\text{-}30}$ 有着更好的网格质量，尤其是在边界附近。这是因为前者的网格走向与边界线走向较为吻合。由此表明，映射拟桁架法中的网格走向调整功能有助于获得高质量的网格。

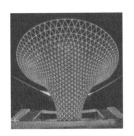

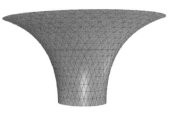
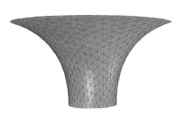

(a) 阳光谷　　　　　　(b) 网格 $M_{8\text{-}29}(\alpha=0°)$　　　　　　(c) 网格 $M_{8\text{-}30}(\alpha=30°)$

图 8-26　阳光谷曲面的网格划分比较

　　法国梅斯蓬皮杜中心是国际上比较有名的自由曲面建筑，如图 8-27 所示。根据该建筑的穹顶造型，建立了一个形状有适当调整的自由曲面模型，然后采用映射拟桁架法进行网格划分，并在划分过程中采用两组不同的参数对网格大小进行调控，由此生成如图 8-28 所示的两个网格，即网格 $M_{8\text{-}31}$ 和 $M_{8\text{-}32}$。网格 $M_{8\text{-}31}$ 是从到参考点（图中箭头指向的点）的距离以及内边界线的曲率这两个方面调控网格大小。网格 $M_{8\text{-}32}$ 是从到内边界线的距离、外边界线的曲率以及曲面的曲率这三个方

图 8-27　法国梅斯蓬皮杜中心

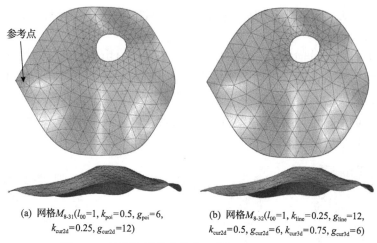

(a) 网格 $M_{8\text{-}31}$(l_{00}=1, k_{poi}=0.5, g_{poi}=6,　　(b) 网格 $M_{8\text{-}32}$(l_{00}=1, k_{line}=0.25, g_{line}=12,
　　 k_{cur2d}=0.25, g_{cur2d}=12)　　　　　　 k_{cur2d}=0.5, g_{cur2d}=6, k_{cur3d}=0.75, g_{cur3d}=6)

图 8-28　法国梅斯蓬皮杜中心曲面的网格划分比较

面调控网格大小。从图 8-28 中可以看出，映射拟桁架法实现了对网格大小的调控，生成的网格疏密有致、过渡自然。在评价指标上，两个网格的形状质量系数均值都高于 0.95，分别为 0.965 和 0.955，这表明网格的规整性较好。

8.6　本 章 小 结

本章提出了自由曲面的自动化网格划分算法——映射拟桁架法。首先，在曲面参数域中布置初始点阵。之后，用 Delaunay 三角剖分将点阵连接成三角形网格。然后，将网格类比为平面桁架，通过求解桁架的平衡状态，迭代优化网格形态。在优化过程中，通过 Delaunay 三角剖分调整拓扑，通过杆长控制函数调控网格大小，通过映射函数在三维空间和二维平面间交换信息。最后，将优化后的平面网格映射到曲面上得到最终的三角形网格。

该算法能划分各种造型的自由曲面，包括有内边界的、有裁剪的、有固定点的、分块的曲面；能控制网格的大小分布和总体走向，生成符合期望的自由曲面网格；能根据到边界线的距离、到特定点的距离、边界线的曲率和曲面曲率等信息，生成与曲面特征相适应的自由曲面网格。另外，通过对程序进行局部修改，提出了三种改善映射畸变的方法。

利用自主编写的映射拟桁架法网格划分程序，本章对多种造型的自由曲面进行了多模式、多参数的网格划分。算例表明，映射拟桁架法具有可调节性强、操作简便、生成速度快等优点，为建筑曲面的网格划分提供了有力的可供参考的工具。

然而，映射拟桁架法仅适用于单个 NURBS 曲面，复杂的建筑表面模型可能由一组紧密相邻的 NURBS 曲面(多重曲面)联合表示，通过逐块划分多重曲面，并不是一个很好的解决办法，因为分块划分的网格在内部分界线周围通常会比较不流畅。

第9章 基于均匀布点与细分的网格划分算法

9.1 引 言

针对参数域平面到空间曲面映射畸变的问题，采用空间距离的方式进行解决，但引入了投影过程，存在一定变形。采用曲面展开成平面的方式进行解决，引入了展开变形。本章的算法采用基于空间的距离，且用力学方法使点维持在曲面上，避免了各种变形的负面影响。

算法的基本思路如下。

步骤1：在曲面上均匀地（或以某种特殊形式）布置一些点。

步骤2：求这些点的拓扑形成粗网格。

步骤3：粗网格拓扑调整。

步骤4：细分及松弛。

算法的细节在下面分述。

9.2 初 始 布 点

首先，根据实际情况预估需要布置的点数 n。初始点的布置方法有很多，用户需要根据实际情况进行选择。若曲面比较平坦，参数域到空间曲面的映射关系比较明了，则可以在参数域均匀布置这 n 个点。若曲面有某种特殊的形式，且用户对参数域到空间曲面的映射关系非常熟悉，则可以在参数域按某种特定的规律布置这 n 个点，使这些点在空间曲面上的分布较为均匀。例如，对于圆锥形曲面，参数域的一条边为退化边，该边界对应空间曲面上的一个点，那么可以在靠近该退化边处以较低的密度布置点，在远离该退化边处以比较高的密度布置点，点在参数域的布置是不均匀的，而在空间曲面上可以得到较均匀的分布。对于没有特殊规律且不平坦的曲面，可以在参数域随机布置这 n 个点，尽管这样得到的点不够均匀，但为后面进行的均匀化方法提供了一个合适的初值。随机布置的方法可以采用随机生成参数值的方式。

9.3 基于空间距离的均匀化

采用9.2节的方法生成的初始布点不够均匀，需要进行均匀化。从理论上讲，对于稀疏网格而言，采用曲面距离进行均匀化，效果要优于采用空间距离。因为对稀疏网格框架进行细分后，一条原稀疏网格边所对应的多条细分网格边组成的多段线的长度，更接近于稀疏网格顶点间的曲面距离，而不是稀疏网格顶点间的空间距离。NURBS 曲面上两点间的曲面距离有多种算法，它们的计算代价都很高。动态更新 NURBS 曲面上两点间的曲面距离复杂度过高，不适合作为迭代优化的步骤，因此采用欧氏距离，即空间距离。对于曲面形式特别复杂的 NURBS 曲面，如存在大量尖端、频繁起伏的曲面，稀疏网格顶点直线相连可能偏离原曲面过远，使得细分后的最终网格难以顺利表达原曲面形状。均匀化方法仍基于松弛思想，本节采用粒子动力松弛算法[153]。

　　粒子动力松弛算法的基本思想为，将各个点视为具有质量 m、电量 q 的带电粒子。采用基本的电学模型，两个质点之间存在电荷作用，在此只考虑电荷斥力。在电荷作用下，质点将获得加速度，并产生位移。电荷斥力是空间力，即该力的作用方向并不限制在曲面内，那么质点可能离开曲面，此时需要一个曲面引力，将离开曲面的质点拉回曲面。

　　综上，粒子动力松弛算法有如下两种力的作用。

　　(1)电荷斥力：方向沿相互作用质点的连线方向。

　　(2)曲面引力：对于曲面边界范围内的点，方向垂直于曲面并指向曲面；对于曲面边界范围外的点，方向垂直于边界并指向边界。

　　对于所有质点 p_i，质量和带电量可以简单地取为相同值 1。但是需要指出的是，这里的物理模型及物理量的设置仅仅是为了几何优化，与真实世界的物理没有关系。质点 p_i 和质点 p_j 的斥力计算方式如下：

$$f_{i,j} = \begin{cases} k_q q_i q_j d_{i,j}^{-e}, & d_{i,j} \leqslant d_c \\ 0, & d_{i,j} > d_c \end{cases} \tag{9-1}$$

式中，k_q 为斥力强度系数，用来控制力的大小，是一个重要的参数，其取值将影响收敛速度与点的分布效果，需要根据经验选择并试算调整。$d_{i,j}$ 为质点 p_i 和质点 p_j 之间的距离，此处采用欧氏距离，计算简单。当距离大于阈值 d_c 之后，不考虑引力，即不存在力的作用。d_c 为临界距离，一般可以取 1.5~2.5 倍的目标布点间距，根据计算效果调整。e 为距离惩罚指数，使近处的斥力增长更快而远处的斥力消减更快，在加快收敛速度的同时也避免了质点振荡现象。在真实世界中，该值为 2，一般情况下，e 取 2 即可。

　　对于质点 p_i，受到的电荷力 $F_{i,q}$ 为

$$F_{i,q} = \sum_{j=0, j \neq i}^{n-1} f_{i,j} \tag{9-2}$$

质点 p_i 受到的曲面引力 $F_{i,\text{surface}}$ 按式 (9-3) 计算：

$$F_{i,\text{surface}} = k_{\text{surface}} \cdot d_{i,\text{surface}}^{e_{\text{surface}}} \tag{9-3}$$

式中，k_{surface} 为引力强度系数，取值方式类似于式 (9-1) 中的 k_q；$d_{i,\text{surface}}$ 为质点 p_i 到曲面的距离，计算方法参考计算几何书籍；e_{surface} 为惩罚指数，取值方式及原理类似于式 (9-1) 中的 e。

质点所受合力为

$$F_i = F_{i,q} + F_{i,\text{surface}} \tag{9-4}$$

在力的作用下，质点将发生运动，并最终稳定在平衡位置，位移计算采用动力松弛法。

此外，可以根据期望布点密度的分布，对不同的曲面区域设置不同的 k_q 值。例如，对于一个曲面，期望标高较低处杆件密集，标高较高处杆件稀疏，那么可以在标高较低处设置一个较小的 k_q 值，在标高较高处设置一个较大的 k_q 值，这样点将会受到高处点给予的较大斥力与低处点给予的较小斥力，使得该点在合力作用下向低处运动，从而让高处点稀疏而低处点密集，这样即实现了点的变密度分布。

9.4　基于空间距离的网格生成

在得到了按一定密度均匀分布的点之后，需要求网格。对于较平坦的曲面，可以直接采用在参数域求平面 Delaunay 三角剖分[154]，并映射到空间曲面。算法有很多，如 Lawson 算法[155]、Cline-Renka 算法[156]、Bowyer-Watson 算法[125,126]等，运行效率都比较高。

对于更为复杂的曲面，由于映射畸变的存在，采用这种算法可能会出现质量较差的网格，可以考虑在曲面上求基于欧氏距离的 Delaunay 三角剖分或基于测地距离的 Delaunay 三角剖分。对于基于欧氏距离的三角剖分，可以考虑先求三维欧氏空间的 Delaunay 三角剖分，再将面外多余的边删除，但删除面外多余边的操作并不容易。

由于 Delaunay 图和 Voronoi 图[122,123]是对偶图，问题可以转换为求曲面上的 Voronoi 图。Voronoi 图的基本思想是存在 n 个互异的点 $\{s_i\}$，即基点，将平面分成 n 个单元，使每个区域内的点到其所属区域基点的距离最近。用数学语言描述即是，任意一点 p，若位于 s_i 所对应的单元中，当且仅当对于任何 $s_j (j \neq i)$，都有 $\text{dist}(p, s_i) \leqslant \text{dist}(p, s_j)$，其中 $\text{dist}(p, s_i)$ 表示点 p 和点 s_i 的距离。这个距离并不局限于欧氏距离，距离函数可以任意定义，以求得基于特定距离函数的 Voronoi 区域划分。

在平面欧氏空间中构造 Voronoi 图的算法有很多，可以采用扫描线算法[124,157]（或称 Fortune 算法），计算复杂度 $O(n\log n)$。然而这些算法直接推广在 NURBS 曲面上，直接求解 Voronoi 图较为困难。

对于基于欧氏距离的 NURBS 曲面 Voronoi 图，可以先求三维欧氏空间 Voronoi 图，再采用曲面与三维欧氏空间 Voronoi 图求交的方式进行解决。其中，参数曲面的求交方法可以参考计算几何书籍[110]，三维欧氏空间 Voronoi 图构造算法也已经被解决[158,159]，计算复杂度 $O\left(n\log n + n^{\frac{3}{2}}\right)$。至此，复杂曲面基于空间距离的 Delaunay 三角形网格生成问题即得到了解决。

对于采用测地距离的 NURBS 曲面 Voronoi 图，难点在于 $\mathrm{dist}(p, q)$ 函数的求解。Kunze 等[160]提出了在参数曲面上的计算方法。采用分治策略，应用参数曲面测地距离算法、测地圆偏移算法和中线生成算法，进行参数曲面上的测地 Voronoi 图构造。从理论上讲，该方法生成的 Voronoi 图是最合适的，其对偶图是基于测地距离的 Delaunay 三角剖分。相比于基于空间距离的 Delaunay 三角剖分，优势如下：稀疏网格上 p、q 两点之间的一条边，通过细分可以得到细网格上 p、q 之间的一系列边，这些短边所组成的多段线所对应的形状更接近于 p、q 两点间的测地线，而非 p、q 间的线段；长度更接近于 p、q 间的测地距离，而非 p、q 间的欧氏距离。但是该方法复杂度高，数值计算不够稳定。

从理论上讲，NURBS 曲面上基于测地距离的 Delaunay 三角剖分和基于欧氏距离的 Delaunay 三角剖分的拓扑不一定一致，实践中也确实发现了不一致的情况。这里推荐采用基于欧氏距离的方法，尽管效果不是最好的，但可以通过拓扑调整方法进行弥补，且前面步骤所进行的均匀化操作也是基于欧氏距离的。相对而言，其缺点并不是很重要，而其计算简便、时间复杂度低、数值稳定性好的优势比较明显。

9.5　拓扑调整及网格的细分

9.4 节生成的 Delaunay 三角剖分，并非拓扑最优的网格，有时需要对网格进行拓扑调整。Frey 等[161]认为，对于三角形网格，内部顶点的度数为 6 是拓扑较优的，边界顶点的度数为 4 是拓扑较优的。其中，节点度数的定义为其所连接边的数量。基本思想为反复遍历每一个四边形，若交换四边形的对角线可以使顶点的度数更趋近于最优度数，则进行交换，直到某一次遍历过程中没有发生边交换。

图 9-1(a) 中，圈中的四边形箭头所指的对角线对应着质量更优的两个三角形，

但对应的四个顶点皆为奇异点，其度数分别为 5、7、5、7。其中，奇异点的定义为度数非最优的顶点。进行边交换操作后，得到图 9-1(b) 的图形，其对应的四个顶点度数都为 6，规整性得到了提高。

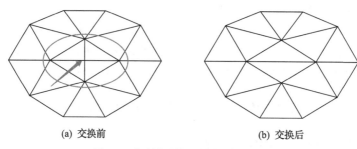

(a) 交换前　　　　　　　　　　　　(b) 交换后

图 9-1　拓扑松弛四边形对角线交换

然而，这种拓扑调整方法有局限性，调整是局部的，若边交换不能引起局部拓扑改良，则不会实施，难以求得全局最优拓扑。在实践中，发现有时两个相邻的四边形分别单独进行边交换并不能使其四个顶点度数变优，如从 5、5、6、6 变为 6、6、5、5，此时不会进行边交换。然而，若对两者都进行边交换，则会带来拓扑的改良，甚至有时会引起周围的四边形产生多米诺骨牌效应，依次实施边交换，使整体拓扑变得更优。对于这种情况，一般采取人工干预，手动调整部分拓扑连接关系，以得到更规整的网格。

细分方法是计算机辅助设计曲面造型中的重要技术，一般用于生成更光滑、细致的网格。基本思想是从一个控制网格开始，不断地递归计算新的更密一级的网格上的顶点，这些顶点都是按照一定的算法从已有的顶点导出的。目前，有多种细分算法，其计算新顶点的方式各不相同，最经典的是 Catmull-Clark 细分算法[162] 和 Doo-Sabin 细分算法[163]，Loop 在其博士论文中提出了 Loop 细分算法[164]，Dyn 等[165]提出了蝶形细分算法。后来，许多学者对这些经典算法进行了改进或是加入了自己的理解。这些细分算法一般应用于未知曲面形态，而只有在主框架的情况下，通过细分点的计算可以得到一个比较光滑的曲面形态。例如，原泉[166]采用 Loop 细分算法进行次级结构的曲面形态创建，取得了良好的效果。

本书的应用场景中，原始曲面给定，不需要设计节点的计算方法以获得光滑的曲面，且不存在主次网格之分，细分后，所有杆件的层次都是一致的。这里借鉴了细分算法的思路，将其应用于网格划分中。本方法的思路是，网格取各边中点，并连线，实现三角形网格单元的一分为四，如图 9-2 所示。类似地，四边形网格单元也被一分为四。

细分中所产生的新顶点不在曲面上，此时需要进行松弛操作。经过多次细分和松弛迭代后，可以得到均匀流畅且规整的网格。

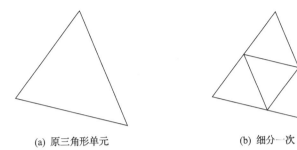

(a) 原三角形单元　　　　　　　　　　(b) 细分一次

图 9-2　三角形单元细分

9.6　算 例 分 析

1. 算例 1——贝壳状曲面

贝壳状曲面取材自天津滨海站[88,89]，如图 9-3 所示。

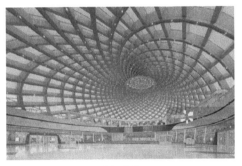

(a) 外景　　　　　　　　　　　　　　　(b) 内景

图 9-3　天津滨海站网壳

这里模仿该曲面形态，建立了一个贝壳状 NURBS 曲面，如图 9-4 所示。由于建模方式，生成的曲面为一个环面，其中一条参数域边界对应着曲面底端的大圈，其对边对应着顶端的小圈，另外的两条边界重合为图 9-4 中曲面内部的线。

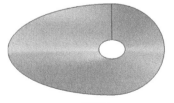

(a) 俯视图　　　　　　　　　　　　　(b) 透视图

图 9-4　贝壳状曲面

这种具有重合边的环面，对基于映射思路的方法较为不利，环面重合边处的网格连续性难以保证。这里采用本章提出的算法尝试对其进行网格划分，目标是取得均匀、规整的网格。

首先，在曲面上随机布置 40 个点，并进行基于空间距离的均匀性优化得到如图 9-5 所示的结果。顶点分布基本满足均匀的要求。注意，点数的估计非常重要，需要通过试算，根据经验确定合适的点数，后期通过拓扑调整可能会增删顶点，但是数量变化不会很大。

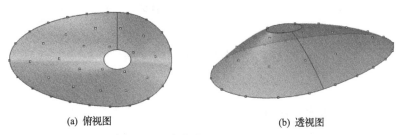

(a) 俯视图　　　　　　　　　　　　　　(b) 透视图

图 9-5　贝壳状曲面均匀布点结果

对得到的均匀布点求网格，获得图 9-6 的初始网格，此时的网格比较稀疏且不够流畅。采用松弛方法对该网格进行松弛，得到图 9-7 的结果，此时的网格流畅性得到明显提升。另外，也能注意到，自始至终，顶点都位于曲面上。接着，开始细分与松弛的迭代过程，第一次细分及松弛结果如图 9-8 所示，第二次细分及松弛结果如图 9-9 所示。最终得到的网格均匀、流畅，满足最初的设计要求。

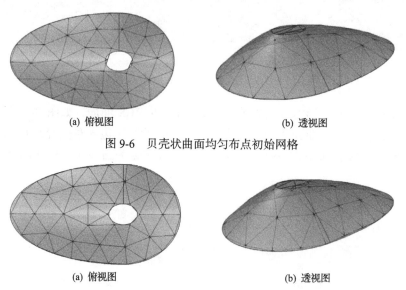

(a) 俯视图　　　　　　　　　　　　　　(b) 透视图

图 9-6　贝壳状曲面均匀布点初始网格

(a) 俯视图　　　　　　　　　　　　　　(b) 透视图

图 9-7　贝壳状曲面均匀布点松弛后的初始网格

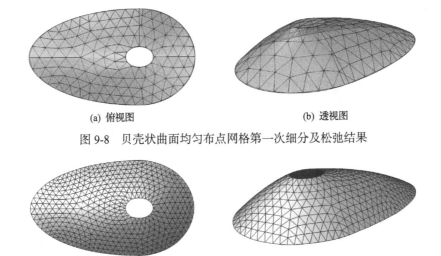

(a) 俯视图　　　　　　　　　　　　　(b) 透视图

图 9-8　贝壳状曲面均匀布点网格第一次细分及松弛结果

(a) 俯视图　　　　　　　　　　　　　(b) 透视图

图 9-9　贝壳状曲面均匀布点网格第二次细分及松弛结果

　　这里再以另一种方式划分贝壳状曲面,不再以均匀性为主要目标。初始布点时,不再随机生成点,而是根据曲面的特性,按一定的规律布点(图 9-10),并生成初始网格(图 9-11)。初始网格有些凌乱,细分及松弛结果如图 9-12 所示,最终获得的网格风格与天津滨海站类似,为双螺旋形式,网格流畅、变化均匀。但是这种方式对用户的几何水平要求较高,需要有经验的用户才能准确把握初始布点。

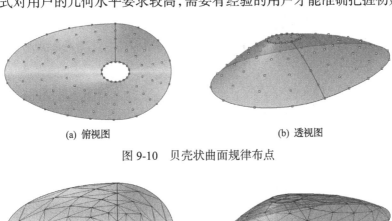

(a) 俯视图　　　　　　　　　　　　　(b) 透视图

图 9-10　贝壳状曲面规律布点

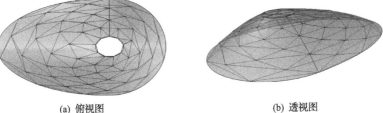

(a) 俯视图　　　　　　　　　　　　　(b) 透视图

图 9-11　贝壳状曲面规律布点初始网格

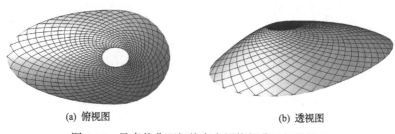

(a) 俯视图　　　　　　　　　　　　　　(b) 透视图

图 9-12　贝壳状曲面规律布点网格细分及松弛结果

2. 算例 2——漏斗状曲面

漏斗状曲面取材自上海世博轴阳光谷[87,167]，如图 9-13 所示。上海世博轴共设有 6 个阳光谷用于地下空间的自然采光，高度均为 42m，平面尺寸各异。

图 9-13　上海世博轴阳光谷

为模仿该曲面的形式与尺度，创建了一个漏斗状 NURBS 曲面，如图 9-14 所示。每个圈都由两个半椭圆拼接而成。由于建模方式，该曲面为一个环面，有一对参数域对边对应着空间曲面同一条边界，另一对参数域对边所对应的空间曲面边界(顶圈与底圈)长度相差巨大。这样的曲面形式对基于映射思想的曲面网格划分算法不利。这里尝试使用本章提出的算法进行网格划分。

首先，进行均匀布点，这里给出不同布点数量的分布结果，分别选取 28 点(图 9-15)、29 点(图 9-16)。在点数相近的情况下，分布的尺度大同小异，但是连接网格后，细微的总点数差异即可能引入额外的奇异点，分别生成网格，如图 9-17 和图 9-18 所示。网格质量较好，不需要进行拓扑调整。进行三次细分并松弛后得到最终网格,如图 9-19 和图 9-20 所示。最终网格风格类似于上海世博轴阳光谷,均匀流畅,且规整性高,可满足设计要求。两个网格内部都仅有 4 个奇异点,对于规整性而言,优于上海世博轴阳光谷原始设计[168]。李承铭等[87]在参数域进行初始网格的布置,布置网格较为便利,映射回空间曲面,取得了均匀流畅的网格。但是,对用户的几何水平要求较高,参数域杆件布置并不直观,难以把握效果,方法的适应性不佳,需要针对每个曲面特点进行参数域网格布置。

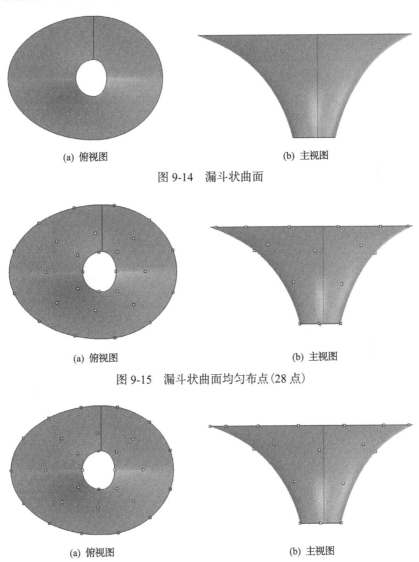

(a) 俯视图　　　　　　　　　　　(b) 主视图

图 9-14　漏斗状曲面

(a) 俯视图　　　　　　　　　　　(b) 主视图

图 9-15　漏斗状曲面均匀布点(28 点)

(a) 俯视图　　　　　　　　　　　(b) 主视图

图 9-16　漏斗状曲面均匀布点(29 点)

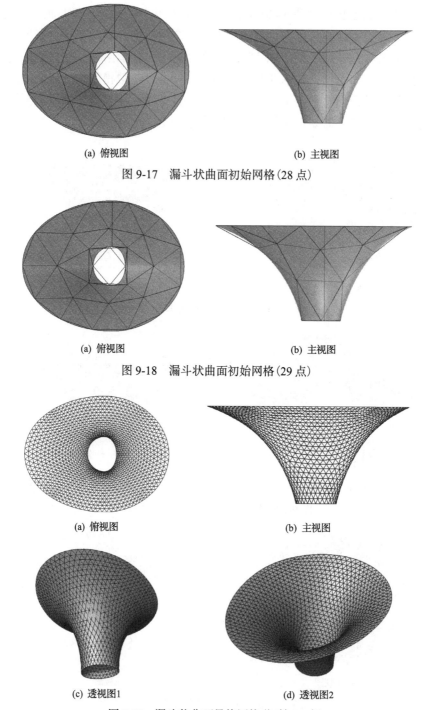

(a) 俯视图　　　　　　　　　　　　　　(b) 主视图

图 9-17　漏斗状曲面初始网格(28 点)

(a) 俯视图　　　　　　　　　　　　　　(b) 主视图

图 9-18　漏斗状曲面初始网格(29 点)

(a) 俯视图　　　　　　　　　　　　　　(b) 主视图

(c) 透视图1　　　　　　　　　　　　　　(d) 透视图2

图 9-19　漏斗状曲面最终网格(初始 28 点)

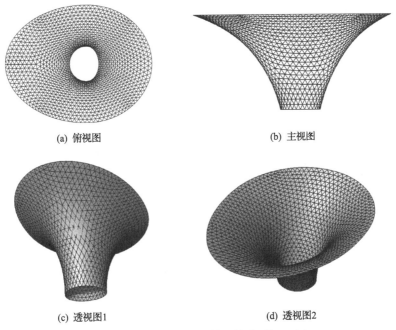

(a) 俯视图　　　　　　　　　　　　　　(b) 主视图

(c) 透视图1　　　　　　　　　　　　　(d) 透视图2

图 9-20　漏斗状曲面最终网格(初始 29 点)

3. 算例 3——鞋状曲面

鞋状曲面形状如图 9-21 所示。尽管该曲面不适合在建筑上应用，但其复杂性远超之前的算例，可以体现本章算法针对特别复杂 NURBS 曲面的优势。图 9-21 中曲面上显示的线即为等参结构线，可见该曲面参数域与空间曲面的对应关系极不均匀，且该曲面为一个环面。因此，基于参数域映射的算法对于该算例难以适用，这里使用本章算法尝试对其进行网格划分。首先，进行初始布点，并进行均

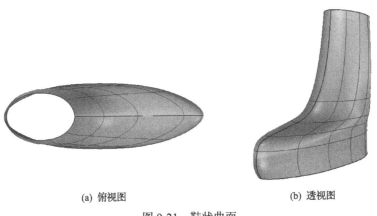

(a) 俯视图　　　　　　　　　　　　　　(b) 透视图

图 9-21　鞋状曲面

匀性优化，得到均匀化的布点，如图 9-22 所示。连接网格，并进行细分和松弛迭代，得到最终网格，如图 9-23 所示。最终网格均匀流畅、规整性好。对于如此变化剧烈的曲面，在保持均匀性的同时，仅存在 4 个奇异点，充分体现了本章算法的优势。

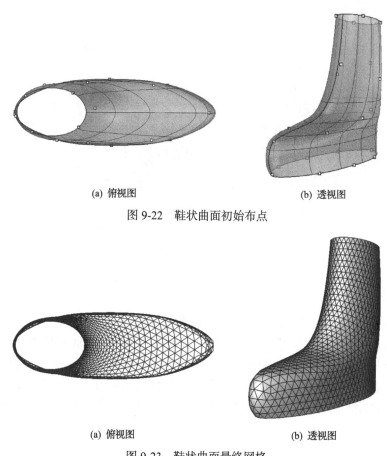

(a) 俯视图　　　　　　　　　　　　　　　　(b) 透视图

图 9-22　鞋状曲面初始布点

(a) 俯视图　　　　　　　　　　　　　　　　(b) 透视图

图 9-23　鞋状曲面最终网格

9.7　本 章 小 结

本章针对 NURBS 曲面，提出了一种基于均匀布点与细分的网格划分算法。首先，基于空间距离的均匀化方法形成初始网格，并进行拓扑调整，得到稀疏而规整的网格框架。然后，迭代进行细分与松弛，将网格尺度细分到建筑杆件的尺度，同时保持所有节点位于曲面上。经多个算例验证，最终得到的网格均匀、流畅、规整，且误差得到控制，特征得到保持。

本章提出的算法优势如下：

(1) 采用空间距离进行均匀化。相对于基于映射关系的网格划分算法，解决了复杂 NURBS 曲面参数域与空间曲面映射关系复杂、平面划分网格难以把握的问题。相对于基于曲面展开的网格划分算法，解决了复杂 NURBS 曲面难以展开或展开效果差的问题。

(2) 采用物理模型保证节点位于曲面上。避免了采用投影算法所引入的变形问题。

(3) 计算过程不依赖于参数域形式。裁剪边界、环面等属性，对其没有任何负面影响。

但其仍有如下局限性：

(1) 对于曲面形式特别复杂的 NURBS 曲面，如存在大量尖端、频繁起伏的曲面，稀疏的网格框架可能偏离原曲面过远，从而使细分后的最终网格无法顺利表达原曲面形状。

(2) 拓扑调整过程仅支持局部优化。对于全局拓扑优化，需要人工干预进行调整。

第10章　基于曲面分片和重构的网格划分

10.1　引　　言

对于比较复杂的曲面，通过曲面分片，可以有效提高网格划分质量。例如，对于带孔洞的曲面，如大英博物馆大中庭屋顶。如图 10-1(a) 所示，原曲面中央有一个孔洞，将给对曲面边界质量要求较高的网格划分算法带来不便。而对曲面进行分片形成四个曲面后，如图 10-1(b) 所示，孔洞的影响将不复存在，四个子曲面都是由四段边界围成的不含孔洞的曲面，性质较好，将有效提升部分网格划分算法的划分质量。此外，曲面被分成了无关联的多个曲面后，可以应用并行计算技术进一步加速网格划分，提升用户交互体验。

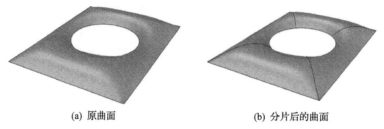

(a) 原曲面　　　　　　　　　　　(b) 分片后的曲面

图 10-1　大英博物馆大中庭屋顶曲面分片

本章算法同时适用于 NURBS 曲面及离散表示的曲面，具体算法流程如图 10-2 所示。首先，手动绘制分片边界，再进行区域识别，得到几片子曲面，最后对其进行重构得到具有独立几何表示的子曲面。

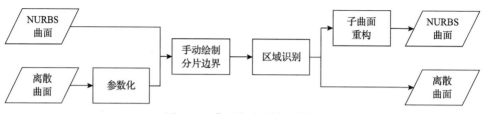

图 10-2　曲面分片重构流水线

输入曲面类型和输出曲面类型没有必然联系，输出曲面类型可以根据后续步骤的需要进行选择。该流程中分片边界的绘制需要操作者根据经验人工绘制，分片质量会影响重构过程。

10.2　区域识别方法

10.2.1　经典多边形构造算法

对于曲面分片，在曲面上画线之后，需解决区域识别问题，则需要应用多边形构造算法。首先，介绍经典的多边形构造算法，在实际应用中，发现了一些问题，为此对该经典算法进行一些修改以适应一些特定的算例。该经典算法来自地理信息系统(geographic information system, GIS)领域，在该领域中习惯使用术语"节点(node)""弧(arc)""区域(area)"。在本书中将使用术语"顶点(vertex)""边(edge)""面(face)"，更接近计算几何的使用习惯，其含义与前面术语分别对应。

从数学上讲，该算法输入为"顶点-边"关系，输出是"顶点-边-面"关系。其中，边是一条离散曲线，即多段线。首先，进行预处理，一个顶点所连的边需要按方向角顺序进行排序。其中，方向角的定义为从 X 轴正向绕逆时针角度旋转到该边经过的角度，如图 10-3 所示。由于该图位于二维平面上，方向角可以被轻松地计算。经过预处理后，对于从一个顶点引出的边，可以方便地找到其左侧的下一条边。

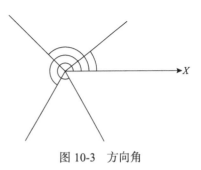

图 10-3　方向角

经典多边形构造算法步骤如下[169,170]。

步骤 1：选取一个未被访问的点作为起始点 v_{start}，如果队列为空，跳转至步骤 6。

步骤 2：选取 v_{start} 所连接的边中未访问的边作为起始边 e_{start}，如果所有边都被访问，则将该顶点标记为已访问，跳转至步骤 1。

步骤 3：找到该边的另一个顶点，作为下一个点 v_{next}，如果 $v_{next}=v_{start}$，则说明面已被找到，跳转至步骤 5。

步骤 4：选取当前边对于 v_{next} 的下一条边，跳转至步骤 3。

步骤 5：记录该面，标记 e_{start} 为已访问。

步骤 6：结束。

10.2.2　多边形构造算法的改进

在本书的应用场景中，应用以上多边形构造算法时，发现一些问题。其一是，如何将曲面上的曲线转换为边。对于离散曲线，直接取其参数化的结果即可。对于 NURBS 曲线，若直接使用拓扑连接作为边，则存在拓扑不一致的情况，如

图 10-4 所示。图 10-4(a)中的拓扑由面 *ADB*、*ABC* 和 *BDC* 组成，而图 10-4(b)中的拓扑由面 *ADB*、*BDC*、*ADC*(新产生的面)和 *ACB*(边顺序不一致)组成。另一种方式是将曲线离散，则存在离散方法选择的问题，离散过于粗糙会出现类似图 10-4 的问题，过于精细又会产生过多不必要的顶点和边，带来计算量的问题。本书采用在预处理阶段求曲线在其端点的切线的方式来计算方向角，NURBS 曲线计算切线代价不高[121]，但是保证了拓扑不会发生错误，且不会引入冗余的顶点和边。

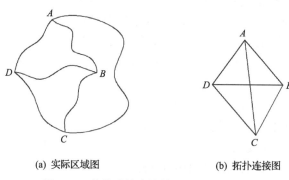

(a) 实际区域图　　　　　　　　(b) 拓扑连接图

图 10-4　拓扑连接直接转为边的错误结果

其二是，对于一些极端情况，如图 10-5(a)所示，两条边的两个端点是相同的两个点，或如图 10-5(b)所示，一条边形成自环。在传统算法中，这些情形将被考虑为孤边，没有面会被构造。在算法中，对边进行区分，允许两条边或一条边构成一个面。

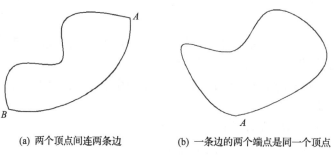

(a) 两个顶点间连两条边　　　　(b) 一条边的两个端点是同一个顶点

图 10-5　面构造中的极端情况

最后，需要处理如岛这样的问题，如图 10-6 所示，即一个面中包含其他面，或包含内部边界。在本书方法中，一个面的边界被考虑为两条方向相反的边。边的左侧是其所参与构成的面，边的右侧是外部，即逆时针环参与构成了其内部的面，而顺时针环参与构成了其外部的面。在图 10-6 中，从几何上讲，E_A 和 $\overline{E}_A$ 是相同的，从拓扑上讲，边界 E_A 参与构成面 F_A，而边界 $\overline{E}_A$ 参与构成面 F_D。在前面构造算法中，产生的边界是各条边首尾依次相连的，即是有序的，那么问题就是判断边界的顺序是逆时针还是顺时针，以确定其参与构成的面是在内部还是外部。解决方案是取边界上三个相邻的顶点 p_{i-1} - p_i - p_{i+1}，若顶点数小于 3，则对边进行分割。通过判断其向量叉积的正负性来确定时钟顺序，当中间点 p_i 是一个凸点时，这三个点的时钟顺序即是整个环的时钟顺序，反之，若 p_i 是一个凹点，则这三个点的时钟顺序与整个环的时钟顺序相反。因此，p_i 必须选为一个凸点，然而环的凹凸性是没有保证的。凸点的取法是，取整个环的左下角点，即选择以坐标 x 值为第一优先级、y 值为第二优先级的最小值点，可以证明该点一定是一个凸点[109]。下一步的任务是，寻找各个逆时针环所直接包含的顺时针环，并结合两者组成一个复杂面。这个包含问题可以应用计算几何中经典的射线算法进行求解[109]。

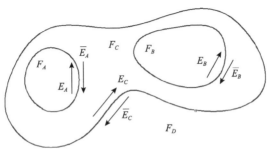

图 10-6　复杂曲面

至此，涉及的两种曲面表示方法都可以顺利地进行分片，而且实践中遇到的各种特殊情况也都得到了可靠的处理，更多算例将在后续章节与网格划分算法配合展示。

10.3　曲面重构方法

10.2 节中区域识别得到的子曲面，如图 10-1(b) 所示，其实质是原曲面的几何信息和裁剪边界共同表达，即仅仅是补充了裁剪边界，并没有改变原曲面的几何信息。对于某些特定的网格划分算法，如基于映射的划分方法[134]等，这种程度的分片，并不会带来多少帮助。此时，需要配合曲面重构方法，在保持子曲面形状不变的情况下，改变其几何表示，使可应用算法的范围更广。

很多学者尝试用 NURBS 曲面实现曲面重建，该问题在机械行业的逆向工程中有十分重要的应用。近 30 年来，对该问题有大量的研究。然而，其在数学上十分复杂，至今没有令人满意的算法。

一种思路是先将原曲面离散为大量的散乱点，再由散乱点拟合 NURBS 曲面。Eck 等[171]提出一种将任意拓扑多面体网格重构为 B 样条曲面的方法，Halstead

等[172]提出利用法向量的 B 样条曲面拟合方法，Krishnamurthy 等[173]采用人工干预的方法，Crivellaro 等[174]采用多层次插值，并用最小二乘法过滤噪声，提高拟合精度。然而以上方法虽然形成了 NURBS 表示，但有一个共同的问题，这些方法针对的是机械逆向工程的需求，关注光滑性、拟合精度等需求，而带来的一个副作用就是将整个曲面用大量细小的曲面进行表示，而多曲面的表示方法将给后续网格划分带来很大的麻烦，不符合网格划分的需求。

另一种思路是，将原曲面离散为规整的 $n \times m$ 形式的采样点，再进行曲面构造。构造算法简单，但是规整采样点的获取是一个难点。潘炜[134]采用手工在点云中选取 $n \times m$ 形式的规则采样点阵的方法实现了单 NURBS 曲面重构，但效率低、易出错、对操作要求高。

本书采用第二种思路，提出了自动化生成 $n \times m$ 形式规则采样点的算法，解决了应用场景中的曲面重构问题。曲面重构应用于曲面分片之后，曲面的一些性质是人为可控的。建筑曲面的复杂程度要远低于机械逆向工程中的曲面，一般很少使用大量尖点、尖锐转角等，一般情况下曲面都是比较光滑流畅的，而少量的尖锐转角处可以通过曲面分片处理成两个子曲面，且建筑曲面相比于机械逆向工程，对精度的要求并不苛刻，一般认为只需要维持几何形状基本不变，保证视觉效果，一定的误差是可以接受的。

10.3.1 NURBS 曲面构造算法

采用 NURBS 曲面构造算法仅接受 $n \times m$ 形式的规则采样点阵，因此划分的子曲面必须由明确的四段边界围成，对于特别复杂的边界并不适用。首先进行预处理，进一步分片形成四条边界的曲面，或指定一个四条边界曲面及裁剪曲线来表示。处理原则是，将需要重构的部分转换为具有四条边界的曲面。

下面介绍 NURBS 曲面的构造算法[110,128]。曲面构造分类与曲线构造类似，分为插值与逼近、全局与局部。这里选用全局插值算法。

问题是，给定 $(n+1) \times (m+1)$ 个插值点 $\{Q_{k,l}\}$ $(k = 0,1,\cdots,n; l = 0,1,\cdots,m)$，构造一个 (p,q) 阶 NURBS 曲面插值于这些点。

$$Q_{k,l} = S(\bar{u}_k, \bar{v}_l) = \sum_{i=0}^{n} \sum_{j=0}^{m} N_{i,p}(\bar{u}_k) N_{j,q}(\bar{v}_l) P_{i,j} \tag{10-1}$$

p、q 一般取 3，即能满足曲面 $C^{(2,2)}$ 连续性，$C^{(2,2)}$ 连续性在建筑应用场景中已足够光滑。权重值 $\{w\}$ 全部取 1 即可。对于 $\bar{u}_k$ 的确定，一种方法是，对于每个 l，计算 $\bar{u}_0^l, \bar{u}_1^l, \cdots, \bar{u}_n^l$，再求 $\bar{u}_k^l (l = 0,1,\cdots,m)$ 的平均值得到 $\bar{u}_k$。$\bar{v}_l$ 亦可以用类似的方法得到。对于节点向量 U、V，可以通过取平均值的方法得到。这些量确定之后，

式 (10-1) 即是一个线性方程组, 可求解。但是, 因为 $S(u,v)$ 是张量积曲面, $P_{i,j}$ 可以通过一系列曲线的插值来更简便和高效地获得[110]。

10.3.2　采样方法

大英博物馆大中庭屋顶曲面分片所产生的四个子曲面如图 10-7(a) 所示, 由结构线可以看出, 曲面的几何信息并没有改变, 可应用本节算法进行曲面重构。难点在于如何获取 $n×m$ 的插值点矩阵, 需根据实际情况选择合适的方法进行采样, 其原则是采样点尽量均匀, 且保持 $n×m$ 点阵拓扑关系不变。

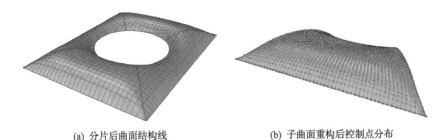

(a) 分片后曲面结构线　　　　　　　(b) 子曲面重构后控制点分布

图 10-7　大英博物馆大中庭屋顶曲面分片子曲面重构

针对图 10-8(a) 大英博物馆大中庭屋顶曲面分片子曲面, 其特点是外部边界由四条边界组成, 且较规整, 可以在二维参数域中采样, 再映射回曲面。首先, 指定 u、v 方向, 将 u 向的两条边界分别平均分成 n 份, 得到 $2(n+1)$ 个点 $\{Q'_{k,0}\}$、$\{Q'_{k,m}\}(k=0,1,\cdots,n)$, 将 v 向的两条边界分别平均分成 m 份, 得到 $2(m+1)$ 个点 $\{Q'_{0,l}\}$、$\{Q'_{n,l}\}(l=0,1,\cdots,m)$。$Q'_{k,l}$ 的坐标 u 分量由点 $Q'_{0,l}$、$Q'_{n,l}$ 的 u 分量插值生成, v 分量由点 $Q'_{k,0}$、$Q'_{k,m}$ 的 v 分量插值生成。

$$\begin{cases} Q'^u_{k,l} = Q'^u_{0,l} + \dfrac{k}{n}\left(Q'^u_{n,l} - Q'^u_{0,l}\right) \\ Q'^v_{k,l} = Q'^v_{k,0} + \dfrac{l}{m}\left(Q'^v_{k,m} - Q'^v_{k,0}\right) \end{cases} \tag{10-2}$$

即得到 $(n+1)×(m+1)$ 个采样点, 如图 10-8 所示。

此外, 对于离散表示的曲面, 经过参数化过程, 亦存在一个平面与空间的双映射关系, 可采用类似的方法获取平面采样点。若曲面较为平坦, 亦可将曲面投影到某一特定平面再进行采样; 对于类似环面的情形, 可以将曲面投影到某一圆柱上。

需要说明的是, 上述采用的采样方法不是唯一正确的方法, 该方法不能覆盖所有情况, 对于一些更为特殊的曲面, 需要根据曲面的特点, 由用户自己设计合

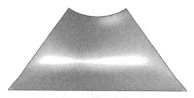

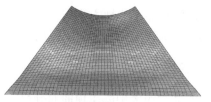

(a) 参数域　　　　　　　　　　　　　　(b) 参数域均匀布点

图 10-8　大英博物馆大中庭屋顶曲面分片子曲面采样

适的采样方法，原则为令插值点分布尽量均匀。

计算这些平面采样点的空间曲面坐标，即为插值点 $\{Q_{k,l}\}$。对于原曲面为 NURBS 曲面的情况，直接根据式(2-5)计算空间曲面坐标。对于原曲面为离散表示的情况，空间坐标计算可参见文献[110]。

NURBS 曲面构造算法生成双向的张量积曲面，对采样结果提出了一定的要求，同一方向上，前后两排采样点间距可以不一致，甚至相差很大都可以接受，但是要均匀。图 10-9(a)的采样点分布虽然不一致，但是变化均匀，这样的分布是可以接受的；而图 10-9(b)的采样点分布变化既不一致也不均匀，这样的分布会导致出现较差的曲面插值结果。

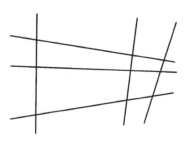
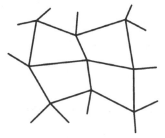

(a) 不一致但均匀的分布　　　　　　　　　(b) 既不一致也不均匀的分布

图 10-9　曲面重构采样点分布形式

对于边界形状较为复杂的情形，以上步骤得到的插值点可能不够均匀。另外，对于离散表示的曲面，参数化过程可能引起映射畸变过大，插值点分布亦可能不够均匀。这里可以应用网格细分技术和松弛技术。基本思想是，先生成较粗糙的采样点，再进行网格细分，逐步达到需要的采样点密度。将每个插值点与其周围四个插值点间连一根弹簧，每次细分后，采用弹簧质点动力松弛算法迭代一定步数，可得到更均匀的插值点分布。之后采用 NURBS 曲面构造算法，即可拟合出一个满足条件的曲面。对于本算例，最终重构得到的曲面及控制点 $\{P_{i,j}\}$ 如图 10-7(b)所示。

10.4　算　例　分　析

1. 算例 1——一个一端为半圆柱一端为扁球的曲面

创建了一个一端为半圆柱一端为扁球的曲面，其中扁球一端中央开孔，如图 10-10(a)所示。由图中显示的曲面结构线可知，该曲面存在较大的映射畸变，且扁球一端存在退化边。这些特性都对基于映射关系的网格划分算法带来不利。

首先，对曲面进行分片，根据曲面特征将曲面分为 3 片，如图 10-10(b)所示。在 3 个子曲面分别进行均匀采样得到采样点，如图 10-10(c)所示。根据这些采样点进行曲面重构，得到独立的子曲面，如图 10-10(d)所示。重构后的子曲面性质良好，可以方便地应用映射法进行网格划分，如图 10-10(e)所示。将子网格合并，并基于原曲面进行松弛得到最终结果，如图 10-10(f)所示，最终网格均匀、流畅、规整。

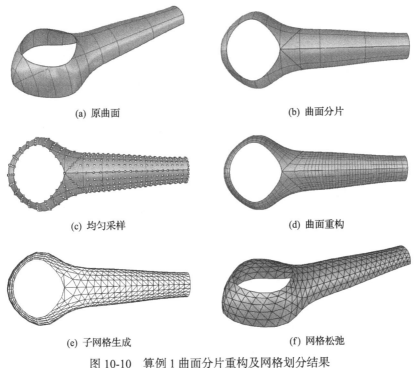

(a) 原曲面　　　　　　　　　　　　　　(b) 曲面分片

(c) 均匀采样　　　　　　　　　　　　　(d) 曲面重构

(e) 子网格生成　　　　　　　　　　　　(f) 网格松弛

图 10-10　算例 1 曲面分片重构及网格划分结果

2. 算例 2——大英博物馆大中庭屋顶

这里选用大英博物馆大中庭屋顶[135]作为算例。该完整曲面如图 10-1(a)所示，中央有一个孔洞，许多对曲面形状有着较高要求的算法将难以实行，如基于映射思想的方法[134]、引导线推进法[99]等。对于这种包含一个孔洞的复杂曲面，可以将其分成 4 片，并进行重构形成 4 个子曲面，如图 10-11(a) 所示，这样将消除孔洞的负面影响。该算例在绘制分片曲线时特意将子曲面绘成由 4 段边界组成的曲面。这种形式对后续采样形成 $n \times m$ 形式的规整采样点阵非常重要。

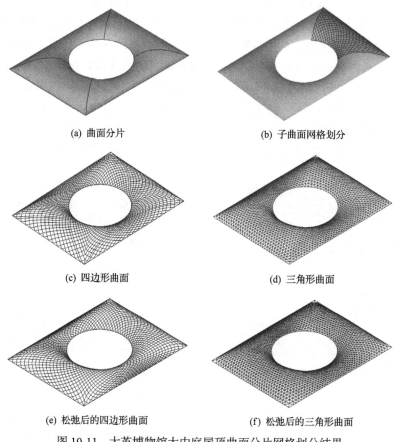

(a) 曲面分片　　　　　　　　　　　　　(b) 子曲面网格划分

(c) 四边形曲面　　　　　　　　　　　　(d) 三角形曲面

(e) 松弛后的四边形曲面　　　　　　　　(f) 松弛后的三角形曲面

图 10-11　大英博物馆大中庭屋顶曲面分片网格划分结果

　　形成的 4 片子曲面性质非常好，采用 5.2.2 节引导线推进法对 4 片子曲面分别进行网格划分，如图 10-11(b) 所示。采用四边形网格形式得到的结果如图 10-11(c) 所示，采用三角形网格形式得到的结果如图 10-11(d) 所示。可以发现，网格在各分片子曲面范围中均匀流畅，效果很好。然而在分片子曲面的交界处出现了弯折现象，这本是多重曲面网格划分中一个难以解决的问题，但是在分片网格划分的例子中，存在最初的原始曲面。只需要将 4 个子网格合并，并转移到原始曲面上，再采用弹簧质点动力松弛算法进行光顺性优化。本算例四边形网格优化结果如图 10-11(e)所示，三角形网格优化结果如图 10-11(f)所示。可以发现，网格的整体流畅性得到很大的提升，几乎难以看到曲面分片的痕迹。

尽管分片重构技术不是生成图 10-11(e)、(f)网格的唯一方法，但毫无疑问，曲面分片算法大大提高了网格划分算法的适应性。结合曲面分片，将使网格划分算法发挥更大的作用。

曲面分片不仅能使网格划分的过程得到简化，结合并行计算技术[175,176]，还能减少计算时间，提高用户的交互体验。在本算例中，由于 4 个子曲面被重构后互相毫无关联，没有数据冲突，因此可以为每一个子曲面分配一个线程，进行并行计算。针对图 10-11(d)的三角形网格，在 4 核心 4 线程的 Intel Core i5-4590 CPU @3.30GHz 计算机上进行验证，计算时间结果如表 10-1 所示。采用并行计算后，运算速度得到大幅提升，但并没有达到 4 倍，因为并行计算的时间是由算得最慢的那个子曲面决定的。传统引导线推进法计算复杂度较高，因此结合分片技术与并行计算技术，交互体验得到了明显的提升。若采用更加复杂的算法，则分片技术带来的计算效率的提升将更加明显。

表 10-1　三角形网格生成运行时间

方法	未采用并行计算	并行计算(4 线程)
运行时间/ms	3696	1295

10.5　本　章　小　结

本章提出了曲面分片重构方法，将原始曲面分片并重构形成多个独立的子曲面，再分别应用合适的网格划分算法。该方法可以用于预处理一些性质不佳的初始曲面，或在一个曲面上应用不同的网格划分算法，可有效提高网格划分效率与质量，是一种很有效的预处理手段。

(1)借鉴 GIS 领域经典算法思想，提出了一种适应性强的改进区域识别算法。

(2)采用形成 $n \times m$ 规整采样点阵的思路重构新曲面，提出了一种自动化采样点阵生成算法，高效地生成高质量的采样点阵，并重构生成 NURBS 曲面。

(3)结合经典的大英博物馆大中庭屋顶曲面与自建曲面，详细阐明曲面分片算法的具体应用场景及应用效果。

第11章 复杂自由曲面的拟合及网格划分

曲面拟合技术在逆向工程和计算机辅助设计等领域得到广泛运用[177]，利用计算机视觉技术（如激光扫描）对自由曲面进行数字化，得到大规模的散乱数据点，依据数据点集得到实物的 CAD 模型[178]。

在建筑工程领域，逆向工程用于古建测绘和古建保护、快速建立城市模型、空间网格结构的逆向建模等方面。李娜[179]借鉴逆向工程的操作原理，利用激光三维扫描系统进行实物样件的点云数据采集，由蒙皮法进行曲面造型，然后进行网格划分，该技术基于对实物进行激光扫描得到大规模散乱数据点。在复杂自由曲面网格划分时，一般建筑师已经提供符合其设计意图的曲面 CAD 模型，为了获得线条流畅、大小基本一致的网格，提出了基于 NURBS 的线面求交法和面面求交法两种方法，获得复杂自由曲面的 $N×M$ 点云。然后，构造以 $N×M$ 点云为控制点阵的 NURBS 曲面，从而将复杂自由曲面拟合为一个 NURBS 曲面，为后续的网格划分提供基础。

下面以图 11-1 为例，详细介绍基于 NURBS 的线面求交法和面面求交法。

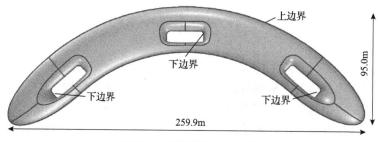

图 11-1　某工程 CAD 模型

11.1　基于 NURBS 的线面求交法

根据 NURBS 曲面的强凸包性和控制点阵为矩形拓扑的特点，构造一个矩形 $N×M$ 平面点阵作射线与 NURBS 曲面求交，提取原曲面信息。算法流程如图 11-2 所示，具体的操作方法如下。

（1）延伸曲面上边界。由于平面 $N×M$ 矩形点阵 $\{P'_{i,j}\}$ 在包围盒底面，以 $\{P'_{i,j}\}$ 为控制点阵的拟合曲面在上边界处产生内缩，因此适当延伸曲面上边界，得到拟合曲面后对其进行裁剪，即可避免内缩，如图 11-3 所示。

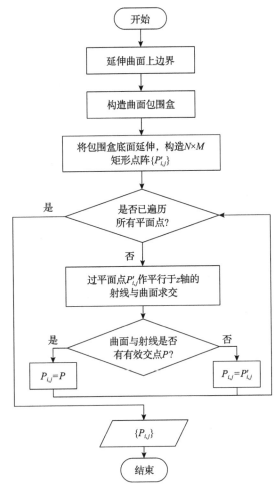

图 11-2　基于 NURBS 的线面求交法流程图

图 11-3　延伸曲面上边界

(2)构造曲面包围盒。CAD 模型有 K 个 NURBS 曲面 $S_k(u,v) = \sum\limits_{i=0}^{nk}\sum\limits_{j=0}^{mk} N_{i,j}^k(u,v)$ $P_{i,j}^k$，其中 $k=1,2,\cdots,K$。$P_{i,j}^k$ 为第 k 个曲面的控制点，$N_{i,j}^k(u,v)$ 为控制点对应的有理基函数。第 k 个曲面有 $(nk+1)\times(mk+1)$ 个点的控制点阵 $\left\{P_{i,j}^k\right\}$。找出所有控制点阵中控制点最大 x 坐标值，记为 x_{max}；同理，找出曲面模型的 x_{min}、y_{max}、y_{min}、z_{max}、z_{min}，利用这六个值即可在模型空间内绘出曲面包围盒，如图 11-4 所示。根据 NURBS 曲面的强凸包性，第 k 个 NURBS 曲面一定位于其控制点阵 $\left\{P_{i,j}^k\right\}$ 形成的凸包内，因此 K 个 NURBS 曲面一定包含在曲面包围盒内。

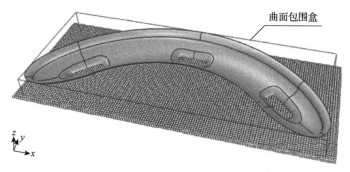

图 11-4　$N\times M$ 矩形点阵 $\{P_{i,j}'\}$ 及曲面包围盒

(3)以包围盒底面为基础，构造 $N\times M$ 矩形点阵 $\{P_{i,j}'\}$。将包围盒底面在 x、y 轴的正负两个方向上适当延伸，向 z 轴负向平移一定距离，根据 CAD 模型的曲面个数及复杂程度确定矩形点阵 x、y 方向的点数 N、M，在延伸和平移后的底面上构造一个 $N\times M$ 矩形点阵 $\{P_{i,j}'\}$，如图 11-4 所示。

(4)遍历所有平面点 $P_{i,j}'$ 作平行于 z 轴的射线与曲面求交。NURBS 曲面与射线求交是一种基础的几何算法，常用于雷达散射截面(radar cross section, RCS)的射线追踪计算[180]、逆向工程中曲面的制造误差计算[181]等方面。

过平面点 $P_{i,j}'$ 作平行于 z 轴的射线与 NURBS 曲面求交点即为求解二元非线性方程组：

$$\begin{cases} S_x(u,v) = \sum\limits_{i=0}^{m}\sum\limits_{j=0}^{n} N_{i,j}(u,v)P_{i,j}^x = P_{x,i,j}' \\ S_y(u,v) = \sum\limits_{i=0}^{m}\sum\limits_{j=0}^{n} N_{i,j}(u,v)P_{i,j}^y = P_{y,i,j}' \end{cases} \tag{11-1}$$

式中，$P'_{x,i,j}$、$P'_{y,i,j}$ 分别为平面点 $P'_{i,j}$ 的 x、y 轴坐标；$P^x_{i,j}$、$P^y_{i,j}$ 分别为曲面控制点的 x、y 轴坐标；$N_{i,j}(u,v)$ 为控制点对应的有理基函数。

首先，利用 Krawczyk 算子，判断式(11-1)在某一区间解的存在性，然后对存在唯一解的区间给定一个初值，利用牛顿迭代法求解，流程详见参考文献[181]。

复杂自由曲面中可能存在两种曲面，一种是完整 NURBS 曲面，一种是裁剪 NURBS 曲面。对于完整的 NURBS 曲面，上述方程(式(11-1))求得的交点 P'即为有效交点。而如图 11-5 所示的裁剪 NURBS 曲面，只是将 NURBS 曲面的删除部分不予显示，因此射线与曲面的交点可以分为有效交点和无效交点。有效交点位于保留部分，无效交点位于删除部分。

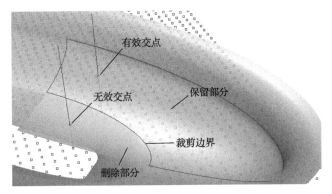

图 11-5　裁剪 NURBS 曲面的有效交点与无效交点

作出平面点 $P'_{i,j}$ 的射线 L 后，分别与 CAD 模型中的 K 个 NURBS 曲面求交。假定射线与整个模型只有一个有效交点，当射线 L 与第 k 个曲面求得有效交点 P 后，令 $P_{i,j}=P$，进行下一个平面点的求交。若射线 L 与 K 个 NURBS 曲面都没有有效交点，则令 $P_{i,j}=P'_{i,j}$。由此，得到点阵$\{P_{i,j}\}$。

11.2　基于 NURBS 的面面求交法

前面提出一种提取原曲面信息的方法，现通过构造 N 个平面与 NURBS 曲面求交提取原曲面信息，算法流程如图 11-6 所示，具体流程如下：

(1)补齐曲面孔洞。当复杂自由曲面内部存在孔洞时，为了保证平面与曲面的交线在平面上能够拟合为一条曲线，用平面补齐孔洞，如图 11-7 所示。

(2)选择平面切割方式。复杂自由曲面由多个 NURBS 裁剪曲面组成，应根据曲面各部分的走向和特征，选择合适的切割方式，如直线式和圆弧式，如图 11-7 所示，原曲面由 11 个 NURBS 曲面组成(不包括补齐孔洞的平面)，分为 5 部分切割。第一部分由 xy 平面上点 1、点 2 及平面数 N_1 确定。首先，过点 1、点 2 作直

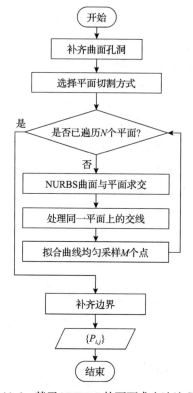

图 11-6　基于 NURBS 的面面求交法流程图

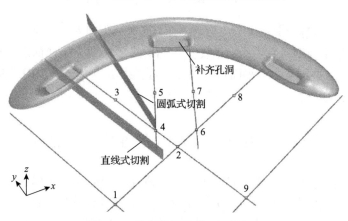

图 11-7　补齐孔洞及平面切割方式

线 L，然后以 L 为正法线，等距离地作 N_1 个平面与曲面求交。第二部分由 xy 平面上点 3、点 4、点 5 及平面数 N_2 确定。首先，过点 4 以直线 L 为正法线作平面 PL，然后以点 4 为旋转中心、z 轴为旋转轴，将平面 PL 旋转 N_2-1 次，每次旋转角度为 $345°/(N_2-1)$，即可得到 N_2 个平面与曲面相交。其余三个部分以此类推，不再赘述。

(3) NURBS 曲面与平面求交。用平面与 CAD 模型的 K 个曲面求交,如图 11-8 所示。平面与 4 个曲面相交,共有 5 条交线,其中与曲面 2 有两条交线,即交线 2、交线 4。

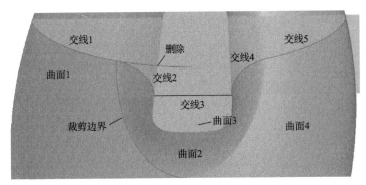

图 11-8　同一平面上交线处理

(4) 处理同一平面上的交线,如图 11-8 所示。首先,处理裁剪曲面与平面求交的情况。曲面 1 是裁剪曲面,其删除部分不显示,因此把位于曲面 1 删除部分与平面相交的交线删除,曲面 4 同理。平面与 NURBS 曲面共有 5 条交线,每条交线均匀采样一定数目点,然后构造一条插值于所有采样点的 NURBS 曲线。每个平面都得到一条与原曲面相交的曲线。

(5) 拟合曲线均匀采样 M 个点。曲面拟合中 NURBS 曲面的型值点或控制点必须为矩形拓扑,故得到平面和原曲面拟合后的交线后,对该交线均匀采样 M 个点。由此保证 NURBS 曲面与 N 个平面求交后得到的点阵 $\{P_{i,j}\}$ 为矩形拓扑。

(6) 补齐边界。如图 11-9 所示,对于与 NURBS 曲面相交的第一个和最后一个平面(下面称边界平面),总存在一部分曲面在边界平面之外,其大小不能忽略,取这部分曲面的边界线,并均匀采样 M 个点,可以保证完整地提取原曲面的信息。

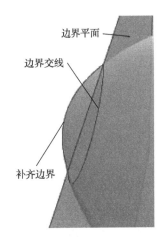

图 11-9　补齐边界

经过以上步骤,可以得到矩形拓扑点阵 $\{P_{i,j}\}$。

11.3　曲面拟合

利用曲面拟合中常用的向心参数化方法[121]构造矩形拓扑点阵 $\{P_{i,j}\}$ 的节点矢

量 U、V。给定 $\{P_{i,j}\}$，其中 $i=0,1,\cdots,n$；$j=0,1,\cdots,m$。首先，求 u 向节点矢量 U，对于每个 j，有

$$\begin{cases} d_j = \sum_{i=1}^{n} \sqrt{P_{i,j} - P_{i-1,j}} \\ \bar{u}_0^j = 0, \bar{u}_n^j = 1 \\ \bar{u}_k^j = \bar{u}_{k-1}^j + \dfrac{\sqrt{P_{i,j} - P_{i-1,j}}}{d_j}, \quad i=1,2,\cdots,n-1 \end{cases} \quad (11\text{-}2)$$

求所有 $\bar{u}_k^j$ 的平均值，即

$$\begin{cases} \bar{u}_k = \dfrac{1}{m+1} \sum_{j=0}^{m} \bar{u}_k^j, \quad k=0,1,\cdots,n \\ u_0 = \cdots = u_p = 0, u_{n+1} = \cdots = u_{n+p+1} = 1 \\ u_{j+p} = \dfrac{1}{p} \sum_{k=j}^{j+p+1} \bar{u}_k, \quad j=1,2,\cdots,n-p \end{cases} \quad (11\text{-}3)$$

则可以获得节点矢量为

$$U = \left\{ \underbrace{0,\cdots,0}_{p+1}, u_{p+1},\cdots,u_n, \underbrace{1,\cdots,1}_{p+1} \right\} \quad (11\text{-}4)$$

同理，可获得节点矢量为

$$V = \left\{ \underbrace{0,\cdots,0}_{q+1}, v_{q+1},\cdots,v_m, \underbrace{1,\cdots,1}_{q+1} \right\} \quad (11\text{-}5)$$

在获得了点阵 $\{P_{i,j}\}$ 和节点矢量 U、V 之后，进行曲面的拟合。

对于矩形拓扑点阵 $\{P_{i,j}\}$，传统的曲面拟合方法是将其作为型值点阵 $\{Q_{i,j}\}$，创建一个非有理的 (p, q) 次 B 样条曲面使其插值于这些点，即

$$Q_{i,j} = S(u_i, v_j) = \sum_{k=0}^{n-1} \sum_{l=0}^{m-1} N_{i,j}(u_i, v_j) P_{k,l} \quad (11\text{-}6)$$

式中，Q_{ij} 为型值点；u_i、v_j 为其对应的 u、v 向参数值；$N_{i,j}(u_i, v_j)$ 为其对应的有理基函数；$P_{k,l}$ 为待求的控制点。

或用一个非有理的 (p, q) 次 B 样条曲面 $S(u, v)$ 逼近这些点，以控制点为优化变量，满足如下条件：

$$
\begin{cases}
Q_{0,0} = S(0,0), Q_{n-1,0} = S(1,0) \\
Q_{0,m-1} = S(0,1), Q_{n-1,m-1} = S(1,1) \\
\displaystyle\sum_{i=0}^{n-1}\sum_{j=0}^{m-1}\left|Q_{i,j} - S(u_j, v_j)\right|^2 \to \text{Minimum}
\end{cases}
\tag{11-7}
$$

为了准确表达复杂自由曲面，其矩形拓扑点阵 $\{P_{i,j}\}$ 的点数 $N \times M$ 不能太少。若使用插值或逼近方法，则至少需要解一个 $(N \times M) \times (N \times M)$ 的线性方程组，这将使计算时间大大增加。针对复杂自由曲面的拟合问题，采用控制点逼近方法。控制多面体是对 B 样条曲面的平面片逼近，次数越低，逼近效果越好；节点矢量无限加细时，控制多面体将收敛于曲面[182]。因此，以 $\{P_{i,j}\}$ 为控制点阵，权因子均取为 1，在节点矢量 U、V 上构造非有理的双二次 B 样条曲面 $S(u,v)$。此方法为 NURBS 的正向计算，通过递推公式计算基函数 $N_{i,p}(u)$ 和 $N_{j,q}(v)$，然后与控制点阵 $\{P_{i,j}\}$ 相乘。整个过程中只涉及简单的运算，因此相比于曲面插值或逼近的办法，不用解大规模线性方程组，计算量大大减小。同时，因为点阵 $\{P_{i,j}\}$ 的点数 $N \times M$ 足够多，也能获得较好的拟合精度。

在利用控制点逼近的办法得到拟合曲面后，根据 CAD 模型的原有边界情况对 $S(u,v)$ 进行裁剪，如图 11-10 和图 11-11 所示，两种求交方法的拟合曲面虽不尽相同，但裁剪曲面都能反映复杂自由曲面的特征，为映射法网格划分提供基础。

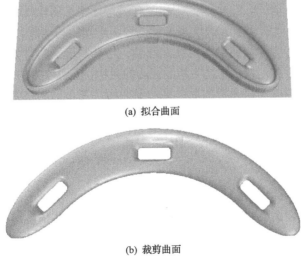

(a) 拟合曲面

(b) 裁剪曲面

图 11-10　基于 NURBS 的线面求交法的拟合曲面与裁剪曲面

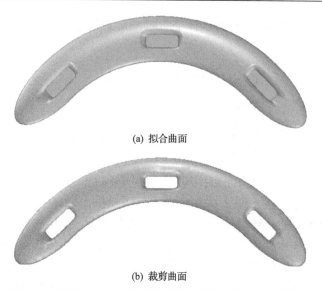

(a) 拟合曲面

(b) 裁剪曲面

图 11-11　基于 NURBS 的面面求交法的拟合曲面与裁剪曲面

11.4　基于测地线的网格划分

测地线是微分几何的重要概念，测地线处处测地曲率为零。测地线在计算机图形学、图像处理、计算几何、计算机视觉等学科中有着广泛的应用。在曲面和形状处理领域，用于曲面展开、分割、采样、网格划分和形状比较[183]，曲面上测地线的计算可以分为解析方法和离散方法。解析方法在参数曲面上通过求解非线性微分方程求得测地线。Kasap 等[184]利用有限差分法将测地线微分方程离散为非线性方程组，用迭代法和牛顿迭代法求解得到两点间的测地线。Chen[185]提出了类测地线方法，利用变分法建立非线性方程组，当类测地线的阶数接近无穷大时，类测地线无限接近测地线。通过与其他方法的对比，证明该方法是准确且快速的。离散方法将曲面离散为棋盘形曲面、多边形曲面、三角形网格曲面，在离散后的曲面上求测地线。Xin 等[186]改进最短路径算法 (contraction hierarchies, CH) 算法，在离散的三角形网格曲面上以更快的速度和更少的空间实现了两点间的测地线。Kumar 等[187]提出了两种方法，给定一个点及方向矢量，在离散后的棋盘形曲面上实现了测地线。

针对上述两个问题，通过建立测地线微分方程，采用有限差分法将其离散为非线性方程组，利用四阶 Levenberg-Marquardt (L-M) 方法结合线搜索，求解该非线性方程组得到两点间的测地线。一般情况下，两点间的测地线存在且唯一，不会因为平面参数域到曲面的映射关系的改变而改变。因为测地线是三维曲面上的概念，也不会存在映射畸变的问题。

11.4.1　测地线方程的建立

当曲面 S 的参数表示为 $S(u,v)$ 时，曲面上有一条弧长参数曲线 $r=r(u(s),v(s))$。当且仅当 $(u(s),v(s))$ 满足以下方程组时，该曲线为测地线：

$$\begin{cases} \dfrac{\mathrm{d}^2 u}{\mathrm{d}s^2} + \Gamma_{11}^1 \left(\dfrac{\mathrm{d}u}{\mathrm{d}s}\right)^2 + 2\Gamma_{12}^1 \dfrac{\mathrm{d}u}{\mathrm{d}s}\dfrac{\mathrm{d}v}{\mathrm{d}s} + \Gamma_{22}^1 \left(\dfrac{\mathrm{d}v}{\mathrm{d}s}\right)^2 = 0 \\[3mm] \dfrac{\mathrm{d}^2 v}{\mathrm{d}s^2} + \Gamma_{11}^2 \left(\dfrac{\mathrm{d}u}{\mathrm{d}s}\right)^2 + 2\Gamma_{12}^2 \dfrac{\mathrm{d}u}{\mathrm{d}s}\dfrac{\mathrm{d}v}{\mathrm{d}s} + \Gamma_{22}^2 \left(\dfrac{\mathrm{d}v}{\mathrm{d}s}\right)^2 = 0 \end{cases} \tag{11-8}$$

$$\begin{cases} \Gamma_{11}^1 = \dfrac{GE_u - 2FF_u + FE_v}{2(EG - F^2)} \\[3mm] \Gamma_{12}^1 = \dfrac{GE_v - FG_u}{2(EG - F^2)} \\[3mm] \Gamma_{22}^1 = \dfrac{2GF_v - GG_u - FG_v}{2(EG - F^2)} \\[3mm] \Gamma_{11}^2 = \dfrac{2EF_u - EE_v - FE_u}{2(EG - F^2)} \\[3mm] \Gamma_{12}^2 = \dfrac{EG_u - FE_v}{2(EG - F^2)} \\[3mm] \Gamma_{22}^2 = \dfrac{EG_v - 2FF_v + FG_u}{2(EG - F^2)} \end{cases} \tag{11-9}$$

式中，$\Gamma_{jk}^i = \Gamma_{jk}^i(u,v)$ 为克里斯托费尔符号，其中 i、j、$k=1$、2；s 为曲线的弧长参数；E、F、G 为曲面第一基本形式系数[188]。

给定曲面上两点 $Q_S=S(u_S,v_S)$、$Q_E=S(u_E,v_E)$，求两点间的测地线，则非线性微分方程需满足以下边界条件：

$$u(0) = u_S,\ v(0) = v_S,\ u(1) = u_E,\ v(1) = v_E \tag{11-10}$$

该问题为常微分方程的边值问题，通过有限差分法将其离散为非线性方程组求解，采用中央差分公式，即

$$\frac{\mathrm{d}^2 u}{\mathrm{d}s^2} \approx \frac{U_{i+1} - 2U_i + U_{i-1}}{h^2}$$

$$\frac{\mathrm{d}^2 v}{\mathrm{d}s^2} \approx \frac{V_{i+1} - 2V_i + V_{i-1}}{h^2}$$

$$\frac{\mathrm{d}u}{\mathrm{d}s} \approx \frac{U_{i+1} - U_{i-1}}{2h}$$

$$\frac{\mathrm{d}v}{\mathrm{d}s} \approx \frac{V_{i+1} - V_{i-1}}{2h} \tag{11-11}$$

式中，$i=1,2,\cdots,N$，N 为测地线中间的离散点数；$h=1/(N+1)$；U_i 和 V_i 分别为点 i 的 u、v 向参数值。

对于某具体的一步计算而言，步长越小，局部截断误差越小。但随着步长的缩小会引起规模的增大，加大计算量，还可能导致截断误差和舍入误差的严重积累。建议 N 可以由以下公式确定：

$$N = \max\{\alpha \times \mathrm{Num}, N_{\min}\}$$

$$\mathrm{Num} = \mathrm{Length} / \min\{\Delta U, \Delta V\}$$

$$\mathrm{Length} = \sqrt{(u_S - u_E)^2 + (v_S - v_E)^2} \tag{11-12}$$

$$\Delta U = (U_2 - U_1)/\mathrm{NbUPoles}$$

$$\Delta V = (V_2 - V_1)/\mathrm{NbVPoles}$$

式中，Num 为计算离散点数；Length 为曲面上两点 O_S 和 O_E 在参数域上的距离；可通过系数 α 调整 N；$N_{\min}$ 为最小离散点数，可取为 20；U_2、U_1 分别为曲面 S 的 u 向节点矢量的上、下界；V_2、V_1 分别为曲面 S 的 v 向节点矢量的上、下界；NbUPoles、NbVPoles 分别为曲面 S 在 u、v 向的控制点个数。

将式(11-11)代入式(11-4)可得

$$f_{2*i-1}(x) = U_{i+1} - 2U_i + U_{i-1} + \Gamma_{11}^1(U_i, V_i)\left(\frac{U_{i+1} - U_{i-1}}{2}\right)^2$$

$$+ 2\Gamma_{12}^1(U_i, V_i)\frac{U_{i+1} - U_{i-1}}{2}\frac{V_{i+1} - V_{i-1}}{2} + \Gamma_{22}^1(U_i, V_i)\left(\frac{V_{i+1} - V_{i-1}}{2}\right)^2$$

$$f_{2*i}(x) = V_{i+1} - 2V_i + V_{i-1} + \Gamma_{11}^2(U_i, V_i)\left(\frac{U_{i+1} - U_{i-1}}{2}\right)^2$$

$$+ 2\Gamma_{12}^2(U_i, V_i)\frac{U_{i+1} - U_{i-1}}{2}\frac{V_{i+1} - V_{i-1}}{2} + \Gamma_{22}^2(U_i, V_i)\left(\frac{V_{i+1} - V_{i-1}}{2}\right)^2 \tag{11-13}$$

式中，$i=1,2,\cdots,N$；$i=1$ 时，$U_{i-1}=U_0$；$V_i=V_0$；$U_0=u_S$；$V_0=v_S$；$U_{N+1}=u_E$；$V_{N+1}=v_E$。

式(11-13)即为离散后的非线性方程组，引进向量，令

$$F(x) = \begin{Bmatrix} f_1(x) \\ f_2(x) \\ \vdots \\ f_{2N}(x) \end{Bmatrix}, x = \begin{Bmatrix} U_1 \\ V_1 \\ \vdots \\ V_N \end{Bmatrix}, 0 = \begin{Bmatrix} 0 \\ 0 \\ \vdots \\ 0 \end{Bmatrix} \tag{11-14}$$

可以简写为

$$F(x) = 0 \tag{11-15}$$

式中，$F(x)$ 为从 $2 \times N$ 维欧氏空间到 $2 \times N$ 维欧氏空间的非线性映射，x 为定义在 $2 \times N$ 维欧氏空间的列向量。式(11-15)的解即为所求的两点间的测地线。

11.4.2　非线性方程组的求解

式(11-8)的非线性方程组在物理、化学、工程、生物、经济及金融等领域有着广泛的应用。求解该方程组最常用的方法为牛顿迭代法，当非线性映射的雅可比矩阵非奇异时，牛顿迭代法在解附近二次收敛到真解。但在实际应用中，当给出的初值远离真解，雅可比矩阵奇异或接近奇异时，牛顿迭代法难以收敛。

为了解决上述问题，可以采用 L-M 方法求解非线性方程组。L-M 方法是高斯-牛顿(Gauss-Newton)法的修正，在该方法中每一步搜索方向为[189]

$$d_k^{\mathrm{LM}} = -(J(x_k)^{\mathrm{T}} J(x_k) + \lambda_k I)^{-1} J(x_k)^{\mathrm{T}} F(x_k) \tag{11-16}$$

式中，$J(x_k)$ 为第 k 步的雅可比矩阵，引入参数 $\lambda_k \geqslant 0$ 防止 $J(x_k)^{\mathrm{T}} J(x_k)$ 奇异或接近奇异时试探步过大，当 $\lambda_k = 0$ 时，L-M 方法等同于牛顿迭代法。

Yamashita 等[189]证明令 $\lambda_k = \|F_k\|^2$，L-M 方法在弱于非奇异的局部误差限条件下具有二次收敛性。结合线搜索或信赖域技巧，L-M 方法可以获得全局收敛性。Yang[190]提出了一种四阶 L-M 方法，在弱于非奇异的局部误差限条件下，该方法具有双二次收敛速度。结合信赖域技巧，证明该方法具有全局收敛性。Amini 等[191]在 Yang[190]的基础上利用一种非单调四阶 Armijo 线搜索技巧代替信赖域技巧，数值结果表明该算法更有效。因此，用两点间的参数域直线作为初值，利用文献[191]的方法求解式(11-5)。具体步骤如下。

输入：$x_0 \in R^{2 \times N}$，μ、γ、ε、σ_1、$\sigma_2 > 0$，r、$\rho \in (0,1)$、$\theta_k = \dfrac{0.5^k}{10}$。

步骤 1：令 $k = 0$。

步骤 2：计算 $F_k = F(x_k)$ 和 $J_k = J(x_k)$。

如果 $\|J_k^{\mathrm{T}} F_k\| \leqslant \varepsilon$，则停机；否则计算：

$$\lambda_k = \mu \|F_k\|^{\delta_k}$$

$$\delta_k = \begin{cases} \dfrac{1}{\|F_k\|}, & \|F_k\| > 1 \\ 1, & \text{其他} \end{cases} \tag{11-17}$$

步骤 3：通过式（11-18）求得 d_{1k}，即

$$(J_k^{\mathrm{T}} J_k + \lambda_k I) d_{1k} = -J_k^{\mathrm{T}} F_k \tag{11-18}$$

通过式（11-19）求得 d_{2k}，即

$$\begin{aligned} y_k &= x_k + d_{1k} \\ (J_k^{\mathrm{T}} J_k + \lambda_k I) d_{2k} &= -J_k^{\mathrm{T}} F(y_k) \end{aligned} \tag{11-19}$$

通过式（11-20）求得 d_{3k}，即

$$\begin{aligned} z_k &= y_k + d_{2k} \\ (J_k^{\mathrm{T}} J_k + \lambda_k I) d_{3k} &= -J_k^{\mathrm{T}} F(z_k) \end{aligned} \tag{11-20}$$

令 $d_k = d_{1k} + d_{2k} + d_{3k}$。

步骤 4：若

$$\|F(x_k + d_k)\| \leqslant \rho \|F_k\| \tag{11-21}$$

则令 $\alpha_k = 1$，进行步骤 6，否则进行步骤 5。

步骤 5：令

$$d_k = \begin{cases} d_{1k} + d_{2k} + d_{3k}, & F_k^{\mathrm{T}} J_k d_k \leqslant -\gamma \\ d_{1k}, & \text{其他} \end{cases} \tag{11-22}$$

计算 $\alpha_k = \max\{1, r^1, r^2, \cdots\}$ 且满足：

$$\|F(x_k + \alpha_k d_k)\|^2 \leqslant (1 + \theta_k)\|F_k\|^2 - \sigma_1 \alpha_k^2 \|d_k\|^2 - \sigma_2 \alpha_k^2 \|F_k\|^2 \tag{11-23}$$

步骤 6：令 $x_{k+1} = x_k + \alpha_k d_k$。令 $k = k+1$，进行步骤 2。参数取值可参考文献[191]。

在步骤 2 中，需要计算当前步的雅可比矩阵 $J_k = J(x_k)$，下面给出了基于式 (11-23) 推导的雅可比矩阵的表达式，即式（11-24）。

$$
J(x_k) =
\begin{bmatrix}
\dfrac{\partial f_1}{\partial U_1} & \dfrac{\partial f_1}{\partial V_1} & \dfrac{\partial f_1}{\partial U_2} & \dfrac{\partial f_1}{\partial V_2} & & & \cdots \\[2mm]
\dfrac{\partial f_2}{\partial U_1} & \dfrac{\partial f_2}{\partial V_1} & \dfrac{\partial f_2}{\partial U_2} & \dfrac{\partial f_2}{\partial V_2} & & & \cdots \\[2mm]
\dfrac{\partial f_3}{\partial U_1} & \dfrac{\partial f_3}{\partial V_1} & \dfrac{\partial f_3}{\partial U_2} & \dfrac{\partial f_3}{\partial V_2} & \dfrac{\partial f_3}{\partial U_3} & \dfrac{\partial f_3}{\partial V_3} & \cdots \\[2mm]
\dfrac{\partial f_4}{\partial U_1} & \dfrac{\partial f_4}{\partial V_1} & \dfrac{\partial f_4}{\partial U_2} & \dfrac{\partial f_4}{\partial V_2} & \dfrac{\partial f_4}{\partial U_3} & \dfrac{\partial f_4}{\partial V_3} & \cdots \\[2mm]
& & & & & & \vdots \\[2mm]
& \cdots & \dfrac{\partial f_{2N-3}}{\partial U_{N-2}} & \dfrac{\partial f_{2N-3}}{\partial V_{N-2}} & \dfrac{\partial f_{2N-3}}{\partial U_{N-1}} & \dfrac{\partial f_{2N-3}}{\partial V_{N-1}} & \dfrac{\partial f_{2N-3}}{\partial U_N} & \dfrac{\partial f_{2N-3}}{\partial V_N} \\[2mm]
& \cdots & \dfrac{\partial f_{2N-2}}{\partial U_{N-2}} & \dfrac{\partial f_{2N-2}}{\partial V_{N-2}} & \dfrac{\partial f_{2N-2}}{\partial U_{N-1}} & \dfrac{\partial f_{2N-2}}{\partial V_{N-1}} & \dfrac{\partial f_{2N-2}}{\partial U_N} & \dfrac{\partial f_{2N-2}}{\partial V_N} \\[2mm]
& & \cdots & & \dfrac{\partial f_{2N-1}}{\partial U_{N-1}} & \dfrac{\partial f_{2N-1}}{\partial V_{N-1}} & \dfrac{\partial f_{2N-1}}{\partial U_N} & \dfrac{\partial f_{2N-1}}{\partial V_N} \\[2mm]
& & \cdots & & \dfrac{\partial f_{2N}}{\partial U_{N-1}} & \dfrac{\partial f_{2N}}{\partial V_{N-1}} & \dfrac{\partial f_{2N}}{\partial U_N} & \dfrac{\partial f_{2N}}{\partial V_N}
\end{bmatrix}
\tag{11-24}
$$

其中，

$$
\frac{\partial f_{2i-1}(U_{i+1},U_i,U_{i-1},V_{i+1},V_i,V_{i-1})}{\partial U_{i+1}} = 1 + \Gamma_{11}^1(U_i,V_i)\frac{U_{i+1}-U_{i-1}}{2} + 2\Gamma_{12}^1(U_i,V_i)\frac{V_{i+1}-V_{i-1}}{4}
$$

$$
\frac{\partial f_{2i-1}(U_{i+1},U_i,U_{i-1},V_{i+1},V_i,V_{i-1})}{\partial U_i} = -2 + \left(\frac{U_{i+1}-U_{i-1}}{2}\right)^2 \frac{\partial \Gamma_{11}^1}{\partial u}(U_i,V_i)
$$

$$
+ \frac{U_{i+1}-U_{i-1}}{2}\frac{V_{i+1}-V_{i-1}}{2} 2\frac{\partial \Gamma_{12}^1}{\partial u}(U_i,V_i) + \left(\frac{V_{i+1}-V_{i-1}}{2}\right)^2 \frac{\partial \Gamma_{22}^1}{\partial u}(U_i,V_i)
$$

$$
\frac{\partial f_{2i-1}(U_{i+1},U_i,U_{i-1},V_{i+1},V_i,V_{i-1})}{\partial U_{i-1}} = 1 - \Gamma_{11}^1(U_i,V_i)\frac{U_{i+1}-U_{i-1}}{2} - 2\Gamma_{12}^1(U_i,V_i)\frac{V_{i+1}-V_{i-1}}{4}
$$

$$
\frac{\partial f_{2i-1}(U_{i+1},U_i,U_{i-1},V_{i+1},V_i,V_{i-1})}{\partial V_{i+1}} = 2\Gamma_{12}^1(U_i,V_i)\frac{U_{i+1}-U_{i-1}}{4} + \Gamma_{22}^1(U_i,V_i)\frac{V_{i+1}-V_{i-1}}{2}
$$

$$
\frac{\partial f_{2i-1}(U_{i+1},U_i,U_{i-1},V_{i+1},V_i,V_{i-1})}{\partial V_i} = \left(\frac{U_{i+1}-U_{i-1}}{2}\right)^2 \frac{\partial \Gamma_{11}^1}{\partial v}(U_i,V_i)
$$

$$
+ \frac{U_{i+1}-U_{i-1}}{2}\frac{V_{i+1}-V_{i-1}}{2}\cdot 2\frac{\partial \Gamma_{12}^1}{\partial v}(U_i,V_i) + \left(\frac{V_{i+1}-V_{i-1}}{2}\right)^2 \frac{\partial \Gamma_{22}^1}{\partial v}(U_i,V_i)
$$

$$\frac{\partial f_{2i-1}(U_{i+1},U_i,U_{i-1},V_{i+1},V_i,V_{i-1})}{\partial V_{i-1}} = -2\Gamma_{12}^1(U_i,V_i)\frac{U_{i+1}-U_{i-1}}{4} - \Gamma_{22}^1(U_i,V_i)\frac{V_{i+1}-V_{i-1}}{2}$$

$$\frac{\partial f_{2i}(U_{i+1},U_i,U_{i-1},V_{i+1},V_i,V_{i-1})}{\partial U_{i+1}} = \Gamma_{11}^2(U_i,V_i)\frac{U_{i+1}-U_{i-1}}{2} + 2\Gamma_{12}^2(U_i,V_i)\frac{V_{i+1}-V_{i-1}}{4}$$

$$\frac{\partial f_{2i}(U_{i+1},U_i,U_{i-1},V_{i+1},V_i,V_{i-1})}{\partial U_i} = \left(\frac{U_{i+1}-U_{i-1}}{2}\right)^2\frac{\partial\Gamma_{11}^2}{\partial u}(U_i,V_i)$$

$$+\frac{U_{i+1}-U_{i-1}}{2}\frac{V_{i+1}-V_{i-1}}{2}\cdot 2\frac{\partial\Gamma_{12}^2}{\partial u}(U_i,V_i) + \left(\frac{V_{i+1}-V_{i-1}}{2}\right)^2\frac{\partial\Gamma_{22}^2}{\partial u}(U_i,V_i)$$

$$\frac{\partial f_{2i}(U_{i+1},U_i,U_{i-1},V_{i+1},V_i,V_{i-1})}{\partial U_{i-1}} = -\Gamma_{11}^2(U_i,V_i)\frac{U_{i+1}-U_{i-1}}{2} - 2\Gamma_{12}^2(U_i,V_i)\left(\frac{V_{i+1}-V_{i-1}}{4}\right)$$

$$\frac{\partial f_{2i}(U_{i+1},U_i,U_{i-1},V_{i+1},V_i,V_{i-1})}{\partial V_{i+1}} = 1 + 2\Gamma_{12}^2(U_i,V_i)\frac{U_{i+1}-U_{i-1}}{4} + \Gamma_{22}^2(U_i,V_i)\frac{V_{i+1}-V_{i-1}}{2}$$

$$\frac{\partial f_{2i}(U_{i+1},U_i,U_{i-1},V_{i+1},V_i,V_{i-1})}{\partial V_i} = -2 + \left(\frac{U_{i+1}-U_{i-1}}{2}\right)^2\frac{\partial\Gamma_{11}^2}{\partial v}(U_i,V_i)$$

$$+\frac{U_{i+1}-U_{i-1}}{2}\frac{V_{i+1}-V_{i-1}}{2}\cdot 2\frac{\partial\Gamma_{12}^2}{\partial v}(U_i,V_i) + \left(\frac{V_{i+1}-V_{i-1}}{2}\right)^2\frac{\partial\Gamma_{22}^2}{\partial v}(U_i,V_i)$$

$$\frac{\partial f_{2i}(U_{i+1},U_i,U_{i-1},V_{i+1},V_i,V_{i-1})}{\partial V_{i-1}} = 1 - 2\Gamma_{12}^2(U_i,V_i)\frac{U_{i+1}-U_{i-1}}{4} - \Gamma_{22}^2(U_i,V_i)\frac{V_{i+1}-V_{i-1}}{2}$$

其中，

$$\frac{\partial\Gamma_{11}^1}{\partial u} = \frac{\mathrm{Deno}[G_uE_u+GE_{uu}-2(F_uF_u+FF_{uu})+F_uE_v+FE_{uv}]}{-\dfrac{\partial\mathrm{Deno}}{\partial u}(GE_u-2FF_u+FE_v)}{\mathrm{Deno}^2}$$

$$\frac{\partial\Gamma_{11}^1}{\partial v} = \frac{\mathrm{Deno}[G_vE_u+GE_{uv}-2(F_vF_u+FF_{uv})+F_vE_v+FE_{vv}]}{-\dfrac{\partial\mathrm{Deno}}{\partial v}(GE_u-2FF_u+FE_v)}{\mathrm{Deno}^2}$$

$$\frac{\partial\Gamma_{12}^1}{\partial u} = \frac{\mathrm{Deno}(G_uE_v+GE_{uv}-F_uG_u-FG_{uu})-\dfrac{\partial\mathrm{Deno}}{\partial u}(GE_v-FG_u)}{\mathrm{Deno}^2}$$

$$\frac{\partial\Gamma_{12}^1}{\partial v} = \frac{\mathrm{Deno}(G_vE_v+GE_{vv}-F_vG_u-FG_{uv})-\dfrac{\partial\mathrm{Deno}}{\partial v}(GE_v-FG_u)}{\mathrm{Deno}^2}$$

$$\frac{\partial \Gamma_{22}^1}{\partial u} = \frac{\mathrm{Deno}[2(G_uF_v + GF_{uv}) - G_uG_u - GG_{uu} - F_uG_v - FG_{uv}]}{\mathrm{Deno}^2} - \frac{\partial \mathrm{Deno}}{\partial u}(2GF_v - GG_u - FG_v)}{\mathrm{Deno}^2}$$

$$\frac{\partial \Gamma_{22}^1}{\partial v} = \frac{\mathrm{Deno}[2(G_vF_v + GF_{vv}) - G_vG_u - GG_{uv} - F_vG_v - FG_{vv}]}{\mathrm{Deno}^2} - \frac{\partial \mathrm{Deno}}{\partial v}(2GF_v - GG_u - FG_v)}{\mathrm{Deno}^2}$$

$$\frac{\partial \Gamma_{11}^2}{\partial u} = \frac{\mathrm{Deno}[2(E_uF_u + EF_{uu}) - E_uE_v - EE_{uv} - F_uE_u - FE_{uu}]}{\mathrm{Deno}^2} - \frac{\partial \mathrm{Deno}}{\partial u}(2EF_u - EE_v - FE_u)}{\mathrm{Deno}^2}$$

$$\frac{\partial \Gamma_{11}^2}{\partial v} = \frac{\mathrm{Deno}[2(E_vF_u + EF_{uv}) - E_vE_v - EE_{vv} - F_vE_u - FE_{uv}]}{\mathrm{Deno}^2} - \frac{\partial \mathrm{Deno}}{\partial v}(2EF_u - EE_v - FE_u)}{\mathrm{Deno}^2}$$

$$\frac{\partial \Gamma_{12}^2}{\partial u} = \frac{\mathrm{Deno}(E_uG_u + EG_{uu} - F_uE_v - FE_{uv}) - \dfrac{\partial \mathrm{Deno}}{\partial u}(EG_u - FE_v)}{\mathrm{Deno}^2}$$

$$\frac{\partial \Gamma_{12}^2}{\partial v} = \frac{\mathrm{Deno}(E_vG_u + EG_{uv} - F_vE_v - FE_{vv}) - \dfrac{\partial \mathrm{Deno}}{\partial v}(EG_u - FE_v)}{\mathrm{Deno}^2}$$

$$\frac{\partial \Gamma_{22}^2}{\partial u} = \frac{\mathrm{Deno}[E_uG_v + EG_{uv} - 2(F_uF_v + FF_{uv}) + F_uG_u + FG_{uu}]}{\mathrm{Deno}^2} - \frac{\partial \mathrm{Deno}}{\partial u}(EG_v - 2FF_v + FG_u)}{\mathrm{Deno}^2}$$

$$\frac{\partial \Gamma_{22}^2}{\partial v} = \frac{\mathrm{Deno}[E_vG_v + EG_{vv} - 2(F_vF_v + FF_{vv}) + F_vG_u + FG_{uv}]}{\mathrm{Deno}^2} - \frac{\partial \mathrm{Deno}}{\partial v}(EG_v - 2FF_v + FG_u)}{\mathrm{Deno}^2}$$

$$\mathrm{Deno} = 2(EG - FF)$$

$$\frac{\partial \mathrm{Deno}}{\partial u} = 2(E_uG + EG_u - 2F_uF)$$

$$\frac{\partial \mathrm{Deno}}{\partial v} = 2(E_vG + EG_v - 2F_vF)$$

E、F、G 及其偏导数可自行推导，此处不再赘述。

11.4.3　测地线网格的生成

以图 11-11(b)为例，说明测地线网格的生成过程。

步骤 1：内外边界分段。以二分法为基础，将空间曲面的内外边界分段，可根据指定方式按弦长分段，如特定弦长、特定段数、等比例或指定长度数组等。

步骤 2：确定内外边界间的测地线。按照建筑师期望的走向，选择合适的外边界分段点和内边界分段点连为测地线，如图 11-12 所示。

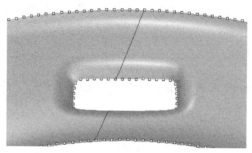

图 11-12　内外边界间的测地线

步骤 3：依次连接其余内外边界分段点。在网格划分过程中需要划分大量的测地线，为了提升网格划分的效率，采用四点画线的方法，该方法只需选择四个边界分段点，即可一次性依次画出多条测地线。首先，选择边界上的第一点 P_1 和第二点 P_2，然后选择另一侧的第三点 P_3 和第四点 P_4，如图 11-13 所示。若 P_1 与 P_3 间有 N_{13} 个分段点，P_2 与 P_4 间有 N_{24} 个分段点，则从测地线 P_1P_2 开始，自动画出 $\max\{N_{13}, N_{24}\}+2$ 条测地线，如图 11-14 所示。使用该方法可以一次性画出多条测地线，提高了网格划分的效率。

步骤 4：连接外边界分段点。用步骤 3 中的四点画线的方法在外边界分段点之间生成多条测地线，如图 11-15 所示。

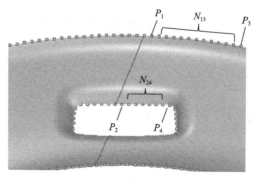

图 11-13　选定四个点

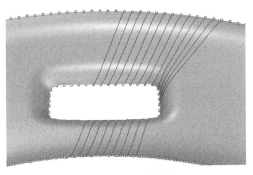

图 11-14　四点画线

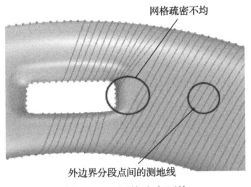

图 11-15　网格疏密不均

步骤 5：生成插值曲线。经过步骤 2～4 在曲面生成了一个方向的全部测地线，但是在曲面曲率变化较大处，测地线的走向也发生较大的改变，造成网格疏密不均，如图 11-15 所示。针对该问题，采用生成插值曲线的方法。该方法可以分为以下几个步骤：

(1)删除部分测地线。

(2)选择边界曲线。依次选择两条边界曲线 L_1、L_2，确定插值曲线数 N_i，边界曲线 L_1、L_2 的分段数 N_j，如图 11-16 所示。

(3)拟合边界曲线。边界曲线 L_1、L_2 可由多条空间曲线组成，如图 11-16 所示，边界曲线 L_1 由三条曲线组成，将三条曲线各自均匀采样一定数目点，然后构造一条插值于所有采样点的 NURBS 曲线。

(4)边界曲线分段。将边界曲线等长度分为 N_j 段。

(5)生成辅助测地线。依次连接边界曲线的 N_j+1 个分段点，生成辅助测地线。

(6)生成插值曲线。将 N_j+1 条辅助测地线各自等长度分为 N_i+1 段，记 $P_{ij}(i=1,2,\cdots,N_i+2, \ j=1,2,\cdots,N_j+1)$ 为第 j 条辅助测地线上的第 i 个分段点。以点列 $P_{ij}(j=1,2,\cdots,N_j+1)$ 为插值点，可以构造一条插值曲线，以此类推可以在两条边界曲线中间插值出 N_i 条曲线，如图 11-17 所示。

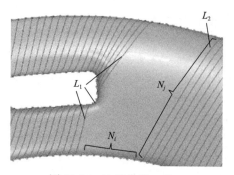 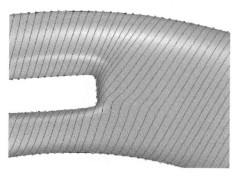

　　　　图 11-16　边界曲线 L_1 和 L_2　　　　　　　　　图 11-17　插值曲线

　　步骤 6：重复步骤 2～5 完成四边形网格另一个走向的测地线，形成网格，如图 11-18 所示。

图 11-18　四边形网格

11.5　算例与比较

11.5.1　两种求交方法的比较

　　11.1 节和 11.2 节给出了基于 NURBS 的线面求交法（以下简称方法一）及基于 NURBS 的面面求交法（以下简称方法二）的算法流程。现以图 11-1 中的复杂自由曲面为例，比较两种方法，结果列于表 11-1。

表 11-1　两种方法的比较

方法	T/min	Δ_U/mm	Δ_L/mm	缺点
方法一	246（$N=M=700$）	512	902.1	边界出现褶皱
方法二	5.1（$N=900$, $M=100$）	2.1	250.5	前处理较复杂

注：N 为平面数量；M 为采样点数。

　　表 11-1 中，T 为将复杂自由曲面拟合为一个曲面所需的时间，Δ_U 为拟合曲面

上边界最大误差，Δ_L 为拟合曲面下边界最大误差。

方法一耗时最久的步骤是曲面与直线求交，需进行 49 万 (700×700) 次；方法二耗时最久的步骤是曲面与平面求交，需进行 900 次。故方法二的速度远快于方法一。

如图 11-19 所示，方法一中，当曲面边界走向不严格为平面点阵走向时，边界附近的控制点不能很好地还原曲面的边界信息，出现褶皱问题，导致上下边界最大误差较大，可以通过加密平面点阵的方法来减小褶皱，但会使时间大大增加。

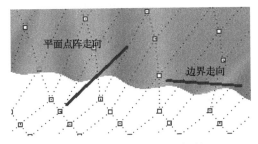

图 11-19　方法一边界处褶皱

如图 11-20 所示，原曲面下边界出现直角转折，方法二步骤 (5) 中在下边界附近的三个采样点由此也产生较大转折。因为 NURBS 曲面的强凸包性，拟合曲面在此处出现最大误差，为 250.5mm，可以通过加密采样点的方法减小误差。而上边界处转折较小，最大误差仅为 2.1mm。

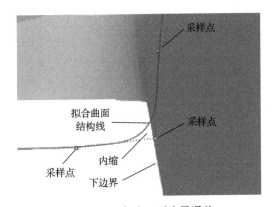

图 11-20　方法二下边界误差

两种方法除边界处出现误差外，其余部分误差均小于 5mm，采用映射法划分网格时需将边界处的网格投影至原曲面以消除误差，方法一还需手动处理因褶皱而畸形的网格。

通过两种方法的比较可以得出以下结论：①方法二比方法一复杂；②方法二的速度远快于方法一，最大误差也小于方法一；③采用映射法划分网格时，两种方法均需将边界处的网格投影至原曲面，方法一还需手动处理因褶皱而畸形的网格。

11.5.2　传统方法与基于曲面拟合的映射法比较

　　算例 1 为由三个曲面组成的复杂自由曲面，如图 11-21 所示。下面用分曲面的方法划分网格。如图 11-22(a)所示，首先将曲面 1 的边界 1 等长度分段，根据欲划分的网格形式确定边界 2 的分段点，最后连接边界 1 的分段点或边界 1、边界 2 的分段点。如图 11-22(b)所示，划分好曲面 1 的网格后，凭经验确定曲面 2 上边界 3 的分段点，连接边界 2 的分段点或边界 2、边界 3 的分段点。同理，画出曲面 3 的网格，如图 11-22(c)所示。上述过程依赖于工程师的经验，且网格划分容易失败。

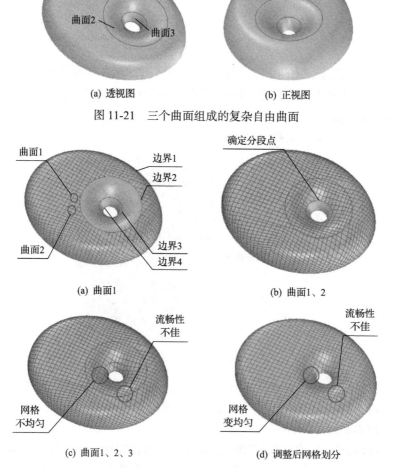

(a) 透视图　　　　　　　　　　　　(b) 正视图

图 11-21　三个曲面组成的复杂自由曲面

(a) 曲面1　　　　　　　　　　　　(b) 曲面1、2

(c) 曲面1、2、3　　　　　　　　　(d) 调整后网格划分

图 11-22　分曲面划分网格

在边界 2 附近，曲线 1 为边界 1 分段点相连所得曲线，曲线 2 为边界 1、2 分段点相连所得曲线，因此导致网格大小不均匀，如图 11-22(a) 所示。由于分别在三个曲面上划分网格，边界处网格不均匀，流畅性不佳，如图 11-22(c) 所示。对边界处质量不佳的曲线进行一定的调整，调整后网格的均匀性有一定提高，但交界处曲线流畅性仍然不佳，如图 11-22(d) 所示。

现利用基于 NURBS 的线面求交法，将三个 NURBS 裁剪曲面拟合为如图 11-23(b) 所示的一个曲面，利用映射法划分网格。

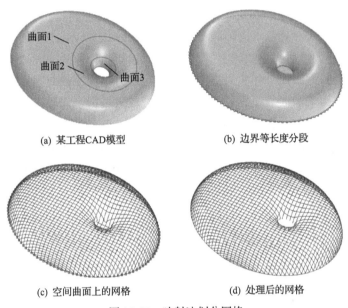

(a) 某工程CAD模型　　　　　　　(b) 边界等长度分段

(c) 空间曲面上的网格　　　　　　(d) 处理后的网格

图 11-23　映射法划分网格

(1)将空间曲面边界分段。以二分法为基础，将空间曲面的内外边界分段，可根据指定方式按弦长分段，如特定弦长、特定段数、等比例或指定长度数组等，如图 11-23(b) 所示。

(2)将分段点投影回参数域，连接参数域上的分段点后形成参数域网格。求出内外边界上的分段点对应参数域上的二维点，将这些二维点按照建筑师期望的走向两两相连为直线。

(3)将参数域网格映射回空间曲面，得到空间网格，如图 11-23(c) 所示。

(4)处理边界处的网格。由图 11-23(c) 可知，用映射法在拟合曲面上画出的网格在原有曲面交界处线条流畅，但在拟合曲面的边界处质量不佳，为此对边界处的网格进行适当处理。

图 11-22 中在原有的三个曲面上分别划分网格，因此在交界附近网格不均匀，

线条过渡不流畅，且难以调整，网格划分过程依赖工程师个人经验，且容易失败；图 11-23(d) 中线条流畅，网格大小基本一致，且过渡均匀。虽然在边界处出现一定误差，但可以加密点阵减小误差，或将边界处网格投影回原曲面，以消除边界处的误差。

11.5.3　传统方法与基于曲面拟合的测地线法比较

1. 算例 1——由十一个曲面组成的复杂自由曲面

算例 1 为由十一个曲面组成的复杂自由曲面，如图 11-24 所示。以下使用传统划分曲面的方法对算例 1 进行网格划分，如图 11-25 所示，连接曲面 1 和曲面 2 的参数域边界点，然后将参数域上的直线分别映射到曲面 1 和曲面 2 上。如图 11-25 圆圈中所示，因为曲面 1 和曲面 2 上的线条在划分过程中彼此独立，曲面 1 和曲面 2 的线条在两个曲面的交界处，边界 1 出现较大转折，需要进行手动调整。如图 11-26 所示，将曲面 2 参数域上连接点 P_1 和点 P_2 的参数域直线映射到曲面 2 上，映射得到的曲线位于曲面 2 的边界 1 上，这与建筑师想要得到的曲线（如图 11-25 中虚线所示）出现较大偏差。传统的曲面网格划分算法由于在曲面 2 转角处不能得到想要的曲线而划分失败。

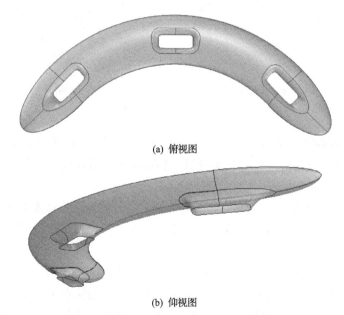

(a) 俯视图

(b) 仰视图

图 11-24　十一个曲面组成的复杂自由曲面

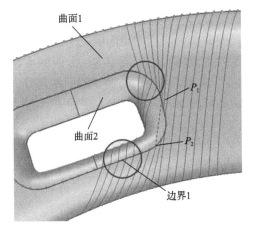

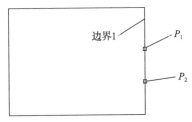

图 11-25　传统方法失效　　　　　　　　　图 11-26　曲面 2 参数域

现利用基于曲面拟合的测地线法对算例 1 进行划分。首先，利用基于 NURBS 的面面求交法对图 11-27(a)所示的复杂自由曲面进行求交，得到复杂自由曲面的 $N \times M$ 点云。将该点云作为控制点，拟合得到图 11-27(b)所示的拟合曲面。将拟合曲面的边界按指定长度分段后批量生成测地线形成测地线网格，如图 11-27(c)所示。最后，对网格进行优化，如图 11-27(d)所示。

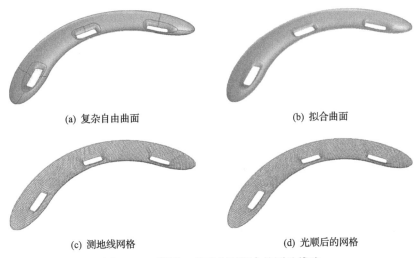

(a) 复杂自由曲面　　　　　　　　　　　　(b) 拟合曲面

(c) 测地线网格　　　　　　　　　　　　(d) 光顺后的网格

图 11-27　算例 1 基于曲面拟合的测地线法

2. 算例 2——由三个自由曲面组成的复杂自由曲面

算例 2 为由三个自由曲面组成的复杂自由曲面，如图 11-28(a)所示。下面用传统的分曲面划分方法进行网格划分。如图 11-28(b)所示，该曲面有四条边界，

　　首先将边界 1、2 按固定数目等距离分段，然后连接边界 1、2 上的分段点，得到曲面 1 的网格划分。如图 11-28(c)所示，曲面 2 上的网格走向取决于边界 3 上的分段点布置，因此在对边界 3 分段时需要考虑建筑师的期望走向，分段好后连接边界 2、3 的分段点得到曲面 2 的网格划分。同理，可得到曲面 3 的网格划分，如图 11-28(d)所示。该方法过程繁而复杂，且依赖于工程师的个人经验。

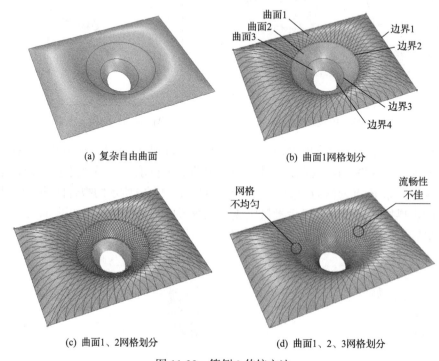

(a) 复杂自由曲面　　　　　　　　　　(b) 曲面1网格划分

(c) 曲面1、2网格划分　　　　　　　(d) 曲面1、2、3网格划分

图 11-28　算例 2 传统方法

　　现基于曲面拟合的测地线法对算例 2 进行划分。首先，利用基于 NURBS 的面面求交法对图 11-29(a)所示的复杂自由曲面进行求交，得到复杂自由曲面的 $N \times M$ 点云。将该点云作为控制点，拟合得到拟合曲面，如图 11-29(b)所示。将拟合曲面的边界按指定长度分段后批量生成测地线形成测地线网格，如图 11-29(c)所示。最后，利用基于袋鼠插件的网格优化方法对网格进行优化，如图 11-29(d)所示。

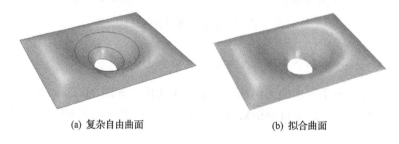

(a) 复杂自由曲面　　　　　　　　　　(b) 拟合曲面

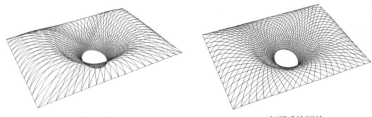

　　　　　(c) 测地线网格　　　　　　　　　　　　　(d) 光顺后的网格

图 11-29　算例 2 基于曲面拟合的测地线法

　　表 11-2 列出了利用传统方法与基于曲面拟合的测地线法划分的算例 1 及算例 2 的网格评价指标。

表 11-2　网格评价指标

评价指标	算例 1		算例 2		
	传统方法	基于曲面拟合的测地线法	传统方法	基于曲面拟合的测地线法	减少
流畅度指标 $\overline{\lambda}$	失败	9.19°	9.37°	7.85°	16.2%
形状质量指标标准差 δ_E		0.12	0.18	0.15	16.7%
杆件长度标准差 δ_L		0.57m	2.31m	1.26m	45.5%

　　如图 11-27、图 11-29 所示,利用本章方法划分所得的网格比图 11-25、图 11-28 中用传统方法划分所得的网格具有相当大的优势。在算例 1 中,传统方法在图 11-25 中的曲面 2 上划分失败,本章方法划分所得网格(图 11-27)线条流畅,大小均匀, 均有良好的建筑美学效果。在算例 2 中,传统方法划分所得网格在边界 2 处存在 较大的转折,如图 11-28(d)所示,导致曲面 1 和曲面 2、3 之间的网格出现分层的 情况。传统方法划分过程复杂,且需要工程师的个人经验进行判断。对比之下, 基于曲面拟合的测地线法划分所得网格能够满足建筑网格流畅性和均匀性的要 求。如表 11-2 所示,算例 2 的流畅性指标由 9.37°下降至 7.85°,下降了 16.2%; 形状质量指标标准差由 0.18 下降至 0.15,下降了 16.7%;杆件长度标准差由 2.31m 下降至 1.26m,下降了 45.5%。说明本章方法比传统方法能够明显提升自由曲面 网格结构的流畅性、网格均匀性以及杆件长度均匀性。

11.6　本 章 小 结

　　本章采用曲面拟合的方法将复杂自由曲面拟合为一个 NURBS 曲面。为了获 得代表复杂自由曲面几何特征的 $N\times M$ 点云,提出了基于 NURBS 的线面求交法和 基于 NURBS 的面面求交法。然后,利用控制点逼近的方法将 $N\times M$ 点云拟合为一个 NURBS 曲面，根据原曲面情况进行裁剪。比较了基于 NURBS 的线面求交法和基于 NURBS 的面面求交法的速度、精度，给出了用传统方法及基于 NURBS 的线面求交法的映射法划分网格的算例，并进行了比较，给出了用传统方法与基于 NURBS 的面面求交法的测地线法划分网格的两个算例，比较了网格质量指标。

(1)基于 NURBS 的线面求交法是在复杂自由曲面下方构造一个 $N×M$ 平面点阵，将复杂自由曲面的边界延伸后，遍历平面点阵中的每一个点作 z 向射线与复杂自由曲面中的每一个 NURBS 裁剪曲面分别求交，即可得 $N×M$ 点云 $\{P_{i,j}\}$。

(2)基于 NURBS 的面面求交法是根据曲面走向将复杂自由曲面划分为不同部分，然后使用一系列平面与不同部分曲面求交，共计使用 N 个平面。将平面与曲面的交线处理后拟合为一条交线，对此交线均匀采样 M 个点，由此可得到 $N×M$ 点云 $\{P_{i,j}\}$。

(3)获得了代表复杂自由曲面几何特征的 $N×M$ 点云后，基于点云 $\{P_{i,j}\}$ 使用向心参数化方法构造节点矢量 U、V，然后利用控制点逼近的方法将 $N×M$ 点云拟合为一个 NURBS 曲面，同等条件下，此方法比曲面插值或曲面逼近的方法在速度上有较大优势，同时具有可接受的拟合精度。在得到拟合曲面后根据原曲面情况进行裁剪即可。

(4)测地线是直接存在于空间曲面上的概念，因此不存在映射畸变，不会因为曲面的参数化改变而改变。首先，利用经典微分几何的方法建立测地线的非线性微分方程组，针对两点间值问题，利用中央差分法将非线性微分方程组离散为非线性代数方程组，提出了合理的离散点数确定公式。然后，以两点间参数域直线作为初值，采用 L-M 方法结合线搜索技巧进行非线性代数方程组的求解，给出了雅可比矩阵的表达公式。最后，采用四点画线的方法批量生成测地线，针对网格在曲面曲率较大处出现的空缺现象，生成插值曲线来解决该问题，从而获得裁剪拟合曲面上的测地线网格。

(5)基于 NURBS 的线面求交法和基于 NURBS 的面面求交法均可获得复杂自由曲面的 $N×M$ 点云。前者较简单，但在 N 和 M 为同一量级的情况下，前者比后者速度慢。后者比前者复杂，但速度快，拟合精度较小。

(6)传统方法在复杂自由曲面上分别划分网格，传统方法过程复杂，且在多个曲面交界处的网格难以调整，网格不够流畅。基于 NURBS 的线面求交法的映射法在裁剪后的拟合曲面上利用映射法划分网格，相比于传统方法，该网格大小均匀、线条流畅。

(7)基于 NURBS 的面面求交法的测地线法在网格优化后与传统方法进行对比，算例表明，对于某些复杂自由曲面，传统方法失效，而前者可以生成网格大小均匀、线条流畅的网格；对比传统方法，前者可以明显提升网格的流畅性指标、形状质量指标和杆件长度指标。

第12章 基于气泡吸附和 Delaunay 三角法的三角形网格划分算法

12.1 引 言

映射拟桁架法与其他基于映射技术的网格划分算法一样都难以避免映射畸变问题，尤其是当曲面的造型比较复杂时。虽然提出了多种改善映射畸变的策略，但适用范围和效果都较为有限，并且复杂的多重曲面难以建立与单一平面图形的映射关系，并不适合用映射拟桁架法进行划分。为此，需要开发一种不基于映射技术且适用于多重曲面的网格划分算法。

同样，基于物理类比的思想，本章将节点类比为弹性气泡，建立气泡运动模型，并用于曲线、曲面的离散化。首先，介绍气泡模型的基本原理，并将气泡模型用于实现相对简单的曲线离散化，称为曲线气泡法。之后，修改气泡模型，并结合 Delaunay 三角法用于平面图形的离散化，称为平面气泡法。然后，结合映射技术，将平面气泡法拓展为映射气泡法，用于 NURBS 曲面的网格划分。映射气泡法与映射拟桁架法、拟分子运动法较为相似，都有映射畸变问题。为了避免映射畸变，进一步提出了空间气泡法。空间气泡法是在气泡模型中引入曲面吸附力，直接在空间上模拟气泡运动，进而优化点阵位置，然后利用一种基于 Delaunay 三角法扩展的曲面点集剖分方法，将优化后的点集连接成三角形网格。最后，通过算法的局部修改，使空间气泡法不仅能用于 NURBS 曲面，也能用于复杂的多重曲面或网格曲面。

建筑上存在控制网格大小的需求，空间气泡法可以通过气泡相对半径函数 $h(x,y,z)$ 控制网格大小的分布。当气泡大小相同时，空间气泡法生成的网格杆长均匀、形状规整。当气泡大小不同时，空间气泡法可以根据曲面信息生成与曲面特征相适应的自由曲面网格。多个算例证明了算法的有效性。

12.2 NURBS 曲线的离散化

气泡法的主要思想是将节点类比为弹性气泡，通过引入气泡间的作用力和其他外力，运动平衡后的气泡按照期望的规律分布，实现点阵位置的优化。也就是说，将节点的位置优化问题转化为气泡的运动平衡求解问题，两者能否等效的关键在于能否根据几何优化的目标建立相应的力学模型。

曲线的离散化是在曲线上布置顶点，并依次连接成多段线，即用多段线近似表达曲线。相比于曲面的离散化(网格划分)，曲线的离散化要简单许多，其中一种实现方法便是基于气泡吸附在曲线上的思想而提出的曲线气泡法。下面便从相对简单的曲线气泡法入手，介绍气泡法的基本原理，包括力学模型和运动求解算法，以及如何利用气泡法将曲线离散化为各分段长度几乎相等的多段线。

1) 力学模型

简化起见，将节点类比为大小、刚度、质量等都相同的弹性气泡。在气泡的力学模型中，为了使气泡间保持一定的间距，引入气泡间因接触挤压而产生的弹性排斥力 T_{ij}，如图 12-1 所示。在图中，r_i、δ_i 和 r_j、δ_j 分别对应于气泡 p_i 和 p_j 各自的半径、弹性变形量；d_{ij} 为第 j 个气泡中心到第 i 个气泡中心的位移。

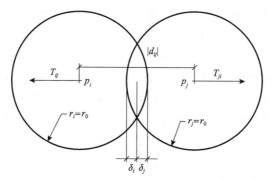

图 12-1 气泡间的作用力

假定 T_{ij} 的大小与弹性变形成正比。由于气泡相同，可知气泡的弹性变形 $\delta_i = \delta_j = r_0 - \dfrac{|d_{ij}|}{2}$，进而推出 T_{ij} 为

$$T_{ij} = \begin{cases} k_\mathrm{b}\left(r_0 - \dfrac{|d_{ij}|}{2}\right)\dfrac{d_{ij}}{|d_{ij}|}, & |d_{ij}| < 2r_0 \\ 0, & |d_{ij}| \geqslant 2r_0 \end{cases} \tag{12-1}$$

式中，k_b 为气泡的弹性系数。

气泡 p_i 受到其他气泡的合作用力 T_i 为

$$T_i = \sum_{j=1,\,j\neq i}^{N} T_{ij} \tag{12-2}$$

式中，N 为气泡总个数。

按照式(12-2)，任意两个气泡都需要计算彼此间的作用力，但实际上任一气泡只受到附近少数几个气泡的作用，而多数气泡法对其的作用力为 0。利用这一点可以在程序实现上降低算法的复杂度。

在曲线气泡法中，还需要引入曲线对气泡的强吸附力 $P_{c,i}$，使气泡中心保持在曲线上，具体为

$$P_{c,i} = k_c \cdot d_{c,i} \tag{12-3}$$

式中，k_c 为曲线吸附强度大小的系数，k_c 远大于 k_b；$d_{c,i}$ 为从第 i 个气泡中心到曲线最近点的位移。

在气泡间的挤压力和曲线的吸附力的作用下，气泡将产生运动，发生挤压、碰撞等现象，但始终紧密地吸附在曲线上。为了让气泡最终能达到平衡状态，避免出现振荡，需耗散运动系统的能量。为此，引入运动阻力，即

$$f_i = -k_f \cdot v_i \tag{12-4}$$

式中，k_f 为阻力系数；v_i 为第 i 个气泡运动的速度。

此外，如果第 i 个网格点被设定为固定的网格点，则第 i 个气泡还额外受到了锚固力，使其受到的合力为零。

最后，对气泡的受力进行合成，得到第 i 个气泡受到的合力为

$$F_i = \begin{cases} \sum_{j=1}^{N} T_{ij} + P_{c,i} + f_i, & \text{点} p_i \text{为自由点} \\ 0, & \text{点} p_i \text{为固定点} \end{cases} \tag{12-5}$$

根据上述气泡模型，建立气泡的受力方程，然后根据牛顿运动定律以及 Verlet 算法[192, 193]模拟气泡的运动轨迹，求解气泡法的平衡位置。具体步骤如下：

(1)确定气泡的总个数 N、各气泡的质量 m_i、弹性系数 $k_{b,i}$、半径 r_i 及中心坐标 $p_i(x,y,z)$。

(2)在 $t=0$ 时，气泡处于静止状态，即初速度为零($v_i=0$)。

(3)由式(12-5)和式(12-6)分别确定各气泡的合力 $F_i(t)$ 和加速度 $a_i(t)$。

$$a_i(t) = \frac{F_i(t)}{m_i} \tag{12-6}$$

(4)在 $t \neq 0$ 时，已知 t 时刻气泡的位置 $s_i(t)$、速度 $v_i(t)$ 和加速度 $a_i(t)$，可以由式(12-7)和式(12-8)分别预测 $t+\delta t$ 时刻气泡的速度和位置。

$$v_i(t + \delta t) = v_i(t) + a_i(t)\delta t \tag{12-7}$$

$$s_i(t + \delta t) = s_i(t) + \delta s_i(t) = s_i(t) + \frac{v_i(t) + v_i(t + \delta t)}{2}\delta t \tag{12-8}$$

式中，δt 为时间步长，取一较小值。

(5) 回到步骤(3)，根据 $t + \delta t$ 时刻的气泡状态求 $F_i(t + \delta t)$ 和 $a_i(t + \delta t)$。在步骤 (3) 和步骤(4)之间循环，直到 $|\delta s_i(t)|$ 小于给定的阈值或循环次数达到上限。

(6) 循环终止，气泡达到了(近似)平衡的位置。

2) 曲线的等间距离散化

根据上述气泡的力学模型和运动求解方法，提出了曲线等间距离散化的方法——曲线气泡法。下面以图 12-2 中的 NURBS 曲线为例进行具体说明。

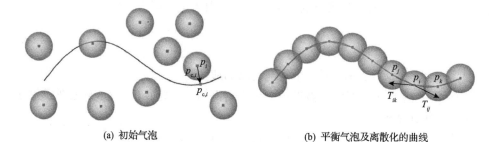

(a) 初始气泡　　　　　　　　　　(b) 平衡气泡及离散化的曲线

图 12-2　基于气泡模型的曲线划分

p_i、p_j、p_k 为气泡；T_{ik} 为气泡 p_k 作用在气泡 p_i 上的挤压力；T_{ij} 为气泡 p_j 作用在气泡 p_i 上的挤压力

首先，在空间上随机布置 N 个顶点。N 可以由用户直接设定，也可以根据式 (12-9) 由期望的分段长度 l_0 估算得到。

$$N = \left\langle \frac{L}{l_0} \right\rangle \tag{12-9}$$

式中，$\langle \cdot \rangle$ 表示按四舍五入取整；L 为曲线总长度。

然后，将顶点类比为气泡，设定气泡的质量、弹性系数、半径等参数，其中气泡的质量和弹性系数可以简单设为 1(不考虑量纲)，而气泡半径需要根据具体情况设置。为了让气泡在平衡后能布满整个曲线，气泡直径需稍小于每个分段的期望长度，使气泡间呈现受挤压的状态，即 $2r_0 < l_0$。初始状态的气泡如图 12-2(a) 所示。接着，用 Verlet 算法求解气泡的平衡位置。最后，将气泡中心按照其在曲线上的顺序连接成多段线，即等间距离散化的曲线，如图 12-2(b) 所示。

曲线气泡法使顶点等间距(空间欧氏距离)地分布在曲线上，可实现均弦划分。

12.3 平面图的网格化

将 12.2 节介绍的气泡模型稍作修改，结合 Delaunay 三角剖分，即可得到用于平面图形的网格划分算法——平面气泡法。平面气泡法的实现方式可以简要概括为初始布点、位置优化、网格生成三个阶段。下面以图 12-3(a) 所示平面图形 G 为例，介绍平面气泡法的具体步骤。

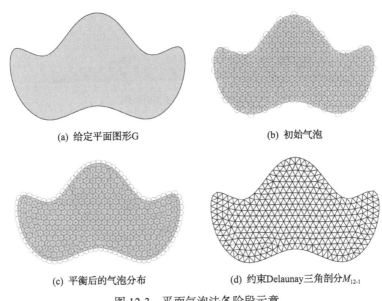

(a) 给定平面图形G (b) 初始气泡

(c) 平衡后的气泡分布 (d) 约束Delaunay三角剖分$M_{12\text{-}1}$

图 12-3 平面气泡法各阶段示意

(1) 初始布点。

采用映射拟桁架法中均匀布点的方式，即按给定的期望杆长 l_0 确定覆盖整个划分区域(平面图形 G)的网格点集。初始点集和对应的气泡如图 12-3(b) 所示。

(2) 位置优化。

气泡间的作用力、运动阻力计算方式、固定点的处理以及运动求解的算法都与 12.2 节中介绍的曲线气泡法相同，主要的不同点在于，边界线仅对位于平面图形外的节点施加强吸附力，按照式(12-3)计算。平衡后的气泡及对应的点集如图 12-3(c) 所示。

(3) 网格生成。

采用平面 Delaunay 三角法将节点连接成三角形网格，并剔除中心在平面图形外的三角形单元，得到最终的三角形网格，如图 12-3(d) 所示。

12.4　NURBS 曲面的网格化

根据 NURBS 曲面的原理，将曲面映射到平面域，利用平面气泡法进行网格划分，然后将划分结果逆映射回空间域，形成曲面网格的划分方法，称为映射气泡法。例如，对于以平面图形 G（图 12-3（a））为参数域的 NURBS 曲面 S（图 12-4），其横向跨度为 52m，纵向跨度为 88m，最大高差为 10m。通过将平面气泡法生成的网格（图 12-3（d））逆映射到曲面 S 上，形成空间网格，即映射气泡法划分的网格，如图 12-5 所示。

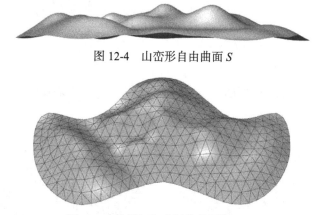

图 12-4　山峦形自由曲面 S

图 12-5　映射气泡法划分的网格 $M_{12\text{-}2}$

然而，复杂曲面（如曲率变化剧烈的曲面、环形闭合的曲面等）很难和平面域建立良好的映射关系，可能出现非一一映射的情况，如平面域中的一条线对应曲面上的一个点等。不良的映射关系导致高质量的平面网格在映射到曲面后出现畸变问题。映射畸变问题很大程度限制了映射气泡法的适用范围。其他基于映射思想建立的网格划分算法，如基于曲面展开的网格划分算法、映射拟桁架法，也都存在这个问题。

为了解决映射气泡法存在映射畸变的问题，将平面气泡法进一步发展为空间气泡法，主要思想是在气泡间的相互作用力的基础上，引入曲面对气泡的强吸附力代替曲线对气泡的吸附力，通过直接在空间上迭代求解气泡的平衡位置，得到均匀分布在曲面上的点集 P，再通过一定的策略拓展平面 Delaunay 三角法，用于曲面上生成基于点集 P 的三角形网格。空间气泡法也可以归纳为初始布点、位置优化、网格生成三个阶段。

1）初始布点

在待划分的 NURBS 自由曲面 S（仍以图 12-4 为例）上布置初始点集 P_0。布点的方法分为平面投影法和随机生成法。

（1）平面投影法。对于按某一方向投影后没有重叠区域的曲面，可以将其投影到平面上，再按给定的期望杆长 l_0 确定覆盖整个划分区域的网格点集，然后将布点投影到曲面上，得到初始布点（图 12-6(a)）。平面投影法可以得到较为规整的初始网格，加快后续气泡系统平衡状态的求解，但适用范围有限。

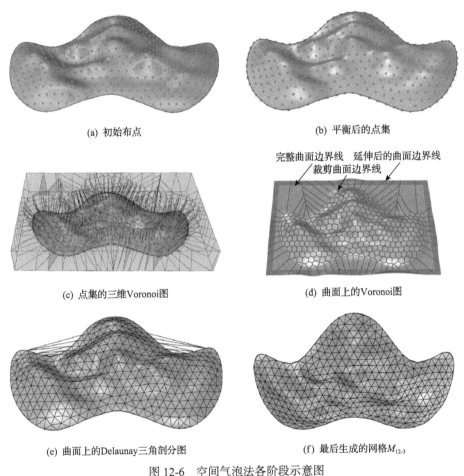

(a) 初始布点

(b) 平衡后的点集

(c) 点集的三维Voronoi图

(d) 曲面上的Voronoi图

(e) 曲面上的Delaunay三角剖分图

(f) 最后生成的网格$M_{12\text{-}3}$

图 12-6　空间气泡法各阶段示意图

（2）随机生成法。当平面投影法无法适用时，可以根据已知的曲面面积和期望的边长估计节点的数目。假定最终的网格为理想化的无限延伸的正三角形网格的一部分，如图 12-7 所示。一个三角形有 3 个顶点，每个顶点由 6 个三角形共享，平均每个顶点对应两个三角形。根据曲面的面积和小三角形的面积比可以估算小三角形的个数。由此得到了可用于估算节点个数的公式（式(12-10)）。然后，直接在曲面上随机布置 N 个顶点。

$$N = k_N \frac{A_S}{2A_0} = k_N \frac{A_S}{2 \times \frac{\sqrt{3}}{4} l_0^2} = \frac{2}{\sqrt{3}} k_N \frac{A_S}{l_0^2} \tag{12-10}$$

式中，k_N 为大小在 1 左右的系数，需进行试算调整；l_0 为期望杆长；A_S 为曲面 S 的面积；A_0 为边长为 l_0 的正三角形的面积。

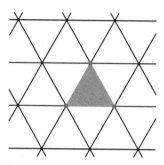

图 12-7　理想的三角形网格

2）位置优化

在曲面上布置以点集 P_0 为中心的弹性气泡，建立相应的气泡模型。气泡间的相互作用力、固定点设置以及运动阻力都与映射气泡法相同。然后，引入曲面对气泡的强吸附力 Q_i，取代曲线对气泡的强吸附力，即

$$Q_i = k_s \cdot d_{s,i} \tag{12-11}$$

式中，k_s 为曲面吸附强度大小的系数，k_s 远大于 k_b；$d_{s,i}$ 为从第 i 个气泡中心到曲面最近点的位移。曲面的强吸引力使气泡中心基本保持在曲面上。

由此，任一气泡受到的合力为

$$F_i = \begin{cases} T_i + Q_i + f_i, & \text{点} p_i \text{为自由点} \\ 0, & \text{点} p_i \text{为固定点} \end{cases} \tag{12-12}$$

同样，采用 Verlet 算法，迭代求解气泡的平衡位置。平衡后的气泡需要保持轻微的挤压状态才能均匀地分布在整个曲面上，否则需要调整初始布点的数目或者气泡的半径。由平衡状态下的气泡得到均匀分布在曲面上的点集 P（图 12-6(b)）。

3）网格生成

对于曲面上的均匀分布点集 P，需要按照一定的规则连接成三角形网格，而映射气泡法中使用的平面 Delaunay 三角法显然不适用于此。根据 Delaunay 图的对偶图 Voronoi 图在曲面上的结果，提出了一种用于将曲面上的点集连接成三角形网格的方法，称为曲面 Delaunay 三角法。

首先，做一个能将曲面 S 完全包含在内的长方体 B。然后，根据点集 P 中的 N 个点，将 B 划分为满足以下条件的 N 个多面体区域：对于给定的 $p_i \in P$，其所在的多面体区域内的任意位置到点 p_i 的距离比到点集 P 中的其他点都小。这 N 个多面体区域组成了点集 P 在长方体 B 内的 Voronoi 图[158, 159]（图 12-6(c)）。接着，将 Voronoi 图与曲面 S 进行面面求交，得到的交线组成了点集 P 在曲面上的 Voronoi 图。为了保证之后所求的 Delaunay 图的完整性，曲面 S 与 Voronoi 图在求交前，需进行适当的延伸（曲面若有裁剪，先要取消裁剪），并在求交后将曲面恢复原样（图 12-6(d)）。遍历曲面上的 Voronoi 图中所有的边，连接其两侧到该边上任一点距离最小且相等的网格点，得到 Voronoi 图的对偶图，即曲面上的 Delaunay 三角剖分图（图 12-6(e)）。最后，将 Delaunay 三角剖分图转换成三角形网格。计算各网格单元的形状质量和中心点到曲面的距离，并据此剔除冗余的网格单元，得到最终的网格划分结果（图 12-6(f)）。

由于空间气泡法是直接将气泡吸附在曲面上进行运动的数值模拟，因此不存在映射畸变问题。相较于映射气泡法，空间气泡法的适用性和网格质量都将有所改善。

12.5　多重曲面的网格化

复杂的 CAD 模型通常采用多重曲面表达，而多重曲面的每个子曲面有着各自独立的映射关系。为了使算法也能适用于多重曲面，需要对空间气泡法进行适当的调整，主要调整如下：

(1) 由式(12-10)估算每个子曲面上的节点数量，并随机布置相应的节点数在子曲面上。总的节点数量为

$$N = \sum_{i=1}^{n_m} N_i = \sum_{i=1}^{n_m} \left\langle \frac{2}{\sqrt{3}} k_N \frac{A_i}{l_0^2} \right\rangle \tag{12-13}$$

式中，n_m 为多重曲面的子曲面数量；A_i 为第 i 个子曲面的面积；N_i 为第 i 个子曲面上的节点数量。

(2) 曲面吸附力按式(12-14)重新定义，而气泡间的作用力、阻力等保持不变。

$$Q_i = k_s \cdot d_{m,i} \tag{12-14}$$

式中，$d_{m,i}$ 为位移矢量，从 p_i 指向它在多重曲面上的最近点（通过遍历所有子曲面，求最小值获得）。

(3) 多重曲面和点阵的空间 Voronoi 图的交线，是由各个子曲面和空间 Voronoi 图的交线的总和。此外，由于曲面延伸仅适用于单个 NURBS 曲面，而多重曲面通常难以延伸，因此直接由多重曲面与 Voronoi 图求交。

(4)针对 NURBS 曲面的空间气泡法，通过对偶变化得到的三角形网格(记为 M_0)是有较多冗余单元的，需要筛除不需要的三角形网格单元。但在这里不再需要这一操作。相反，由于没有延伸曲面，网格 M_0 可能在边界附近缺少部分网格单元而无法覆盖整个曲面，需要采取措施检查网格 M_0 并补上可能缺失的单元。具体来说，多重曲面的边界线由子曲面的边界线拟合成一个或多个闭合的曲线(记为 C)。网格中只属于一个单元的边为边界边。将边界边连接成一条或多条多段线(记为 L)。多段线集 L 中的每一条多段线对应于曲线集 C 中的一条曲线。遍历所有多段线，如果多段线的某个顶点到它对应的曲线的距离超过了给定的阈值，就连接它相邻的两个顶点并将得到的边增加到网格 M_0 中。举例来说，对于图 12-8(a)所示的曲面和均匀分布的点阵，点阵在曲面上的 Voronoi 图的对偶图有一些缺口，如图 12-8(b)所示。上述算法将会自动在三角形网格中增加 5 条网格边(图中红边)，而随之增加的 5 个三角形(图中绿色单元)将弥补原网格中的缺口，使新网格能更好地拟合原曲面，如图 12-8(c)所示。

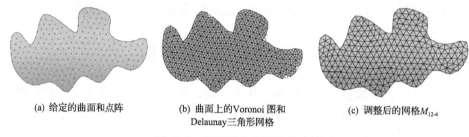

(a) 给定的曲面和点阵　　　　(b) 曲面上的Voronoi 图和　　　　(c) 调整后的网格M_{12-4}
　　　　　　　　　　　　　　Delaunay三角形网格

图 12-8　网格检查和调整的算例

建筑造型除了采用 NURBS 单重曲面或多重曲面表示，有时也会采用离散的小网格表示。针对多重曲面的空间气泡法有着较高程度的抽象，也适用于离散表示的网格曲面，但在程序的具体实现时，需要保证算法接口的通用性，即在调用曲面相关的几何算法时，要根据曲面的数据类型，调用对应的接口或者分别编写实现算法。除了空间气泡法，后续提出的适用于多重曲面的网格划分算法，也都采用同样的策略处理，使其也适用于离散曲面。

采用调整后的空间气泡法对一个由 58 个子曲面组成的鼻形曲面进行网格划分。划分过程中各阶段的结果如图 12-9 所示，得到的网格 M_{12-5} 均匀、规整。

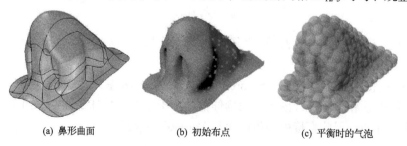

(a) 鼻形曲面　　　　　　(b) 初始布点　　　　　　(c) 平衡时的气泡

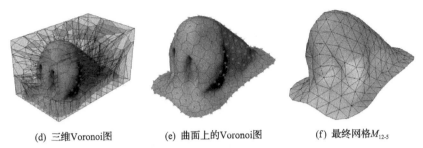

(d) 三维Voronoi图　　　　(e) 曲面上的Voronoi图　　　　(f) 最终网格$M_{12\text{-}5}$

图 12-9　针对多重曲面的空间气泡法网格划分

12.6　拓展气泡模型

拓展气泡模型与气泡模型虽略有差别，但都基于同一个假定，即各个气泡的质量、大小、刚度系数都相同。气泡法都是为了获得等间距分布的节点，进而生成非常均匀的三角形网格。前面介绍的映射拟桁架法可以通过杆长控制函数 $h(u,v)$ 调整杆长的相对分布，实现网格大小的调控。类似地，通过拓展气泡模型，也可以使空间气泡法用于生成非均匀的高质量网格。

在拓展气泡模型中，假定气泡质量仍相同，但半径和刚度可以互不相同。半径与所处的位置有关，而刚度与半径成反比，具体为

$$r(p) = r_0 h(p) \tag{12-15}$$

$$k(p) = \frac{k_0}{r(p)} \tag{12-16}$$

式中，p 为气泡中心点，由空间坐标 (x,y,z) 确定其位置；$r(p)$、$h(p)$ 和 $k(p)$ 分别为气泡 p 的半径、相对半径和弹性系数；r_0 和 k_0 分别为各气泡的半径基本值和弹性系数基本值，都由用户设定。

当两个气泡的距离小于半径之和时，气泡间因接触挤压而产生弹性排斥力，如图 12-10 所示，即

$$\begin{cases} \left| T_{ij} \right| = k_i \cdot \delta_i = \dfrac{k_0}{r_i} \cdot \delta_i = \dfrac{k_0}{h_i r_0} \cdot \delta_i \\[2mm] \left| T_{ji} \right| = k_j \cdot \delta_j = \dfrac{k_0}{r_j} \cdot \delta_j = \dfrac{k_0}{h_j r_0} \cdot \delta_j, \quad \left| d_{ij} \right| < r_i + r_j \\[2mm] \left| T_{ij} \right| = \left| T_{ji} \right| \\[2mm] \delta_i + \delta_j = r_i + r_j - \left| d_{ij} \right| \end{cases} \tag{12-17}$$

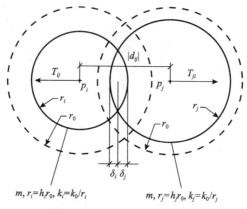

图 12-10　调整后的气泡间作用力

式中，T_{ij} 为第 j 个气泡 p_j 对第 i 个气泡 p_i 的作用力，而 T_{ji} 为其反作用力；k_i、δ_i、r_i、h_i 和 k_j、δ_j、r_j、h_j 分别对应于气泡 p_i 和 p_j 各自的弹性系数、弹性变形量、半径、相对半径；d_{ij} 为气泡 p_j 到气泡 p_i 的位移。气泡作用力可表示为

$$T_{ij} = \begin{cases} \dfrac{k_0\left(r_0h_i+r_0h_j-\left|d_{ij}\right|\right)}{r_0h_i+r_0h_j}\dfrac{d_{ij}}{\left|d_{ij}\right|}, & \left|d_{ij}\right| < r_0h_i+r_0h_j \\ 0, & \left|d_{ij}\right| \geqslant r_0h_i+r_0h_j \end{cases} \tag{12-18}$$

气泡刚度与半径成反比的设定是为了让大小不同的气泡在相对自身半径的变形量相同的情况下，具有相同的大小弹性排斥力，即 $T_{ij} = k_0\dfrac{\delta_j}{r_j}$，而不再是 $T_{ij} = k_0\delta_j$。

排斥力 T_{ij} 的作用仍然是为了让气泡间保持一定的间距。需要注意的是，为了让气泡在平衡后能布满整个曲面，需要调整参数 r_0 使气泡间呈现受挤压的状态。

拓展气泡模型修改了气泡间的相互作用力，而曲面对气泡的吸附力、阻力、锚固力以及运动的求解算法等都不改变。

12.7　网格大小调控

空间气泡法可以通过气泡间的相互作用力 T_{ij} 调控节点间距。基于拓展的气泡模型，由式(12-18)可知，气泡基本半径 r_0 和气泡半径控制函数 $h(x,y,z)$ 都可以通过改变 T_{ij} 的大小而调控网格大小。其中，气泡基本半径 r_0 主要是控制曲面网格的整体大小，而气泡半径控制函数 $h(x,y,z)$ 代表了 $p(x,y,z)$ 处气泡的相对半径大小，因此又称为气泡相对半径函数，可以调控网格相对的疏密规律。特别地，当设定 $h(x,y,z)$ 恒为 1 时，拓展的气泡模型退化为原气泡模型。例如，对于图 12-11 (a) 所示的复杂边界的曲面，空间气泡法可以通过设定 $h(x,y,z)$ 恒为 1，实现以杆长均匀性为目标的网格划分，如图 12-11 (b) 所示。

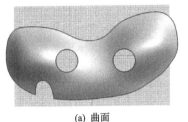 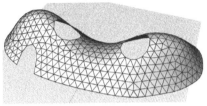

(a) 曲面　　　　　　　　　　　　(b) 三角形网格 $M_{12\text{-}6}$

图 12-11　$h(x,y,z)$ 恒为 1 时的网格生成

为了生成与曲面特征相适应的自由曲面网格，并考虑到建筑网格的潜在需求，参考映射拟桁架的杆长控制函数，设计了气泡半径控制函数 $h(x,y,z)$ 的计算公式。

(1) 距离因素。考虑到距离因素对网格大小的影响，首先在曲面上选取点 (线) 作为参考点 (线)，再根据网格点到参考点 (线) 的距离，调整气泡半径，使靠近参考点 (线) 的网格密度相对较大，相应的气泡半径控制函数 $h(x,y,z)$ 为

$$h(x,y,z) = \min\left[k + (1-k)\frac{d(p)}{g\,r_0}, 1 \right] \qquad (12\text{-}19)$$

式中，$d(p)$ 为点 p 到参考点 (线) 的最短距离；k、g 均为用户指定的系数，其中 k 为相对半径的最小值，g 为过渡区域相对于基本半径 r_0 的大小。通过改变参数 k、g 的大小，可以调控参考点 (线) 附近网格的相对大小及变化梯度。

对于一个边界线上有五个角点、从外到内逐渐拱起的曲面，以这五个角点为参考点和固定点，取 $k = 0.25$、$g = 10$，采用空间气泡法生成角点周边节点相对较密的三角形网格 $M_{12\text{-}7}$，如图 12-12 所示。

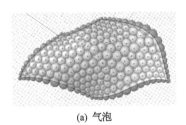 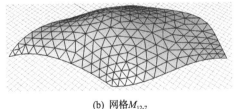

(a) 气泡　　　　　　　　　　　　(b) 网格 $M_{12\text{-}7}$

图 12-12　点距离因素调控下的网格生成

对于一个存在内边界且内外边界线弯折多变的曲面，以这两条边界线为参考

线，取 $k = 0.5$、$g = 6$，调控气泡大小，生成边界线附近网格相对较密的三角形网格 $M_{12\text{-}8}$，如图 12-13 所示。

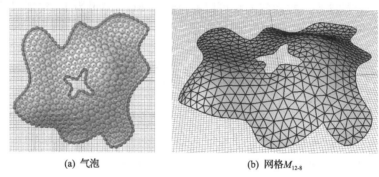

(a) 气泡　　　　　　　　　　　　(b) 网格 $M_{12\text{-}8}$

图 12-13　线距离因素调控下的网格生成

（2）曲率因素。为了能以尽量少的线段较好地拟合一条曲线，各线段的长度通常与曲线上各点的曲率有关。类似地，在曲面上，有时也需要根据以边界线为代表的参考线或曲面自身的曲率，调整网格大小的分布，使曲率较大区域的网格较密，曲率较小区域的网格较疏。同时，还要保证网格大小的变化自然。

为此，先在参考线或曲面上按合理的密度布置曲率采样点，保证采样点覆盖曲率较大的位置。考虑到曲率较小的位置，不需要调整网格大小，根据设定的曲率下界 c_b（可取 $c_b = 1/r_0$），剔除采样点中对应曲率小于 c_b 的点，得到曲率调整的参考点。由以下公式计算一个参考点影响下的气泡相对半径 $h_i(p)$：

$$k_i' = k + (1 - k)\left|\frac{c_b}{c_i}\right| \tag{12-20}$$

$$h_i(p) = k_i' + (1 - k_i')\frac{d'(p)_i}{g\,r_0} \tag{12-21}$$

式中，i 为参考点的编号；c_i 为参考点在参考线或曲面上的曲率，其中面曲率取最大主曲率；$d'(p)_i$ 为参考点到点 p 的距离；k、g 的含义与式（12-19）相同，但取值可不同。

综合考虑所有参考点，气泡 p 的相对半径为

$$h_{\text{cur}}(p) = \min\left\{\min_{i=1}^{e}[h_i(p)], 1\right\} \tag{12-22}$$

式中，e 为参考点的数目。

对于一个曲率变化明显的自由曲面（图 12-14(a)），在边界线和曲面上分别布置采样点，其中红点为线曲率采样点，绿点为面曲率采样点（图 12-14(b)）。划分

的网格不仅有较好的规整性,而且达到了疏密有致的要求(图 12-14(c))。

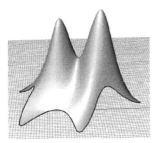
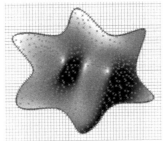
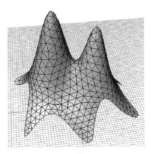

(a) 曲率变化明显的自由曲面　　　(b) 曲率采样点　　　(c) 网格M_{12-9}

图 12-14　曲率因素调控下的网格生成

(3)综合因素。将上述两种调整模式整合在一起,得到最终的气泡半径控制函数:

$$h(p) = \min\left[h_{\mathrm{dis}}, h_{\mathrm{cur}}\right] \tag{12-23}$$

函数 $h(p)$ 考虑了点距离、线距离、线曲率和面曲率对网格大小的影响,并由各因素对应的系数 k、g 调控影响程度。

对于一个外边界为五边形、内边界为星形的壳面(图 12-15(a)),设定外边界上的角点(红点)为距离调控的参考点,内边界为曲率调控的参考线,边界上的 10 个特征点为固定点(红点和绿点),进行距离和曲率因素共同调控下的网格划分,得到网格 M_{12-10},如图 12-15(d)所示。

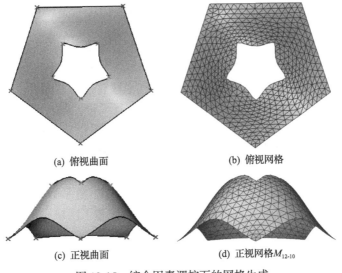

(a) 俯视曲面　　　　　　　　(b) 俯视网格

(c) 正视曲面　　　　　　　　(d) 正视网格M_{12-10}

图 12-15　综合因素调控下的网格生成

采用杆长和形状质量系数对上述网格进行质量评价，如表 12-1 所示。从表中可知，当 $h(x,y,z)$ 恒为 1 时，生成的网格 M_{12-6} 有着很小的离散系数，并且形状质量系数高达 0.988，说明该网格非常均匀、规整。

表 12-1 不同调控方式生成的网格质量评价

对象	调控方式	杆长		形状质量系数	
		平均值/m	离散系数	平均值	离散系数
网格 M_{12-6}	均匀	5.11	0.063	0.988	0.017
网格 M_{12-7}	距离	2.49	0.184	0.978	0.026
网格 M_{12-8}	距离	3.39	0.149	0.976	0.028
网格 M_{12-9}	曲率	2.56	0.141	0.977	0.027
网格 M_{12-10}	综合	3.89	0.151	0.977	0.026
网格 M_{12-14}	均匀	5.25	0.162	0.935	0.57

当需要对杆长进行控制时，虽然网格 M_{12-7}～M_{12-10} 的杆长均匀性降低了，但其形状质量系数的平均值都维持在 0.97 以上，说明这些网格有着较好的规整性。

除网格 M_{12-7} 外，各网格的节点数均为 500 个，单元数约为 900 个。在参数设置完毕后，实现网格划分所需的时间都在半分钟内，说明网格划分的速度较快。

由此可知，空间气泡法实现了对自由曲面自动、快速、高质量的网格划分，并合理地调控了网格的疏密分布。

12.8 对比分析

12.3 节和 12.4 节介绍了平面气泡法、映射气泡法和空间气泡法。这三种气泡法有着不同的实现方式。平面气泡法生成的网格 M_{12-1} 映射到曲面上得到了映射气泡法生成的网格 M_{12-2}。网格 M_{12-3} 是由空间气泡法直接在曲面上生成的。为了进一步分析各气泡法的差异，对这 3 个网格进行定量评价，如表 12-2 所示。由表可知，随着平面网格 M_{12-1} 转变为网格 M_{12-2}，杆长的离散系数从 0.074 增加到了 0.118，三角形的形状质量系数的平均值从 0.983 下降到了 0.968，说明网格的均匀性和形状质量都因映射畸变而有所下降。相比于网格 M_{12-2}，空间气泡法生成的网格 M_{12-3}，不仅在杆长的离散系数上减小了 0.025，还在形状质量系数的平均值上提高了 0.013，说明空间气泡法确实因避免了映射畸变而提高了网格质量。

图 12-16 给出了一个内外边界均为五角星形的壳面，其最大跨度为 88m，净高为 36m。根据曲面特点，在 10 个顶角上各设置一个固定点，然后分别采用映射气泡法和空间气泡法进行网格划分，得到的结果如图 12-17 所示。由图 12-17 和

表 12-2 可知，映射气泡法进行划分的三角形网格较为狭长，其形状质量系数的平均值仅为 0.900，而空间气泡法的网格较为规整，其形状质量系数的平均值高达 0.983。

表 12-2　不同气泡法生成的网格质量评价

对象	方法	杆长		形状质量系数	
		平均值/m	离散系数	平均值	离散系数
网格 $M_{12\text{-}1}$	平面气泡法	3.18	0.074	0.983	0.031
网格 $M_{12\text{-}2}$	映射气泡法	3.41	0.118	0.968	0.045
网格 $M_{12\text{-}3}$	空间气泡法	3.39	0.093	0.981	0.039
网格 $M_{12\text{-}11}$	映射气泡法	3.06	0.186	0.900	0.063
网格 $M_{12\text{-}12}$	空间气泡法	3.01	0.069	0.983	0.022

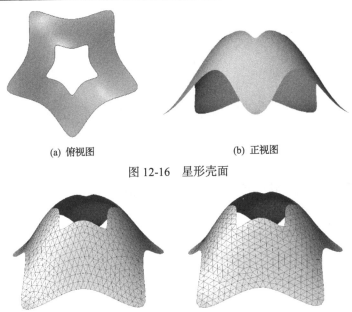

(a) 俯视图　　　　　　　　(b) 正视图

图 12-16　星形壳面

(a) 映射气泡法生成的网格 $M_{12\text{-}11}$　　　　(b) 空间气泡法生成的网格 $M_{12\text{-}12}$

图 12-17　星形壳面的网格划分结果

对于图 12-18(a) 给出的花瓶造型的曲面，很难与平面建立良好的一一映射关系，不适合用映射气泡法划分。而由空间气泡法进行划分，可以生成均匀、规整的高质量网格，如图 12-18(b) 所示。

与映射气泡法类似，拟分子运动法在曲面的参数域中将节点类比为带同种电荷的分子，通过运动平衡求解优化节点的位置，再结合映射技术生成曲面网格。

采用拟分子运动法对图 12-11(a)中的复杂曲面进行以均匀性为目标的网格划分，得到网格 M_{12-14}，如图 12-19 所示。

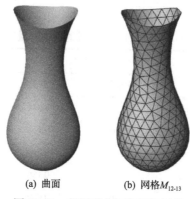

(a) 曲面　　　　　　　　(b) 网格 M_{12-13}

图 12-18　花瓶形曲面的网格划分

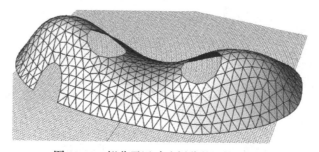

图 12-19　拟分子运动法划分的网格 M_{12-14}

由表 12-1 可知，当以均匀性为目标时，网格 M_{12-6} 和网格 M_{12-14} 的杆长平均值相差不大，但前者的离散系数比后者低约 0.099，并且前者的形状质量系数的平均值比后者提高了 0.053。这表明，相比于拟分子运动法，空间气泡法能生成更加均匀、规整的网格。

12.9　本 章 小 结

本章提出了一种以网格规整性和大小控制为目标的三角形网格自动生成方法——空间气泡法。首先，按一定规则在曲面上布置适量的初始网格点；之后，将网格点模拟为弹性气泡，引入气泡间的相互作用力，确定各气泡的受力大小和方向，利用 Verlet 算法，迭代求解气泡的平衡位置，实现网格点位置的优化；然后，求出优化后的网格点的三维 Voronoi 图与曲面的交线，得到曲面上的 Voronoi 图；最后，对点集的曲面 Voronoi 图进行对偶变化，得到曲面上的 Delaunay 图，实现了曲面的三角形剖分。

空间气泡法直接在曲面上生成三角形网格，避免了映射畸变问题，提高了网格质量。空间气泡法通过气泡半径控制函数 $h(x,y,z)$ 实现了对网格疏密分布的调控。当设定气泡的大小相同时，生成的网格杆长均匀、形状规整。当采用考虑距离和曲率因素的函数 $h(x,y,z)$ 调控杆长时，能生成网格大小与曲面特征相适应的高质量网格。

网格划分算例和对比分析表明，空间气泡法具有广泛的适应性，能适应环形、球形、内外裁剪等造型的自由曲面，能生成均匀或疏密有致的规整网格，为自由曲面网格结构的设计提供了重要参考。

需要说明的是，当曲面上存在测地线距离较大而空间距离接近网格大小的区域时，这些区域上的气泡会相互干扰，导致网格划分效果较差。

第13章 基于离散化的多重曲面网格划分算法

13.1 引　言

NURBS 曲面的表达式是一个高阶非线性方程组，一些经典算法难以应用在这样的高阶非线性方程组上。现有方法多采用参数域设计网格，并映射到曲面，通过一系列技术手段改善映射畸变，或采用空间距离避免映射关系。熊英等[16]采用空椭圆准则代替经典的空圆准则，改善曲面 Delaunay 计算；江存等[93]采用基于黎曼度量的自定义单元法改善映射畸变；马腾[59]采用空间距离进行波前推进；Su 等[97]采用基于结构主应力线的波前推进算法，应用了空间距离；危大结等[94]、潘炜[134]、Gao 等[98]采用基于等面积目标的曲面展开方法，改善平面到曲面的映射关系。

对于特别复杂的曲面形状，用单个 NURBS 曲面建模困难甚至无法表达，建筑师可能采用多个曲面来建模[194]。随着建模技术的进步，建筑师将能够构建更加复杂的、难以由单一 NURBS 公式表达的曲面。

而对于裁剪曲面、多重曲面，算法应用更为困难。对于裁剪曲面，郝传忠[133]、丁慧[132]等对边界进行人工判断分类特殊处理。对于多重曲面，几乎所有基于参数域映射的方法都无能为力，如等参线分割法[90, 195]、引导线波前法[59]、引导线推进法[134]等。现有方法多是在各个曲面上分别划分网格，再进行合并与调整，然而这种方法在两个曲面的交界处必然出现明显的弯折不流畅现象，且多重曲面不同于本书第 10 章中分片重构子曲面。子曲面尽管各自独立、分别划分，但其毕竟是存在原始曲面的，可以基于原始曲面进行均匀与光顺优化，消除边界的负面影响。而多重曲面难以进行优化调整。对于复杂的多重曲面，本章提出基于离散化的算法，先将其分别离散，再缝合，一体化形成一个离散表示的曲面。对于离散化算法表示的曲面，裁剪边界、孔洞、多重曲面以及映射畸变等负面影响都将不复存在。而一些基于曲面距离的算法也将更容易得到应用。

另一种情形是，建筑师首先制作实物模型，再采用三维扫描技术数字化，得到由散乱点表示的曲面数据。经过曲面散乱点的三角剖分即可以得到由离散网格表示的曲面，那么就可以不必进行复杂的由散乱点拟合 NURBS 曲面的步骤[196]，而直接进行网格划分。

其中，由散乱点构造网格的问题已经被解决，根据实际情况选用合适的算法。对于比较平坦的、可以有效投影到某个平面的散乱点，或可以有效投影到某个柱面、锥面等可展曲面的散乱点,可以求平面 Delaunay 三角剖分[154],有很多算法,如 Lawson 算法[155]、Cline-Renka 算法[156]、Bowyer-Watson 算法[125,126]等,运行效率都比较高。对于稍微复杂的开放曲面散乱点的三角剖分可以采用 Choi 算法[127],对于封闭曲面散乱点的三角剖分可以采用基于体的 Delaunay 三角剖分算法[197]。然而,由散乱点拟合 NURBS 曲面是一个非常复杂的数学问题,至今仍没有令人满意的算法,更好的解决方案是开发针对离散曲面的网格划分算法。

　　本章提出基于离散化的网格划分算法。首先,介绍离散曲面的基本处理方法,这些方法在本算法步骤中有着重要的应用,同时介绍离散曲面测地线的计算方法,然后结合第 9 章给出的算法思路,提出适合本章应用场景的基于近似测地距离的离散曲面 Voronoi 图计算方法,给出具体步骤及算例。

13.2　基于近似测地距离的离散曲面 Voronoi 图计算方法

　　测地线在曲面中是一个重要的概念,在本章算法中有重要的应用。离散曲面的测地线求解在微分几何领域是一个难点。1986 年,Sharir 等[198]提出多面体上最短路径的第一个有效的求解方法,该问题至今仍在不断研究改进中。NURBS 曲面的测地线在微分几何中有明确的定义,只有一种测地线,该测地线既是最短的也是最直的,类似于平面上两点间的线段。而对于离散曲面测地线,有最直测地线和最短测地线之分。在本章的应用场景中,二者连线效果的优劣难以评价,但是最短测地线的相关研究较为成熟,计算效率较高,这里选用最短测地线。

　　Sharir 等[198]提出的 Sharir-Schorr(SS)算法是基于脊线的,时间复杂度为 $O(n^3 \log n)$,且仅适用于凸多面体,显然并不适合本章场景的应用。Mitchell 等[199]于 1987 年提出了 Mitchell-Mount-Papadimitriou(MMP)算法,时间复杂度为 $O(n^2 \log n)$,且适用于一般多面体。Surazhsky 等[200]根据这一思路,进行了实现,并提出了一种近似算法。Chen 等[201]于 1990 年提出了 Chen-Han(CH)算法,时间复杂度为 $O(n^2)$。Kaneva 等[202]根据这一思路,进行了实施。但是,Xin 等[186, 203]发现 MMP 算法的实际运算速度要快于 CH 算法,并对 CH 算法进行了改进。这种改进的 CH 算法[186],又称 Xin-Wang 算法,应该是目前对于离散曲面测地线求解最好的算法了,理论时间复杂度为 $O(n^2)$,且剔除了大量实际上冗余的计算,实际计算速度优于 MMP 算法。近几年,不少学者又对 Xin-Wang 算法进行了一些改进[204-206]。本章求离散曲面测地线采用改进的 CH 算法。

　　本节介绍离散曲面 Vornoi 图计算方法。该图在解决基于曲面距离的问题中起到重要作用。另外,Voronoi 图与 Delaunay 图是对偶图[122,123],解决了离散曲面 Voronoi 图的计算方法,也就解决了离散曲面 Delaunay 图的计算方法。

在二维平面中，基于欧氏距离求解 Voronoi 图有成熟的算法，可以采用扫描线算法[124, 157]（或称 Fortune 算法）直接求 Voronoi 图，时间复杂度为 $O(n\log n)$，也可以采用通过先求 Delaunay 图，再求对偶图的方式，时间复杂度同样为 $O(n\log n)$。数学上，有不少学者研究了基于不同距离函数的 Voronoi 图的计算方法，包括基于 L_p 度量的 Voronoi 图[207, 208]、加权 Voronoi 图[209]、能量图[210]等。然而这些算法思想难以直接推广到曲面，参数曲面 Voronoi 图和 Delaunay 图求解都是十分困难的。其中，平面加权 Voronoi 图[209]的思路可以借鉴，因为本章想要实现的是点的可控变密度均匀分布，可以通过给曲面上不同区域的距离函数加上不同的权重来处理。

在第 9 章中，求 Voronoi 图的目的主要是获取对偶的 Delaunay 图，因此只要对应的 Delaunay 图拓扑正确即可，后期也可以通过拓扑调整来修正。通过先求三维欧氏空间 Voronoi 图，再进行曲面与三维欧氏空间 Voronoi 图求交的方式，来求解基于欧氏距离的曲面 Voronoi 图。这个方法在数学上是不严谨的，实践中也确实发现三维空间 Voronoi 图和曲面 Voronoi 图所对应的 Delaunay 图并不一定一致。而本章的应用场景中，Voronoi 图是被直接应用于优化的，因此需要求质量较高的 Voronoi 图。

Mount 等[211]提出了在多面体上基于面上距离的 Voronoi 图生成算法，时间复杂度为 $O(n^2\log n)$。采用点定位算法[212]，使求某一点到最近基点的时间复杂度降到 $O(\log n)$，最短路径生成复杂度降到 $O(k+\log n)$，其中 k 为路径所穿过的面的数量。Kimmel 等[213]也提出了一种在三角化曲面上计算基于面上距离的 Voronoi 图生成算法。这些算法的基本思想类似，主要是在距离函数的计算思路上有些差异。事实上，离散曲面测地距离的计算在数学上仍是一个难点，这些算法的实现都比较复杂，且本章中为使离散曲面尽可能接近原曲面，离散的面数庞大，计算规模较大。

Alliez 等[214]提出了基于曲面参数化的曲面 Voronoi 图生成算法，将空间曲面小三角形面片的面积与平面参数域小三角形面片的面积比值作为权重，先在平面参数域生成加权 Voronoi 图，再映射到三维空间曲面上，得到曲面上不加权的 Voronoi 图。而平面参数域与空间曲面的映射关系较为复杂，尽管进行了加权，但是该方法得到的 Voronoi 图效果并不是特别好。

对于本章的研究对象离散化曲面，本节将加权 Voronoi 图的定义推广到离散曲面，并根据定义，求解基于曲面近似测地距离的加权 Voronoi 图，实现简单，计算稳定。需要指出的是，该方法在数学上不够严谨，并没有从本质上解决这一数学难题，只是提出了一种适合本章应用场景的解法。

将加权 Voronoi 图定义推广到离散曲面，对于 n 个互异的基点 $\{s_i\}$，将离散曲

面分成 n 个区域，使每个区域内的小三角形面片到它所属区域基点的加权距离最近。其中，基点位于离散曲面的顶点上。用数学语言描述即是，任意一个小三角形面片 T，若位于 s_i 所对应的单元中，当且仅当对于任何 $s_j (j \neq i)$，都有 $\text{dist}'(T, s_i) \leqslant \text{dist}'(T, s_j)$，$\text{dist}'(T, v)$ 表示三角形面片 T 和顶点 v 的简化加权曲面测地距离。

需要指出的是，这只是根据实际需求，对离散曲面上的基于加权近似测地距离 Voronoi 图进行的定义。为简化计算，将区域的基本组成单元从点变成了面片，即面片是不可分割的，每一个面片只能属于一个区域。从定义上讲，从各个小三角形面片出发求其到各个基点的距离，这个小三角形面片即属于加权距离值最小的那个基点。

首先，定义加权系数。令 $f(T_i)$ 表示小三角形面片 T_i (以下简称三角形) 上目标布点密度的修正系数，是以密度为度量的修正系数函数，则以长度为度量的修正系数函数为 $f(T_i)^{-\frac{1}{2}}$。

本章对该加权近似测地距离的定义如下：

(1) $\text{dist}'(T_i, T_i) = 0$。

(2) $\text{dist}'(T_i, T_j) = \text{dist}'(T_j, T_i)$，$\text{dist}'(T_i, v) = \text{dist}'(v, T_i)$。

(3) 若三角形 T_i 和 T_j 是相邻的，$\text{dist}(T_i, T_j)$ 定义为三角形 T_i 和 T_j 沿着公共边展平后的几何中心的欧氏距离。其中，相邻的定义为共用边界，不包括共用顶点。则三角形 T_i、T_j 间加权距离 $\text{dist}'(T_i, T_j)$ 定义为

$$\text{dist}'(T_i, T_j) = \frac{1}{2}\left(f(T_i)^{-\frac{1}{2}} + f(T_j)^{-\frac{1}{2}} \right) \text{dist}(T_i, T_j) \tag{13-1}$$

即目标分布密度越大的区域加权距离越短。其中，加权系数为相邻两三角形加权系数的平均值。

(4) 若顶点 v 是三角形面片 T 的一个顶点，$\text{dist}(T_i, v)$ 定义为三角形 T_i 的几何中心到顶点 v 的加权欧氏距离，则加权距离 $\text{dist}'(T_i, v)$ 定义为

$$\text{dist}'(T_i, v) = f(T_i)^{-\frac{1}{2}} \cdot \text{dist}(T_i, v) \tag{13-2}$$

(5) 若三角形 T_i 和 T_j 不相邻，那么 $\text{dist}'(T_i, T_j)$ 为三角形 T_i 和 T_j 之间所有经过 T_k 的路径中加权距离最短的一条长度，其中 T_k 为任意一个与 T_i 和 T_j 互异的三角形，即

$$\text{dist}'(T_i, T_j) = \min\left\{ \text{dist}'(T_i, T_k) + \text{dist}'(T_k, T_j) \right\}, \quad T_k \in \{T\}, k \neq i, k \neq j \tag{13-3}$$

（6）若顶点 v 不是三角形面片 T 的一个顶点，$\text{dist}'(T_i, v)$ 定义为三角形 T_i 和顶点 v 之间所有经过 T_k 的路径中加权距离最短的一条长度，其中 T_k 为任意一个与 T_i 互异的三角形，即

$$\text{dist}'(T_i, v) = \min\left\{\text{dist}'(T_i, T_k) + \text{dist}'(T_k, v)\right\}, \quad T_k \in \{T\}, k \neq i \tag{13-4}$$

通过该距离函数的定义，可以将离散化曲面抽象为一个以面片为顶点、相邻面片之间存在一条边的图。可基于经典的 Dijkstra 算法[215]求解单源最短路径，时间复杂度为 $O(n_1 \log n_1)$，其中 n_1 为顶点数目，该例中为小三角形面片的数量，该数值比较庞大。但实际上，该时间复杂度只是渐进意义上的代价，在计算某基点出发的最短路径时，并不需要更新所有的三角形面片，当发现当前距离值已经大于三角形面片中保存着的更早的某个基点的距离时，即可停止计算。除第一个基点的计算需要访问所有小三角形面片外，之后的其他站点只需要访问其附近的小片区域，实际计算规模远小于理论复杂度，因此计算代价是可以接受的。

13.3 曲面离散及初始布点

事实上，曲面离散化和曲面网格划分在本质上是相同的，输出都是网格。在本书中的区别主要是离散化过程生成的网格一定是三角形，且三角形面片尺度更小、更密集，对网格质量要求更低。如果进一步提高要求，加入苛刻的均匀、流畅等建筑美学要求，并将网格尺度放大到建筑杆件的尺寸，即是建筑网格划分。因此，曲面网格化的算法都可以应用到曲面离散化的场景中，但需要根据实际需求选择合适的算法。在本章应用场景中，离散结果只需要满足形状接近原曲面，三角形质量对计算结果影响甚微。

下面首先介绍单个 NURBS 曲面的离散。针对本章的低层次需求，可以采用非常简单的方法，根据曲面基于空间尺度均匀地在平面参数域上布点。估算空间尺度的方法如下，在参数域中均匀地取几个 u 值，如取 $u_0 = a, u_1 = a + \dfrac{1}{n}(b-a), \cdots,$ $u_n = b$ 这 $(n+1)$ 个 u 值，计算这几个 u 值所对应的曲线长度，取平均值即可作为 v 方向的空间尺度 l_v，若期望的三角形单元尺度为 $l_\triangle$，则可将参数域 v 方向平均分为 $n_v = \dfrac{l_v}{l_\triangle}$ 份。类似地，取几个 v 值，求得 u 方向的空间尺度 l_u，并将参数域 u 方向平均分为 $n_u = \dfrac{l_u}{l_\triangle}$ 份。对于存在裁剪、开洞等情形的曲面，将边界外的点舍弃。然后，在参数域平面上形成三角形网格，并将该网格映射至空间曲面，即得到离散方法表示的曲面。该方法对于较规整的曲面可以生成均匀的曲面，对于变化较大的曲

面产生的网格不够均匀，且边界网格凌乱，但是可以满足本章对离散曲面质量的需求。

对于多重曲面，首先根据目标三角形尺寸将边界离散，再将各个曲面根据需求选择合适的算法进行离散，最后对各个离散曲面在交界处进行缝合[67]。实现方法为，根据实际的离散网格尺度和误差程度，交互设置一个合理的距离阈值，对同一边界上分属两个不同曲面的距离小于阈值的点进行合并，并处理冗余的边和三角形面片。

本章的初始布点不同于 9.2 节的方法，对于 NURBS 曲面，难以在曲面上进行均匀的初始布点，因此采用参数域随机布点、参数域规律布点等方法。随机布点带来的一个问题是影响后续均匀化操作的稳定性，对于比较复杂的曲面可能难以获得足够均匀的初始点分布，从而导致最终网格不均匀或不能顺利表达原曲面形状。对于离散曲面，可以采取一些技术手段，在曲面上比较均匀地布置初始点，这将使均匀化方法更加有效和稳定。

误差扩散(error-diffusion，E-D)算法由 Floyd 等[216]于 1976 年发明，最初被用于计算机图像处理领域的灰度图打印。一张待打印的黑白图片上的每一个像素点都具有一个灰度值信息，而对于打印机，打印时只存在有墨点和无墨点两种状态，所需要解决的问题即是如何分布这些墨点使图片打印后看起来与原图一致。其基本思想是，逐行扫描黑白图片，对于每一个像素点，若其灰度值超过了阈值，则打印它，否则，将它的灰度值按一定的分配方式，分配给后续未扫描的像素点，其中扫描方式和分配方式是该算法的核心变量。不同的扫描方式和分配方式将带来不同的打印效果。

离散曲面均匀布点与灰度图打印的需求场景相似。对于离散曲面，每一小三角形面片都具有一个点密度值，需要解决的问题是如何分布这些点，使其的分布满足密度要求。

具体的算法步骤如下。

步骤 1：根据每一三角形面片的面积，计算该三角形面片的基础点密度 ρ_T，即

$$\rho_T = N \frac{A_T}{A} \tag{13-5}$$

式中，N 为曲面上欲布置节点的总数；A_T 为该小三角形面片的面积；A 为离散曲面总面积。

步骤 2：根据给定的密度分布函数与曲率函数修正基础密度，得到各三角形面片的修正密度 ρ_T' 为

$$\rho_T' = \rho_T f(T) \tag{13-6}$$

$$f(T) = f_\rho(T) f_k(T) \tag{13-7}$$

式中，$f(T)$ 为修正函数，由密度修正与曲率修正组成；$f_\rho(T)$ 为密度修正函数，由用户定义；$f_k(T)$ 为曲率修正函数，根据三角形面片所在位置计算曲率，并由用户定义密度受曲率的影响程度。

这两个函数除在初始布点阶段控制点的分布外，在后续章节的算法中仍会继续应用，对点的分布进行控制。$f_\rho(T)$ 函数的定义完全根据用户的美学需求，例如，将其自变量设为三角形中心的高度 h，将 $f_\rho(T)$ 设置为随高度 h 减小的一个函数，则低处布点相对较密，高处布点相对较疏；又或者将其自变量设为三角形中心到边界的距离 d，将 $f_\rho(T)$ 设置为随距离 d 减小的一个函数，则边界附近的点相对较密，远离边界的点相对较疏。用户甚至可以设置更为复杂的函数，对点的分布密度进行更精细的控制。亦可以设置为 1，进行均匀布点。

步骤 3：将三角形面片的密度转移至顶点密度 ρ'_V，即

$$\rho'_V = \frac{1}{3} \sum_{V \in T} \rho'_T \tag{13-8}$$

式中，$V \in T$ 表示顶点 V 属于三角形面片 T。对于三角形面片 T，它的密度被平均分配给它的三个顶点。对于顶点 V，密度转移即是其参与构成的所有三角形面片的密度的三分之一之和。

步骤 4：选择一个顶点作为起始顶点，加入队列。其中，队列[217]是一种数据结构，满足先进先出原则，只有进入队列和离开队列两种操作，先进入队列的元素将先离开队列，类似于现实生活中的排队。

步骤 5：取出队列首顶点。如果该顶点的密度值已经累积到阈值 t，那么在该顶点布置一个节点，并将该顶点的密度减 1。

步骤 6：将顶点的密度(若步骤 5 中布置了点，那么密度为负)平均地扩散给周围未被访问的顶点，并将它们加入队列。将本顶点标记为已访问，即一个顶点不会进入队列两次。

步骤 7：若队列为空，结束；否则，转到步骤 5。

根据前人的研究，误差扩散算法容易出现重复模式缺陷，作者课题组在实践中也发现了这个问题。现有的研究采用以蛇形或空间填充曲线替代逐行扫描，以及精心设计误差分配的范围与系数[218]，甚至采用变系数[219]等方法规避这一缺陷。然而这些研究的对象都为像素矩阵，建筑网格划分的应用情形不存在行列概念，难以找到一种适合所有离散曲面，并能将曲面上的顶点不重不漏地一笔画完全覆盖的扫描曲线。而对于离散曲面上的一个顶点，难以定义它的上一个、下一个顶

点或左侧、右侧顶点是哪个顶点，设计误差分配方式亦无从谈起。因此，难以直接采用现成的改进方法，但这些处理思想给了我们启发。

本节参考之前学者们的思路对误差扩散算法进行改进。在步骤 5 中加入概率因子 p，顶点的密度即使已经累积到阈值仍需要进行随机判断，有一定的概率布点，在一定程度上缓解了重复模式现象。

传统算法中阈值 t 一般取常量 0.5，通俗地讲，即四舍五入。而根据试验结果，t 取常量 0.5 将会在起始点附近出现孔洞现象。为此，针对这一问题进行改进，阈值不再采用常量，给定一个较小初始值，阈值 t 将随着访问点数的增加而逐渐增大至 0.5，即初始时更容易布点，以解决起始点附近出现的孔洞现象。

试验结果表明，采用经过修正的误差扩散算法可以有效地进行初始布点，不同的参数取值对本节初始布点的结果有一定影响，仍可能存在一定的重复模式与孔洞现象，但都能满足要求的密度分布。后面会进行更有效的调整，本节的算法为后面算法提供一个有效的初值即可，不需要得到一个绝对均匀的布点结果。进行修正以后，也带来了一定的负面影响，最终布置的点数与给出的点数 N 可能会有出入，但误差不大。

图 13-1 为平面初始布点的一个算例。从图中可以看到，该算法可以有效地满足密度分布需求，均匀分布或局部加密分布，然而均匀性不是很好，但其为下一步均匀性优化提供了一个可行的初值。这里采用简单算例，仅是为了展示效果，该算法对输入的三角形面片所组成的图形形状并不敏感，更为复杂的算例将在后面给出。

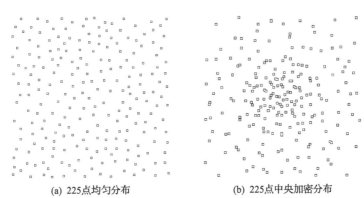

(a) 225点均匀分布　　　　　　(b) 225点中央加密分布

图 13-1　误差扩散算法初始布点

13.4　点阵均匀化

采用基于电荷的物理模型，将各个节点视为具有电荷的质点，质点在电荷力的作用下获得加速度，产生位移。本节输入的曲面是离散曲面，计算曲面引力 $F_{i,\text{surface}}$ 时，可以采用如下公式：

$$F_{i,\text{surface}} = k_{\text{surface}} \cdot d_{i,\text{surface}}^{e_{\text{surface}}} \tag{13-9}$$

式中，k_{surface} 为引力强度系数；$d_{i,\text{surface}}^{e_{\text{surface}}}$ 为质点 p_i 到离散曲面的距离。质点到离散曲面距离计算过程的代价，随曲面的数据规模是线性增长的，比较缓慢。因此，尽管离散曲面的三角形面片数量都比较庞大，但其计算代价是比较低的。计算点到 NURBS 曲面的距离是非线性运算，对于一般的小规模曲面尚可接受，而对于数据规模巨大的 NURBS 曲面，如通过密集采样生成的曲面，其计算代价是难以接受的。这也是采用离散曲面进行均匀化的一个优势。

对于电荷力，采用如下公式计算：

$$f_{i,j} = \begin{cases} k_q' q_i q_j d_{i,j}^{-e}, & d_{i,j} \leqslant d_c' \\ 0, & d_{i,j} > d_c' \end{cases} \tag{13-10}$$

式中，k_q' 和 d_c' 分别为受用户自定义控制函数 $f(T)$ 调整后的电荷力强度系数及电荷力作用的临界范围，加入这两个控制函数的调整后，质点将能够按用户定义的密度均匀地分布。如式 (13-11) 和式 (13-12) 进行调整：

$$k_q' = f(T)^{-\frac{1}{2}} \cdot k_q \tag{13-11}$$

$$d_c' = f(T)^{-\frac{1}{2}} \cdot d_c \tag{13-12}$$

式中，k_q 和 d_c 为用户自定义的电荷力强度系数及电荷力作用的临界范围。由于 $f(T)$ 是基于密度尺度的修正函数，此处参数是基于长度的，因此需要开根号并求倒数。式 (13-10) 计算中所使用的是调整后的值 k_q' 和 d_c'。密度越大的区域对应的电荷力强度系数越小，电荷力作用的范围越小。

质点受到的电荷力合力根据式 (9-2) 计算。总合力根据式 (9-4) 计算。质点将在合力作用下运动，并在曲面引力的作用下保持在曲面上。运动过程根据经典的运动学公式计算。

采用该方法对图 13-1 所示的初始布点进行均匀化，函数 $f(T)$ 保持不变，均匀化后的结果如图 13-2 所示。可以发现，该算法可以有效地对点阵进行均匀化，且能够满足用户自定义的密度分布。进一步的试验表明，该算法对初始点阵的均匀性不是很敏感，只要能满足一定的密度分布，都能得到令人满意的均匀化结果。

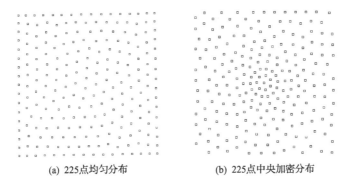

(a) 225点均匀分布　　　　　　　　　　(b) 225点中央加密分布

图 13-2　基于空间距离均匀化后的布点

该方法每次迭代的计算代价为 $O(n^2)$，其中 n 为布点数量。对于规模巨大或特别复杂的曲面，可能初始布点数量较多。对于这种情况，建议对曲面进行分片。形成网格后，再进行缝合并松弛。

该方法的缺陷是采用欧氏距离，然而本章方法的优势在于划分对象为离散曲面，可以采用其他方法进行基于曲面距离的均匀化，将会取得更好的均匀化效果，解决了 NURBS 曲面上的点进行均匀化的缺陷。

基于近似测地距离的均匀化。对于特别复杂的模型，基于测地距离的均匀化效果会更好。而基于物理模型的松弛算法并不适用于基于近似测地距离的均匀化方法。因为基于物理模型的算法，包括弹簧质点系统、带电质点系统，采用的距离度量都是欧氏距离，该距离求解简便。而近似测地距离计算复杂度较高，在物理模型的迭代步骤中动态更新该距离的计算代价过高。

受计算机图形学领域相关文献的启发，将 Lloyd 松弛算法应用于基于近似测地距离的均匀化方法中。Lloyd 松弛算法，也称为 Voronoi 松弛、Voronoi 迭代，由 Lloyd[60] 于 1957 年发明，1982 年发表。MacQueen[220] 扩展后应用于离散对象，又称 k 均值算法，目前在机器学习领域的聚类分析中有着重要的应用。

Lloyd 松弛算法定义如下：对于 d 维空间中需要聚类的 n 个 d 维向量 $(x_1, x_2, \cdots, x_n)$，k 均值算法的目标是将其分为 k 个簇 $S = \{S_1, S_2, \cdots, S_k\}$，且簇内各点到其中心的距离之和最小，即

$$\arg\min_S \sum_{i=1}^{k} \sum_{x \in S_i} \|x - c_i\| \tag{13-13}$$

式中，c_i 为 S_i 的均值。

直接求解优化函数式 (13-13) 较困难。k 均值算法采用迭代思想，交替进行以下两个步骤直至收敛[221]。

分配步骤：根据距离函数确定 x_i 属于哪个簇 S_j。

更新步骤：用各个簇的中心更新其均值。

k 均值算法目标与本章按一定密度在离散曲面上均匀布点的目标一致。Du 等[61]采用该算法进行二维点的变密度分布，沈鑫鑫[18]将该算法应用于各向同性网格划分，取得了良好的效果。

本章的优化目标是

$$\arg\min_{S}\sum_{i=1}^{k}\sum_{T_i\in S_i}\text{dist}'(T_i,c_i) \tag{13-14}$$

式中，T_i 为小三角形面片；c_i 为区域 S_i 的加权中心；$\text{dist}'(T_i,c_i)$ 为小三角形面片 T 到区域加权中心 c_i 的加权距离。

类似地，直接求解优化函数式(13-14)十分困难。本章的均匀化思路同样采用迭代思想，对于初始布置的 k 个点，交替进行以下两个步骤直至收敛。

步骤 1：以 k 个点为中心，创建曲面 Voronoi 图 S_i。

步骤 2：将这 k 个点移动到各自 Voronoi 图的中心 c_i。

其中，Voronoi 图为基于近似测地距离的加权 Voronoi 图，Voronoi 图的中心 c_i 的计算同样采用加权方法，以实现根据用户自定义的密度进行均匀化。

该算法的优势是可以应用于离散化曲面，试验表明该算法可以有效地均匀化点阵。但是在计算中，也发现其对初始布点敏感。图 13-3 显示了一个最简单的情形，正方形区域内两点在不同初始布点的情况下，计算收敛后，形成的图不同。该缺陷在一定程度上可以由良好初值弥补。从另一个角度来说，网格划分形式从来不存在标准解、最优解，用户亦可以采用不同的初值分布，计算得到不同的网格，再进行甄选。

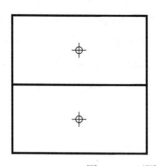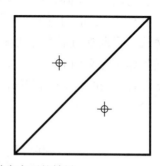

图 13-3　不同初始布点下的结果

但是，该算法有一个缺点，复杂度过高，不适合交互操作。对于特别复杂的曲面，若采用基于空间距离的均匀化算法，得不到满意的结果，则可以尝试采用本算法进行均匀化。一般情况下，采用基于空间距离的均匀化算法即可。

13.5　基于近似测地距离的离散曲面网格生成及细分

在得到 Voronoi 图后，求其对偶图，可以得到 Delaunay 图的拓扑关系。遍历 Voronoi 图，若两个区域之间存在公共边，那么这两个区域所对应的基点之间连一条边，再采用拓扑调整方法对拓扑关系进行调整，得到比较规整的拓扑关系。此时得到的是顶点间的拓扑关系，并不是最终的网格。而直接根据拓扑关系连接线段获得稀疏网格的效果更好。

采用取各边中点再连线的方式进行细分，并配合包含曲面引力的松弛方法，将网格拉回曲面。一次细分加松弛作为一次迭代过程，若想要一分为八，则必须进行三次迭代。在实践中发现，对于复杂的曲面，若一次性将曲线分成八段，采用包含曲面引力的松弛方法，难以使网格适应曲面，或生成的网格极不均匀。因此，该方法难以精确控制目标杆长，若目标杆长是粗网格框架杆长的六分之一，就比较难实现了。

对于本章的算法，可以等分测地线，并将相应的顶点用测地线相连。一步到位得到细分的网格，可以实现任意等分，甚至变长度分割的细分。本章的松弛方法，只需要将曲面引力和曲线引力的计算方法替换成离散版本，参数取值参考相关章节即可。

13.6　算　例　分　析

13.6.1　基准算例——半球壳

选取半球壳曲面作为基准算例，因为球壳的网格划分已经有公认较好的划分方法，且球壳高度对称，能很好地反映算法的缺陷。

半球壳跨度 60m，矢高 30m。经过预估和多次试算后，分别选用 55 点和 43 点初始布点，均匀化并生成网格，结果分别如图 13-4 及图 13-5 所示，进行细分并松弛，结果分别如图 13-6 及图 13-7 所示。

试验表明，本算法应用于半球壳基准算例，可以得到均匀且流畅的网格，但为提高均匀性，网格中存在少量度数为 5 的奇异点，但是这些奇异点分布均匀，对美观性与流畅性影响较小，且优化得到的两个稀疏网格都是凯威特联方混合型的。经验表明，该类型的网格是公认的优秀的网格形式，均匀性优于纯凯威特型网格，反映了本章算法优化结果的合理性。

本章算法网格与经典凯威特模型的均匀性指标对比如表 13-1 所示。由表可知，本章算法网格的均匀性指标明显优于经典凯威特模型。

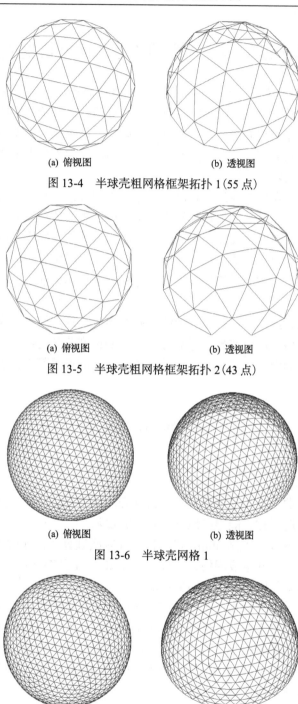

(a) 俯视图　　　　　　　　(b) 透视图

图 13-4　半球壳粗网格框架拓扑 1（55 点）

(a) 俯视图　　　　　　　　(b) 透视图

图 13-5　半球壳粗网格框架拓扑 2（43 点）

(a) 俯视图　　　　　　　　(b) 透视图

图 13-6　半球壳网格 1

(a) 俯视图　　　　　　　　(b) 透视图

图 13-7　半球壳网格 2

表 13-1　基准算例均匀性指标对比

算例	杆长平均值/m	杆长方差/m²
凯威特 K6-15	3.186	0.277
55 点算例	3.016	0.077
43 点算例	3.382	0.050

但是，在基准算例的测试中，也发现了不足。本算法对初始布点数目敏感。采用 55 点或 43 点的初始布点，可以优化得到凯威特联方混合型网格，而与之相差无几的 44 点、45 点或 54 点、56 点的初始布点无法得到流畅的结果。本书的算法需要多次试算，对操作者经验有一定要求，好在初始网格较为稀疏，试算工作量尚可接受。

13.6.2　月牙形曲面

这里再次选用了月牙形曲面，长约 100m，跨度约 40m，矢高约 20m。

经过预估和试算，分别采用 18 点和 19 点初始布点，得到的稀疏网格框架拓扑分别如图 13-8 及图 13-9 所示，精细化后的网格分别如图 13-10 及图 13-11所示。

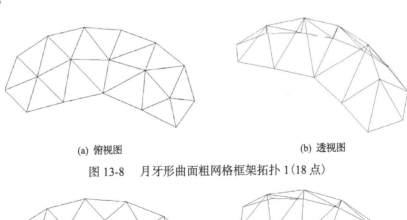

(a) 俯视图　　　　　　　　　　　(b) 透视图

图 13-8　月牙形曲面粗网格框架拓扑 1（18 点）

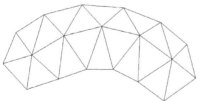

(a) 俯视图　　　　　　　　　　　(b) 透视图

图 13-9　月牙形曲面粗网格框架拓扑 2（19 点）

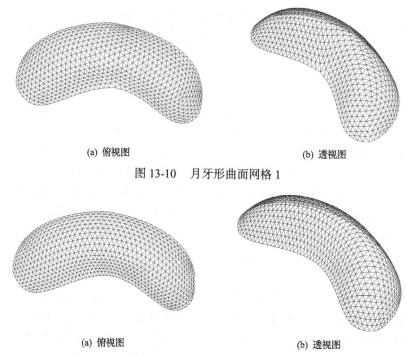

(a) 俯视图　　　　　　　　　　　　　　(b) 透视图

图 13-10　　月牙形曲面网格 1

(a) 俯视图　　　　　　　　　　　　　　(b) 透视图

图 13-11　　月牙形曲面网格 2

该算例表明，本章算法可以得到既均匀又流畅的网格，但最终网格对初始布点敏感的问题也同样出现。18 点初始布点得到的网格中存在一个度数为 5 的奇异点，而 19 点初始布点得到的网格全部为度数为 6 的点。

这里需要指出的是，网格划分不存在最优解，无论是 18 点（图 13-10），还是 19 点（图 13-11），网格效果都比较好，20 点、21 点等的网格效果也很好。本章提出的是一种网格划分算法，最终得到的网格效果还是由建筑师的意志决定。

13.6.3　某项目屋顶船形曲面

这里选取某项目屋顶船形曲面，效果图如图 13-12 所示。NURBS 曲面模型如图 13-13 所示，可以看到该模型由 10 个曲面组成，且其中上部的 4 个曲面是裁剪曲面。对于一般的基于参数域映射或曲面展开的网格划分算法，很难处理。这里采用本章提出的算法，对其进行网格划分。

首先，进行布点，经过大致估算与多次试算，初始布点数量设置为 120，均匀化后得到如图 13-14 所示的点阵。求曲面 Voronoi 图（图 13-15），再求对偶图得到粗网格框架的拓扑（图 13-16）。接着，进行拓扑调整和松弛后得到如图 13-17 所示的粗网格拓扑。最后，对其进行细分并松弛得到最终的三角形网格，如图 13-18 所示，局部细节在图 13-19 中展示。若采用另一种形式的稀疏网格框架（图 13-20），

图 13-12　某项目屋顶船形曲面效果图

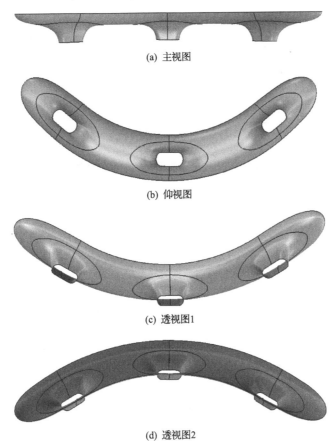

(a) 主视图

(b) 仰视图

(c) 透视图1

(d) 透视图2

图 13-13　某项目屋顶船形曲面

图 13-14　某项目屋顶船形曲面均匀布点

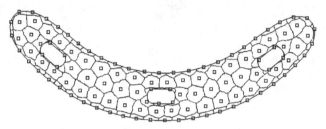

图 13-15　某项目屋顶船形曲面 Voronoi 图

图 13-16　某项目屋顶船形曲面粗网格框架拓扑

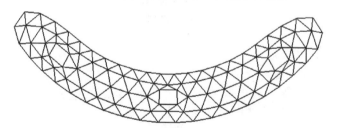

图 13-17　某项目屋顶船形曲面调整并松弛后粗网格框架拓扑(形式 1)

(a) 俯视图

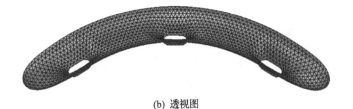

(b) 透视图

图 13-18 某项目屋顶船形曲面三角形网格(形式 1)

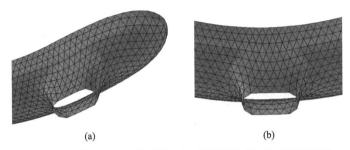

(a)   (b)

图 13-19 某项目屋顶船形曲面三角形网格(形式 1)局部细节

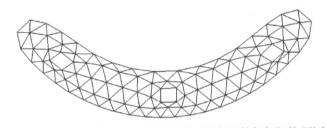

图 13-20 某项目屋顶船形曲面调整并松弛后粗网格框架拓扑(形式 2)

对其进行细分并松弛得到另一种形式的三角形网格,如图 13-21 所示。最终生产的两种形式的网格都均匀、流畅、规整,且完美解决了多曲面及复杂边界的问题。只需通过修改初始布点数量,对稀疏网格框架进行拓扑调整,修改细分段数等手段,就可以进行敏捷的迭代设计,快速生成不同形式的网格,且最终的网格形式可以通过稀疏网格框架大致把握,并不一定需要生成完整的网格即可检验设计结果,设计过程更为直观、敏捷。

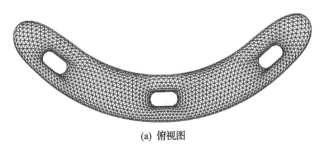

(a) 俯视图

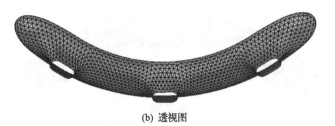

(b) 透视图

图 13-21　某项目屋顶船形曲面三角形网格(形式 2)

　　将三角形稀疏网格框架的部分拓扑删除，再进行拓扑调整和松弛，得到四边形粗网格框架拓扑，如图 13-22 所示。接着，进行细分和松弛，得到最终的四边形网格，如图 13-23 所示，其局部细节如图 13-24 所示。采用上疏下密的变密度分布，形成两种不同形式的四边形网格，如图 13-25、图 13-26 所示。最终的四边形网格亦均匀、流畅、规整，且完美解决了多曲面拼接及复杂边界的问题，并能根据用户自定义的密度进行均匀分布。

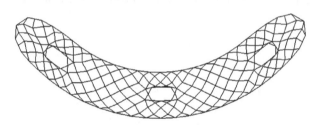

图 13-22　某项目屋顶船形曲面四边形粗网格框架拓扑(形式 1)

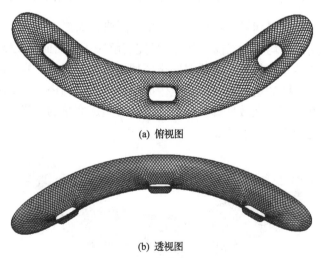

(a) 俯视图

(b) 透视图

图 13-23　某项目屋顶船形曲面四边形网格(形式 1)

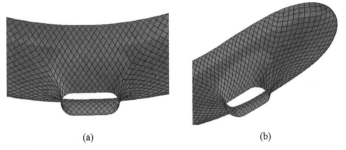

(a)   (b)

图 13-24 某项目屋顶船形曲面四边形网格(形式 1)局部细节

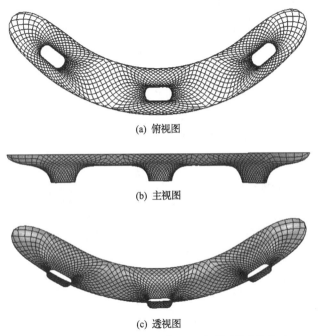

(a) 俯视图

(b) 主视图

(c) 透视图

图 13-25 某项目屋顶船形曲面四边形网格(形式 2)

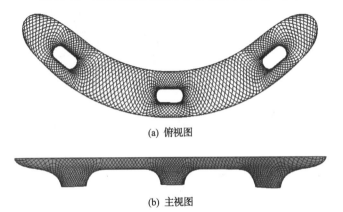

(a) 俯视图

(b) 主视图

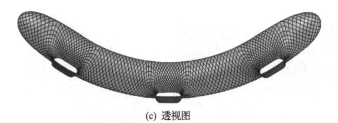

(c) 透视图

图 13-26　某项目屋顶船形曲面四边形网格(形式 3)

13.6.4　杭州奥体中心游泳馆屋顶曲面

图 13-27 为杭州奥体中心游泳馆效果图。这里尝试采用本章提出的算法,将上部屋顶和下部柱进行联合网格划分,使整体网格连贯。最终得到的网格图 13-28 所示,底部的网格柱局部细节如图 13-29、图 13-30 所示。该网格均匀、流畅、规整,且顺利解决了上下部网格连贯的问题,充分体现了本章算法的强大。网格划分体现的是建筑师的美学意图,网格孰优孰劣在这里无法判断,但是本章的算法为多曲面拼接网格的连贯性设计提供了一种可行的方法。

(a) 外景效果图

(b) 内景效果图

图 13-27　杭州奥体中心游泳馆效果图

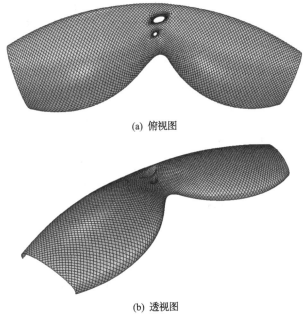

(a) 俯视图

(b) 透视图

图 13-28　杭州奥体中心游泳馆网格

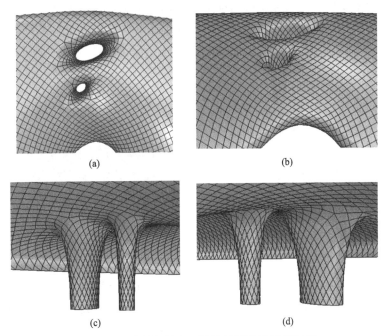

(a)　　　　　　　　　　　　　　　　(b)

(c)　　　　　　　　　　　　　　　　(d)

图 13-29　杭州奥体中心游泳馆网格柱局部细节

图 13-30   杭州奥体中心游泳馆网格柱局部渲染效果图

13.6.5   花瓣状曲面

花瓣状曲面取材于自然界中的花朵，曲面如图 13-31 所示。虽然整体较为平坦，但细节起伏很多，且是一个环面，一般的网格划分算法很难处理。该曲面采用 T 样条技术建模[194]，T 样条模型如图 13-32 所示。强大的 T 样条技术给复杂曲面的建模带来便利，也使建筑师将能够创造出更复杂、更富视觉冲击力的建筑曲面，对于此类特别复杂的曲面进行网格划分也是本章算法的一大优势。

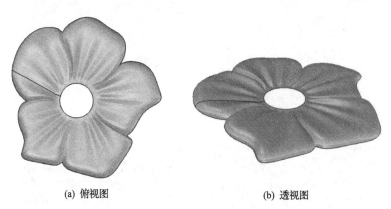

(a) 俯视图   (b) 透视图

图 13-31   花瓣状曲面

首先，对图 13-31 所示的曲面进行离散，得到由大量小三角形面片组成的离散曲面，如图 13-33 所示，再采用本章算法对其进行网格划分，采用不同的网格尺度，得到一些网格划分结果，如图 13-34、图 13-35 所示，网格均匀、流畅且体现了原曲面的复杂形态。

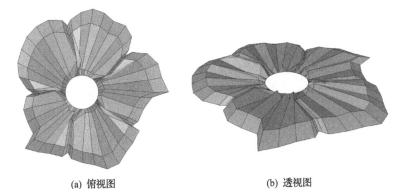

(a) 俯视图　　　　　　　　　　　　(b) 透视图

图 13-32　花瓣状曲面 T 样条模型

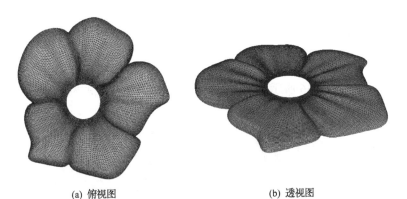

(a) 俯视图　　　　　　　　　　　　(b) 透视图

图 13-33　花瓣状曲面离散曲面

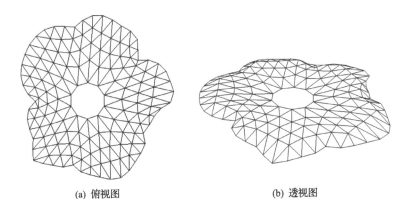

(a) 俯视图　　　　　　　　　　　　(b) 透视图

图 13-34　花瓣状曲面网格划分结果 1

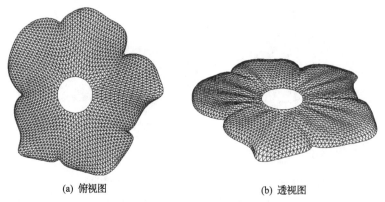

(a) 俯视图　　　　　　　　　　　(b) 透视图

图 13-35　花瓣状曲面网格划分结果 2

13.6.6　海螺状曲面

海螺状曲面取材于自然界的海螺，采用以圆弧为母线、螺线为准线进行推进的方式建模，如图 13-36 所示。该曲面极其复杂，对于一般的网格划分算法而言，不利因素包括以下几个方面。

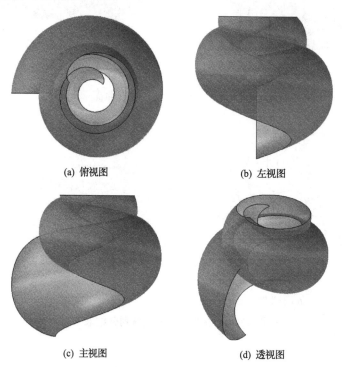

(a) 俯视图　　　　　　　　　　　(b) 左视图

(c) 主视图　　　　　　　　　　　(d) 透视图

图 13-36　海螺状曲面

（1）曲面裁剪。尽管在立体图中看到的裁剪线是整齐的，但是这些裁剪线的实际形状十分复杂。基于映射关系或曲面展开方法，在平面上划分网格几乎不可能。

（2）曲面自交。一条交线将曲面分成四个部分，若处理交线，则一条曲线被四个面共有带来的拓扑混乱，会让许多算法失效；若不处理交线，则网格在交线处很难连续。这个曲面虽然是单个 NURBS 曲面，但曲面自交的问题比多曲面拼接更难处理。网格划分算法的特征保持能力在该曲面上能得到测试。

（3）变化剧烈。参数域对应的曲面一端大一端小，母线的尺寸随着高度的上升而逐渐减小，这对于基于映射关系的网格划分算法而言，是一个问题。

这里采用本章提出的算法，先对曲面进行切割分片，分别离散并拼接，得到如图 13-37 所示的离散曲面。对于离散曲面而言，以上的几点不利因素就都不复存在。最终得到的网格如图 13-38 所示，网格均匀流畅，几乎完美地解决了曲面自交带来的内部交线处网格难以处理的问题，也解决了顶部的裁剪边界及内部的裁剪边界问题。

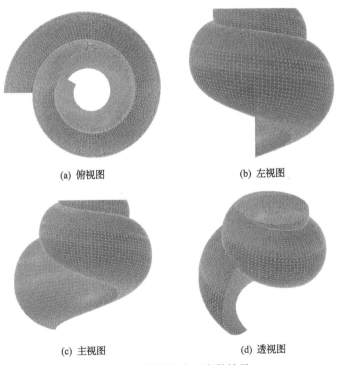

(a) 俯视图　　　　　　　　　　　　(b) 左视图

(c) 主视图　　　　　　　　　　　　(d) 透视图

图 13-37　海螺状曲面离散结果

13.6.7　经典斯坦福兔子

这里采用经典的斯坦福兔子作为算例，大量的学者采用该算例研究测试网格

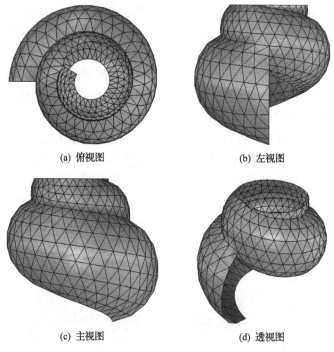

(a) 俯视图　　　　　　　　　　　　　(b) 左视图

(c) 主视图　　　　　　　　　　　　　(d) 透视图

图 13-38　海螺状曲面网格划分结果

划分算法。该算例原曲面是采用三角形面片表示的，如图 13-39 所示。对于兔子模型，普通的 NURBS 建模方法难以得到这样的形状，该网格能够表达兔子的形状，但是不均匀、不流畅、不规整。采用本章提出的算法在该离散曲面上重新划分网格，得到的结果如图 13-40 所示。最终网格均匀、流畅、规整。

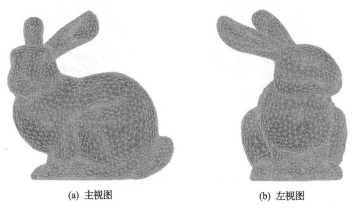

(a) 主视图　　　　　　　　　　　　　(b) 左视图

图 13-39　经典斯坦福兔子离散曲面

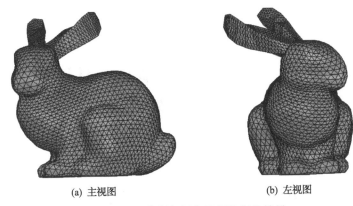

(a) 主视图　　　　　　　　　　　(b) 左视图

图 13-40　经典斯坦福兔子网格划分结果

13.7　本 章 小 结

　　针对复杂多重曲面，根据半自动半规整网格划分思想，提出了基于离散与细分的网格划分算法。首先，将曲面离散为由大量三角形面片组成的离散表示。其次，进行均匀布点，该过程受密度控制函数修正，得到曲面上均匀的点阵。然后，求网格，并进行拓扑调整和松弛，得到规整的稀疏网格框架。最后，对该稀疏网格框架进行精细化并松弛，得到均匀、流畅、规整的最终网格。该算法经过多个算例测试，表明其能够满足建筑曲面网格生成的所有几何性能要求，包括网格拓扑规整性、网格质量、特征保持及误差控制，且适应性好。

　　试验结果表明，本章提出的算法优势在于以下几个方面：

　　(1) 可处理复杂的单曲面及多重曲面，能处理裁剪边界、曲面自交、频繁起伏、变化剧烈、映射关系复杂等不利情况，适应性好。

　　(2) 均匀而规整的稀疏网格框架保证了整体均匀性和规整性，且稀疏的框架便于进行调整与控制，而精细化又提供了局部流畅性与均匀性，最终得到的网格的均匀性与流畅性较好。

　　其不足之处在于以下几个方面：

　　(1) 对初始布点数目敏感，布点数目的微小差异将导致最终网格的巨大差异，需要算法操作者多次试算，根据经验调整，以得到满意的网格。这需要更多的研究与探索，提高算法对模型的自适应能力，减少操作者的工作量。

　　(2) 基于曲面距离的均匀化方法尽管能提供更好的均匀化效果，但其计算复杂度过高，不符合交互设计的需求，有时不够实用，还需要进一步跟踪数学领域的进展，改进算法。

第14章 基于物理模拟和拓扑调整的三角形网格划分

14.1 引　言

　　为了满足建筑上对网格均匀、流畅的要求，本章提出了一套包含三角形网格的生成、优化和评价功能的网格划分算法。首先，以杆长的均匀性为目标，采用空间气泡法生成均匀、规整的三角形初始网格。然后，通过网格边的翻转、转移、分割以及合并等局部操作，提升网格的拓扑规则性。最后，在保持拓扑不变的情况下，优化网格的形态，得到均匀、流畅的网格。同时，现有的网格评价体系并不能很好地反映建筑上对网格流畅性的要求，为此，本章还提出了网格的流畅性评价指标。该指标能较好地迎合建筑需求、评价网格的质量高低，具有较高的参考价值。

14.2 网 格 生 成

　　以图 14-1 中表达某空中连廊的曲面 S_1 为例，具体说明本章提出的网格处理系统的流程。该曲面是由 11 个 NURBS 面片组成的多重曲面，长 650m、宽 240m、高 33m。

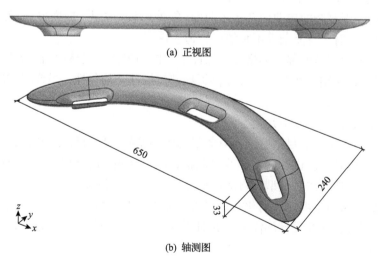

(a) 正视图

(b) 轴测图

图 14-1　某实际工程的自由曲面 S_1(单位：m)

根据空间气泡法在系统中构建了两个模块，即基于气泡模拟的点阵均匀化模块和基于 Delaunay 三角法的曲面网格划分模块。

基于气泡模拟的点阵均匀化模块是将网格点模拟为相同大小的弹性气泡，建立气泡的力学模型。在气泡模型中，通过气泡间的弹性力保证气泡间的间距均匀，通过曲面对气泡的强吸附力保证气泡中心位于曲面上。在确定各气泡的受力大小和方向之后，利用 Verlet 算法，迭代求解气泡的平衡位置。最终该模块使散乱分布的节点均匀地重新分布在曲面上，如图 14-2 所示。

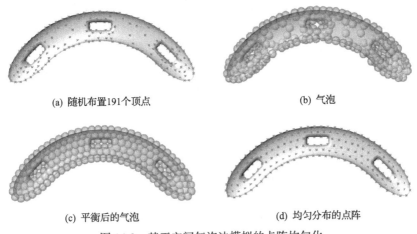

(a) 随机布置191个顶点 　　　　　　　　(b) 气泡

(c) 平衡后的气泡 　　　　　　　　(d) 均匀分布的点阵

图 14-2　基于空间气泡法模拟的点阵均匀化

基于 Delaunay 三角法的曲面网格划分模块是先求出点集的三维 Voronoi 图与曲面的交线，得到曲面上的 Voronoi 图，再对点集的曲面 Voronoi 图进行对偶变化，得到曲面上的 Delaunay 三角剖分图，然后将中心在曲面外或紧邻边界线的狭长三角形面片剔除，得到曲面上的三角形网格，如图 14-3 所示。

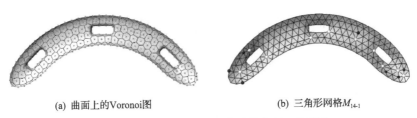

(a) 曲面上的Voronoi图 　　　　　　　　(b) 三角形网格$M_{14\text{-}1}$

图 14-3　基于 Delaunay 三角法的曲面三角剖分

点集均匀化和网格划分的组合可以生成杆长均匀、形状规整的三角形网格。网格线的走势在大部分区域看起来也是流畅的，但在某些位置，如图 14-3 中以黑球或者白球标出的节点，明显降低了网格的流畅性，因此需要引入后续的技术手段，用来改善网格的流畅性。

14.3　拓　扑　优　化

在获得了尺寸均匀和形状良好的网格后，下一步是通过一系列对网格的局部调整，改善网格拓扑的规则性。

针对网格的局部调整主要有边翻转、边合并和边分割。Frey 等[222]基于适当的能量函数，采用这三种局部调整对网格的节点数量、拓扑连接进行优化。Surazhsky 等[36]提出了一种高度规则的三角形网格生成算法。该算法先用基于面积的网格形状优化技术和动态分片参数技术获得较为均匀的三角形网格，然后通过边操作改善网格的规则性，最后优化网格的形状，得到最终的网格，但是该算法的速度较慢。为了提升求解速度，Botsch 等[223]提出了一种均匀网格生成算法。该算法通过迭代进行边分割、边合并和边翻转，以及采用拉普拉斯算子来优化节点位置，直到网格边长的大小接近相同。但上述算法都没有考虑边界线对网格拓扑规则性影响的权重，以及缺少一个适合建筑网格的优化目标。

为此，在上述算法的基础上，本章提出了一种半自动的网格拓扑优化算法。在介绍具体算法前，下面先介绍一些关于几何拓扑的理论基础。

(1) 节点的价。网格中以节点 i 为端点的网格边的数目称为节点 i 的价，记为 d_i。对于三角形网格，内部节点的理想价为 6。边界点的理想价通常不是定值，而与边界线的形态有关。为了表述统一，引入虚价的概念，对边界点的价进行调整[223]。边界点的修正价等于实价加上虚价，则节点的修正价为

$$d_i^* = \begin{cases} d_i, & p_i \in P_{\text{int}} \\ d_i + v_i, & p_i \in P_{\text{bou}} \end{cases} \tag{14-1}$$

式中，d_i^* 为节点 p_i 修正后的价，即修正价；P_{int} 和 P_{bou} 分别为内部点集和边界点集；v_i 为虚设的价，即虚价。三角形网格的虚价被定义为

$$v_i = \begin{cases} 4-k, & \alpha_k < \theta_i \leqslant \alpha_{k+1}, k = 0,1,2,3,4 \\ 0, & \alpha_5 < \theta_i \end{cases} \tag{14-2}$$

式中，$\alpha_k = 60°\sqrt{k(k+1)}$，其中 $k = 0,1,2,3,4,5$；θ_i 为三角形面片中以节点 i 为顶角的角度之和。例如，在图 14-4 所示的一个简单网格中，边界点 $p2$ 的实价 $d_2 = 5$，周边的 4 个三角形面片 ($f1 \sim f4$) 在点 $p2$ 处的顶角之和为 $\theta_2 = 57° + 66° + 64° + 34° = 221°$。由于 $\alpha_3(208°) \leqslant \theta_2(221°) \leqslant \alpha_4(268°)$，因此 $k = 3$，则对应的虚价 $v_2 = 4 - 3 = 1$。因此，$p2$ 的修正价为 $d_2^* = 6$。网格 M_{14-2} 中部分顶点的各种价的大小如表 14-1 所示。

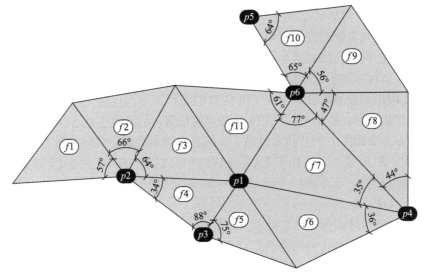

图 14-4　一个简单网格 $M_{14\text{-}2}$

表 14-1　网格 $M_{14\text{-}2}$ 的节点的价

节点编号 i	1	2	3	4	5	6
实价 d_i	6	5	3	4	2	6
虚价 v_i	—	1	2	3	4	0
修正价 d_i^*	6	6	5	7	6	6

　　修正后，三角形网格节点的理想价统一为 6。对于 $d_i^* = 6$ 的点称为规则点（或理想点），对于 $d_i^* \neq 6$ 的点称为奇异点（或不规则点）。为了便于观察，将网格中 $d_i^* < 6$ 的奇异点标注为黑色，$d_i^* > 6$ 的奇异点标注为白色。网格上的奇异点就像是布上的褶皱破坏整体的顺滑感。因此，改善网格流畅性的一大要求就是减少网格奇异点的数目。数值上，节点实价和理想价差的平方，可以比较好地反映单个顶点的不规则程度。而对于整个网格，所有节点价差的平方求和为

$$R(G) = \sum_{i=1}^{n} \gamma_i (d_i^* - 6)^2 \tag{14-3}$$

式中，n 为节点数；γ_i 为权重系数，即

$$\gamma_i = \begin{cases} \lambda, & p_i \in P_{\text{int}} \\ 1 - \lambda, & p_i \in P_{\text{bou}} \end{cases} \tag{14-4}$$

式中，λ 为内部点的权值，$\lambda \in [0,1]$。当 $\lambda = 0.5$ 时，表示边界点和内部点的权重相

同；当 $\lambda=1$ 时，表示只考虑内部点。对于建筑网格，奇异的边界点对网格流畅性的破坏通常远比奇异的内部点要小，因此 λ 倾向大于 0.5。实践表明，$\lambda=0.9$ 可以获得较规则的网格，因此这个值已经假定为本章其余工作的取值。

$R(G)$ 能较好地表征网格 G 节点修正价和理想价的差异，描述了网格与理想的结构化网格的差异程度，反映了网格 G 的拓扑不规则程度。

(2)优化目标。拓扑上，多面体 P 必须满足著名的欧拉公式 $X(P)=V-E+F$，其中 $X(P)$ 称为多面体 P 的欧拉示性数，V 为 P 的顶点个数，F 为 P 的面数，E 为 P 的棱边数。$X(P)$ 是一个拓扑不变量。如果 P 可以同胚于一个球面(可以通俗地理解为 P 能吹胀成一个球面)，那么 $X(P)=2$；如果 P 同胚于一个接有 h 个环柄的球面，那么 $X(P)=2-2h$。

闭合网格与球面同胚，它的欧拉示性数为 2，即顶点个数-棱边数+面数= 2。欧拉示性数不为 0 的闭合网格必定存在至少一个奇异点。奇异点通常出现在网格上离散高斯曲率大的区域。Li 等[224]提出了一个调控三角形网格奇异点类型、位置和数量的交互系统，但只针对闭合的网格，而建筑网格通常是不闭合的。

考虑到边界线的影响，本章提出一个新的更符合建筑需求的网格拓扑调整算法。该算法采用一系列边操作来修改点阵的拓扑，如边翻转、边合并和边分割。通过调整规则化值超过规定阈值的边，获得更规则的网格。其中，边的规则化值取决于其端点和两侧相对点的价。网格的拓扑优化目标就是通过调整杆件的连接，减少奇异点的数目，准确的说法是降低 $R(G)$ 的值，其次是调控奇异点出现的位置。

(3)边操作。根据节点连接的杆件数，将节点区分为奇异点和规则点，并用理想价和修正价的平方差来评价网格的拓扑规则性。下面探讨如何根据边的规则性，来确定网格的局部调整策略。

将有一个端点为奇异点的边称为奇异边，而其中两个端点均为奇异点的边称为特征边。对奇异边进行边翻转、边分割或边合并等操作，可能起到降低网格 R 值的作用。

一条边在翻转后只有四个节点(边的两个端点和两个相对点)的价发生改变。在图 14-5(a)中，翻转了红边，得到了绿边，$p1\sim p4$ 的价发生了变化。翻转前，这四个节点的价差的平方和为

$$R_j = \sum_{i=1}^{4} \gamma_i (d_i^* - 6)^2 \tag{14-5}$$

式中，d_i^* 为节点 p_i 在原网格上的修正价，其中 $i=1,2,3,4$。

翻转后，新的价差平方和为

$$R_j' = \gamma_1(d_1^* - 7)^2 + \gamma_2(d_2^* - 5)^2 + \gamma_3(d_3^* - 7)^2 + \gamma_4(d_4^* - 5)^2 \tag{14-6}$$

边翻转前后节点价差的平方和发生了改变，具体为

$$\Delta R_j = R(G') - R(G) = R'_j - R_j \qquad (14\text{-}7)$$

式中，G 和 G' 分别为边操作前、后的网格。当 $\Delta R_j < 0$ 时，对应的第 j 条边在翻转后将有效减小节点价差的平方和。将这样的边翻转称为有效的边翻转。当 $\Delta R_j < 0$ 时，ΔR_j 越小，对应边在翻转后得到的节点价差平方和的减小就越明显，即网格规则性的提升越大。为此，具有较小的 ΔR_j 的边将优先被执行边翻转操作。

在图 14-5(a) 中，红边的端点为一黑一白且一个相对的顶点为黑色，通过边翻转有效降低了网格的 R 值，则红边为有效翻转边。

两个端点都是黑色的特征边称为短特征边，需要合并成一个节点，如图 14-5(b) 所示。两个端点都是白色的特征边称为长特征边，需要被分割成两条边，并且分割后再进行有效边翻转，如图 14-5(c) 所示。需要注意的是，边合并和边分割并不能直接降低节点价差的平方和 $R(G)$，但可以改变奇异点的分布位置，进而可能出现有效翻转边，从而间接降低 $R(G)$。

如果一个端点为白色另一个端点为黑色，则这条边为可转移边。通过连续地边翻转操作，可以移动可转移边，使其穿过拓扑规则的区域，将奇异点转移到其他位置，如图 14-5(d) 所示。当可转移边遇到其他奇异点或特征边时，有效的边翻转、边合并或边分割操作可以被执行，进而有可能降低 $R(G)$。对于有边界的网格，通常可以将端点为一黑一白的边转移到边界上，即其中一个奇异点落在边界上。如果黑色的奇异点落在边界上，则可以通过合并相连的两条边界边，消除奇异点，如图 14-5(e) 所示。如果白色的奇异点落在边界上，则可以通过边分割，将内部的

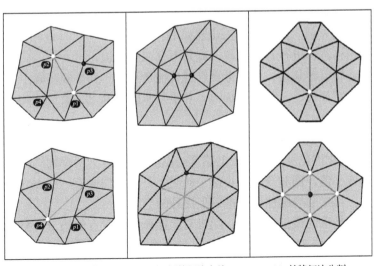

| (a) 有效边翻转 | (b) 短特征边合并 | (c) 长特征边分割 |

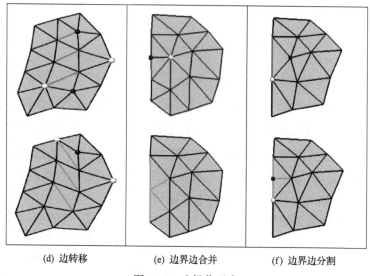

(d) 边转移　　　　　　(e) 边界边合并　　　　(f) 边界边分割

图 14-5　边操作示意

奇异点也转移到边界上，如图 14-5(f)所示。考虑到 λ 通常大于 0.5，针对特征边的边转移、边界边合并、边界边分割都可以起到降低 $R(G)$ 的作用。

但是，边合并和边分割操作将改变节点数。由于节点数与网格大小呈负相关，因此节点数通常被限于某个范围，作为优化的约束条件。边合并和边分割操作只能在节点数不超出范围时执行。

(4)基本算法。以降低网格的 R 值为目标，通过边翻转、边转移、边分割及边合并等操作实现网格的拓扑优化。其中，边的有效翻转能直接降低 R 值，而边转移、边分割及边合并都不会直接降低网格的 R 值，但通过这些操作可以改变奇异点的位置，为有效边翻转的出现创造条件，或者是将奇异点移动到权值较小的位置，进而降低 R 值。具体的算法步骤如下：

①遍历网格边，进行有效翻转，直到不存在有效边；

②连续翻转可转移边，移动奇异点到其他奇异点，并重复步骤①；

③合并短特征边、分割长特征边，并重复步骤①和②，直到网格中不再存在特征边。

最后得到拓扑上高度规则的网格。

(5)半自动化优化算法。按照上述算法以降低 $R(G)$ 为目标的网格优化很容易收敛于局部极小值，而非全局极小值。此时，可能仍然会有一些孤立的不规则点在网格内部，网格的规则性仍有进一步提升的空间。

一种方法是采用模拟退火法，随机对连接孤立奇异点的边进行翻转、合并、分割等操作(会导致 $R(G)$ 临时上升)，再进行常规优化(降低 $R(G)$)，由此可以将奇异点转移到边界甚至直接消除。以边翻转为例，对于孤立的奇异点，也可以通过一次翻转将其转为规则点，但同时会生成三个新的奇异点且 $\Delta R > 0$，相当于移动了原奇异点的位置，并产生了一条新的可转移边。可转移边可以往其他奇异点方向进行基本算法中的步骤②操作，进而降低 R 值。按此策略移动孤立奇异点，使其与其他奇异点构成特征边或者移动到权值低的位置，进而可能在全局上降低 R 值。但由于搜索比较盲目，这种算法复杂度非常高，并且边分割或边合并会改变节点数目和分布，因此网格的均匀性会下降。对于一些高斯曲率大的曲面，奇异点是无法避免的，导致模拟退火法的大量计算无效。

另一种方法是由用户指定针对孤立的奇异点的操作，即在程序中交互地对网格进行更深一步的优化。由此，可以得到半自动的网格拓扑优化算法，其流程如图 14-6 所示，伪代码如下：

```
Input: G, an irregular grid
Output: G, the adjusted grid
while the maximum number of loops is not reached:
    dR_list←enumerate all edges to calculate dR
    sort(dR_list), from small to big
    while dR_list[0]<0:
        ce←dR_list[0]'s corresponding edge
        flip(ce)
        update dR_list
    end while
    R_list←enumerate all edges to calculate R
    sort(R_list), from big to small and if equal, corresponding edge with two irregular vertices in
same type ahead
    if R_list[0]>=2:
        ce←R_list[0]'s corresponding edge
        switch type(ce):
            case two black vertices:
                collapse(ce)
            case two white vertices:
                split(ce)
            case one black one white:
                drift(ce),until encounter other irregular vertices or reach the boundary
        end switch
    else:
        mark all irregular vertices
        the user perform operations to the edges with Rj >0 interactively
    end if
end while
```

这种方法只需要少量的人工参与，就可以快速而灵活地调控网格的拓扑，能较好地满足潜在的难以预料的建筑需求，但需要用户对网格调整的特点有较好的了解，具有一定的前瞻性和掌控力。

网格 M_{14-3} 有 17 个奇异点，其中 13 个是内部奇异点。采用基于上述算法的拓

扑优化模块对网格 $M_{14\text{-}3}$ 进行拓扑优化，在图 14-7 中标出了各边需要进行的边操作。优化后得到网格 $M_{14\text{-}4}$。网格 $M_{14\text{-}4}$ 只有 8 个奇异点，且全部是不利影响更小的边界奇异点，如图 14-8 所示。这表明拓扑优化算法有效减少了奇异点数量，改善了网格的拓扑规则性。

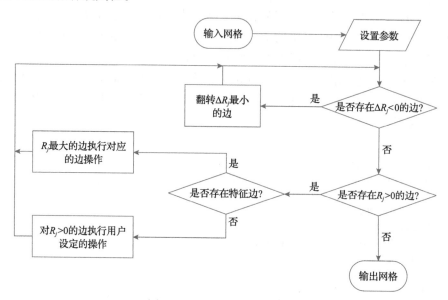

图 14-6　拓扑优化算法的流程

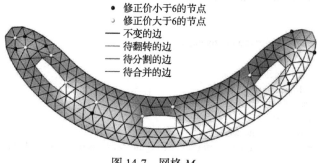

图 14-7　网格 $M_{14\text{-}3}$

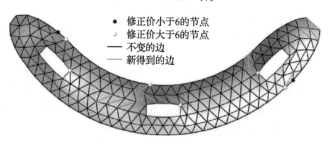

图 14-8　拓扑优化后的网格 $M_{14\text{-}4}$

14.4　网　格　松　弛

从图 14-8 中可以看出，拓扑优化模块处理后的网格有着高度规则的拓扑，但网格的形状质量明显下降，网格中出现了较多狭长的三角形。为此，需要对网格的形态进行优化。

在建筑网格的优化方面，李娜等[179,225]提出了基于曲面能量法的自由曲面网格光顺方法，赵兴忠[226]将网格的整体优化问题转变为节点位置的优化问题，再采用基于力密度思想的方法逐个优化节点的位置，随着优化次数的增加，整个网格变得更加均匀、流畅。

弹簧质点模型是物理模拟系统中最经典的模型之一，常用于布料、薄膜等柔性材料的模拟[227,228]，李基拓等利用弹簧质点系统将不可展曲面近似展开成平面[229,230]。在空间结构领域，基于弹簧质点系统的动力松弛法[231-233]在索网结构的找形上有着广泛的应用。

为了优化网格的形态，可用基于弹簧质点模型的网格松弛方法，称为拟弹簧网法。拟弹簧网法是将三角形网格类比为一张弹簧网，即弹簧质点系统，其中将网格边类比为呈线弹性的弹簧，将节点类比为集中质量为 m 的质点。对于弹簧网中的任一节点 p_i，p_i 受到相连网格边对应的弹簧力，具体为

$$T'_{ij} = k_{\mathrm{b}} \left(l_0 - \left| l_{ij} \right| \right) \frac{l_{ij}}{\left| l_{ij} \right|} \tag{14-8}$$

$$T'_i = \sum_{p_j \in P_i} T'_{ij} \tag{14-9}$$

式中，T'_{ij} 为以节点 p_i 和节点 p_j 为端点的边所对应弹簧的作用力；k_{b} 为弹性系数；l_{ij} 为从节点 p_j 到节点 p_i 的位移向量；l_0 为弹簧的原长并定义为网格边长的平均值；T'_i 为质点 p_i 受到周边弹簧的合作用力；P_i 为与节点 p_i 有边相连的节点的集合。

为了使边界点保持在边界线上，质点还受到边界线对其的吸引力，即

$$P_{\mathrm{c},i} = \begin{cases} k_{\mathrm{c}} \cdot d_{\mathrm{c},i}, & p_i \in P_{\mathrm{bou}} \\ 0, & p_i \in P_{\mathrm{int}} \end{cases} \tag{14-10}$$

式中，k_{c} 为边界线吸引力的弹性系数，且 k_{c} 远大于 k_{b}；$d_{\mathrm{c},i}$ 为从 p_i 到它在边界上最近点的位移；P_{bou} 和 P_{int} 分别为边界点集和内部点集。

为了使节点都保持在曲面上，各个质点都受到曲面吸附力，即

$$P_{s,i} = k_s \cdot d_{s,i} \tag{14-11}$$

式中，k_s 为曲面吸附力的弹性系数，且 k_s 也远大于 k_b；$d_{s,i}$ 为从第 i 个气泡中心到曲面最近点的位移。

考虑每个质点可能受到的边弹簧力、曲面吸附力、边界线吸附力和媒介阻力，第 i 个节点受到的合力为

$$F_i = T_i' + P_{c,i} + P_{s,i} + f_i \tag{14-12}$$

式中，f_i 为运动阻力。

根据节点的受力状态和牛顿运动定律，采用 Verlet 算法求解弹簧网的平衡状态，平衡后的弹簧网即为优化后的网格。

基于拟弹簧网法的网格松弛模块优化网格 $M_{14\text{-}4}$ 的形态，得到网格 $M_{14\text{-}5}$，如图 14-9 所示。相比于网格 $M_{14\text{-}4}$，优化后的网格 $M_{14\text{-}5}$ 明显更加均匀和流畅，更符合自由曲面网格结构的设计要求。

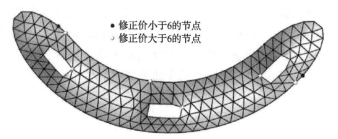

● 修正价小于6的节点
○ 修正价大于6的节点

图 14-9　形状优化后的网格 $M_{14\text{-}5}$

14.5　网　格　细　分

细分技术是一项用于曲面造型的重要技术，一般是指按照一定的规则(通常称为细分模式)对已有的多边形网格曲面迭代地进行逐层加密，直到网格的精度达到预期要求，得到更光滑、精细的网格曲面(通常称为细分曲面)[166]。不同的细分模式会得到不同的细分曲面。目前，细分模式的种类繁多，其中最富有代表性的是 Catmull-Clark 细分模式[162]、Doo-Sabin 细分模式[163]、Loop 细分模式和 $\sqrt{3}$ 细分模式[164]等。基于这些细分模式的网格加密方法原理简单、易于实现，但一般用于曲面形态未知的情况，而本章是要对由给定的曲面划分得到的网格进行细分，因此这些方法并不适用。

借鉴细分的思路，本章采用一种简单的网格加密方法，即先将原有的三角形网格按照统一的倍数细分为长度更小的三角形网格，再通过拟弹簧网法优化网格

的节点位置，得到更光滑、精细且与原曲面吻合的网格。将这种由网格细分与拟弹簧网法组合所得的方法称为细分弹簧网法。

　　网格细分的程度以三角形边长的分段数衡量，记为细分阶数。若细分阶数为 n_s，则细分后网格的单元数量是原网格的 n_s^2 倍。例如，三角形网格的 6 阶细分是将各个三角形单元的边都分割为 6 段，再过分段点作与边平行的连线，得到细分网格，如图 14-10 所示。细分网格的单元数量是原网格的 36 倍。

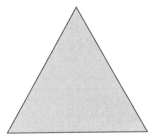 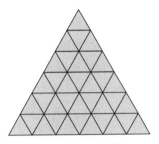

(a) 原三角形网格单元　　　　　　(b) 6阶细分的网格单元

图 14-10　网格单元的细分

　　网格细分产生了大量新的网格节点，但这些节点通常不在曲面上。新网格的线条走势在跨越原网格边时，显得不够流畅。为此，细分后的网格可以采用网格松弛算法——拟弹簧网法，对其进行调整。拟弹簧网法将新节点都拉取到曲面上，将边界节点都拉取到边界上，保证了网格与曲面的相似性，同时还优化了网格的流畅性。

　　经过点阵的均匀化、点阵的网格化、网格的拓扑优化和网格松弛这四种手段的组合，网格处理已经能够为自由曲面生成均匀、流畅的三角形网格。尽管网格细分并不是网格处理系统的核心，但是它对实现大规模网格的生成是至关重要的。在网格处理中，点阵的均匀化、点阵的网格化和网格的拓扑优化，这三种手段的算法复杂度较大，尤其是网格的拓扑优化算法。随着节点数的增加，系统的运算量将快速增加。对于节点数规模过大的网格划分，网格处理系统需要的运算量将是巨大的，而且难以保证结果的有效性。当需要的网格规模较大而计算能力难以满足要求时，就只能先采用生成杆长较大的网格（大网格），再采用细分弹簧网法生成杆长较小的半规则网格（小网格）。这种先大网格再小网格的策略既能降低算法的复杂度，又能取得较好的网格划分效果。但是，若大网格杆长过大而无法较好地表达原曲面，细分后的网格为了能较好地贴合原曲面，在拓扑固定的情况下，仅仅通过松弛算法将细分网格的节点拉到曲面上，容易造成网格局部均匀性的不佳。

　　受限于建筑规模和建设成本，建筑网格的节点数量相对有限，一般可以直接生成期望大小的网格，而无需进行网格细分。当需要进行网格细分时，用户需要根据试算的结果或者已有的经验估算细分的阶数。期望杆长除以细分的阶数得到用于生成大网格所采用的期望杆长。

经过网格生成、拓扑优化和网格松弛这三个步骤，网格处理系统已经为图 14-9 中的算例曲面生成了均匀、流畅的三角形网格 $M_{14\text{-}5}$。网格 $M_{14\text{-}5}$ 有 300 个三角形单元和 194 个节点，其中有 8 个奇异点。采用网格细分对网格 $M_{14\text{-}5}$ 进行 4 阶细分，得到网格 $M_{14\text{-}6}$，如图 14-11 所示。再利用网格松弛优化网格 $M_{14\text{-}6}$，得到网格 $M_{14\text{-}7}$。网格 $M_{14\text{-}7}$ 规模较大，共有 4800 个三角形单元和 2582 个节点，其中仍只有 8 个奇异点。网格细分一般不会改变奇异点的数目（边界点有可能因虚价改变而改变）。节点规模的提升让奇异点对网格流畅性的影响变得更小。由图 14-12 可知，网格 $M_{14\text{-}7}$ 均匀、流畅，能较好地满足建筑审美的需求。

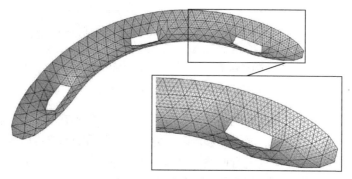

图 14-11　细分后的网格 $M_{14\text{-}6}$

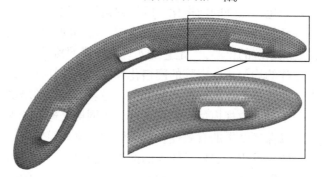

图 14-12　优化后的网格 $M_{14\text{-}7}$

14.6　算　例　分　析

1. 算例 1——简单的大边形曲面

在一个简单的六边形曲面上随机布置了 61 个节点，如图 14-13 所示。采用本章提出的网格处理算法，对其进行网格生成及优化。首先，利用基于气泡模拟的点集均匀化手段得到均匀分布的点集(图 14-14(a))；接着，用基于 Delaunay 三角法的网格划分，将点集连接成三角形网格(图 14-14(b))；然后，用拓扑优化模块自动优化网格拓扑(不涉及交互调整，图 14-14(c))；最后，用基于弹簧网模拟的网格松弛优化网格的形状，得到最后的网格(图 14-14(d))。

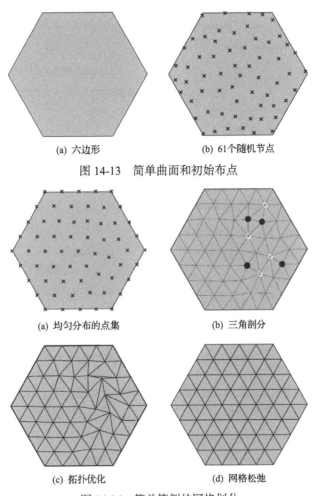

(a) 六边形　　　　　　　　(b) 61个随机节点

图 14-13　简单曲面和初始布点

(a) 均匀分布的点集　　　　　(b) 三角剖分

(c) 拓扑优化　　　　　　　(d) 网格松弛

图 14-14　简单算例的网格划分

　　这个算例相对简单，进行一次运算即可得到理想的网格划分结果。若修改初始布点的数量分别为 60 和 62，重新进行计算(固定节点数量)，得到的结果如图 14-15 所示。在节点数量受限的情况下，图 14-15 中的两个网格都无法避免存在奇异点。如果允许节点数量在一定范围内波动，则可以在拓扑优化中，由系统自动地或由用户交互地进行边分割或边合并操作，改变节点的数量，更大程度地提升网格规则性。

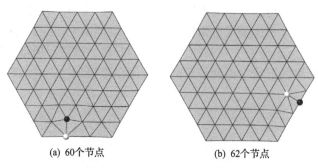

(a) 60个节点　　　　　　　(b) 62个节点

图 14-15　节点数量的影响

2. 算例 2——复杂的建筑曲面

图 14-16 给出了一个较为复杂的建筑曲面。曲面大约长 78m、宽 39m、高 12m。曲面的边界情况较为复杂，内部有两个较大的孔洞，外边界上有一个门洞。采用本章提出的网格处理算法为该曲面生成网格。

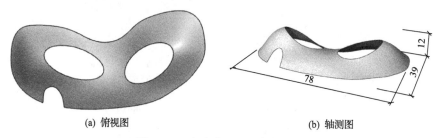

(a) 俯视图　　　　　　　　(b) 轴测图

图 14-16　复杂曲面 S_2（单位：m）

首先，采用空间气泡法自动生成三角形网格，如图 14-17 所示。从图中可以看出，空间气泡法生成的网格有较多的奇异点，网格的流畅性较差。

(a) 俯视图　　　　　　　　(b) 轴测图

图 14-17　空间气泡法生成的网格 M_{14-8}

由于曲面较为复杂，很难一次性通过拓扑调整和网格松弛达到最佳效果。为此，网格 M_{14-8} 需要进入由拓扑调整和网格松弛组成的循环优化中，直到网格的评价指标和视觉效果达到最佳。最后一次拓扑调整后的网格如图 14-18 所示，而最终得到的网格如图 14-19 所示。优化后的网格 $M_{14\text{-}10}$ 不仅保留了较好的均匀性，而且在流畅性上得到了非常直观的提升。

图 14-18　最后一次拓扑优化后的网格 $M_{14\text{-}9}$

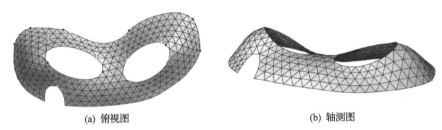

(a) 俯视图　　　　　　　　　　　　　　　(b) 轴测图

图 14-19　最终的网格 $M_{14\text{-}10}$

对本章中两个复杂曲面 S_1 和 S_2 对应的主要网格，按照杆长均匀性指标和单元形状质量指标，以及流畅性指标进行量化评价，得到网格评价，如表 14-2 所示。空间气泡法生成的网格 $M_{14\text{-}1}$ 和网格 $M_{14\text{-}8}$ 有很高的均匀性，其杆长离散系数分别为 8.47×10^{-2} 和 8.62×10^{-2}，是各自算例中最小的。在拓扑优化后，网格的规则性得到了明显提升，表示网格节点理想价和修正价的平均差异的 u 分别下降了约 74.6% 和 73.6%。但代价是网格的均匀性和形状质量都有所下降。其中，曲面 S_1 算例在拓扑调整后，网格的杆长离散系数上升了 58.2%，形状质量系数下降了 0.034。需要注意的是，曲面 S_2 算例进行了多次拓扑调整和网格松弛操作。网格 $M_{14\text{-}10}$ 并不是直接由网格 $M_{14\text{-}8}$ 调整拓扑得到的，而只是最后一次拓扑调整后得到的网格，所以杆长离散系数和形状质量系数的下降并不显著。网格松弛算法很好地消除了拓扑调整带来的不利影响。相比于拓扑优化后的网格，松弛后的网格没有改变拓扑连接(u 不变)，但在杆件均匀性、单元的形状质量、规则点的流畅性等方面，都有明显提升，其中单元形状质量甚至超过了空间气泡法产生的网格。从最关键的流畅性指标看，相比于仅采用空间气泡法生成的网格，曲面 S_1 算例和曲面 S_2 算例的最终网格，分别提升了约 157% 和 119%。

表 14-2　网格评价

项目	阶段	网格	$\bar{l}$/m	$r_1/(10^{-2})$	$\bar{q}$	u	$\bar{\delta}$/(°)	Q
	空间气泡法	$M_{14\text{-}1}$	25.1	8.47	0.976	0.351	19.9	1.10
曲面 S_1	拓扑优化	$M_{14\text{-}4}$	25.2	13.40	0.942	0.089	26.6	2.03
	网格松弛	$M_{14\text{-}5}$	24.4	9.44	0.980	0.089	17.5	2.83
	空间气泡法	$M_{14\text{-}8}$	3.18	8.62	0.972	0.439	14.5	1.61
曲面 S_2	拓扑优化	$M_{14\text{-}9}$	3.10	12.50	0.978	0.116	12.2	3.27
	网格松弛	$M_{14\text{-}10}$	3.09	9.71	0.985	0.116	10.8	3.52

注：$\bar{l}$ 表示杆长均值；n 表示杆长离散系数；$\bar{q}$ 表示网格单元形状质量系数的均值；u 表示网格的规整性；$\bar{\delta}$ 从节点角度表示网格的流畅性；Q 从网格整体角度表示流畅性。

　　总之，这两个曲面算例验证了本章技术手段的有效性，生成的网格达到了均匀性、规整性以及流畅性的协调统一，比较符合建筑审美。同时，各个网格的流畅性指标大小也是符合我们对网格流畅性的直观感受，这在一定程度上验证了该指标的合理性。

　　但是本章提出的方法也存在一定的局限性。对于某些高斯曲率较大的曲面，生成的网格难以避免存在奇异点。因此，拓扑优化算法的目标并不是将不规则网格优化成完全规则的网格，而是以提升网格的规则性为目标，适当地减少奇异点数量。根据建筑网格的特点，除了减少奇异点，另一种潜在的选择是将奇异点转移到边界上(通过在目标中，赋予边界奇异点一个较小的权值)。但是，这样的转移往往会导致网格的均匀性下降。对于大曲率的曲面，过度追求网格的流畅性通常会导致网格均匀性较差。整个系统的目标是生成流畅性和均匀性达到较好平衡的网格，但这种平衡目前尚不能完全量化，所以难以全自动化地实现。对于复杂的曲面，需要设计师在系统中根据运算结果调整各参数的取值以及交互地进行边操作，进行多次试算，以获得一个相对较好的结果。但这比较依赖于设计师的个人选择而且有一定的工作量。例如，曲面 S_1 算例的最终网格成功将所有的奇异点移动到了边界上，而靠近奇异点位置的网格均匀性是相对较差的。曲面 S_2 算例的最终网格在内部靠近边界的位置仍保留了一个奇异点，这是因为在拓扑的交互调整中，发现消除这个内部奇异点对网格局部均匀性的破坏超过了流畅性提升带来的收益。

14.7　本　章　小　结

　　本章提出网格生成、优化和评价于一体的三角形网格划分算法。首先，采用空间气泡法生成规整、均匀的三角形网格。接着，通过边翻转、边转移、边分割以及边合并等操作，减少奇异点的数量或将难以消除的奇异点移动到边界上，进而提升网格的拓扑规则性。然后，在保持拓扑不变的情况下，利用基于弹簧质点模型的网格松弛算法优化网格的形态，得到最终的三角形网格。多个曲面网格划分算例表明，划分的网格均匀、流畅，达到了较好的视觉效果。

为了降低运算复杂度和交互操作的难度，在网格处理系统中引入了网格细分。对于曲面形状复杂且节点数量较多的情况，需要首先生成杆长较大的三角形网格，再对大网格进行细分和松弛，得到杆长较小的半规则网格。生成的网格也具有很高的流畅性。但需要注意的是，为了能较好地表达原曲面，大网格的杆长不能过大，否则容易导致小网格的均匀性不佳。

为了能更好地从建筑需求的角度评价网格，本章提出了兼顾网格拓扑规则性和单元形状质量的流畅性指标。该指标能定量地表达网格的流畅性高低，具有较高的参考价值。

第15章　多重曲面的自适应网格划分算法

15.1　引　言

第7章提出的映射等分法能生成线条流畅、杆长均匀、样式丰富的网格,但难以用于形状复杂的多重曲面(或者网格曲面)。而且对于两个方向上尺度变化明显的曲面,映射等分法不一定能形成高质量的网格。一种网格大小能够与曲面形态相适应的网格划分算法或许能带来更好的网格效果。

为了在造型复杂的自由曲面上生成规整、流畅的结构化网格,本章在映射等分法的基础上提出一种自适应网格生成算法,称为空间线分法。通过一系列的几何操作,如曲线分段、分段点连接等,实现三角形或四边形网格的快速生成;通过调整曲线的分段原则,实现网格大小对曲面形态的自适应;通过调整分段和连线规律,算法能适用于环形曲面和生成多种样式的网格。

空间线分法是在空间上用多段线拟合曲面上的曲线,不依赖于曲面的表达方式,无需建立映射关系,避免了映射畸变,具有较好的网格划分效果和广泛的适用范围。多个复杂曲面的网格生成算例,说明了空间线分法的有效性。

15.2　网　格　评　价

已有的网格评价体系主要从网格边的长度和三角形的形状质量这两个方面定量评价网格的均匀性和规整性,这并不能很好地反映建筑网格的需求。对于建筑网格,杆件组成的网格线条应尽量连续光滑,而不是弯折多变。网格的流畅性对网格整体的视觉效果有很大的影响,是建筑师十分看重的性质。除了出于建筑美学的考量,线条的流畅性有助于结构传力的连续、合理,在力学性能上也有重要意义。但是,目前却没有一套评估网格流畅性的标准,也少有这方面的研究。为此,下面将定义一种三角形网格的流畅性评价指标。

正如在14.3节讨论的,所有节点理想价和修正价之差的平方和 $R(G)$ 能反映网格整体的节点拓扑规则性,而网格拓扑的规则性与流畅性密切相关。定义 μ 为

$$\mu = \sqrt{\frac{R(G)}{n^*}} \tag{15-1}$$

式中，$R(G)$ 由式(14-3)定义；n^* 为修正的节点个数，定义为

$$n^* = \lambda n_{\text{int}} + (1-\lambda) n_{\text{bou}} \tag{15-2}$$

式中，n_{int} 为内部点的个数；n_{bou} 为边界点的个数，且 $n_{\text{int}} + n_{\text{bou}} = n$；$\lambda$ 为内部点的权值，参见式(14-4)。μ 为平均到每个节点上修正价和理想价的差距，相比于 $R(G)$，μ 与网格的节点规模无关，更具有代表性，μ 越小，网格的拓扑规则性越好。

网格在节点处的流畅性除了与节点的价有关，还与杆件间的角度有关。奇异点对网格流畅性的影响主要在 μ 中考虑了。对于内部规则点的流畅性评价，主要考虑对边所成角与 180°的差异以及相对角大小的差异。这两种差异越小，节点越流畅。举例来说，如图 15-1 所示，相对边 E_i 和 E_{i+3} 的夹角越接近 180°，这两条边组成的折线越接近直线段，而没有转折的直线段是最流畅的。如果相对角 β_i 和 β_{j+3} 都相等，则相对边有相同的转折，也具有较好的流畅感。

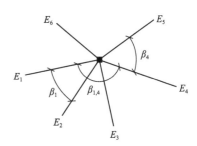

图 15-1　某个网格的节点

数值上，定义内部规则点的节点弯折度如下：

$$\delta_i = \sqrt{\sigma_i^2 + \tau_i^2} \tag{15-3}$$

$$\sigma_i = \sqrt{\frac{\sum_{j=1}^{3}(\beta_{j,k}-180°)^2}{3}}, \quad k = j+3 \tag{15-4}$$

$$\tau_i = \sqrt{\frac{\sum_{j=1}^{3}(\beta_j - \beta_{j+3})^2}{3}} \tag{15-5}$$

式中，δ_i 为规则点 i 的弯折度；$\beta_{j,k}$ 为第 j 边和第 k 边的夹角；β_j 为第 j 边和第 j+1(当 j+1>6 时，j+1 改为 1)边的夹角。节点弯折度 δ_i 越小，说明节点的相对边弯折程度越小，节点越流畅。

以图 15-2 所示的一个简单平面网格为例，采用节点弯折度进行评价。$p2\sim p9$ 都是价为 6 的规则点。其中，$p2$ 是 6 个正三角形的交点，其节点弯折度 $\delta = 0°$。网格在 $p3$ 和 $p9$ 处看起来并不流畅，其节点弯折度分别高达 40.7°和 53.9°。如表 15-1 所示，节点弯折度确实能较好地反映网格在各节点处的流畅程度。

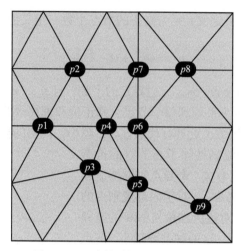

图 15-2　一个简单的平面网格 $M_{15\text{-}1}$

表 15-1　内部规则点的弯折度

节点	$p1$	$p2$	$p3$	$p4$	$p5$	$p6$	$p7$	$p8$	$p9$
σ /(°)	16.8	0.00	28.8	6.90	24.5	32.8	24.5	0.841	38.3
τ /(°)	11.9	0.00	28.7	4.90	24.5	32.8	24.5	0.800	37.9
δ /(°)	20.6	0.00	40.7	8.46	34.6	46.4	34.7	1.18	53.9

　　图 15-3（a）和图 15-3（b）分别标记了松弛前后的两个网格的节点弯折度。图中红色节点有接近 90°的弯折度指标，其流畅性较差；绿色节点有接近 0°的弯折度指标，其流畅性较好。网格 $M_{15\text{-}2}$ 存在多个红色或接近红色的节点，而网格 $M_{15\text{-}3}$ 全部都是绿色或接近绿色的节点。$M_{15\text{-}3}$ 比 $M_{15\text{-}2}$ 有着更好的流畅性。

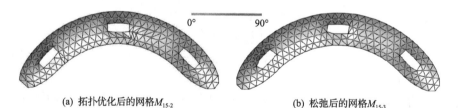

(a) 拓扑优化后的网格$M_{15\text{-}2}$　　　　　　　　(b) 松弛后的网格$M_{15\text{-}3}$

图 15-3　各个内部规则点的流畅性指标

　　μ 是从节点的拓扑连接上反映网格的流畅性，δ 是从节点的夹角上反映网格的流畅性。μ 越大，节点的拓扑越不规则，网格越不流畅。δ 的平均值越大，网格在规则点上的弯折越明显，网格越不流畅。通过整合从节点的价和角度两方面的流畅性评价指标，定义网格整体的流畅性指标 Q 为

$$Q = \frac{1}{\mu + k_Q \rho \overline{\delta}} \tag{15-6}$$

式中，$k_Q = \dfrac{1}{60°}$，而 ρ 定义为

$$\rho = \frac{\lambda n_{\text{inr}}}{n^*} \tag{15-7}$$

式中，n_{inr} 为内部规则点的数量。

网格的流畅性指标 Q 越大，网格越流畅。

采用网格单元形状质量系数评价网格的规整性。三角形或四边形网格单元的形状质量系数为

$$q_s = \begin{cases} 4\sqrt{3}\,\dfrac{S}{l_A^2 + l_B^2 + l_C^2}, & \text{三角形} \\[4mm] 4\sqrt[4]{\dfrac{S_{\triangle ABC} \cdot S_{\triangle BCD}}{\left(l_{AB}^2 + l_{AD}^2\right) \cdot \left(l_{AB}^2 + l_{BC}^2\right)}} \times \sqrt[4]{\dfrac{S_{\triangle CDA} \cdot S_{\triangle ABD}}{\left(l_{BC}^2 + l_{CD}^2\right) \cdot \left(l_{CD}^2 + l_{AD}^2\right)}}, & \text{四边形} \end{cases} \tag{15-8}$$

式中，$q_s \in (0,1]$，且 q_s 越大，单元的形状质量越好。

网格整体的规整程度由所有网格单元的形状质量系数的平均值 $\overline{q}_s$ 和标准差 σ_s 评定。$\overline{q}_s$ 越大，说明网格的形状质量越好；σ_s 越小，说明网格的形状差异越小。当 $\overline{q}_s$ 越大且 σ_s 越小时，网格的规整性越好。

对于结构化网格，节点的拓扑是完全规则的，仅需从节点周边杆件的夹角评价其流畅性。与节点弯折度的定义类似，对于由三角形或四边形组成的结构化网格，即所有的内部节点连接着相同数量的杆件，其节点夹角弯折定义为

$$q_v = \sqrt{\frac{\displaystyle\sum_{j=1,k=j+g}^{g}(\beta_{jk} - \pi)^2}{g} + \frac{\displaystyle\sum_{j=1}^{g}(\beta_j - \beta_{j+g})^2}{g}} \tag{15-9}$$

式中，对于三角形网格，$g = 3$，对于四边形网格，$g = 2$；β_{jk} 为第 j 边和第 k 边的夹角；β_j 为第 j 边和第 $j+1$（当 $j+1>2g$ 时，$j+1$ 改为 1）边的夹角，如图 15-4 所示。q_v 越小，说明节点的相对边弯折和相对角差异越小，即节点越流畅。当 $q_v = 0$ 时，节点最流畅，如图 15-5 所示的 4 种节点。

网格整体的流畅性由网格内部节点的弯折度指标平均值 $\overline{q}_v$ 评定。$\overline{q}_v$ 越小，节点的平均弯折程度越小，网格越流畅。

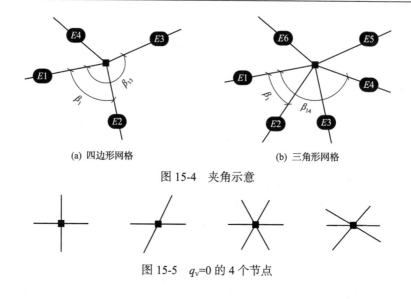

(a) 四边形网格　　　　　　　　　　　　(b) 三角形网格

图 15-4　夹角示意

图 15-5　$q_v=0$ 的 4 个节点

15.3　网格生成

建筑上造型复杂的曲面通常由多个 NURBS 曲面联合表示，即多重曲面。由于多重曲面的各个子曲面有独立的映射关系，而且子曲面逐个展开后不能保证内部边界的吻合，已有的基于 NURBS 映射技术或曲面展开技术开发的网格划分算法都难以用于多重曲面的网格划分。为此，提出了与曲面表达方式无关的网格生成方法，可用于单重曲面和多重曲面的网格划分，具体步骤如下(以图 15-6(a) 中的曲面 S_1 为例)。

1) 前处理

(1) 确定网格划分区域。

读入曲面模型，对边界线进行分割或合并，得到 4 条曲线组成的网格生成区域 A。考虑到网格的规整性要求，最好保证这 4 条曲线中任意两条相连曲线的走势近似垂直。

(2) 设置网格生成参数。

设定主方向插值曲线数 m、次方向插值曲线数 n、曲线的分段原则、输出的网格样式等。曲面 S_1 的算例中，设定横向为主方向，$m=10$，$n=21$，采用等弧长划分，输出方形网格和菱形网格。

2) 点阵布置

点阵布置是网格生成算法的核心，具体步骤如下：

(1) 将主方向边界线 $l_{m,0}$ 和 $l_{m,m+1}$ 分别划分为 $n+1$ 段，连接相同编号的分段点，得到 n 条曲线。将这 n 条曲线和两条次方向边界线 $l_{n,0}$、$l_{n,n+1}$ 作为初步的次方向

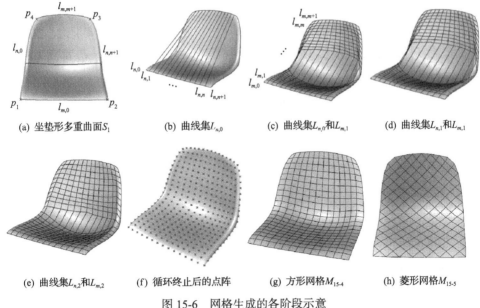

(a) 坐垫形多重曲面S_1　(b) 曲线集$l_{n,0}$　(c) 曲线集$L_{n,0}$和$L_{m,1}$　(d) 曲线集$L_{n,1}$和$L_{m,1}$

(e) 曲线集$L_{n,2}$和$L_{m,2}$　(f) 循环终止后的点阵　(g) 方形网格$M_{15\text{-}4}$　(h) 菱形网格$M_{15\text{-}5}$

图 15-6　网格生成的各阶段示意

网格曲线，记为 $L_{n,0}$，如图 15-6(b) 所示。

(2) 将次方向网格曲线 $L_{n,0}$ 划分为 $m+1$ 段，然后将分段点拉取到曲面上相应的最近点，接着将拉取后编号相同的分段点依次连接成 m 条曲线。这 m 条曲线和两条主方向边界线构成了主方向网格曲线，记为 $L_{m,1}$，如图 15-6(c) 所示。

(3) 类似地，划分主方向网格曲线 $L_{m,1}$ 为 $n+1$ 段，再拉取分段点到曲面上，并依次连接同一编号的分段点，得到 n 条曲线。这 n 条曲线和两条主方向边界线构造成了次方向网格曲线，记为 $L_{n,1}$，如图 15-6(d) 所示。

(4) 对步骤 (2) 和 (3) 进行循环，即利用新得到的主方向网格曲线 $L_{m,k}$，生成新的次方向网格曲线 $L_{n,k}$(k 为循环次数)，反之亦然(图 15-6(e))。根据一次循环前后各网格点的移动距离是否足够小或者循环次数是否到达上限，判断是否结束循环。

(5) 循环终止后，曲线 $L_{m,k}$ 或 $L_{n,k}$ 的分段点组成 $(m+2)\times(n+2)$ 的点阵，即为所求网格点阵，如图 15-6(f) 所示。

需要说明的是，上述分段点和网格线的编号满足以下关系：对于分段点 $p_i^{t,j}$，上标 t,j 表示该点所在的曲线为 $l_{t,j}$，下标 i 为该点的编号，编号相同即指 i 相同的点；将编号相同的点 $\{p_i^{t,j}$，$j=0,1,\cdots,t+1\}$ 按 j 的大小依次连接，得到曲线 $l_{s,i}$；在第 k 次循环中，曲线集 $\{l_{s,i}$，$i=0,1,\cdots,s+1\}$ 构成了 $L_{s,k}$；t、$s=m$ 或 n 且 $t\neq s$。

3) 后处理

将点阵按照设定的规律进行拓扑连接，得到期望的曲面网格样式，如方形网

格 $M_{15\text{-}4}$（图 15-6(g)）和菱形网格 $M_{15\text{-}5}$（图 15-6(h)），其中，在连接成网格时忽略了点 p_3 和 p_4。再计算网格的杆件长度、单元形状质量系数和节点弯折度，进行规整性和流畅性的评价，如表 15-2 所示。网格 $M_{15\text{-}4}$ 和 $M_{15\text{-}5}$ 的 $\bar{q}_s$、$\bar{q}_v$ 都在 0.97、0.178rad 左右，这表明网格的规整性和流畅性较好。

表 15-2　网格评价

曲面	网格	$\bar{l}$ /m	r_l	$\bar{q}_s$	σ_s^2	$\bar{q}_v$ /rad
坐垫形曲面 S_1	方形网格 $M_{15\text{-}4}$	11.3	0.091	0.976	5.65×10^{-2}	0.176
	菱形网格 $M_{15\text{-}5}$	16.5	0.122	0.962	0.332	0.180
	基本网格 $M_{15\text{-}6}$	5.03	0.297	0.804	9.83×10^{-2}	0.180
曲面 S_2（见 15.4 节）	边界自适应网格 $M_{15\text{-}7}$	4.75	0.380	0.853	4.60×10^{-2}	0.174
	全局自适应网格 $M_{15\text{-}8}$	4.66	0.414	0.885	5.65×10^{-2}	0.176
环形曲面 S_3（见 15.4 节）	方形网格 $M_{15\text{-}12}$	2.90	0.252	0.994	5.06×10^{-3}	0.288
阳光谷曲面 S_4（见 15.5 节）	映射法网格 $M_{15\text{-}13}$	3.69	0.821	0.828	2.23×10^{-2}	0.092
	空间线分法网格 $M_{15\text{-}14}$	3.73	0.393	0.988	1.90×10^{-4}	0.137
蝶形曲面 S_5（见 15.5 节）	三角形网格 $M_{15\text{-}15}$	6.22	0.469	0.849	1.14×10^{-2}	0.199
	四边形网格 $M_{15\text{-}16}$	7.53	0.506	0.845	0.239	0.220

用户可以在一定的范围内调整 m、n 的取值，重新按照上述方法生成多组网格，并根据各网格的形状质量系数、节点弯折度和建筑要求，选取最满意的网格作为最终的网格。

15.4　网格调控

通过调整上述算法中的分段原则，实现网格大小的调控，网格大小与边界条件或曲面形态相适应，从而改善网格的规整性。

1）边界自适应

若一对边界线的长度相差较大，则采用上述方法生成的网格规整性较差。例如，图 15-7 给出的曲面 S_2 采用上述算法生成的网格 $M_{15\text{-}6}$（图 15-8(a)），其形状质量系数均值 $\bar{q}_s$ 仅为 0.804（表 15-2）。为此，调整算法中的曲线分段原则，将等长划分改为等比划分，其他步骤不变，实现网格大小对边界长度的自适应。曲线等比分段的比值 r 为

$$r = \sqrt[n-1]{R} \qquad\qquad (15\text{-}10)$$

$$R = \frac{a_n}{a_1} = r^{n-1} \tag{15-11}$$

式中，R 为相对边界线的长度比，划分曲线 $L_{n,i}$ 时，$R = \frac{l_{n,n+1}}{l_{n,0}}$，而划分曲线 $L_{m,i}$ 时，

$R = \frac{l_{m,m+1}}{l_{m,0}}$；$a_1$ 为靠近 $l_{n,0}$ 或 $l_{m,0}$ 分段的长度。

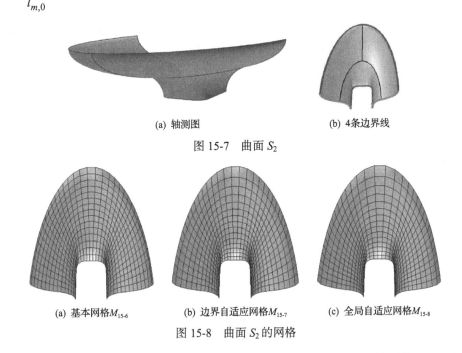

(a) 轴测图　　　　　　　　　　　(b) 4条边界线

图 15-7　曲面 S_2

(a) 基本网格 $M_{15\text{-}6}$　　　　　(b) 边界自适应网格 $M_{15\text{-}7}$　　　　　(c) 全局自适应网格 $M_{15\text{-}8}$

图 15-8　曲面 S_2 的网格

　　由此生成的网格如图 15-8(b) 所示。由表 15-2 可知，调整后的网格 $M_{15\text{-}7}$ 在形状质量系数均值上比之前的网格 $M_{15\text{-}6}$ 提升了 6.09%，达到了 0.853，说明通过在算法中考虑边界线的长度关系，改进了网格的规整性。

　　2) 全局自适应

　　对于形态较为复杂的曲面，采用等长原则或等比原则生成的网格，其规整性可能都难以满足要求。为此，调整算法中的曲线分段原则，根据 $e_{n,ji}$ 和 $e_{m,ij}$ 分别对曲线 $l_{n,j}$ 和 $l_{m,i}$ 进行按相对位置的曲线划分，而算法中的其他步骤不变，实现网格大小对曲面形态全局的自适应，其中，$e_{n,ji}$ 和 $e_{m,ij}$ 分别为

$$e_{n,ji} = \frac{l_{m,i} + l_{m,i+1}}{\sum\limits_{i=0}^{m}(l_{m,i} + l_{m,i+1})}, \quad i \in [0,m] \tag{15-12}$$

$$e_{m,ij} = \frac{l_{n,j} + l_{n,j+1}}{\sum\limits_{j=0}^{n} (l_{n,j} + l_{n,j+1})}, \quad j \in [0,n] \tag{15-13}$$

式中，$e_{n,ji}$ 为曲线 $l_{n,j}$ 上第 i 段长度占曲线总长的比例；$e_{m,ij}$ 为曲线 $l_{m,i}$ 上第 j 段长度占曲线总长的比例。

图 15-9 给出了分别采用基本方法、边界自适应调整和全局自适应调整生成的网格。从图中可以明显看出，前两种网格在边界附近较为规整，但在曲面内部细腰处较不规整，而第三种网格整体上都较为规整。再对曲面 S_2 进行全局自适应的网格生成，得到的网格 M_{15-8} 如图 15-8(c) 所示。结合表 15-2 可知，网格 M_{15-8} 的形状质量系数进一步提升到 0.885，比网格 M_{15-6} 和 M_{15-7} 分别提高了 10.1% 和 3.8%。

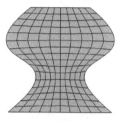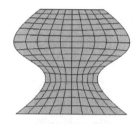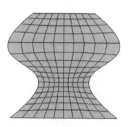

(a) 基本网格M_{15-9}　　　　(b) 边界自适应网格M_{15-10}　　　　(c) 全局自适应网格M_{15-11}

图 15-9　细腰形曲面的网格

由以上分析可知，经全局自适应调整后，网格大小对曲面形态有了更好的适应，网格的规整性有了明显的提高。

3) 环形曲面处理

以上算法主要针对由 4 条边界线圈定的曲面区域，而对于仅有两条边界的环形曲面需要进行一些局部的调整。以图 15-10(a) 中的曲面为例，先在曲面上画一条连接两条边界线的曲线 C(图 15-10(a) 中的竖向绿线)，再将曲面看成有两条边界线在 C 处重合的四边曲面，且以不重合的两条边界线为主方向边界线，其他步

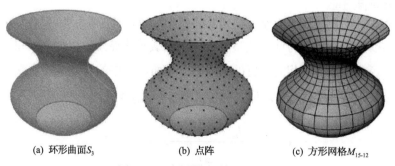

(a) 环形曲面S_3　　　　　　(b) 点阵　　　　　　(c) 方形网格M_{15-12}

图 15-10　环形曲面的网格生成

骤基本不变，生成由主方向 $m+2$ 条曲线和次方向 $n+1$ 条曲线相交而成的 $(m+2) \times (n+1)$ 的点阵(图 15-10(b))，最后按规律将环形点阵连接成网格(图 15-10(c))。在上述过程中，曲线的分段和点阵的连接需要在算法实现上进行局部调整，使其适配环形曲面。

15.5　算　例　分　析

已建成的世博轴阳光谷是比较有代表性的自由曲面建筑，如图 15-11(a)所示，其网格具有较好的规整性，但网格内存在多个奇异点。这些奇异点破坏了网格整体的流畅性，降低了建筑美感。基于阳光谷建筑造型，建立相应的曲面模型(图 15-11(b))，其顶部近似长轴为 100m、短轴为 80m 的椭圆，底部近似长轴为 30m、短轴为 27m 的椭圆，高度为 40m，分别采用映射法和空间线分法进行网格划分。由图 15-11 和表 15-2 可知，映射法划分的网格 $M_{15\text{-}13}$ 不存在奇异点，网格流畅性较好($\overline{q}_v = 0.092\text{rad}$)，但网格的规整性明显较差($\overline{q}_s = 0.828$)。而空间线分法生成的网格 $M_{15\text{-}14}$ 兼顾了流畅性和规整性，达到了两者的协调统一，更符合建筑审美的要求，其 $\overline{q}_s = 0.988$，相较映射法提高了 19.3%。

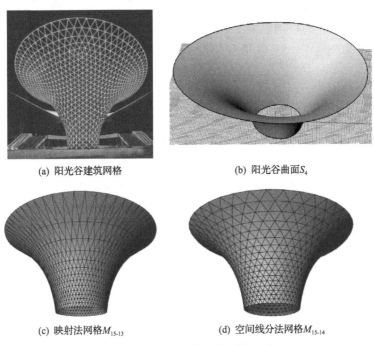

(a) 阳光谷建筑网格　　　　　　　　　(b) 阳光谷曲面 S_4

(c) 映射法网格 $M_{15\text{-}13}$　　　　　　(d) 空间线分法网格 $M_{15\text{-}14}$

图 15-11　阳光谷曲面的网格生成

另一个算例是图 15-12(a)所示的碟形曲面，其最大跨度为 250m，宽为 100m，高为 33m。该曲面由 5 个子曲面组成，映射法难以适用。在曲面上拟合一条连接两条边界线的曲线，构造适合空间线分法的边界条件，如图 15-12(b) 所示。再采用空间线分法生成网格大小自适应的三角形网格 M_{15-15} 和四边形网格 M_{15-16}，如图 15-12(c)、(d) 所示。网格 M_{15-15} 和 M_{15-16} 具有较好的规整性和流畅性，其形状质量系数约为 0.85，节点弯折度指标分别是 0.199rad 和 0.220rad，如表 15-2 所示。

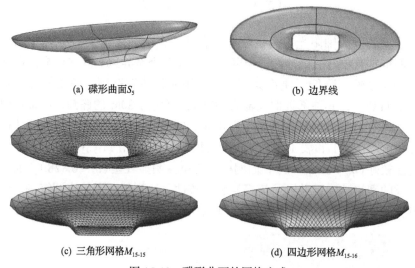

(a) 碟形曲面S_5 　　　　　　　　　　　　(b) 边界线

(c) 三角形网格M_{15-15} 　　　　　　　　　(d) 四边形网格M_{15-16}

图 15-12　碟形曲面的网格生成

15.6　本 章 小 结

本章针对多重曲面提出了一种以规整性和流畅性为目标的网格划分算法，称为空间线分法。首先，用四条边界线圈定网格划分区域；接着，将一对不相连的边界线各自分为 $n+1$ 段并连接相对的分段点，得到 n 条曲线；然后，将这 n 条曲线和同向的边界线分别划分为 $m+1$ 段，并以多段线连接同一相对位置上的分段点，得到另一个方向上的 m 条曲线；轮流对这 m 条曲线和 n 条曲线进行分段、连线等操作，优化各自的形态，直到分段点位置基本不变；最后，将分段点按照一定的规律连接成网格。在网格生成的过程中，通过调整曲线的分段原则，可以实现网格大小对边界线或曲面形态的自适应；通过设定多种点阵的连接规律，可以生成多种样式的网格。算例表明，该法自动化程度高，运算速度快，生成的网格线条流畅、形状规整，无映射畸变，符合建筑审美的要求，为网格结构的设计提供了有用的工具。

　　但需要说明的是，该算法的第一步需要以 4 条曲线构造网格划分区域，并且为了保证网格的规整性，要求这 4 条曲线中任意两条相连曲线的走势近似垂直。而对于非常复杂的曲面，难以构造合适的网格划分区域，导致生成的网格质量较差，甚至算法失效。

第16章 自由曲面四边形网格平面化

16.1 引　　言

针对自由曲面网格划分，经过许多学者的研究，取得了一定的成果。相对于三角形网格，四边形网格减少了钢/玻璃板的加工以及杆件的数量，但得到的四边形网格往往不共面，给加工建造带来很大不便。

对于平面四边形网格划分的研究，Glymph 等[234]根据一条多段线(母线)沿另一条多段线(准线)运动给出了一个简单平面四边形网格的生成办法，但不适用于任意空间曲面。图 16-1(a)所示的米兰新国际展览中心，采用四边形网格和三角形网格结合的形式，将相邻的共面三角形合并为平面四边形，虽可较好地贴合曲面，且同时实现了部分平面化四边形网格，但三角形网格较多，较为杂乱。Douthe 等[235]采用母线和准线来生成圆形网格，并基于其与切比雪夫网格的转换关系来实现网格的划分与细分，从而达到平面化的效果。但此种方法在划分前要提取出曲面的母线和准线，且对于封闭的非对称曲面结构处理存在问题。Liu 等[236]根据微分几何原理，采用主曲率共轭向量场的方法得到初始网格，经过轻微扰动后得到具有光顺性的平面化网格。但此种方法需要建筑师对主曲率场比较熟悉，而且主曲率方向被曲面形态唯一确定，对建筑师来说没有自由度[237]。

(a) 米兰新国际展览中心

(b) 阿布扎比雅斯酒店

图 16-1　工程实例

本章提出了基于力学模拟和基于曲面约束映射的四边形网格平面化方法。基于力学模拟的四边形网格平面化，在获得曲面的初始网格划分的基础上，将网格节点视为质点，将网格线视为弹簧，建立由弹簧质点组成的力学模型，并施加相应的约束力与平面化作用力，根据动力松弛法多次迭代得到修正后的结构平衡态。

其初始网格可根据建筑师的喜好选用不同的方法进行划分，与以往相关研究相比，一方面增大了自由度，另一方面操作方法简单易行，对于一般的自由曲面具有较好的适用性。实例表明，调整合适的参数，平面化效果较好，同时也能兼顾一定的流畅性和均匀性。

16.2　基于弹簧质点模型的四边形网格平面化

获得初始四边形网格的方法有很多，常用的有波前法、引导线法、映射法及离散化网格划分等[238, 239]。这里采用映射法，划分出一曲面的初始网格，如图 16-2 所示。

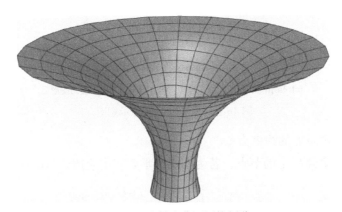

图 16-2　映射法曲面网格划分

在获得曲面初始网格后，将网格节点视为质点，将网格线视为弹簧，施加予对杆件长度的约束力、边界固定质点的约束力、曲面对质点的吸附力、网格平面化作用力，建立每一弹簧质点的动力平衡方程。采用动力松弛法，经过多次迭代，得到满足收敛准则的结构平衡态，获得四边形网格的平面化结果。

1) 杆件长度的约束力

将网格节点 i 视为质量为 m_i、没有体积的质点，将网格线视为弹簧，弹性系数为 k_{ij}，下标 i、j 分别表示连接在每一网格线两端的节点号，如图 16-3 所示。对于杆件设定长度目标为 l_{ij}，而实时杆件长度为 l'_{ij}，则 i、j 杆件将产生一个不平衡力 T_{ij}，如式 (16-1) 所示，其中 k_{ij} 为弹性系数，Δl_{ij} 为 i、j 杆件的每迭代步时长与目标长度的差值。

$$T_{ij} = k_{ij}\Delta l_{ij} = k_{ij}\left(l'_{ij} - l_{ij}\frac{l'_{ij}}{|l'_{ij}|} \right) \tag{16-1}$$

在对网格进行迭代的过程中，若网格节点之间的距离比目标长度大，则对质点产生拉力，反之产生压力。与多根杆件相连的节点 i 上，受到式(16-2)的合力为 T_i。一般地，为了保证网格的均匀性，所有杆件的 k_{ij} 取一固定值，杆件原长 l_{ij} 取同一值。

$$T_i = \sum T_{ij} \tag{16-2}$$

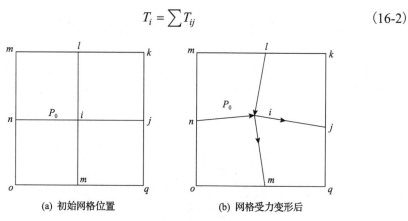

(a) 初始网格位置　　　　　　　　(b) 网格受力变形后

图 16-3　质点 P_0 的受力示意图

2)边界固定质点的约束力

对于边界集合 $\bar{U}$ 上的节点，若为固定支承点，则应按式(16-3)计算约束力。

$$D_i = \begin{cases} 0, & i \in U \\ k_c \Delta l_{ij}, & i \in \bar{U} \end{cases} \tag{16-3}$$

式中，U 为曲面内部点的集合；k_c 为边界约束刚度。

3)曲面对质点的吸附力

为了确保每次迭代后的网格节点和初始网格曲面不产生过大偏离，对网格节点 i 作用一网格吸附力 H_i，即

$$H_i = k_m d_i \tag{16-4}$$

式中，k_m 为对网格节点的吸附刚度，可自行调整；d_i 为每次迭代网格节点 i 距初始曲面的最近距离，若网格节点未偏移出曲面，则 $d_i = 0$，否则 $d_i > 0$；吸附力 H_i 的方向指向曲面。

4)网格平面化作用力

将每个四边形网格设置对角连线，如图 16-4 所示。若网格为非平面网格，则两对角线没有交点，反之，则网格为平面网格。对同处于第 m 个面上的 i、j、k、l 节点，按式(16-5)分别施加一平面化作用力 P_{im}、P_{jm}、P_{km}、P_{lm}，作用力的方向与两条对角线的公共垂线平行，且方向相反。

$$P_{im}、\ P_{jm}、\ P_{km}、\ P_{lm} = p_{\mathrm{c}} \frac{\delta_m}{\sum \delta_m} \delta_m \qquad (16\text{-}5)$$

式中，δ_m 为对角线的最近距离；p_{c} 为控制系数；$\sum \delta_m$ 为曲面中所有网格对角线的最近距离之和。

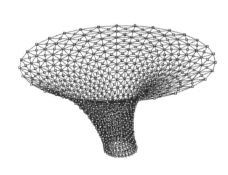

(a) 对角连线的四边形网格　　　　　　　(b) 对角连线无交点

图 16-4　初步划分四边形网格对角连线

对于节点 i 所受到的合力，为其所关联网格面的平面化作用力进行叠加，即

$$P_i = \sum_{j=1}^{n_1} P_{ij} \qquad (16\text{-}6)$$

式中，n_1 为 i 节点关联的网格面数。

5) 网格调整优化

建立相应的弹簧质点模型，并对其模拟的作用力进行定义，网格调整优化可按以下步骤进行：

(1) 初始网格划分。

(2) 对每个网格点施加相应的作用力，并求其合力。对于任一网格节点 i，有杆件长度的约束力、边界固定质点的约束力、曲面对质点的吸附力、网格平面化作用力，其合力如式 (16-7) 所示：

$$F_i = T_i + D_i + H_i + P_i \qquad (16\text{-}7)$$

(3) 对网格不平衡力的动力松弛迭代。一般地，网格节点 i 的合力 F_i 不为零，可采用动力松弛迭代求解，直至达到收敛要求。这里以相邻两次迭代位移差作为控制指标，在求解力学方程的过程中，使用中心差分方法，经过一定次数的迭代即可收敛，具体可分为如下四步：

①确定网格点的初始坐标 $p_i(x, y, z)$ 与网格节点 i 的质量 m_i。

②在 $t=0$ 时刻，认为网格点的初始位移 x_0 和初始速度 $\dot{x}_0$ 均为零，可以得到初

始时刻的加速度，F_0 为初始的不平衡合力，即

$$\ddot{x}_0 = \frac{F_{0,i}}{m_i} \tag{16-8}$$

③时间步长定为Δt，可以由式(16-9)得到$x_{\Delta t}$，式(16-9)中$x_{-\Delta t}$可由式(16-10)得到。

$$\dot{x}_t = \frac{1}{2\Delta t}(-x_{t-\Delta t} + x_{t+\Delta t}) \tag{16-9}$$

$$x_{-\Delta t} = x_0 - \Delta t \dot{x}_0 + \frac{1}{\Delta t^2}\ddot{x}_0 \tag{16-10}$$

④进一步可得到Δt 时的各种力，并计算此时合力 $F_{\Delta t}$。

重复②～④的步骤，即可对每一步进行迭代，直至满足要求。

图 16-5 为图 16-2 网格多次迭代后的最终结果。

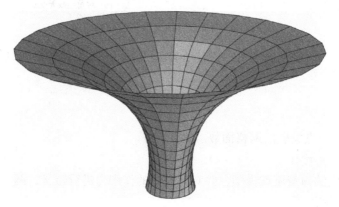

图 16-5　优化后的结果

对于网格质量的优劣，传统的建筑师常根据个人经验进行判断，然而这样往往具有一定的误差与主观性。结合四边形平面化指标，除网格的均匀性、流畅性指标外，给出平面化程度评价；同时，为评估迭代后的网格与初始曲面的偏离，引入曲面网格变形指标。

(1)平面化指标。曲面建筑中常常用四边形网格，如四边形网格在同一平面，这将大大降低建造成本。因此，对于一个四边形网格，其的平面化程度是极为重要的一项指标。这里提出一种量化指标，采用四面体的高度来评估其平面化，主要思想如下。

对于一个不共面的四边形网格，若顶点设为(x_i, y_i, z_i)，$i=1,2,3,4$，形成四面体的体积如式(16-11)所示，每个底面上的高可以由式(16-12)得出。

$$V = \frac{1}{6}\det \begin{bmatrix} 1 & 1 & 1 & 1 \\ x_1 & x_2 & x_3 & x_4 \\ y_1 & y_2 & y_3 & y_4 \\ z_1 & z_2 & z_3 & z_4 \end{bmatrix} \tag{16-11}$$

$$h_i = \frac{V}{S_i} \tag{16-12}$$

式中，S_i 为 (x_i, y_i, z_i) 所对底面的面积。相应的网格最大高度 h 为

$$h = \max\{\,|\,h_1\,|, |\,h_2\,|, |\,h_3\,|, |\,h_4\,|\,\} \tag{16-13}$$

式中，h_1、h_2、h_3、h_4 分别为四面体的 4 个底面上的高。

遍历所有网格，可以得到每个网格单元相应的网格平面化指标，即

$$m_{\mathrm{p},j} = \frac{h_j}{l_j} = \frac{\max\{\,|\,h_1\,|, |\,h_2\,|, |\,h_3\,|, |\,h_4\,|\,\}}{\min\{\,|\,l_1\,|, |\,l_2\,|, |\,l_3\,|, |\,l_4\,|\,\}} \tag{16-14}$$

式中，h_j 为第 j 片网格单元面的最大高度；l_j 为第 j 片网格的四条边最小边长。

对应于网格的整体平面化指标可用 m_{p} 表示，即

$$m_{\mathrm{p}} = \sqrt{\sum_j m_{\mathrm{p},j}^2} \tag{16-15}$$

(2) 曲面变形指标。在迭代过程中，由于除了曲面对质点的吸附力，还有其他作用力，网格与初始曲面之间往往会出现一定的偏差，而这种偏差是我们优化过程中不希望看到的，需要控制在合适的范围内。

在此提出 i 节点的指标 p_i 评估优化后网格与原曲面之间的偏离程度，如式 (16-16) 所示，b_i 表示 i 节点到原曲面的最近距离，$\bar{l}$ 表示优化前网格杆长平均值。

$$p_i = \frac{b_i}{\bar{l}} \tag{16-16}$$

网格的流畅性、均匀性等指标可参见前述相关章节。

16.3　算例分析

前面给出了基于弹簧质点模型实现网格平面化的算法，其核心在于力学模拟后的不同力的大小，根据建筑师对网格平面性、流畅性与均匀性的不同要求来确定相应的数值，平面化力占比越大，平面化程度越好，相应地就会牺牲一定的流畅性和均匀性，反之亦然。

下面将以具体的算例进行说明，图 16-6 是仿某植物园的曲面模型，曲面跨度为 50m，高度为 6m。其中，初始网格是由映射法得到的，如图 16-7（a）所示，根据要求采用相应的参数进行优化，图 16-7（b）～（e）分别表示了在不同的参数下优化

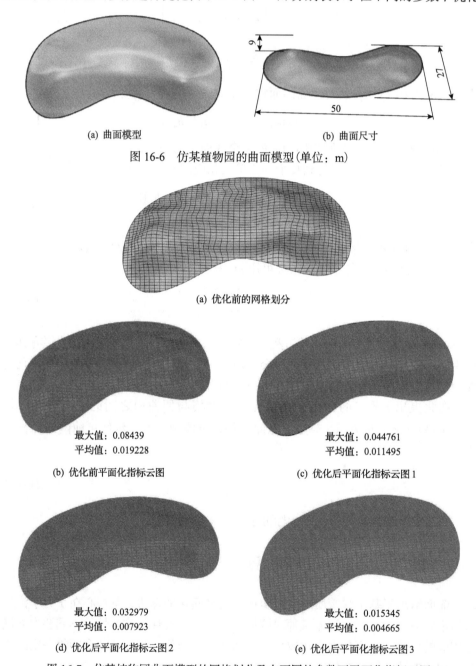

(a) 曲面模型   (b) 曲面尺寸

图 16-6   仿某植物园的曲面模型（单位：m）

(a) 优化前的网格划分

最大值：0.08439   最大值：0.044761
平均值：0.019228   平均值：0.011495

(b) 优化前平面化指标云图   (c) 优化后平面化指标云图 1

最大值：0.032979   最大值：0.015345
平均值：0.007923   平均值：0.004665

(d) 优化后平面化指标云图 2   (e) 优化后平面化指标云图 3

图 16-7   仿某植物园曲面模型的网格划分及在不同的参数下平面化指标云图

前后平面化指标的云图对比。

　　某植物园曲面模型作为算例验证了算法的可行性，下面引入仿上海阳光谷的一个曲面模型，如图16-8(a)所示。初始网格通过映射法得到，对其进行网格的平面化处理，得到在不同参数下优化前后平面化指标的云图对比，如图16-8(b)～(e)所示。

　　表16-1和表16-2列出了图16-7和图16-8算例的初始网格和经过三组不同参数迭代后平面化、流畅性和均匀性指标的对比。图16-7算例的前后对比，平面化有较大改善，且随着参数的调整，使平面化指标逐渐减小的同时，网格的流畅性

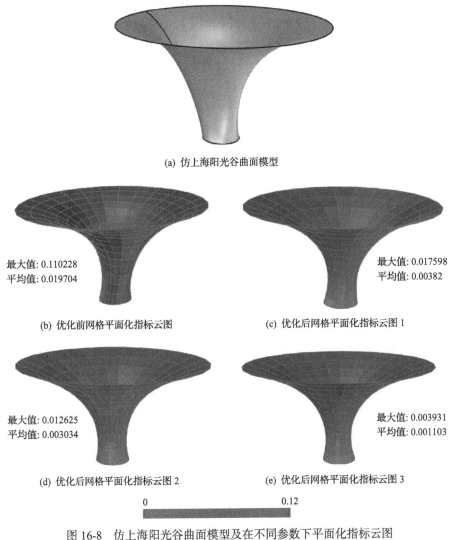

(a) 仿上海阳光谷曲面模型

最大值: 0.110228
平均值: 0.019704

最大值: 0.017598
平均值: 0.00382

(b) 优化前网格平面化指标云图　　　　　　　　(c) 优化后网格平面化指标云图1

最大值: 0.012625
平均值: 0.003034

最大值: 0.003931
平均值: 0.001103

(d) 优化后网格平面化指标云图2　　　　　　　　(e) 优化后网格平面化指标云图3

0　　　　　　　　　　　　0.12

图16-8　仿上海阳光谷曲面模型及在不同参数下平面化指标云图

表 16-1　网格整体质量指标

网格面	平面化指标		流畅性指标		均匀性指标	
	$m_{p,j}$ 平均值	m_p	δ_i 平均值/(°)	Q	$\bar{l}$ /m	$\dfrac{s^2(l)}{\bar{l}^2}$
图 16-7(b)	0.019228	0.947376	6.283	0.210469	0.913382	0.092709
图 16-7(c)	0.011495	0.577714	2.988	0.156728	0.901815	0.087079
图 16-7(d)	0.007923	0.395392	1.915	0.138757	0.882042	0.089877
图 16-7(e)	0.004665	0.228584	1.412	0.130499	0.874138	0.092212
图 16-8(b)	0.019704	0.53295	15.113	0.382144	0.376752	0.183307
图 16-8(c)	0.00382	0.094714	13.849	0.36146	0.326725	0.35085
图 16-8(d)	0.003034	0.072148	13.784	0.360396	0.326026	0.332562
图 16-8(e)	0.001103	0.02477	14.025	0.36434	0.326579	0.351136

注：Q 具体计算见式(15-6)。

表 16-2　迭代后网格的形状变化

网格面	p_i 最大值	p_i 平均值
图 16-7(c)	4.34424	0.923922
图 16-7(d)	3.173929	0.526044
图 16-7(e)	0.762382	0.07304
图 16-8(c)	1.219537	0.214173
图 16-8(d)	1.375369	0.240524
图 16-8(e)	1.548493	0.259133

和均匀性也有一定的改善，网格与原曲面之间的偏离却越来越大。图 16-8(b) 与图 16-8(c) 相比，平面化程度逐渐改善，平面化指标减小，网格与原曲面之间的偏离程度变大，流畅性和均匀性均改善。图 16-8(c) 与图 16-8(d) 相比，平面化指标减小，网格与原曲面之间的偏离程度变大，流畅性和均匀性变差。算例中更多地侧重于实现平面化的要求，因此对于其他的指标无过多约束，实际上算法调控的是综合指标，可通过调整不同的力学参数来改变其他指标的大小，使网格偏离的程度与流畅性等满足实际工程的要求。

　　通过以上两个算例可知，对于不同的工程要求，需要进行相应的参数调整。当平面化程度要求较高时，就要加大平面化作用力，对应就要放宽曲面形状变化或者流畅性、均匀性的标准。同样地，若对流畅性指标要求较高，在要求曲面形状变化不大的前提下，就要减小平面化作用力，牺牲网格的均匀性与平面性。因此，如何平衡网格的平面化与流畅性、均匀性以及曲面形状变化程度之间的关系，需要建筑师根据工程经验进行判断，从而进行相应的参数调整。同时，算法目前更多的是调整力的大小观察相应的指标，后续研究可引入反馈机制，直接给定指标，若某项指标不达标，则增大对应的力的参数，反复迭代，直至网格达到要求，直观地对其他指标进行调控。

16.4　基于曲面约束映射方法的四边形网格平面化

基于曲面约束映射方法的基本步骤如下：首先，对网格按等面积原则展开，得到平面参数域；随后，在平面参数域上进行网格划分；最后，采用约束映射方法将平面参数域的网格点映射回原曲面，在映射的过程中根据约束条件寻求最优映射结果。在获得平面网格之后，传统做法是将二维网格映射到三维 NURBS 曲面上，在映射划分网格的同时要保证网格面的平面程度不产生较大的变化，因此映射关系需要重新定义。

为了保证映射过程中网格面的平面程度不发生改变，需要给予一定的约束条件，同时网格点应符合曲面的走向，网格边界应保持不变，因此映射关系如式 (16-17) 所示，其中 u、v 为参数域两个方向的坐标，δ 表示映射所允许的存在偏差，$N_{i,p}(u)$、$N_{j,p}(v)$ 为 B 样条基函数。可以看到，映射关系不再是一一对应的，映射过程存在一定的自由度，映射后的空间点在曲面周围波动。

$$\left\| S(u,v) - \frac{\sum_{i=0}^{n}\sum_{j=0}^{m} N_{i,p}(u)N_{j,q}(v)w_{i,j}P_{i,j}}{\sum_{i=0}^{n}\sum_{j=0}^{m} N_{i,p}(u)N_{j,q}(v)w_{i,j}} \right\| \leqslant \delta, \quad 0<u<1, 0<v<1 \qquad (16\text{-}17)$$

$$S(u,v) - \frac{\sum_{i=0}^{n}\sum_{j=0}^{m} N_{i,p}(u)N_{j,q}(v)w_{i,j}P_{i,j}}{\sum_{i=0}^{n}\sum_{j=0}^{m} N_{i,p}(u)N_{j,q}(v)w_{i,j}} = 0, \quad u=0 \text{ 或 } u=1; \; v=0 \text{ 或 } v=1 \qquad (16\text{-}18)$$

$S(u,v)$ 表示每一个网格点的 (x,y,z) 坐标值，式 (16-17) 实质上将每个网格点限制在曲面的一定范围内，不偏离原始曲面太远，即在平面化的过程中尽量保证曲面形状不发生大的改变。式 (16-18) 将边界进行固定，这也符合实际工程的需求，边界位置不发生改变。

为了保证网格在映射过程中不发生偏折与重叠，对于网格点的拓扑关系应添加相应的约束条件。

$$\| S(u_k, v_l) - S(u_m, v_n) \|$$

$$- \left\| \frac{\displaystyle\sum_{i=0}^{n}\sum_{j=0}^{m} N_{i,p}(u_k)N_{j,q}(v_l)w_{i,j}P_{i,j}}{\displaystyle\sum_{i=0}^{n}\sum_{j=0}^{m} N_{i,p}(u_k)N_{j,q}(v_l)w_{i,j}} - \frac{\displaystyle\sum_{i=0}^{n}\sum_{j=0}^{m} N_{i,p}(u_m)N_{j,q}(v_n)w_{i,j}P_{i,j}}{\displaystyle\sum_{i=0}^{n}\sum_{j=0}^{m} N_{i,p}(u_m)N_{j,q}(v_n)w_{i,j}} \right\| \in (-\theta, \theta) \tag{16-19}$$

式 (16-19) 实质上是对网格点之间的距离进行限制，减少网格之间的重叠，对网格拓扑关系的保持有重要作用。其中，$S(u_k, v_l) = (X_{kl}, Y_{kl}, Z_{kl})$，是指第 k 行第 l 列的网格点坐标，θ 为给定的约束指标。

为了保证映射过程中在四边形网格区域内保持平面拓扑关系，对于式 (16-20) 的函数，当 f_{ij} 足够小时，可认为第 i 行第 j 列、第 $i+1$ 行第 j 列、第 i 行第 $j+1$ 列、第 $i+1$ 行第 $j+1$ 列的网格点组成的网格面基本保持平面。

$$\min f_{ij} = \begin{vmatrix} X_{ij} - X_{(i+1)j} & Y_{ij} - Y_{(i+1)j} & Z_{ij} - Z_{(i+1)j} \\ X_{ij} - X_{i(j+1)} & Y_{ij} - Y_{i(j+1)} & Z_{ij} - Z_{i(j+1)} \\ X_{(i+1)j} - X_{(i+1)(j+1)} & Y_{(i+1)j} - Y_{(i+1)(j+1)} & Z_{(i+1)j} - Z_{(i+1)(j+1)} \end{vmatrix} \tag{16-20}$$

式中，$(X_{ij}, Y_{ij}, Z_{ij}) = S(u_i, v_j)$，为第 i 行第 j 列的网格点的空间坐标，曲面划分为 $m \times n$ 的网格。

在给出相应的优化问题描述后，根据目标函数及约束条件对平面网格进行迭代，其参数根据实际需求进行调整，具体步骤如下：

首先，由展开曲面得到初始网格；其次，将初始网格的边界点拉回到曲面边界线上，其他点向曲面靠拢，在这个过程中保持每个网格面的平面程度，具体步骤可分为 (1)、(2)、(3) 三步。

(1) 根据曲面展开的逆过程确定平面网格点对应的曲面映射点；映射过程任意一个点的坐标可根据曲面展开的离散化点的位置确定，如图 16-9 所示。对每一个展开的单元而言，其内任一点的映射坐标可根据四个角点的坐标近似插值得到，插值方式见式 (16-21)。

$$\begin{bmatrix} X_p \\ Y_p \\ Z_p \end{bmatrix} = \begin{bmatrix} \displaystyle\sum_{i=0}^{3} \lambda_i X_i \\ \displaystyle\sum_{i=0}^{3} \lambda_i Y_i \\ \displaystyle\sum_{i=0}^{3} \lambda_i Z_i \end{bmatrix} \tag{16-21}$$

$$\lambda_i = \frac{l_i}{\sum\limits_{i=0}^{3} l_i} \tag{16-22}$$

式中，X_p、Y_p、Z_p 为图 16-9 中点 P 的坐标；X_i、Y_i、Z_i 为离散点 A_i 在原曲面上的坐标值（i=0,1,2,3）。

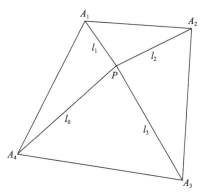

图 16-9　映射原理示意图

(2) 连线平面网格点与步骤(1)中得到的曲面网格对应点，如图 16-10 所示，移动平面网格点到连线的中点(非边界点)，不断重复此过程直至满足式(16-17)和式(16-19)的条件，保证映射过程存在一定的自由度，映射后的空间点在曲面周围波动。

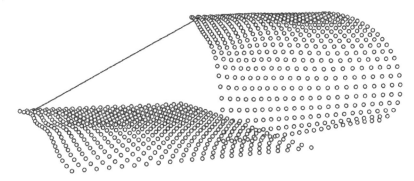

图 16-10　平面网格点与曲面映射点之间的连线

(3) 在步骤(2)之后对网格点进行移动，确保在网格点移动的过程中每个网格面保持平面，每个顶点移动为此点与四点拟合平面之间的距离，对于与边界点不相邻的内部点而言，其拟合平面应为距离四个顶点最近的平面，对于与边界点相邻的内部点而言，其拟合平面应为过边界点距离其余点最近的平面。

以最优化目标为准，移动点的坐标，重复步骤(3)的过程，同时对式(16-17)和式(16-19)的条件进行验证，不满足则重复步骤(2)直至满足，最终 f_{ij} 满足设定阈值要求或者两次迭代 $|f_{ij}(n+1)-f_{ij}(n)|<\varepsilon$，迭代终止，$\varepsilon$ 为设定的限值。

整个过程可参考图 16-11 所示的流程图，某网格平面化迭代过程如图 16-12所示。

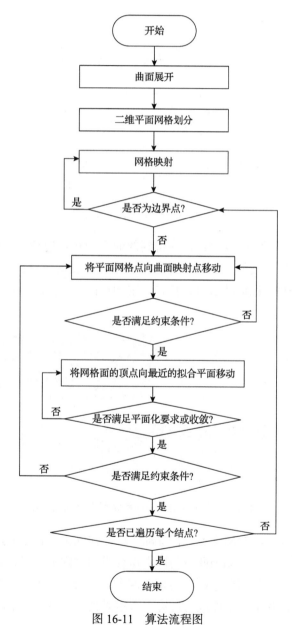

图 16-11　算法流程图

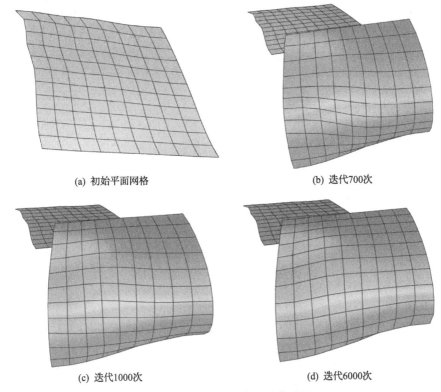

(a) 初始平面网格　　　　　　　　(b) 迭代700次

(c) 迭代1000次　　　　　　　　　(d) 迭代6000次

图 16-12　网格平面化的迭代过程

　　根据网格平面化指标，可以对网格划分的过程进行相应的评价，如图 16-13 所示。

　　由图 16-13 可知，随着迭代次数的增加，网格的平面化程度不断增加，逐渐趋近于平稳，但也可以明显看出，算法在均匀性和流畅性等方面的作用不明显。

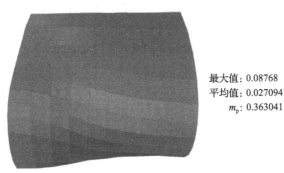

最大值: 0.08768
平均值: 0.027094
m_p: 0.363041

(a) 迭代700次

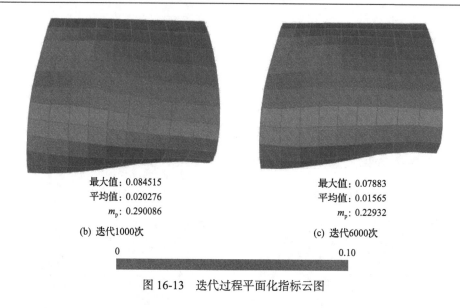

最大值: 0.084515　　　　　　　　　　　　　最大值: 0.07883
平均值: 0.020276　　　　　　　　　　　　　平均值: 0.01565
m_p: 0.290086　　　　　　　　　　　　　　m_p: 0.22932

(b) 迭代1000次　　　　　　　　　　　　　(c) 迭代6000次

0　　　　　　　　　　　　　　　　　　　　　0.10

图 16-13　迭代过程平面化指标云图

16.5　本 章 小 结

本章基于自由曲面建筑四边形网格平面化研究匮乏的现状,给出两种四边形网格平面化方法,并进行网格整体优化效果与质量评价。

(1)本章提出的基于力学模拟网格优化算法,将网格节点视为质点,将网格线视为弹簧,建立弹簧质点组成的力学模型,并施加相应的约束力与平面化作用力,采用动力松弛法多次迭代得到修正后的结构平衡态。

(2)采用平面化指标、流畅性指标和均匀性指标对网格进行质量综合评价,同时引入网格偏离指标对网格的形状进行控制,对网格的质量评价进行量化分析。

(3)算例应用表明,调整合适的参数可以很好地对网格进行平面化优化,同时兼顾均匀性和流畅性。

(4)本章提出的基于曲面展开及映射的平面化网格算法,根据映射过程中网格保持平面的要求,重新定义了映射关系,并在此基础上给出了约束条件和平面化目标函数。

(5)以映射关系、约束条件及最优化目标为理论基础,对二维平面上的网格进行映射迭代,以某一曲面为例,将迭代后的结果使用平面化指标进行评价,随着迭代的进行,平面化指标可逐渐改善。

第17章 自由曲面网格结构钢制盖板节点

17.1 引 言

自由曲面网格结构中的节点设计是该类结构的关键点之一。由于自由曲面网格结构在空间方位、构件形式方面的多样性,要求连接节点适应构件的不同角度、不同截面形式。目前,国内外能满足这样要求的节点形式相对较少,为此,课题组进行了一些工作,研究了自由曲面网格结构钢制盖板节点[240]、工字形构件套筒节点[241]、不锈钢矩形构件套筒节点[242]这三种连接节点。本章专门介绍工字形构件钢制盖板节点。

17.2 钢制盖板节点试验

对于钢制盖板节点,目前尚未有相应的研究成果报道,节点的破坏模式、受力性能等需要进行深入研究。本章以某大型储罐网壳节点试验为背景,对钢制盖板节点进行足尺试验研究。首先,介绍节点的选取、节点试件的尺寸、加载装置、测试方案等。然后,进行试验,介绍试验的过程和结果、试件应力应变的发展情况。本试验在浙江大学土木水利工程实验中心进行。

试件如图 17-1 所示,由三部分组成,即杆件、盖板和螺栓。盖板节点各个构件的参数如表 17-1 所示。杆件采用 Q235B 焊接 H 型钢,6 根杆件由于试验设备,杆件要做成不同长度,以满足约束和加载的需求,各根杆件编号及其排布如图 17-2

图 17-1 盖板节点试件

所示。其中，由于 1 号杆相对较长，为防止杆件失稳，在翼缘两端增加腹板。每根杆件的上翼缘和下翼缘各排列 6 个螺栓。杆件截面详细尺寸如图 17-3 所示。

表 17-1　盖板节点构件参数表

节点构件	规格/mm	数量	材料
2、3、5、6 号杆件	长度为 1366	4	Q235B 钢
4 号杆件	长度为 1143	1	Q235B 钢
1 号杆件	长度为 2550	1	Q235B 钢
盖板	半径为 240，厚 20	2	Q235B 钢
高强螺栓	8.8 级 M16	72	低碳合金钢

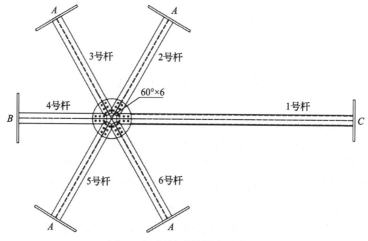

图 17-2　杆件及其排布示意图

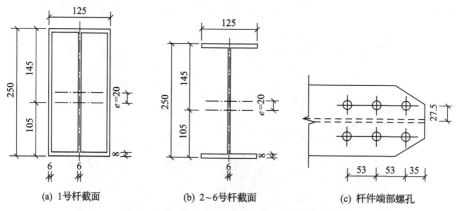

(a) 1号杆截面　　　　(b) 2~6号杆截面　　　　(c) 杆件端部螺孔

图 17-3　杆件截面详细尺寸图（单位：mm）

$e=20$ 指离惯性矩偏离 20mm

盖板采用 Q235B 钢，抗拉、抗压和抗弯强度取值为 235MPa，上下两块盖板的形状尺寸都近似为对称打孔的圆形平板，盖板中心起拱 7mm，半径 R 为 240mm，厚度 t 为 20mm，可以等分为 6 块扇形板，每块扇形板上有按 3×2 排列的 6 个螺栓，孔径为 17.5mm，如图 17-4 所示。螺栓采用 8.8 级高强度承压型螺栓，直径为 16mm，螺栓的排列符合钢结构规范要求。

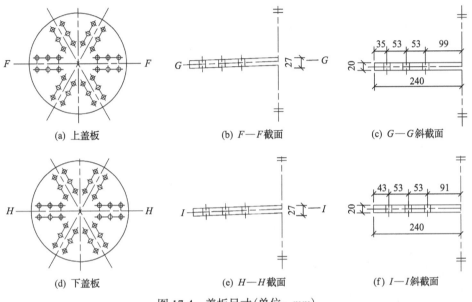

(a) 上盖板　　　　　　(b) F—F 截面　　　　　　(c) G—G 斜截面

(d) 下盖板　　　　　　(e) H—H 截面　　　　　　(f) I—I 斜截面

图 17-4　盖板尺寸(单位：mm)

(1)试验装置。本试验的主要加载装置是球形全方位加载系统，如图 17-5(a)所示。该系统由试验承力系统、液压加载系统、定位机构系统、数据采集系统等组成，可以实现三维空间自动定位，进行多杆件节点荷载试验。系统定位装置的油缸能够按照给定的位置参数，自动平稳运动到位，如图 17-5(b)所示。试验节点安装完毕后如图 17-6 所示。

(a) 球形全方位加载系统　　　　　　(b) 油缸活塞头

图 17-5　试验装置

图 17-6　钢制盖板节点试验装置

(2)加载方案。在承力架上安装液压千斤顶，并调整千斤顶在承力架上的位置，使千斤顶轴线和 5 根杆件的轴线方向一致。将节点吊入球形加载系统内，1 号杆件为被动加载点，固定在球形反力架平台处，其他各个杆件采用主动加载，吊在相应的预定位置。为保证杆件在加载过程的约束，杆件在设计时在端部焊接了连接板，连接板与千斤顶的固定支座螺栓连接。具体加载情况如图 17-7 所示。

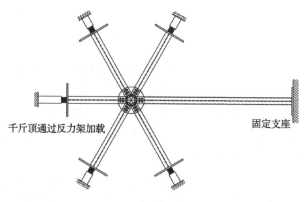

千斤顶通过反力架加载　　　　　　　　　固定支座

(a) 节点安装后实物照片　　　　　(b) 节点约束及加载平面图

图 17-7　约束及加载简图

加载时，五个方向的荷载同时作用，每个油缸均可在可控的状况下进行逐级加载或者卸载，并且采用计算机进行控制。

(3)测点布置。试件的测点布置分为杆件测点和盖板测点。每根杆件的测点布置在距离节点中心 60cm 处，如图 17-8 所示，应变片分别位于杆件上下翼缘的中部以及腹板的中部。盖板上测点布置 C1～C6 在盖板中心半径为 60mm 的圆上，如图 17-9 所示。试件的应变片布置如图 17-10 所示。

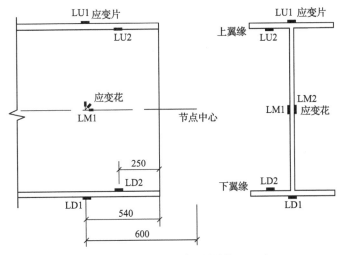

图 17-8　杆件测点示意图(单位：mm)

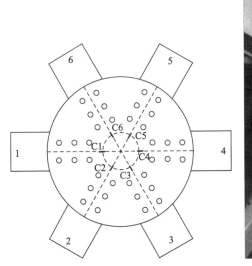

图 17-9　盖板测点示意图

图 17-10　应变片布置图

(4)试仪器。应变测试使用 DH3816N 静态应变测试系统，精度为 10^{-6}。系统在进行平衡操作后自动保存平衡结果数据。采集的数据直接通过软件存储为数据表格。为获得节点的荷载与位移关系，在节点中心下部放置位移传感器，监测节点中心竖向位移。设备型号为 YHD 型 100。在试验过程中实时观测该位移传感器的变化，当其读数接近最大量程，并完成该步骤读数记录后，调整位移传感器位置以使其能继续进行位移监测，调整完毕后将位移传感器重新归零继续进行试验。

(5)试验过程及结果。对节点进行分级加载，并记录各级荷载作用下节点试件的测点应变、节点位移等。第一级荷载加载至 50kN，部分杆件先达到 50kN，然后停止加载，剩余未达到 50kN 的杆件继续加载，并按照这样的方法不断加载。当达到 650kN 之后，2 号杆件加载至 680kN 左右产生较大弯折变形，此时节点已经无法继续施加荷载，试验终止。盖板节点的变形、连接杆件情况如图 17-11～图 17-14 所示。由图可见，2 号杆件出现明显的弯折，弯折区域下翼缘出现严重翘曲，其相邻的杆件也发生了不同程度的翘曲变形。

图 17-11　盖板节点试验结果

图 17-12　杆件破坏情况

图 17-13　2 号杆件下翼缘破坏

图 17-14　杆件下翼缘破坏情况

H 型钢翼缘上表面的荷载应变曲线如图 17-15 所示，由图可知 1 号杆件应变明显小于其他杆件，各个杆件基本保持线性状态，当荷载达到 650kN 时，2 号杆和 4 号杆件应变较大，接近屈服应变。

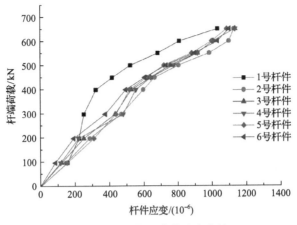

图 17-15　杆件的荷载应变曲线

为进一步考察盖板节点内力的发展情况，分别选取各根杆件上下翼缘测点和盖板测点，统计处理各测点的应力值，图 17-16 展示了各杆件的测点应力大小随加载大小的变化趋势，而图 17-17 展示了盖板的测点应力大小随加载大小的变化趋势。

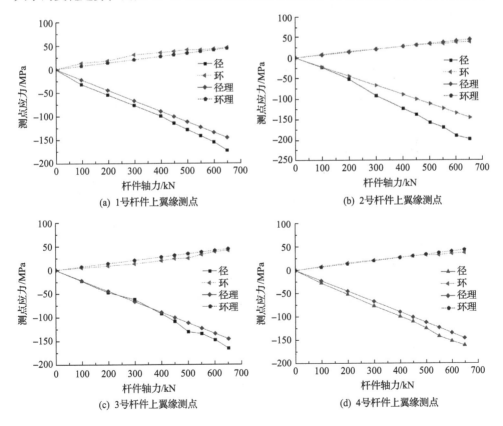

(a) 1号杆件上翼缘测点　　　　　　　　　　　(b) 2号杆件上翼缘测点

(c) 3号杆件上翼缘测点　　　　　　　　　　　(d) 4号杆件上翼缘测点

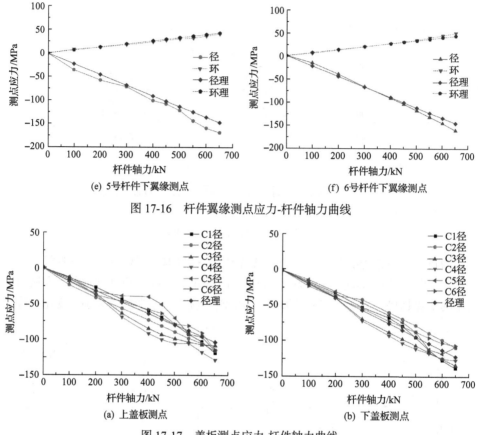

(e) 5号杆件下翼缘测点　　　　　　　(f) 6号杆件下翼缘测点

图 17-16　杆件翼缘测点应力-杆件轴力曲线

(a) 上盖板测点　　　　　　　　(b) 下盖板测点

图 17-17　盖板测点应力-杆件轴力曲线

从应力-杆件轴力曲线可以看出，杆件的应力基本保持线弹性发展，上下翼缘测点的测试应力与理论应力曲线基本接近。2 号杆件测点应力比理论值稍大，径向应力接近 200MPa，其 Mises 等效应力已经接近屈服强度，这与 2 号杆件发生弯扭屈曲有关。而盖板的应力-杆件轴力曲线基本保持线性，虽然各个方向测点的应力发展情况各不相同，但总体而言试验结果和理论计算的结果变化趋势接近，而且节点连接可靠。

17.3　钢制盖板节点有限元分析

17.3.1　模型网格划分

模型的尺寸同试验的试件尺寸。分析模型采用 ANSYS 软件提供的 Solid186 实体单元，如图 17-18 所示。

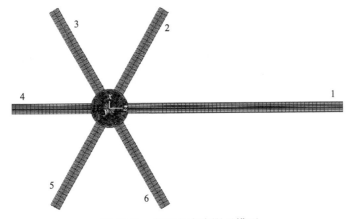

图 17-18　盖板节点有限元模型

　　网格划分的精度与最后计算结果的准确性有很大的关系，同时网格划分还应兼顾计算效率，应根据各模型部位受力情况及模型尺寸进行合理划分。该节点采用六面体单元，以方便进行接触分析，单元网格采用体扫掠网格划分，在螺栓孔洞附近网格进行加密，使接触处单元细化，从而有效模拟接触关系。模型的细部网格划分如图 17-19 所示。

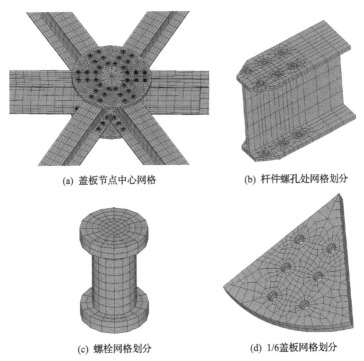

(a) 盖板节点中心网格　　　　　　　(b) 杆件螺孔处网格划分

(c) 螺栓网格划分　　　　　　(d) 1/6盖板网格划分

图 17-19　模型的细部网格划分

17.3.2　建立接触模型

在盖板节点的模型中，共有 4 种接触，如图 17-20 所示，包括盖板与杆件翼缘、螺栓与盖板、螺栓与杆件翼缘、螺栓与盖板和杆件孔壁之间的接触对。

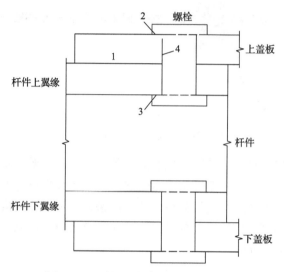

图 17-20　盖板节点连接接触面示意图

4 种接触需要定义不同的目标单元和接触单元，在本模型分析中，目标单元使用 TARGET170 单元，接触单元使用 CONTACT174 单元。盖板、杆件和螺栓三个部分通过接触连接在一起，用接触面来约束相互间产生的刚体运动。在初始几何体中，必须保证接触对是接触的，然而由于网格划分后会产生数值舍入误差，两个面的单元网格之间也可能会产生偏差，即接触单元的积分点和目标单元之间可能有小的缝隙或者过大的初始渗透。在这种情况下，接触单元可能会高估接触力，这里设置为自动闭合间隙，并调整初始侵入容差、法向接触刚度等实常数。详细接触对的定义如表 17-2 所示，其他实常数取缺省值。

表 17-2　接触对定义

编号	接触对	目标单元	接触单元	法向接触刚度	初始侵入容差
1	盖板-杆件	盖板面	杆件翼缘	0.1	0.1
2	盖板-螺栓	盖板	螺栓栓头底面	0.05	0.1
3	杆件-螺栓	杆件翼缘	螺栓螺母底面	0.05	0.1
4	螺栓-孔壁	孔壁	螺栓栓杆	0.1	0.1

盖板约束及边界条件。盖板、杆件和螺栓通过接触连接在一起之后，还需给

螺栓施加预紧力，使三者能形成一个整体——盖板节点。利用 ANSYS 软件的 Pretension 功能，施加高强度螺栓的预紧力。选择螺栓栓杆中间单元，并使用 PSMESH 命令定义为预应力单元 Prets179，该单元仅能承受拉伸荷载。在加载阶段，使用 SLOAD 命令给螺栓栓杆施加荷载。为获得均匀的螺栓应力，并加快螺栓预紧成功，施加预紧荷载的过程可分为三个荷载步。第一个荷载步施加很小的预紧力，初步建立接触关系，第二个荷载步再预紧螺栓，第三个荷载步锁定螺栓的位移，即预紧螺栓完成，此时可以给杆件施加荷载。

由于模型是通过实体单元建立的，不方便施加约束及荷载。模型的加载点均在杆件端部，因此可以把 6 根杆件端部转化为刚性区域，采用 Mass21 结构质量单元将杆件端部节点全部耦合为一个点，选择耦合点即可施加约束及荷载。这样做的优点在于，可以方便施加位移荷载，同时获取耦合点的支座反力即获得了杆件端部的总反力值，节约了大量工作。数值模型约束条件同试验的约束，固定 1 号杆的线位移，同时给剩余杆件施加杆件轴向位移。

17.3.3　有限元数值模拟结果

依据 17.3.2 节计算模型分析得到盖板节点的整体变形图如图 17-21 所示，模型破坏发生在盖板与杆件交接处，杆件翼缘发生了局部屈曲破坏。此时，盖板和螺栓并无破坏，从图中可以看出，盖板和螺栓的应力还没有达到屈服水平。盖板节点应力的发展是从螺栓和盖板杆件螺栓孔接触的部位开始的，随着加载的继续，螺栓孔附近位置的应力继续增加，腹板位置也有相应的应力增加，直到翼缘和腹板发生局部屈曲，6 根杆件均有不同程度的局部屈曲，由于采用位移加载，节点的变形继续增加，杆件发生明显的弯折。此时杆件应力最大的位置出现在翼缘螺栓孔处，应力、应变如图 17-22、图 17-23 所示，杆件螺栓孔附近处翼缘等效 Mises 应力已经超过屈服应力，达到了极限应力，相应地，应变图也可以看到螺栓孔处和翼缘屈曲位置的应变较大。

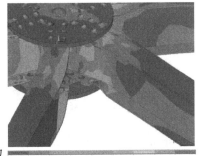

应力/Pa 　679918　　0.129E+09　0.258E+09　0.386E+09　0.515E+09

应力/Pa 　917049　　0.224E+09　0.440E+09　0.671E+09　0.095E+07

(a) 试件模型整体图　　　　　　　　　(b) 试件模型细部图

图 17-21　试件有限元模拟应力云图

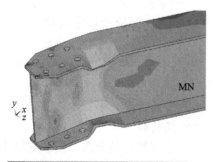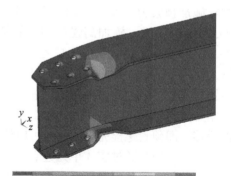

应力
/Pa 0.612E+07 0.741E+08 0.142E+09 0.210E+09 0.278E+09

图 17-22　杆件翼缘应力图

0.411E−04　0.156865　0.313689　0.470513　0.627337

图 17-23　杆件翼缘应变图

　　盖板节点发生破坏时，螺栓群的应力如图 17-24 所示，螺栓栓杆处应力较大，表现出明显的剪切受力状态，但是 Mises 应力均未超过其屈服强度，因此螺栓基本都处于弹性状态。盖板的应力如图 17-25 所示，盖板中心区域以及与螺栓连接区域的应力较大，且均在弹性范围内。

　　各个杆件的荷载-位移曲线如图 17-26 所示，由图可以得到试件的极限荷载为710kN。图 17-27 显示了各个杆件与盖板边缘交线的中点位置的荷载-应变曲线。模型采用位移加载，可以反映试件破坏后的情况。曲线主要分为上升段和下降段，上升段除了 1 号杆件，其他杆件变化趋势基本相同，且呈线性上升。当外部荷载达到 700kN 左右时，应变不再上升，停留在 1100×10^{-6} 附近，也达到屈服应变，随后曲线开始下降，此时杆件已经发生弯曲，承载力达到极限值之后就开始下降，计算模型发生破坏，荷载-应变曲线经历上升段后进入一个小平台，发生了塑性变形，之后模型试件达到承载力极限开始卸载，曲线反向下降，其中 1 号杆件进行

应力
/Pa 0.355E+07 0.226E+09 0.449E+09 0.672E+09 0.895E+09

(a) 螺栓群

应力
/Pa 0.355E+07 0.226E+09 0.449E+09 0.672E+09 0.895E+09

(b) 杆件上翼缘螺栓

图 17-24　螺栓群应力图

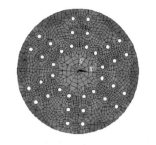 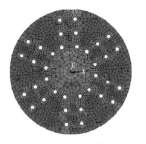

应力 /Pa　0.116E+07　0.118E+09　0.235E+09　0.352E+09　0.469E+09

应力 /Pa　0.116E+07　0.118E+09　0.235E+09　0.352E+09　0.469E+09

(a) 盖板底面

(b) 盖板顶面

图 17-25　盖板应力图

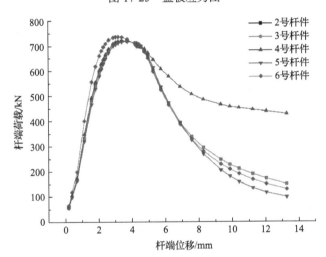

图 17-26　杆件荷载-位移曲线

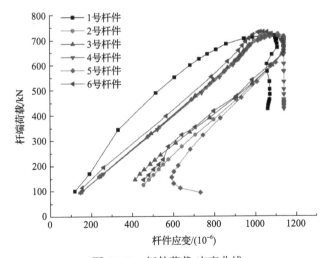

图 17-27　杆件荷载-应变曲线

过加强处理，且长度和约束情况与其他杆件不同，破坏后承载力下降较小，荷载-应变曲线在上升段的应变增长快于其他杆件。

17.3.4 分析结果与试验对比

对比有限元数值模拟和试验的结果可知，节点变形情况基本吻合，节点的破坏模式基本一致，均为与盖板交接处杆件翼缘的屈曲。其中，不同之处在于，有限元模型的破坏是多根杆件的同时弯折屈曲，不同杆件之间的破坏程度接近，而试验中 2 号杆件首先发生弯扭屈曲破坏，变形十分明显，其他杆件的破坏程度不如 2 号杆件明显。整体而言，数值模拟与试验结果破坏形态吻合得比较好。

图 17-28 为荷载-应变曲线，为方便比较，仅列出 1 号、2 号和 4 号杆件，其中有限元模拟数据只取杆件破坏前加载部分。对试验和模拟曲线进行相关性分析后得出，1 号杆件的相关系数为 0.951，2 号杆件的相关系数为 0.988，4 号杆件的相关系数为 0.983，承载力极限的误差为 3.95%，与有限元模拟结果吻合得较好。有限元模拟的变形与实际变形也非常接近，如图 17-29 所示。

进一步对比试验结果和有限元结果，选取盖板节点部分测点的应力值与有限元结果进行对比。其中，有限元结果为测点的 Mises 应力，试验实测值通过第四强度理论计算为等效 Mises 应力，选择的四个点为 1 号杆件上翼缘 LU1-1 测点，如图 17-30(a)所示，2 号杆件下翼缘 LD2-2 测点，如图 17-30(b)所示，4 号杆件下翼缘 LD1-4 测点，如图 17-30(c)所示，上盖板 C1 测点，如图 17-30(d)所示。可以明显看出，各个测点的应力-荷载曲线试验结果和有限元结果变化趋势非常接近，有限元结果和试验结果吻合。由于有限元数值模拟采用位移加载，计算参数等较理想，计算得到的承载力比实际盖板节点承载力稍大，其相应的应力水平最大值

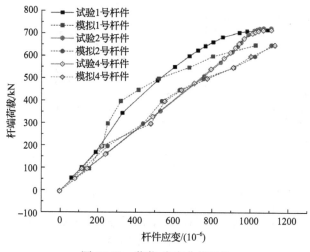

图 17-28　荷载-应变曲线对比

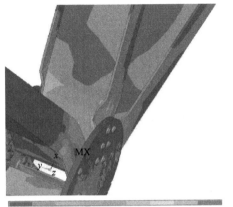

917743　0.224E+09 0.448E+09 0.671E+09 0.895E+09

(a) 有限元结果

(b) 试验结果

图 17-29　节点有限元结果与试验结果的对比

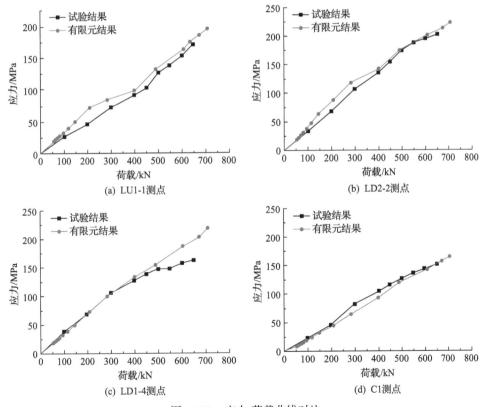

(a) LU1-1测点

(b) LD2-2测点

(c) LD1-4测点

(d) C1测点

图 17-30　应力-荷载曲线对比

也比试验结果略高。以上对比分析可见，有限元分析方法对盖板节点试件的模拟是可靠的。

17.4　钢制盖板节点承载力计算

本节在前面所述的有限元数值模型的基础上，对钢制盖板节点的受力性能进行深入分析研究，通过调整盖板的直径、厚度，螺栓的数量、排布和直径等参数，一一考察各个参数对盖板节点承载力的影响，进而总结盖板节点在轴心受压、受拉、弯矩及轴力和弯矩组合下的受力性能和破坏形式，归纳出钢制盖板节点在轴力、弯矩、轴力和弯矩组合作用下的承载力公式。

17.4.1　轴压力作用下盖板节点的承载力

盖板节点主要应用在网壳结构中，受力主要以轴力为主，弯矩较小，扭矩和剪力更小。对盖板节点的分析首先从轴力开始。盖板节点在轴力作用下通过螺栓和盖板传递荷载，其简图如图 17-31 所示，上、下盖板和螺栓群分别承受一半的轴压力。盖板和杆件均受压，螺栓受剪。

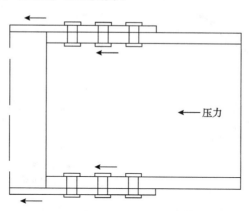

图 17-31　轴力作用下盖板节点受力简图

盖板节点可能发生破坏的薄弱部位有螺栓、杆件翼缘、盖板。本节分别从盖板节点的螺栓和盖板两方面分析盖板节点轴压力作用下的破坏模式和承载能力。

1）螺栓剪断破坏

盖板节点可以理解为螺栓连接节点，Winter 将螺栓连接的破坏模式归纳为以下四种情况，即端部撕裂、孔壁承压破坏、净截面拉断和螺栓剪断。在轴压状态下，破坏模式只会发生孔壁承压破坏和螺栓剪断破坏。通过大量的有限元模型计算，寻找到这两种破坏模式的规律。螺栓剪断破坏和孔壁承压破坏与材料的强度等级、螺栓等级、螺栓直径、螺栓数量、螺栓排列等因素有关。

《钢结构设计规范》中对螺栓的排列进行了详细的规定,包括中心间距以及中心至构件边缘距离、螺栓容许间距等。规范中对螺栓的排列要求就已经考虑到防止连接板剪断、拉裂。在设计螺栓的排列时,只要满足规范的要求,连接的安全基本会有保证。

本节有限元模型在前面基础上进行了一定的调整,为了提高模型计算效率,所有杆件杆长设为 300mm。考虑到模型较为复杂,同时存在预紧力、材料非线性和接触非线性问题,模型计算会耗费大量时间,建模时考虑构件、荷载、约束均对称,故将模型取一半结构分析,如图 17-32 所示。

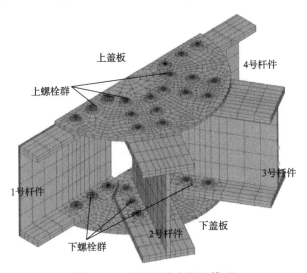

图 17-32 盖板节点有限元模型

对表 17-3 中所列的螺栓直径、螺栓数量等参数进行分析,分别计算了 2 排、3 排、4 排螺栓模型。在满足规范规定的最小螺栓净距离的情况下,分别给出盖板的尺寸,如图 17-33 所示。

具体模型参数如表 17-3 所示,盖板节点模型中,盖板厚度 t 为 20mm,杆件翼缘厚度 FH 为 16mm,表中所列的模型信息为螺栓布置的排数、单根杆件上的螺栓数量 n、螺栓直径 d。表中还列出了节点螺栓剪断的破坏模式,可能导致螺栓剪断的模型有螺栓直径较小和螺栓数量较少的模型。螺栓排数减少为 2 排时,螺栓均被剪断,而杆件和盖板均未发生破坏。发生螺栓剪断破坏的盖板节点破坏模式均相似,图 17-34 是破坏时的螺栓应力图,螺栓发生剪切变形明显,栓杆部分区域已经达到屈服强度,受剪处的应力接近极限强度。图 17-35 是螺栓的应变图,根据破坏准则,螺栓已经发生破坏。破坏时的盖板节点应力水平并不高,如图 17-36 所示。单独取出盖板和杆件的应力图,如图 17-37 所示,仅杆件和盖板的螺栓孔处应力较大，接近 Q235 钢材的屈服强度。当杆件发生屈曲破坏时，螺栓的螺杆有一定变形，但是盖板没有明显变形。

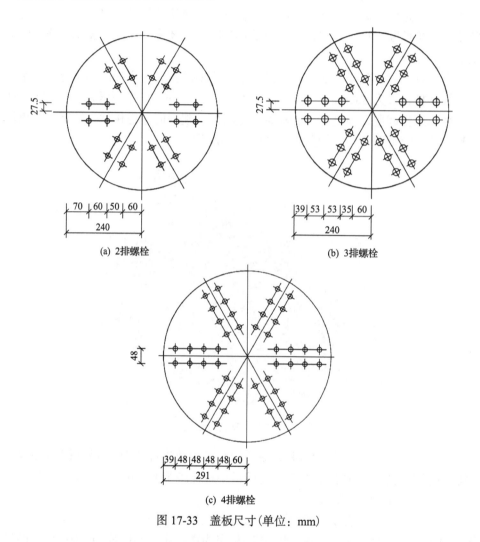

(a) 2排螺栓　　　　　　　　　　　　(b) 3排螺栓

(c) 4排螺栓

图 17-33　盖板尺寸(单位：mm)

表 17-3　螺栓受剪模型参数及破坏情况

编号	螺栓排数	螺栓数量 n/个	螺栓直径 d/mm	破坏模式
S1D	1 排螺栓	4	16	螺栓剪断
S2B			12	螺栓剪断
2C	2 排螺栓	8	14	螺栓剪断
2D			16	螺栓剪断、孔壁变形

续表

编号	螺栓排数	螺栓数量 n/个	螺栓直径 d/mm	破坏模式
S3A	3 排螺栓	12	10	螺栓剪断
S3B			12	螺栓剪断
S3C			14	螺栓剪断、孔壁变形
S3D			16	杆件屈曲
S3E			18	杆件屈曲
S4A	4 排螺栓	16	10	螺栓剪断
S4B			12	螺栓剪断
S4C			14	螺栓剪断、孔壁变形
S4D			16	杆件屈曲
S4E			18	杆件屈曲

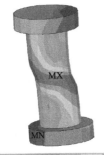

MX
MN
应力
/Pa 0.285E+08 0.199E+09 0.369E+09 0.540E+09 0.710E+09

图 17-34　受剪螺栓应力图

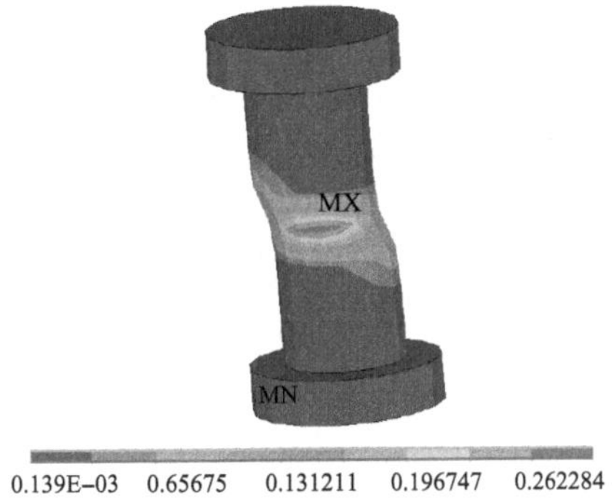

MX
MN
0.139E−03 0.65675 0.131211 0.196747 0.262284

图 17-35　受剪螺栓应变图

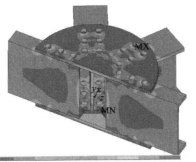

MX
MN
应力
/Pa 0.362E+07 0.130E+09 0.356E+09 0.533E+09 0.709E+09

图 17-36　破坏时盖板节点应力图

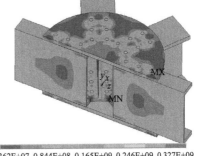

MX
MN
应力
/Pa 0.362E+07 0.844E+08 0.165E+09 0.246E+09 0.327E+09

图 17-37　盖板和杆件应力图

2) 螺栓剪断破坏盖板节点极限承载力

根据以上结果，可以得到单根杆件连接区域盖板节点的极限承载力。图 17-38

为一模型的位移-承载力曲线。

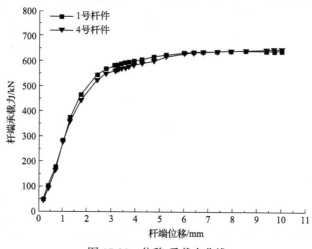

图 17-38   位移-承载力曲线

与《钢结构设计规范》中螺栓抗剪承载力公式进行对比，发现盖板节点螺栓受剪破坏极限承载力与螺栓群抗剪设计值基本呈 1.70 倍关系，如图 17-39 所示，即可按规范进行螺栓抗剪承载力设计 $N_v^b = n\dfrac{\pi d^2}{4}f_v^b$，极限承载力 $P_v = 1.7n\dfrac{\pi d^2}{4}f_v^b$。

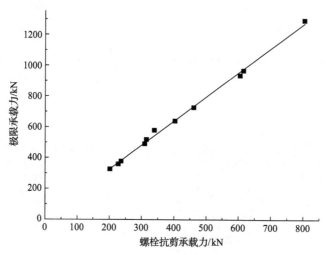

图 17-39   极限承载力与螺栓抗剪承载力设计值的关系

3）盖板中心屈曲破坏

计算了多组有限元模型，发现在轴力作用下的盖板节点，当螺栓群剪力过大、盖板厚度较小时，受压盖板的中心区域将会发生局部屈曲，如图 17-40 所示，即当盖板节点受压时，盖板如果是薄弱构件，盖板首先会发生局部屈曲破坏，而不是盖板孔壁承压破坏。

通过改变盖板节点螺栓直径 d、盖板厚度 t、盖板直径 R、杆件翼缘厚度 h_f 等参数，研究不同参数对盖板中心局部屈曲的影响。计算发现，螺栓直径和翼缘厚度对盖板承压承载力影响不大。螺栓直径越大，盖板开孔越大，削弱了盖板，盖板的承载力有微小下降。杆件翼缘厚度越大，杆件刚度越大，对盖板的约束增大，盖板的承载力有所提升，但是提升不大。盖板直径的大小与盖板承载力无直接关系，而盖板中心区域的直径大小与盖板屈曲承载力相关。盖板中心区域在平面外没有约束，其直径越大，中心区域越容易失稳。因此，盖板节点中心局部屈曲承载力主要与盖板的厚度和盖板中心区域直径有关。

4) 盖板中心区域破坏形式的特征

从图 17-40～图 17-45 中可以看到，盖板中心区域发生屈曲，而螺栓并无大的剪切变形，杆件的应力状态基本处于弹性状态，盖板内排螺栓孔处应力接近极限强度，盖板变形明显，可以看到盖板的塑性变形情况，螺栓群应力较大的区域主要出现在内排螺栓，螺栓栓杆部分区域已经进入塑性，但是变形不大。

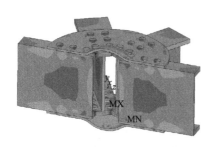

应力 /Pa　0.306E+07　0.144E+09　0.285E+09　0.427E+09　0.568E+09

图 17-40　盖板中心屈曲破坏

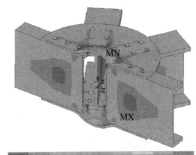

应力 /Pa　0.478E+07　0.869E+08　0.169E+09　0.251E+09　0.333E+09

图 17-41　杆件应力图

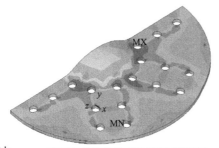

应力 /Pa　0.113E+08　0.918E+08　0.172E+08　0.253E+08　0.333E+09

图 17-42　盖板中心屈曲破坏应力图

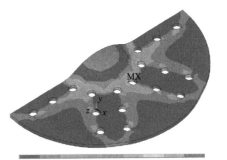

0.141E-03　0.083159　0.166177　0.249195　0.332213

图 17-43　盖板中心屈曲破坏应变图

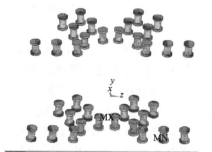

应力				
/Pa	0.306E+07	0.144E+09	0.285E+09	0.427E+09	0.568E+09

图 17-44　螺栓群应力图

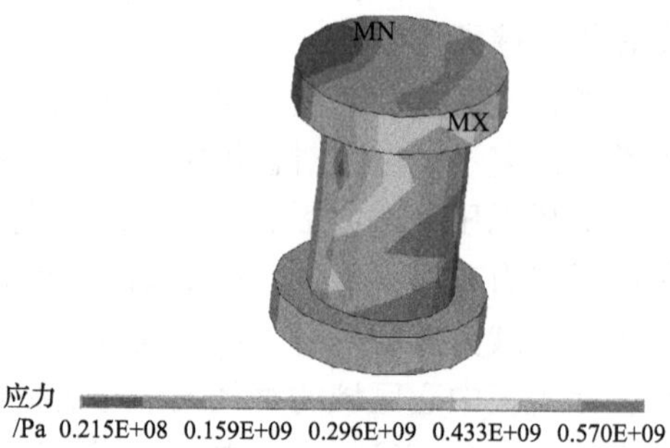

应力				
/Pa	0.215E+08	0.159E+09	0.296E+09	0.433E+09	0.570E+09

图 17-45　螺栓应力图

5）盖板中心局部屈曲承载力

从铝合金盖板节点的一系列试验中发现，当节点板受到较大的面内压力时，其中心区域易发生局部屈曲。节点板厚度对节点的内力分布有显著的影响，这也符合前面对盖板节点模型的分析。故盖板在各个杆件轴力作用下，中心区域可视为边缘受到均布压力作用的圆形薄板。盖板的中心屈曲破坏属于圆形薄板失稳问题，根据经典板壳理论，临界压力为

$$p_{cr} = 4.20 \frac{D}{R^2} \tag{17-1}$$

对于盖板节点，其中心区域可视为一个半径为 R_0 的圆形薄板，半径为从圆心到内排螺栓孔中心的距离，单根杆件对应的盖板区域为 $\frac{1}{6}$ 盖板，如图 17-46 所示。在 6 根杆件的同时作用下，由前面的应力图可以看到，盖板内排螺栓孔处应力水平非常高，均高于屈服强度，可以简化为受均匀面内压力 p，其临界压力为

$$p_{cr} = k \frac{D}{R_0^2} \tag{17-2}$$

把面内压力合成集中力，则单根杆件的合力为

$$F = \int_{-\frac{\pi}{6}}^{\frac{\pi}{6}} p \cos\theta r \mathrm{d}\theta = pr \tag{17-3}$$

故　　　　　　　　　　$$F_{cr} = k \frac{D}{R_0} \tag{17-4}$$

式中，k 为盖板边缘约束系数，中心区域圆板的边缘约束可以理解为介于自由约束和铰支约束之间，因此 k 值的上限值应是边缘固定约束的理论解 14.68，而下限

值可根据有限元模型计算确定。

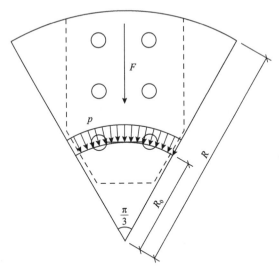

图 17-46　盖板中心区域受压简图

　　总结有限元模型计算的结果，得到盖板边缘约束系数 k 值与盖板厚度 t 的拟合公式为

$$k = 43.65\mathrm{e}^{-\frac{t}{4.165}} + 0.8 \tag{17-5}$$

　　由 k 值的上限值，计算出对应的盖板厚度为 4.77mm。对于钢制盖板节点，5mm以下厚度的钢板已经不常用了。而从式(17-5)中可以看到，随着盖板厚度的增加，盖板边缘约束系数不断下降，且低于边缘简支约束的圆板理论解 4.2，这是因为随着盖板厚度的增加，盖板已经不再符合薄板这一前提条件，这里为方便得到盖板中心屈曲的临界荷载，仍假定盖板属于薄板，通过降低盖板边缘约束系数 k 值把盖板厚度因素考虑在内。

　　故盖板中心屈曲临界荷载，也即盖板节点在轴力作用下盖板中心屈曲破坏极限承载力为

$$P_{\mathrm{cr}} = \left(43.65\mathrm{e}^{-\frac{t}{4.165}} + 0.8 \right) \frac{D}{R_0} \tag{17-6}$$

式中，$D = \dfrac{Et^3}{12(1-\nu^2)}$，为板的弯曲刚度，其中 E 为材料弹性模量，ν 为泊松比，t 为盖板厚度(mm)；R_0 为盖板圆心到内排螺栓孔中心的距离(mm)。

　　式(17-6)的适用条件为盖板厚度大于 5mm 的盖板节点。

17.4.2　弯矩作用下盖板节点的承载力

1）盖板节点弯矩作用下受力特征

17.4.1 节对轴压力作用下盖板节点的受力及承载力进行了介绍和分析，本节对弯矩作用下的盖板节点的破坏形式和节点极限承载力进行分析。通过大量模型计算发现，在单纯受弯矩作用下，盖板节点的破坏形式大致分为四类，即盖板的块状拉剪破坏、盖板受压屈曲破坏、螺栓剪断破坏和工字钢螺栓孔处撕裂破坏。还有部分破坏形式是其中两种或三种破坏同时发生。例如，盖板厚度过小时，会同时发生盖板的块状拉剪破坏和盖板受压屈曲破坏。而如果螺栓的直径或者数量过少，又会发生螺栓剪断破坏。其中，盖板受压屈曲破坏和螺栓剪断破坏在前面已有介绍，工字钢螺栓孔处撕裂破坏属于杆件破坏，不在本书讨论范围，在此不赘述。本节将详细介绍盖板的块状拉剪破坏。

盖板节点在受拉或受弯情况下，可能会发生块状拉剪破坏。实际工程中很少有单纯受拉工况，更多的是承受压力、弯矩或者压弯组合。盖板节点在两根杆件面内弯矩 M 作用下，上盖板受拉力，下盖板受压力，形成力偶抵抗外弯矩简图，如图 17-47 所示。

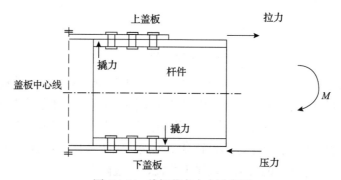

图 17-47　盖板节点内力示意图

除此之外，节点板还会受到螺栓和杆件对其产生的撬力作用。由于杆件的弯曲变形，上节点板右端螺栓在其轴向将受拉，下节点板左端螺栓将受拉。由此将产生与外弯矩方向相反的抵抗力矩，同时在撬力作用下，盖板将承受杆件的撬力及螺栓的拉力形成的局部面外弯矩。而在多根杆件同时受力的情况下，盖板还处于多向受力状态，使盖板受力更为复杂。

简化分析盖板节点受弯力学模型，如图 17-48 所示的盖板节点，在单向弯矩作用下传递的内力主要有轴向应力和弯曲应力两部分，由这两部分引起的应力分布如图 17-49 所示。设由节点板轴向应力 σ_p 产生的抵抗力矩为 M_p，由节点板弯曲应力 σ_q 产生的抵抗力矩为 M_q，则有

$$M_p = 2\sigma_p t(h+t)r \tag{17-7}$$

$$M_q = \sigma_q r t^2 / 3 \tag{17-8}$$

式中，r 为盖板半径；t 为盖板厚度；h 为杆件高度。

根据盖板的实际受力可知 $\sigma_p > \sigma_q$，否则上盖板会受压。若 $\sigma_p = \sigma_q$，则

$$M_q / M_p = 3t / 2(h+t) \tag{17-9}$$

又因 $h \gg t$，故 $M_q / M_p \approx 0$。因此，撬力引起的局部面外弯矩可以忽略不计。盖板节点在受到平面内弯矩作用时，其受力状态可以简化为上、下分别受到拉力和压力，大小均可以近似取 P。盖板节点发生上、下盖板撕裂破坏时抗弯极限承载力可以表示为

$$M_u = P(h+t) \tag{17-10}$$

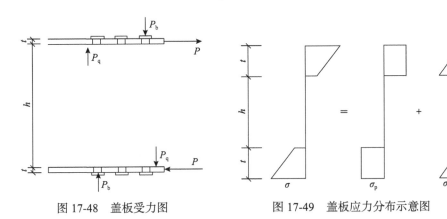

图 17-48 盖板受力图   图 17-49 盖板应力分布示意图

2) 盖板多向拉剪下承载力折减系数

盖板节点是多杆件汇交节点，多根杆件之间靠上、下盖板来传力，盖板的实际受力为多根杆件受力，且每根杆件受力大小不尽相同，特别是在受弯状态下，盖板节点受力更为复杂。为了方便设计计算，下面对盖板多向拉剪下承载力用单向受拉承载力，通过折减系数 β 来表达。通过大量的有限元模型计算，探讨盖板节点多向拉剪下的破坏特征和承载力，并给出折减系数 β 的值。

盖板在受拉或者受弯作用下，都可能会发生块状拉剪破坏。在上述有限元分析的基础上，对模型尺寸进行微调，计算多组受拉和受弯作用下的盖板节点模型，分析多向拉剪下盖板的破坏特征及承载力。模型分为 4 组，主要参数如表 17-4 所示，编号 T-1A～T-1D 盖板厚度为 8mm，三排螺栓；编号 T-2A～T-2D 盖板厚度为 10mm，三排螺栓；编号 B-2A～B-2D 盖板厚度为 10mm，两排螺栓；编号 B-1A～B-1D 盖板厚度为 8mm，两排螺栓。图 17-50 列出了三排螺栓和两排螺栓模型的盖

板尺寸以及三排螺栓杆件尺寸，加载方式如图 17-51 所示，螺栓直径为 18mm，杆件长度为 300mm。

表 17-4　模型计算主要参数汇总表

编号	加载方式	盖板厚度 t /mm	抗拉极限承载力 T_u /kN	抗弯极限承载力 M_u /(kN·m)	上盖板拉力 P /kN
T-1A	1、4 号杆施加拉力	8	701.52	—	350.76
T-1B	1、3 号杆施加拉力	8	707.96	—	353.98
T-1C	2、3 号杆施加拉力	8	582.30	—	291.15
T-1D	六杆施加拉力	8	553.27	—	276.64
B-1A	1、4 号杆施加弯矩	8	—	93.17	361.12
B-1B	1、3、5 号杆施加弯矩	8	—	93.83	363.68
B-1C	2、3 号杆施加弯矩	8	—	76.42	296.20
B-1D	六杆施加弯矩	8	—	72.56	281.24
T-2A	1、4 号杆施加拉力	10	977.31	—	488.66
T-2B	1、3 号杆施加拉力	10	986.94	—	493.47
T-2C	2、3 号杆施加拉力	10	788.43	—	394.22
T-2D	六杆施加拉力	10	772.46	—	386.23
B-2A	1、4 号杆施加弯矩	10	—	131.67	504.48
B-2B	1、3、5 号杆施加弯矩	10	—	131.86	505.21
B-2C	2、3 号杆施加弯矩	10	—	106.35	407.47
B-2D	六杆施加弯矩	10	—	101.71	389.69

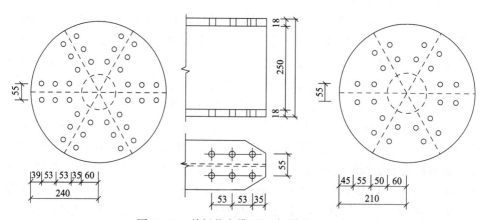

图 17-50　盖板节点模型尺寸(单位：mm)

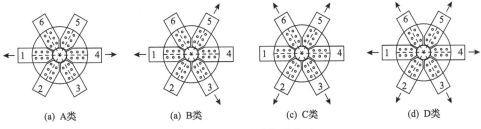

(a) A类　　　　(a) B类　　　　(c) C类　　　　(d) D类

图 17-51　盖板节点加载方式

　　表中通过各个模型的承载力计算出上盖板拉力极限值，以方便对比分析，发现模型尺寸相同，"T"组(受拉组)和"B"组(受弯组)模型的极限承载力相差不大，如表中 T-1A 模型和 B-1A 模型，上盖板拉力相差不大。这说明，盖板节点受拉作用下盖板承载力与受弯作用下发生拉剪破坏的盖板等效承载力相同。上述模型均发生了盖板拉剪破坏，节点的破坏模式如图 17-52～图 17-59 所示。

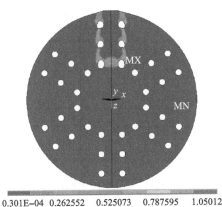

0.301E−04　0.262552　0.525073　0.787595　1.05012

图 17-52　T-1A 模型盖板的应变图

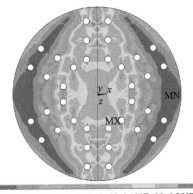

应力 /Pa　0.168E+07　0.637E+08　0.126E+09　0.188E+09　0.250E+09

图 17-53　T-1A 模型盖板的 Mises 应力图

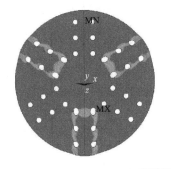

0.125E−03　0.191723　0.38332　0.574917　0.766514

图 17-54　T-1B 模型盖板的应变图

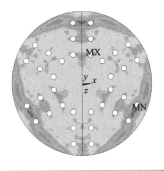

应力 /Pa　0.645E+07　0.729E+08　0.139E+09　0.206E+09　0.272E+09

图 17-55　T-1B 模型盖板的 Mises 应力图

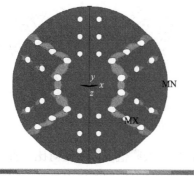

y
x
z
MN
MX
0.255E–04 0.342427 0.684827 1.02723 1.36963
图 17-56　T-1C 模型盖板的应变图

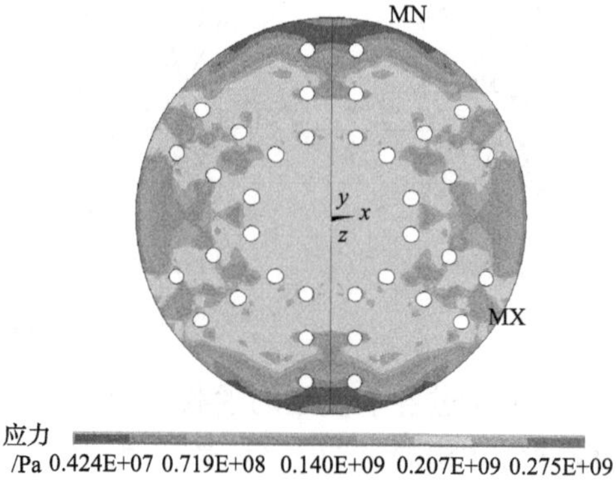

MN
y
x
z
MX
应力
/Pa 0.424E+07 0.719E+08 0.140E+09 0.207E+09 0.275E+09
图 17-57　T-1C 模型盖板的 Mises 应力图

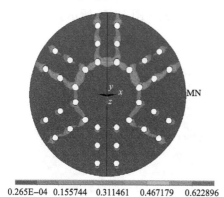

y
x
z
MN
0.265E–04 0.155744 0.311461 0.467179 0.622896
图 17-58　T-1D 模型盖板的应变图

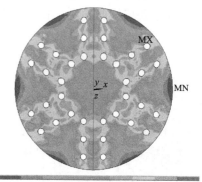

MX
y
x
z
MN
应力
/Pa 0.366E+07 0.680E+08 0.132E+09 0.197E+09 0.261E+09
图 17-59　T-1D 模型盖板的 Mises 应力图

从各个模型的应力-应变图中可以看到，节点不同受力情况对杆件应力分布影响很大，其中 T-1A 模型和 T-1B 模型破坏方式均为单根杆件对应的盖板连接区破坏。T-1C 模型和 T-1D 模型均是两根杆件对应的盖板连接区破坏，即受力杆件之间也会相互影响，两根受力的杆件夹角较小，会使破裂线由单根杆件连接区变为两根杆件连接区。

经分析整理，杆件破坏模式可以根据拉剪撕裂块的区域分为以下三类：单连接区破坏，如图 17-60 和图 17-61 所示；双连接区破坏，如图 17-62 和图 17-63 所示；三连接区破坏，如图 17-64 和图 17-65 所示。

郭小农等[243, 244]根据试验，也曾提出铝合金盖板节点块状拉剪破坏的三种模式，如图 17-66 所示。

从表 17-5 中可以看到，三连接区块状拉剪破坏承载力和双连接区所对应的承载力相差并不大。表中 β 值为每组不同模型的承载力与两杆加载(即 A 类加载方式)承载力的比值，根据其物理意义，β 值也可以表示为盖板在多向受力影响下承

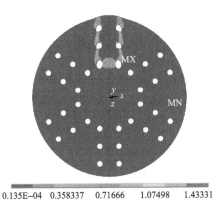

0.135E−04　0.358337　0.71666　1.07498　1.43331

图 17-60　B-1A 模型盖板的应变图

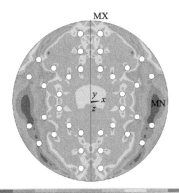

应力
/Pa 0.670E+07 0.683E+08 0.130E+09 0.191E+09 0.253E+09

图 17-61　B-1A 模型盖板的 Mises 应力图

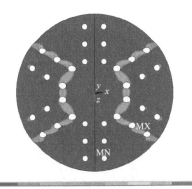

0.843E−04　0.25455　0.509016　0.763481　1.01795

图 17-62　B-1C 模型盖板的应变图

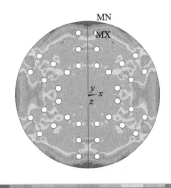

应力
/Pa 0.431E+07 0.661E+08 0.128E+09 0.190E+09 0.251E+09

图 17-63　B-1C 模型盖板的 Mises 应力图

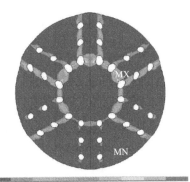

0.601E−04　0.422817　0.845573　1.26833　1.69109

图 17-64　B-1D 模型盖板的应变图

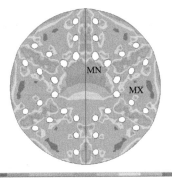

应力
/Pa 0.800E+07 0.651E+08 0.122E+09 0.179E+09 0.237E+09

图 17-65　B-1D 模型盖板的 Mises 应力图

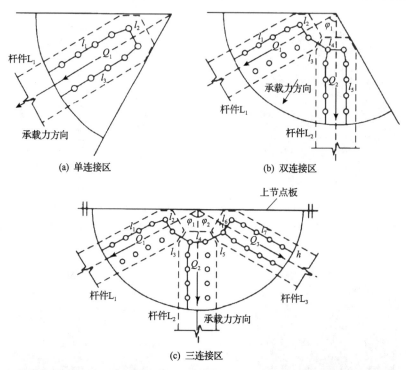

(a) 单连接区

(b) 双连接区

(c) 三连接区

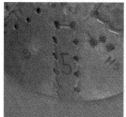

(d) 单连接区破坏照片

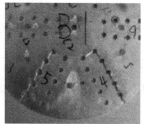

(e) 双连接区破坏照片

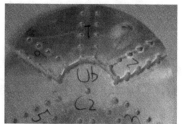

(f) 三连接区破坏照片

图 17-66　盖板拉剪破坏区域

表 17-5　模型试件的 β 值对比

编号	转换为上盖板拉力 P/kN	破坏类型	β 值
T-1A	410.39	单连接	1.00
T-1B	414.16	单连接	1.01
T-1C	340.65	双连接	0.83
T-1D	323.67	三连接	0.79
B-1A	422.51	单连接	1.00
B-1B	425.51	单连接	1.01
B-1C	346.55	双连接	0.82

续表

编号	转换为上盖板拉力 P/kN	破坏类型	β 值
B-1D	329.05	三连接	0.78
T-2A	571.73	单连接	1.00
T-2B	577.36	单连接	1.01
T-2C	461.24	双连接	0.81
T-2D	451.89	三连接	0.79
B-2A	590.24	单连接	1.00
B-2B	591.10	单连接	1.00
B-2C	476.74	双连接	0.81
B-2D	455.94	三连接	0.77

载力的折减系数。其中，在多向拉剪下发生单连接破坏时，对应的 β 值基本为 1，如 T-1B 模型、T-2B 模型，可以理解为节点发生单连接破坏，其承载力不受相邻杆件的影响。而双连接和三连接破坏的 β 值在 0.8 左右。

3）盖板节点受弯破坏

计算了多组模型，发现盖板节点在平面内弯矩作用下，由上、下盖板形成一对力偶，以抵抗外弯矩。因此，盖板节点受弯破坏，即表现为上（下）盖板受拉撕裂破坏和下（上）盖板受压屈曲破坏。具体破坏情况是受拉撕裂破坏还是受压屈曲破坏，还应根据受拉破坏承载力和屈曲临界力确定。盖板受拉撕裂破坏承载力与盖板厚度、撬力的影响、块状撕裂线等盖板尺寸和受力情况有关。

共进行 13 个盖板节点模型计算，分为 B、C 两组，见图 17-67、图 17-68。其中，B 组模型螺栓为 3 排，C 组模型螺栓为 2 排。其中，杆件长度均为 300mm，其他参数、本构关系、接触相关参数取值与之前模型相同。加载方式为 6 杆施加转角位移。

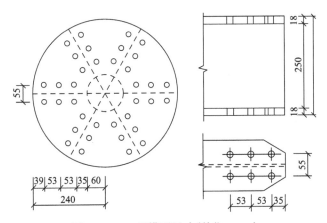

图 17-67　B 组模型尺寸（单位：mm）

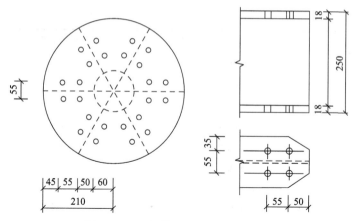

图 17-68　C 组模型尺寸(单位：mm)

　　6 号杆件弯矩加载，节点的破坏模式与盖板厚度和螺栓相关，破坏模式均为同时出现三连接和双连接破坏，如图 17-69～图 17-72 所示。

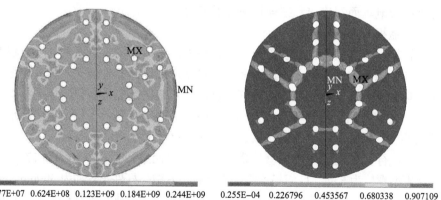

应力
/Pa 0.177E+07　0.624E+08　0.123E+09　0.184E+09　0.244E+09　　　　0.255E-04　0.226796　0.453567　0.680338　0.907109

(a) 上盖板应力图　　　　　　　　　　　　　(b) 上盖板应变图

图 17-69　B-1 模型破坏状态

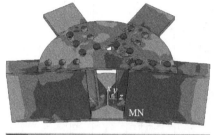

应力
/Pa 0.159E+07　0.210E+09　0.419E+09　0.628E+09　0.837E+09　　　　0.256E-04　0.397367　0.794708　1.19205　1.58939

(a) 上盖板撕裂破坏应力图　　　　　　　　　(b) 上盖板撕裂破坏应变图

图 17-70　B-4 模型破坏状态

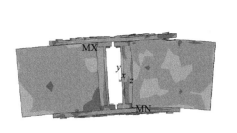

应力
/Pa　0.257E+07　0.229E+09　0.455E+09　0.681E+09　0.908E+09　　　0.164E−03　0.413228　0.826292　1.33936　1.65242

(a) 杆件翼缘撕裂应力图　　　　　　　　　(b) 杆件翼缘撕裂应变图

图 17-71　B-7 模型破坏状态

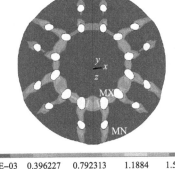

应力
/Pa　0.180E−04　0.344346　0.688674　1.033　1.37733　　　0.140E−03　0.396227　0.792313　1.1884　1.58449

(a) 上盖板应力图　　　　　　　　　　(b) 上盖板应变图

图 17-72　C-2 模型破坏状态

当盖板厚度较小时，盖板节点的极限承载力随着盖板厚度呈线性增加，如图 17-73 所示。当盖板厚度增加到一定程度时，极限承载力不再增加，盖板节点的破坏为螺栓大变形受剪破坏。此时，盖板的极限承载力受到螺栓控制，如螺栓数量、螺栓直径及屈服强度。图 17-73 中 B 类模型为三排螺栓，C 类模型为两排螺栓，故 B 类模型上升后的平台比 C 类模型靠后且更高，即其最大承载力更大。

当盖板厚度和工字钢翼缘厚度相差较大时，盖板节点也会先在工字钢翼缘位置，特别是在远离盖板中心一排螺栓孔处发生破坏，如模型 B-6、模型 B-7。这种破坏由于是杆件的破坏，使用钢结构理论中工字钢的弯曲承载力公式即可求出其承载力。经验算，工字钢翼缘破坏时杆件的弯曲承载力与有限元结果吻合。模型 B-1～B-7、C-1～C-6 的破坏模式、抗弯极限承载力如表 17-6 所示。

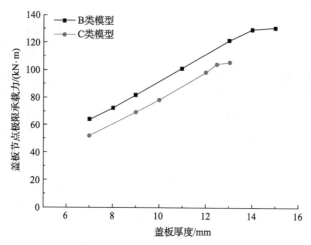

图 17-73　盖板节点极限承载力随着盖板厚度的变化

表 17-6　模型试件极限承载力总结

编号	螺栓排数	盖板厚度 t/mm	破坏模式	抗弯极限承载力 M_u/kN
B-1	3	7	上盖板撕裂破坏	73.05
B-2	3	8	上盖板撕裂破坏	83.32
B-3	3	9	上盖板撕裂破坏	93.90
B-4	3	11	上盖板撕裂破坏	116.35
B-5	3	13	上盖板撕裂破坏	139.53
B-6	3	14	2 号杆件上翼缘撕裂破坏	139.67
B-7	3	15	杆件翼缘撕裂	140.02
C-1	2	7	上盖板螺栓孔大变形、撕裂破坏	52.12
C-2	2	9	上盖板螺栓孔大变形、撕裂破坏	69.17
C-3	2	10	上盖板螺栓孔大变形、撕裂破坏	78.15
C-4	2	12	上盖板螺栓孔大变形、撕裂破坏	98.37
C-5	2	12.5	上盖板螺栓孔大变形、撕裂破坏、螺栓剪断	104.62
C-6	2	13	螺栓剪断	105.35

4) 盖板节点的块状拉剪破坏极限承载力

关于拉剪作用下节点板的设计有两种方法，即撕裂面法和有效宽度法。考虑到盖板的形状，还有相邻杆件的影响，撕裂面法更加适用。《钢结构设计规范》给出了用撕裂面法验算节点区板件在拉力、剪力联合作用下的强度公式。图 17-74、

图 17-75 给出了破坏线及拉剪撕裂面。

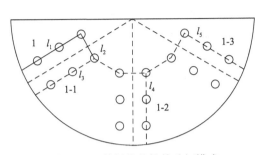

图 17-74　盖板块状拉剪破坏模式

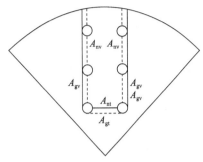

图 17-75　盖板拉剪撕裂面简图
A_{nv} 为受剪破坏面净截面面积；A_{gv} 为受剪破坏面毛截
面面积；A_{nt} 为受拉破坏面净截面面积；A_{gt} 为受拉破
坏面毛截面面积

综合国内外相关研究，同时考虑多连接破坏盖板情况，盖板节点的撕裂破坏极限承载力可按式(17-11)计算。

$$P_{\mathrm{T}} = 0.95\beta\left[f_{\mathrm{u}} A_{\mathrm{nt}} + \left(f_{\mathrm{y}}/\sqrt{3} \right) A_{\mathrm{gv}} \right] \tag{17-11}$$

式中，β 为盖板多向拉剪下承载力折减系数；f_{u} 为钢材的极限强度(MPa)；f_{y} 为钢材的屈服强度(MPa)；A_{nt} 为受拉破坏面净截面面积(mm^2)；A_{gv} 为受剪破坏面毛截面面积(mm^2)。

盖板节点在弯矩作用下，相应的抗弯极限承载力可根据式(17-10)计算，其中 P 按盖板拉剪破坏、螺栓剪断破坏、盖板中心屈曲破坏三种情形，分别由 17.4.1 节中的 P_{v}、P_{cr} 及 P_{T} 替代。

在弯矩作用下，首先发生螺栓剪断破坏时，盖板节点的抗弯极限承载力为

$$M_{\mathrm{v}} = \frac{1}{2} P_{\mathrm{v}}(h+t) \tag{17-12}$$

首先发生盖板拉剪破坏时，盖板节点的抗弯极限承载力为

$$M_{\mathrm{T}} = P_{\mathrm{T}}(h+t) \tag{17-13}$$

首先发生盖板中心屈曲破坏时，盖板节点的抗弯极限承载力为

$$M_{\mathrm{C}} = \frac{1}{2} P_{\mathrm{cr}}(h+t) \tag{17-14}$$

式中，h 为杆件高度(mm)；t 为盖板厚度(mm)。

17.4.3　弯矩轴力共同作用下盖板节点的承载力

在实际工程中，盖板节点受力情况复杂，大部分是受轴力弯矩共同作用，因此非常有必要研究轴力和弯矩共同作用下的钢制盖板节点的承载力。前面给出了盖板节点在轴压力和弯矩分别作用下的破坏模式，并提出了建议承载力公式，验证了公式的可靠性，本节在此基础上建立轴力弯矩共同作用下的盖板节点有限元模型，分析轴力弯矩共同作用下的盖板受力特点和破坏模式，最后提出承载力计算公式。

在轴力和弯矩的共同作用下，上、下盖板受力是不相同的，计算简图如图 17-76 所示。在弯矩 M 作用下，上、下盖板会分别受到一对拉压力 P，大小为

$$P = \frac{M}{h+t} \tag{17-15}$$

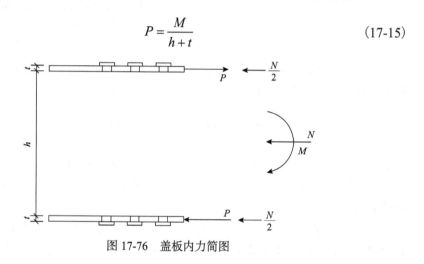

图 17-76　盖板内力简图

在轴力 N 的作用下，上、下盖板均受到 $N/2$ 的压力。最终上、下盖板受力分别为

$$F_\text{t} = \frac{M}{h+t} - \frac{N}{2} \tag{17-16}$$

$$F_\text{b} = \frac{M}{h+t} + \frac{N}{2} \tag{17-17}$$

式中，F_t 为上盖板拉力；F_b 为下盖板压力。

根据上、下盖板的受力特点，下盖板可能会发生盖板受压屈曲破坏或者螺栓剪断破坏；上盖板可能会发生盖板撕裂破坏、螺栓剪断破坏或受压屈曲破坏，具体盖板会发生怎样的破坏可以分类讨论。

记盖板发生屈曲破坏的极限承载力为 P_C，发生螺栓剪断破坏的极限承载力为

P_v，发生盖板撕裂破坏的极限承载力为 P_T。

(1) 当 $P_C > P_T > P_v$ 时，随着荷载的增加，下盖板螺栓会先达到螺栓剪断极限承载力，发生螺栓剪断破坏。

(2) 当 $P_C > P_v > P_T$ 时，破坏与上、下盖板的受力比有关。

①若 $\dfrac{F_b}{F_t} = \dfrac{P_v}{P_T}$，则同时发生上盖板撕裂破坏和螺栓剪断破坏。

②若 $\dfrac{F_b}{F_t} < \dfrac{P_v}{P_T}$，则先发生上盖板撕裂破坏。

③若 $\dfrac{F_b}{F_t} > \dfrac{P_v}{P_T}$，则先发生下盖板螺栓剪断破坏。

(3) 当 $P_v > P_C > P_T$ 时，破坏与上、下盖板的受力比有关。

①若 $\dfrac{F_b}{F_t} = \dfrac{P_C}{P_T}$，则同时发生上盖板撕裂破坏和下盖板受压屈曲破坏。

②若 $\dfrac{F_b}{F_t} < \dfrac{P_C}{P_T}$，则先发生上盖板撕裂破坏。

③若 $\dfrac{F_b}{F_t} > \dfrac{P_C}{P_T}$，则先发生下盖板受压屈曲破坏。

(4) 当 $P_v > P_T > P_C$ 时，发生下盖板受压屈曲破坏。

(5) 当 $P_T > P_v > P_C$ 时，发生下盖板受压屈曲破坏。

(6) 当 $P_T > P_C > P_v$ 时，发生下盖板螺栓剪断破坏。

当发生 (1)、(4)、(5)、(6) 四种破坏情况时，盖板节点的破坏，均为下盖板发生破坏。盖板节点的极限承载力只与节点的尺寸构造及材料特性有关，与上、下盖板受力比无关。

为了便于对比分析，把不同轴力和弯矩组合下盖板节点的极限承载力 N、M 除以相应的抗压极限承载力 N_u 和抗弯极限承载力 M_u，得到无量纲影响系数：

$$\varphi_N = \frac{N}{N_u}, \quad \varphi_M = \frac{M}{M_u} \tag{17-18}$$

在弯矩 M 和轴力 N 共同作用下，当下盖板发生破坏时，下盖板极限承载力为

$$F_u = \frac{M}{h+t} + \frac{N}{2} \tag{17-19}$$

当 M 趋于 0 时，盖板节点外荷载等效为轴力 N，发生破坏时下盖板的极限承载力为

$$F_u = \frac{N_u}{2} \tag{17-20}$$

而当 N 趋于 0 时，盖板节点外荷载等效为弯矩 M，发生破坏时下盖板的极限承载力为

$$F_u = \frac{M_u}{h+t} \tag{17-21}$$

式 (17-19) 可以写为

$$F_u = \frac{\varphi_M M_u}{h+t} + \frac{\varphi_N N_u}{2} \tag{17-22}$$

将式 (17-20)、式 (17-21) 代入式 (17-22)，可得

$$\varphi_N + \varphi_M = 1 \tag{17-23}$$

φ_M、φ_N 相关性曲线如图 17-77 所示。

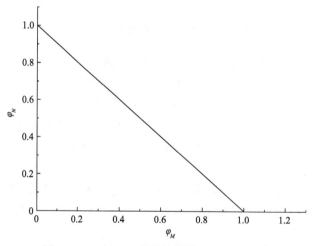

图 17-77　φ_M、φ_N 相关性曲线（$P_C > P_T > P_v$）

当盖板节点发生 (2) 破坏时，即 $P_C > P_v > P_T$。

① 当 $\dfrac{F_b}{F_t} = \dfrac{P_v}{P_T}$ 时，由式 (17-16)、式 (17-17) 即得到

$$\frac{F_b}{F_t} = \frac{\dfrac{M}{h+t} + \dfrac{N}{2}}{\dfrac{M}{h+t} - \dfrac{N}{2}} = \frac{P_v}{P_T} \tag{17-24}$$

可以得到

$$\begin{cases} M = \dfrac{P_{\mathrm{v}} + P_{\mathrm{T}}}{2}(h+t) \\ N = P_{\mathrm{v}} - P_{\mathrm{T}} \end{cases} \tag{17-25}$$

当弯矩、轴力满足式(17-25)时，将同时发生上盖板撕裂破坏和螺栓剪断破坏。

②当 $\dfrac{F_{\mathrm{b}}}{F_{\mathrm{t}}} < \dfrac{P_{\mathrm{v}}}{P_{\mathrm{T}}}$ 时，先发生上盖板撕裂破坏。当 N 趋于 0 时，上盖板极限承载力为

$$F_{\mathrm{u}} = \frac{M_{\mathrm{u}}}{h+t} = P_{\mathrm{T}} \tag{17-26}$$

上盖板极限承载力又可以写为

$$\frac{M}{h+t} - \frac{N}{2} = P_{\mathrm{T}} \tag{17-27}$$

$$\frac{\varphi_M M_{\mathrm{u}}}{h+t} - \frac{\varphi_N N_{\mathrm{u}}}{2} = P_{\mathrm{T}} \tag{17-28}$$

将式(17-18)代入式(17-27)得到式(17-28)。

当 M 趋于减小时，盖板节点外荷载等效为轴力 N，发生破坏时的盖板极限承载力为①条件下的极限承载力。此时的上盖板极限承载力为

$$\frac{N_{\mathrm{u}}}{2} = P_{\mathrm{v}} - P_{\mathrm{T}} \tag{17-29}$$

最后可以得到

$$\varphi_M - \frac{P_{\mathrm{v}} - P_{\mathrm{T}}}{2P_{\mathrm{T}}}\varphi_N = 1 \tag{17-30}$$

③当 $\dfrac{F_{\mathrm{b}}}{F_{\mathrm{t}}} > \dfrac{P_{\mathrm{v}}}{P_{\mathrm{T}}}$ 时，发生下盖板螺栓剪断破坏，则下盖板极限承载力为

$$F_{\mathrm{b}} = P_{\mathrm{v}} = \frac{M}{h+t} + \frac{N}{2} \tag{17-31}$$

当 M 趋于 0 时，盖板节点外荷载等效为轴力 N，则上、下盖板同时发生螺栓剪断破坏，此时的下盖板极限承载力为

$$F_u = \frac{P_v}{2} = \frac{N_u}{2} \tag{17-32}$$

当 N 趋于减小时，上盖板发生撕裂破坏，此时的上盖板极限承载力为

$$F_u = \frac{M_u}{h+t} = \frac{P_v + P_T}{2} \tag{17-33}$$

最后可以得到

$$\frac{P_v + P_T}{2P_v} \varphi_M + \varphi_N = 1 \tag{17-34}$$

作出 φ_M、φ_N 相关性曲线，两条直线的交点即为①条件下的 M、N 值，即

$$\varphi_M = \frac{M}{M_u} = \frac{P_v + P_T}{2P_T} \ , \quad \varphi_N = \frac{N}{N_u} = \frac{P_v - P_T}{P_v}$$

φ_M、φ_N 相关性曲线如图 17-78 所示。

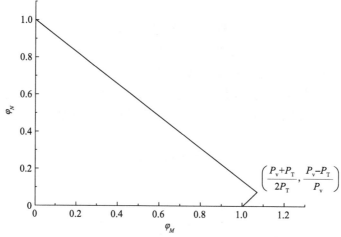

图 17-78　φ_M、φ_N 相关性曲线（$P_C > P_v > P_T$）

同样，当盖板节点发生(3)破坏时，即 $P_v > P_C > P_T$。

①当 $\dfrac{F_b}{F_t} = \dfrac{P_C}{P_T}$ 时，使用前面所述的分析方法可以得到

$$\begin{cases} M = \dfrac{P_C + P_T}{2}(h+t) \\ N = P_C - P_T \end{cases} \tag{17-35}$$

当弯矩轴力满足式(17-35)时，同时发生上盖板撕裂破坏和下盖板受压屈曲破坏。

②当 $\dfrac{F_\mathrm{b}}{F_\mathrm{t}} < \dfrac{P_\mathrm{C}}{P_\mathrm{T}}$ 时，先发生上盖板撕裂破坏。当 N 趋于 0 时，上盖板极限承载力为

$$F_\mathrm{u} = \frac{M_\mathrm{u}}{h+t} = P_\mathrm{T} \tag{17-36}$$

由式(17-16)得

$$\frac{M}{h+t} - \frac{N}{2} = P_\mathrm{T} \tag{17-37}$$

$$\frac{\varphi_M M_\mathrm{u}}{h+t} - \frac{\varphi_N N_\mathrm{u}}{2} = P_\mathrm{T} \tag{17-38}$$

当 M 趋于减小时，盖板节点外荷载等效为轴力 N，发生破坏时的盖板极限承载力为①条件下的极限承载力。此时的上盖板极限承载力为

$$\frac{N_\mathrm{u}}{2} = P_\mathrm{C} - P_\mathrm{T} \tag{17-39}$$

最后可以得到

$$\varphi_M - \frac{P_\mathrm{C} - P_\mathrm{T}}{2P_\mathrm{T}} \varphi_N = 1 \tag{17-40}$$

③当 $\dfrac{F_\mathrm{b}}{F_\mathrm{t}} > \dfrac{P_\mathrm{C}}{P_\mathrm{T}}$ 时，发生下盖板受压屈曲破坏，则下盖板极限承载力为

$$F_\mathrm{b} = P_\mathrm{C} = \frac{M}{h+t} + \frac{N}{2} \tag{17-41}$$

当 M 趋于 0 时，盖板节点外荷载等效为轴力 N，则上、下盖板同时发生螺栓剪断破坏，此时下盖板极限承载力为

$$F_\mathrm{u} = \frac{P_\mathrm{C}}{2} = \frac{N_\mathrm{u}}{2} \tag{17-42}$$

当 N 趋于减小时，上盖板发生撕裂破坏，此时上盖板极限承载力为

$$F_{\mathrm{u}} = \frac{M_{\mathrm{u}}}{h+t} = \frac{P_{\mathrm{C}}+P_{\mathrm{T}}}{2} \tag{17-43}$$

最后可以得到

$$\frac{P_{\mathrm{C}}+P_{\mathrm{T}}}{2P_{\mathrm{C}}}\varphi_M + \varphi_N = 1 \tag{17-44}$$

作出 φ_M、φ_N 相关性曲线，两条直线的交点即为①条件下的 M、N 值，即

$$\begin{aligned} \varphi_M &= \frac{M}{M_{\mathrm{u}}} = \frac{P_{\mathrm{C}}+P_{\mathrm{T}}}{2P_{\mathrm{T}}} \\ \varphi_N &= \frac{N}{N_{\mathrm{u}}} = \frac{P_{\mathrm{C}}-P_{\mathrm{T}}}{P_{\mathrm{C}}} \end{aligned} \tag{17-45}$$

φ_M、φ_N 相关性曲线如图 17-79 所示。

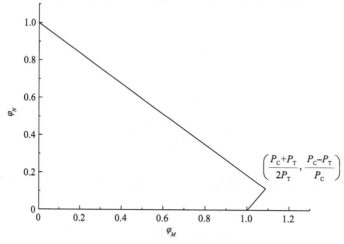

图 17-79　φ_M、φ_N 相关性曲线（$P_{\mathrm{v}} > P_{\mathrm{C}} > P_{\mathrm{T}}$）

总结上述三种 φ_M、φ_N 相关性曲线，由于实际盖板节点的极限承载力 P_{T}、P_{v}、P_{C} 相差不会太大，即

$$\frac{P_{\mathrm{C}}+P_{\mathrm{T}}}{2P_{\mathrm{T}}} \approx 1, \quad \frac{P_{\mathrm{C}}-P_{\mathrm{T}}}{P_{\mathrm{C}}} \approx 0$$

故曲线中的转折点 $\left(\dfrac{P_C + P_T}{2P_T}, \dfrac{P_C - P_T}{P_C}\right)$ 可近似视为点 $(1, 0)$，所以 φ_M-φ_N 曲线可以近似视为 $\varphi_N + \varphi_M = 1$ 曲线。

17.4.4　有限元结果验证

本节所采用的有限元模型和计算方法如前面所述，给盖板节点 6 根杆件同时施加轴向的压力以及弯矩。计算了 5 个有限元盖板节点模型，每个模型在不同轴力弯矩比下作用。模型具体情况如表 17-7 所示。

表 17-7　轴力弯矩组合模型尺寸

模型编号	盖板厚度/mm	螺栓直径/mm	单根杆件螺栓数量
M1	10	18	12
M2	12	16	12
M3	8	16	12
M4	10	16	8
M5	8	18	8

每个模型先分别计算出单独轴力和弯矩作用下的极限承载力，然后按照相应的比例同时施加轴力和弯矩。不同荷载作用下节点的破坏模式不尽相同，模型的破坏基本是盖板的块状拉剪破坏、盖板受压屈曲破坏、螺栓剪断破坏和工字钢螺栓孔处撕裂破坏这四种破坏模式的组合。但多为盖板受压屈曲破坏和螺栓剪断破坏以及盖板撕裂破坏。按式 (17-18)，φ_N、φ_M 分别作为纵、横坐标，由计算得到 φ_N、φ_M 相关关系，如图 17-80 所示，所有这 5 个节点模型的 φ_N、φ_M 值基本符合 $\varphi_N + \varphi_M = 1$ 的关系，不同盖板节点模型的轴力-弯矩相关关系基本一致。这可以简化在轴力与弯矩共同作用下的节点承载力计算方法，但同时也发现数据有一定离散性。为了保证安全，建议取 $\varphi_N + \varphi_M = 0.9$，如图 17-81 所示。因此，轴力与弯矩共同作用下的盖板节点承载力可按式 (17-46) 验算：

$$\frac{N}{N_u} + \frac{M}{M_u} \leqslant 0.9 \tag{17-46}$$

式中，N 为盖板节点单根杆件所受轴力；N_u 为盖板节点抗压极限承载力，应选取轴压力作用下螺栓抗剪极限承载力和中心局部屈曲承载力的大值；M 为盖板节点单根杆件所受弯矩；M_u 为盖板节点在弯矩作用下相应的抗弯极限承载力。

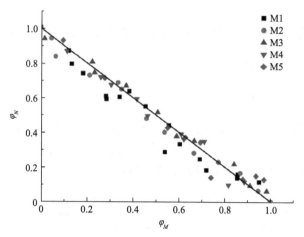

图 17-80　5 个有限元盖板节点的 φ_M、φ_N 相关性曲线

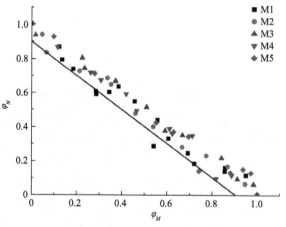

图 17-81　修正后的 φ_M、φ_N 相关性曲线

在节点设计阶段，已知节点所受轴力 N 和弯矩 M，然后对盖板节点进行设计，根据相应尺寸计算 N_u 和 M_u 值，代入式 (17-46) 验算盖板节点在轴力与弯矩共同作用下的承载力。

17.5　本 章 小 结

本章介绍了钢制盖板节点的试件概况、加载装置、试验加载过程及结果，包括试验节点模型的选择、加载方案、测点布置等，并对试验试件的破坏形态、特征等试验结果进行了讨论。通过对钢制盖板节点的试验研究，对钢制盖板节点的受力性能有了初步了解。

建立了盖板节点考虑材料非线性的计算模型，遵循 Mises 屈服准则，同时考虑盖板、螺栓和杆件之间的接触作用，采用预紧功能模拟螺栓的预紧力。通过调整盖板直径、盖板厚度、螺栓数量、螺栓排布等参数，考察各个参数对盖板节点承载力的影响。试件破坏发生在盖板与杆件交接处附近，杆件翼缘发生了局部屈曲破坏。此时，盖板和螺栓并无破坏，节点应力也没有达到屈服水平，这与盖板节点试验结果基本相同。节点应力的发展是从螺栓和盖板杆件螺栓孔接触的部位开始的，随着加载的继续，螺栓孔附近位置的应力继续增加，腹板位置也有相应的应力增加，直到翼缘和腹板发生局部屈曲。通过与试验结果的对比，验证了本章所述的盖板节点有限元模型的准确性和有效性，可以使用本章有限元模型有效模拟盖板节点实际受力过程，并在此基础上进行参数化分析。

总结盖板节点在轴心压力、拉力、弯矩以及轴力、弯矩共同作用下的受力性能和破坏形式，归纳出了钢制盖板节点在轴力、弯矩、轴力与弯矩共同作用下的承载力公式。在轴力与弯矩共同作用下，通过计算分析得到轴力弯矩相关公式，最后给出建议公式 $\varphi_N + \varphi_M = 0.9$。轴力与弯矩共同作用下的盖板节点承载力可按式 (17-46) 验算，即盖板节点在给定轴力 N 和弯矩 M 作用下，分别除以轴压力作用下盖板节点抗压极限承载力 N_u 和弯矩作用下相应的抗弯极限承载力 M_u，其中 N_u 和 M_u 值应按照本书所述公式计算。

第18章 工字形截面圆柱筒装配式节点

18.1 工字形截面圆柱筒装配式节点简介

本章给出一种适用于自由曲面网格结构的工字形截面圆柱筒装配式节点，节点的零件如图 18-1(a)所示，主要由中心圆筒、转接头连接板、套筒、高强螺栓和工字形杆件组成，节点的整体连接如图 18-1(b)所示。

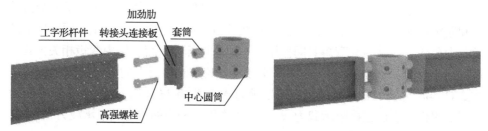

(a) 中心圆筒-套筒节点零件图　　　　　　　(b) 中心圆筒-套筒节点整体连接示意图

图 18-1　工字形截面圆柱筒装配式节点示意图

工字形截面圆柱筒装配式节点主要有以下优点：

(1)节点构造简单，传力路径明确，拥有较好的承载力和刚度，满足单层网格结构受力特点和要求。

(2)节点误差容忍度高，大量工作可在工厂加工完成，现场只需螺栓连接，这使施工效率大大提高，同时现场的人、材、机的投入大大减少，满足绿色施工和建筑工业化理念。

(3)节点使用的材料均为目前市面上常用的材料，可就地取材，降低了加工成本，提高了节点的经济性。

(4)杆件和节点的角度可以自由调整，这使节点不仅能应用于规则的空间网格结构，也能适用于自由曲面网格结构。

1)工字形截面圆柱筒装配式节点受力特点

根据杆件受力的不同(受拉、受压、拉弯、压弯、剪力)，节点的传力路径和各配件起到的作用也不同，如图 18-2 所示。

(1)当杆件受到拉力作用时，传力路径为拉力→工字形杆件→转接头端板及侧板→螺栓→中心圆筒，此时套筒不参与受力。

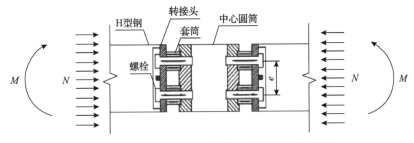

图 18-2　工字形截面圆柱筒装配式节点的传力路径

（2）当杆件受到压力作用时，传力路径为压力→工字形杆件→转接头端板及侧板→套筒→中心圆筒，此时螺栓不参与受力。

（3）当节点受到轴力 N（使杆件受拉为正，受压为负）、平面内弯矩 M 时，即节点处于拉弯或者压弯状态时，节点端部的轴力 N 和弯矩 M 都通过上、下部螺栓和套筒的轴力为

$$N_t = \frac{N}{2} - \frac{M}{e} \tag{18-1}$$

$$N_b = \frac{N}{2} + \frac{M}{e} \tag{18-2}$$

式中，N_t 为上部螺栓（套筒）承受的拉力（压力）；N_b 为下部螺栓（套筒）承受的拉力（压力）；e 为两螺栓（套筒）间的距离。

在自由曲面网格结构中，各杆件通常主要承受轴力和平面内弯矩，该节点通过转接头端板、上下螺栓的拉力和套筒的压力来平衡杆件所承受的轴力和弯矩，最终螺栓的拉力和套筒的压力又都会传递给中心圆筒。故判断螺栓的抗拉承载力、套筒的抗压承载力和转接头端板的抗拉、抗压承载力决定了该节点的承载力。

图 18-3 为平面外弯矩作用下节点的传力路径。由于该节点平面外只有一排螺栓，平面外的弯矩主要靠套筒一侧受压，螺栓受拉，会同时存在受拉区与受压区，由此可见其在平面外的刚度比平面内弱。

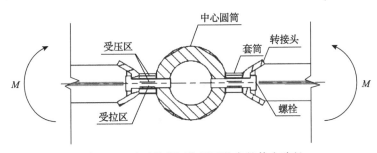

图 18-3　平面外弯矩作用下节点的传力路径

工字形截面圆柱筒装配式节点的剪力主要靠上、下两个螺栓来承受，套筒基本不承受剪力。

2）节点和杆件的空间定位

对于自由曲面网格结构，杆件截面多以圆形和矩形为主，对于圆形截面的杆件，空间定位比较简单。对于矩形截面杆件的空间定位，也有学者进行过研究，因此对于工字形截面杆件，在工程实践中，如何给出合理的截面定位来满足网格结构不同的拓扑关系，是非常必要的。

根据自由曲面网格结构的特点，通过网格结构的拓扑关系和中心节点坐标，可以确定每根杆件唯一的定位向量，根据杆件和节点的定位向量，可将杆件空间定位分为两个角度，即杆件 i 节点切平面的投影角 α 和杆件轴线方向向量与 i 节点定位向量在杆件切平面上投影之间的夹角 β，如图 18-4、图 18-5 所示。

工字形截面圆柱筒装配式节点可以通过以下方式来满足杆件定位的问题：

（1）从图 18-4 中可以看出，各杆件的节点切平面水平角 α 可通过改变中心圆筒螺栓孔的夹角来满足相关要求。

（2）从图 18-5 中可以看出，通过控制工字形截面上翼缘和下翼缘长度的差值，控制杆件轴线方向向量与 i 节点定位向量在杆件切平面上投影之间的夹角 β。

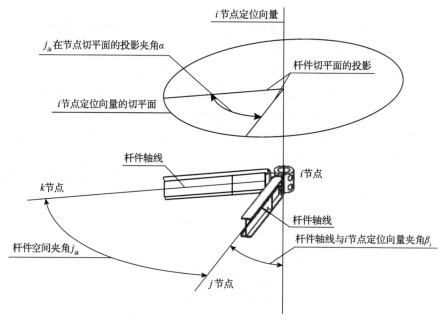

图 18-4　杆件空间定位示意图

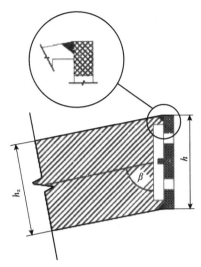

图 18-5　转接头端板与杆件连接示意图
h_z 为工字形杆件截面高度；h 为与中心圆筒平行切面的杆件截面高度

　　节点能够随着杆件的定位角度不同，进行相应的调整，因此此类节点不仅适用于平面网格结构或者规则的网格结构，同时也适用于自由曲面网格结构。

　　3) 节点各材料的选用

　　为了便于节点的加工、降低制造成本，工字形截面圆柱筒装配式节点的取材借鉴了目前应用最为广泛、设计理论也较为成熟的螺栓球节点的材料。各零件的材料满足《空间网格结构技术规程》(JGJ 7—2010)，详见表 18-1。

表 18-1　工字形截面圆柱筒装配式节点各零件材料表

零件名称	推荐材料	材料标准编号	备注
中心圆筒	45 号钢	《优质碳素结构钢》(GB/T 699—2015)	毛坯圆筒加工而成
高强螺栓	20MnTiB、40Cr、35CrMo、42CrMo	《合金结构钢》(GB/T 3077—2015)	
套筒	Q235B	《碳素结构钢》(GB/T 700—2006)	
	Q345B	《低合金高强度结构钢》(GB/T 1591—2018)	
	45 号钢	《优质碳素结构钢》(GB/T 699—2015)	
转接头端板及杆件	Q235B	《碳素结构钢》(GB/T 700—2006)	端板和杆件采用相同材料
	Q345B	《低合金高强度结构钢》(GB/T 1591—2018)	

　　对表 18-1 中节点零件材料选取进行如下说明：

　　(1) 杆件：杆件采用焊接 H 型钢或热轧 H 型钢。

（2）转接头端板：转接头端板主要采用常用厚度的钢板切割、组装而成，其高、宽尺寸和工字形截面杆件一致。板上设有两圆孔，通过钻床对钢板开孔而成。

（3）高强螺栓和套筒：该节点高强螺栓和套筒主要采用钢网架螺栓球节点用高强螺栓，满足标准《钢网架螺栓球节点用高强度螺栓》（GB/T 16939—2016）要求，且该节点在受力过程中，允许螺栓和端板接触面滑动，不需要考虑预紧力。

18.2　工字形截面圆柱筒装配式节点试验

18.2.1　工字形截面圆柱筒装配式节点试验设计

工字形截面圆柱筒装配式节点可连接多根杆件，但是在本次试验设计中，仅采用两根杆件来作为试验节点，主要原因是中心圆筒在其他零件失效前不会破坏，因此保留两根杆件，重点研究高强螺栓、套筒、转接头端板，就可以了解该节点的受力性能。

单层网格结构的杆件主要受轴力和弯矩作用，故本试验选择弯剪和压弯两种工况。在试验设计初期，首先要确定试验节点的基本规格，具体选择方式如下：

（1）考虑到现有的试验机吨位、加工、安装难度，本试验选定热轧 H 型钢 HN 150×75×5×7 的杆件截面。

（2）转接头端板尺寸为 $h_d×b_d×t_d$，转接头侧板尺寸为 $h_d×b_c×t_c$，转接头端板和转接头侧板的高度等于杆件的高度，转接头端板的宽度和转接头侧板的宽度需要满足力学和构造要求，考虑到转接头端板宽度需大于螺栓尾部的宽度，取端板宽度 b_d=40mm、端板厚度 t_d=16mm，则侧板宽度 b_c=35mm、侧板厚度 t_c=10mm。故选取转接头端板尺寸为 150mm×40mm×16mm，转接头侧板尺寸为 150mm×35mm× 10mm。

（3）中心圆筒首先要满足节点几何尺寸的要求，在实际工程中，节点连接的杆件、不同杆件之间不能有碰撞，同时为了减轻节点重量，中心圆筒又不能过大。据此，选定圆筒外径 D=150mm，圆筒壁厚 t=30mm。

（4）螺栓直径 d 取 M20，螺栓孔径取 d_0=22mm。

（5）考虑到杆件支座处应力集中造成局部屈曲对试验数据有影响，对于弯剪试件，在杆件与支座交接处增加加劲板。同时，对于压弯试件，在杆件两端增加 40mm 厚的钢板，保证杆件轴力为均匀受力。

节点加工图如图 18-6 所示。

本试验的主要目的是研究该节点不同参数的变化对节点的初始刚度及对极限承载力的影响，故根据节点的传力路径和受力特点，分别设计了在弯剪和压弯工况下不同参数的节点尺寸，具体如表 18-2、表 18-3 所示。

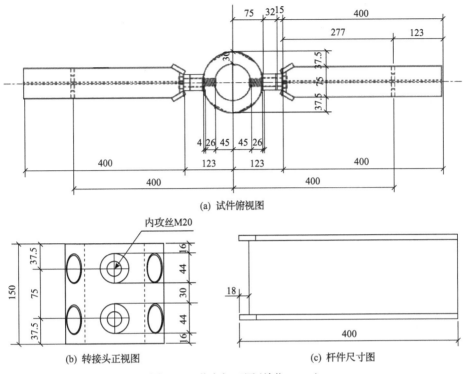

(a) 试件俯视图

内攻丝M20

(b) 转接头正视图

(c) 杆件尺寸图

图 18-6 节点加工图(单位：mm)

表 18-2 弯剪工况下不同参数的节点尺寸 (单位：mm)

节点编号	杆件截面	杆件长度	螺栓直径	端板高度 h_d、宽度 b_d、厚度 t_d	侧板高度 h_c、宽度 b_c、厚度 t_c	圆筒高度 H、外径 D、壁厚 t	中心圆筒孔距 S
B-20-16-10-75	H150×75×5×7	400	M20	$h_d=150$ $b_d=40$ $t_d=16$	$h_c=150$ $b_c=35$ $t_c=10$	$H=150$ $D=150$ $t=30$	75
B-20-8-10-75	H150×75×5×7	400	M20	$h_d=150$ $b_d=40$ $t_d=8$	$h_c=150$ $b_c=35$ $t_c=10$	$H=150$ $D=150$ $t=30$	75
B-24-16-10-75	H150×75×5×7	400	M24	$h_d=150$ $b_d=40$ $t_d=16$	$h_c=150$ $b_c=35$ $t_c=10$	$H=150$ $D=150$ $t=30$	75
B-20-16-10-100	H150×75×5×7	400	M20	$h_d=150$ $b_d=40$ $t_d=16$	$h_c=150$ $b_c=35$ $t_c=10$	$H=150$ $D=150$ $t=30$	100
B-20-16-6-75	H150×75×5×7	400	M20	$h_d=150$ $b_d=40$ $t_d=16$	$h_c=150$ $b_c=35$ $t_c=6$	$H=150$ $D=150$ $t=30$	75

注：节点编号 B-1-2-3-4 中，B 代表弯剪试验，1 代表螺栓直径，2 代表端板厚度，3 代表侧板厚度，4 代表中心圆筒孔距。

表 18-3　压弯工况下不同参数的节点尺寸　　　　　（单位：mm）

节点编号	杆件截面	杆件长度	螺栓直径	端板高度 h_d、宽度 b_d、厚度 t_d	侧板高度 h_c、宽度 b_c、厚度 t_c	圆筒高度 H、外径 D、壁厚 t	中心圆筒孔距 S
C-20-16-8	H150×100×6×8	250	M20	h_d=150 b_d=40 t_d=16	h_c=150 b_c=35 t_c=10	H=150 D=150 t=30	75
C-20-8-8	H150×100×6×8	250	M20	h_d=150 b_d=40 t_d=8	h_c=150 b_c=35 t_c=10	H=150 D=150 t=30	75
C-24-16-8	H150×100×6×8	250	M24	h_d=150 b_d=40 t_d=16	h_c=150 b_c=35 t_c=10	H=150 D=150 t=30	75
C-20-16-6	H150×100×6×6	250	M20	h_d=150 b_d=40 t_d=16	h_c=150 b_c=35 t_c=10	H=150 D=150 t=30	75

注：节点编号 C-1-2-3 中，C 代表压弯试验，1 代表螺栓直径，2 代表端板厚度，3 代表杆件翼缘板厚度。

18.2.2　材性试验

　　工字形截面圆柱筒装配式节点的各零件材料选用，已在前面给予详细描述。本试验构件中，工字形杆件、转接头连接板都采用 Q345B 钢材，高强螺栓采用 10.9S 级高强螺栓，材料为 20MnTiB，中心圆筒采用 45 号钢。由于螺栓伸入中心圆筒长度与螺栓直径比值不小于 1.1，通过有限元分析，在满足构造要求的情况下，该节点中心圆筒不会被破坏，本试验节点承载力主要由转接头端板、套筒和螺栓控制，故对该节点使用的 Q345B 钢材以及 10.9S 级高强螺栓材料进行材性试验，以获得其弹性模量、屈服强度、极限强度和应力-应变曲线。按照规范《金属材料拉伸试验第 1 部分：室温试验方法》的要求设计了试件，Q345B 钢材试件设计图和实物图如图 18-7 所示，10.9S 级高强螺栓试件设计图和实物图如图 18-8 所示。在试验进行前，采用游标卡尺对试件尺寸进行重新测量复核，以确保试验的精确性。实测数据如表 18-4 和表 18-5 所示。

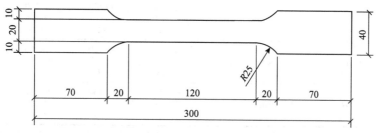

(a) Q345B 钢材试件设计图(单位：mm)

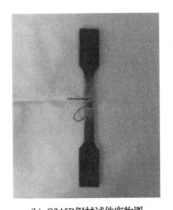

(b) Q345B 钢材试件实物图

图 18-7　Q345B 钢材试件

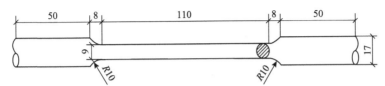

(a) 10.9S级高强螺栓试件设计图(单位：mm)

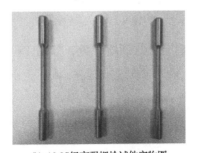

(b) 10.9S级高强螺栓试件实物图

图 18-8　10.9S 级高强螺栓试件

表 18-4　Q345B 钢材试件几何参数

试件类别	编号	设计宽度/mm	实测宽度/mm	设计厚度/mm	实测厚度/mm	设计面积/mm²	实测面积/mm²
	S1		19.95		7.96		158.80
Q345B 钢材试件	S2	20	19.92	8	7.95	160	158.36
	S3		19.91		7.95		158.28

表 18-5　10.9S 级高强螺栓试件几何参数

试件类别	编号	设计宽度/mm	实测宽度/mm	设计面积/mm²	实测面积/mm²
	B1		8.90		62.18
10.9S 级高强螺栓试件	B2	9.00	8.80	63.59	60.79
	B3		9.04		64.15

材性试验是在浙江大学土木水利工程实验中心 UTM5300 电子万能试验机（最大试验力 300kN）上进行的。试验拉伸速率为 5mm/min，采用量程为 50mm 的引伸计测量试验过程中的位移及应变。试验装置如图 18-9 所示。

图 18-9　材性试验装置

试验过程中，材料出现明显的颈缩现象，如图 18-10 所示，所有试件均被拉断，拉断后的试件如图 18-11 所示。

(a) 板试件

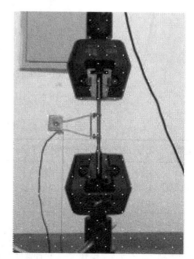

(b) 棒试件

图 18-10　试件颈缩

板试件指 Q345B 钢材试件；棒试件指 10.9S 级高强螺栓试件

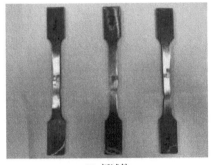

(a) 板试件　　　　　　　　　　(b) 棒试件

图 18-11　拉断后的试件

材料应力-应变曲线如图 18-12 所示。

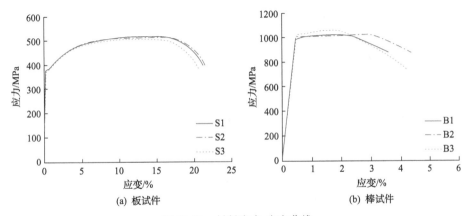

(a) 板试件　　　　　　　　　　(b) 棒试件

图 18-12　材料应力-应变曲线

试验完成后，将材料最终的各项参数进行汇总，如表 18-6、表 18-7 所示。

表 18-6　Q345B 钢材试件试验结果

试验编号	弹性模量 E_0/GPa	屈服强度 f_y/MPa	抗拉强度 f_u/MPa	泊松比	断后伸长率/%
S1	203.39	367.16	515.07	0.289	29.1
S2	208.83	362.99	513.98	0.273	28.3
S3	208.10	363.83	506.18	0.293	27.6
平均值	206.77	364.66	511.74	0.285	28.3

表 18-7　10.9S 级高强螺栓试件试验结果

试验编号	弹性模量 E_0/GPa	屈服强度 f_y/MPa	抗拉强度 f_u/MPa	断后伸长率/%
B1	203.29	990.09	1020.26	4.82
B2	202.60	960.07	1006.91	5.14
B3	208.17	1003.81	1048.61	4.50
平均值	204.69	984.66	1025.26	4.82

18.2.3　弯剪试验研究

1）加载方案及测点布置

试验在浙江大学航空航天学院力学实验室完成，采用 UTM5300 电子万能试验机（最大试验力为 300kN）。试验过程分为三个阶段，即预加载、正式加载、卸载。

为保证试验机在加载过程中平衡稳固，将一根 H300×200×8×12 的钢梁放置在试验机上，作为试验承台，试验节点通过两个铰支座，放置在钢梁上。同时，为防止钢梁承台在支座处发生局部屈曲，在钢梁承台上增加三道加筋板，图 18-13 为加载装置。

正式加载过程由位移控制，位移加载速度为 0.5mm/min，加载过程中的数据会被计算机自动记录，加载一直持续到节点到达极限荷载出现破坏为止。

图 18-13　弯剪试验加载装置

为了测得试件在加载过程中的弯矩转角曲线，在圆筒两侧各设置一台位移计，用来测量节点位移，在钢梁承台底放置一台千分表，用来测量支座处的位移，从而获得节点在弯剪作用下的转角。

为了解在荷载作用下节点典型部位应力的发展情况，在节点适当部位布置了直角应变花，应变花布置如图 18-14 所示，应变花规格为 3mm×2mm，电阻为 $(119.7\pm0.1)\Omega$，灵敏系数为 $(2.08\pm0.1)\%$，精度等级为 A 级。应变和位移均采用动态应变仪测量。

2）试验过程及结果处理

在一切准备工作完成后，分别对每个试件进行加载，通过位移控制进行加载，直到节点发生破坏。下面将每组试件的试验情况分别进行描述。

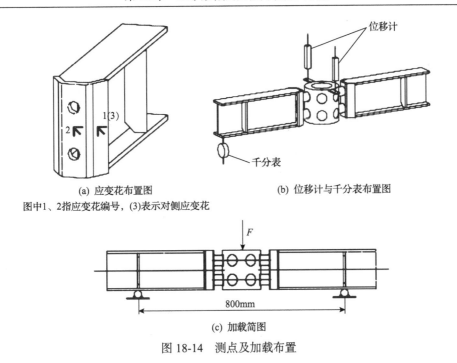

(a) 应变花布置图

图中1、2指应变花编号，(3)表示对侧应变花

(b) 位移计与千分表布置图

(c) 加载简图

图 18-14　测点及加载布置

(1)试件 B-20-16-10-75。

节点在弯剪作用下，上部套筒受压，下部高强螺栓受拉，上部高强螺栓和下部套筒未受力。在加载过程中，随着荷载的加大，下部高强螺栓被逐渐拉长，下部套筒与转接头端板开始分离，如图 18-15 所示；当荷载加载至 145.47kN 时，中心圆筒竖向位移达到 40.59mm(此时弯矩为 29.09kN·m，转角为 0.101rad)，节点达到最大承载力状态，计算可得，此时下部螺栓所受拉力和剪力分别为 387.87kN和 36.37kN。继续加载，变形迅速增大，承载力略有下降，此时下部高强螺栓突然发生断裂，试验结束。螺栓拉力超过抗拉强度极限值，螺栓剪力远小于其抗剪承载力，因此该节点螺栓破坏模式为螺栓受拉破坏。

图 18-16 为试件 B-20-16-10-75 的弯矩-转角曲线。由图可知，在初始阶段，节点处于弹性阶段，当弯矩达到 12.21kN·m、转角达到 0.0075rad 时，节点进入塑性阶段。继续加载，节点塑性持续发展，当弯矩加载至 28.86kN·m、转角为 0.109rad时，下部高强螺栓断裂，试件破坏。

图 18-17 为试件 B-20-16-10-75 的 3 号应变花等效应力-弯矩曲线。从图中可以看出，在开始阶段，应力和荷载呈直线增长，该阶段处于弹性阶段，当弯矩达到 23.03kN·m 时，该测点应变值达到 1743με，此时该测点进入屈服状态，应变增加速度大于荷载增加速度，当应变值达到 2757με 时，应变片应变超出合理的测量范围，停止测量。

(a) 下部套筒与端板分离   (b) 高强螺栓拉断

图 18-15 加载过程中螺栓变形图

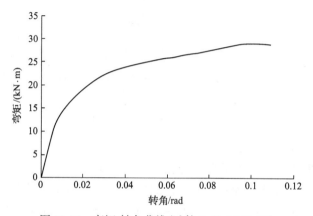

图 18-16 弯矩-转角曲线(试件 B-20-16-10-75)

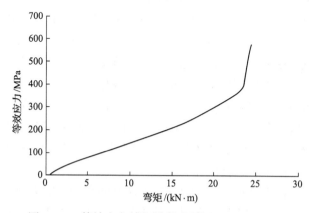

图 18-17 等效应力-弯矩曲线(试件 B-20-16-10-75)

(2)试件 B-8-16-10-75。

节点在弯剪作用下,上部套筒受压,下部高强螺栓受拉,上部高强螺栓和下部套筒未受力。在加载过程中，随着荷载的加大，下部高强螺栓被逐渐拉长，端板开始外鼓，套筒与转接头端板逐渐分离，如图 18-18 所示；当荷载加载至 102.54kN 时，中心圆筒竖向位移达到 59.32mm（此时弯矩为 20.51kN·m，转角为 0.148rad），节点达到最大承载力，继续加载，承载力下降，端板外鼓屈曲破坏，试验结束。

图 18-19 为试件 B-8-16-10-75 的弯矩-转角曲线。由图可知，在初始阶段，节点处于弹性阶段，当弯矩达到 7.27kN·m、转角达到 0.0064rad 时，节点进入塑性阶段。继续加载，节点达到最大承载力，随之荷载进入下降阶段，下部端板外鼓屈曲破坏，试验结束。

图 18-20 为试件 B-8-16-10-75 的 3 号应变花等效应力-弯矩曲线。由图可知，在加载初始阶段，应变与荷载呈比例增长，当荷载达到 36.35kN、弯矩达到 7.27kN·m 时，该测点进入屈服状态，应变迅速增大。

(a) 加载至极限荷载整体变形　　　　　　　(b) 下部端板外鼓破坏

图 18-18　试件加载变形及破坏图

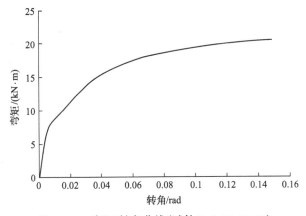

图 18-19　弯矩-转角曲线(试件 B-8-16-10-75)

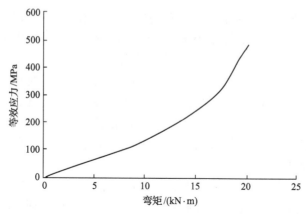

图 18-20　等效应力-弯矩曲线（试件 B-8-16-10-75）

（3）试件 B-20-16-10-100。

在弯剪作用下，上部套筒受压，下部高强螺栓受拉，上部高强螺栓和下部套筒未受力。随着荷载的加大，下部套筒与转接头端板开始分离，如图 18-21 所示；当荷载加载至 179.62kN 时，中心圆筒竖向位移达到 35.01mm（此时弯矩为 35.93kN·m，转角为 0.0875rad），节点达到最大承载力，继续加载，承载力出现下降，下部高强螺栓突然发生断裂，试验结束。此时下部螺栓所受拉力和剪力分别为 358.3kN 和 44.91kN。将其与理论值进行比较，螺栓拉力超过螺栓抗拉强度极限值，而此时螺栓剪力远小于其抗剪承载力，因此该节点螺栓破坏模式为螺栓受拉破坏。

(a) 下部螺栓丝口拉断　　　　　　　　　(b) 试件加载到最大值整体变形

图 18-21　试件加载过程中的变形

图 18-22 为试件 B-20-16-10-75 的弯矩-转角曲线。由图可知，在初始阶段，节点处于弹性阶段，当弯矩达到 11.36kN·m、转角达到 0.0053rad 时，节点进入塑性阶段。继续加载，节点塑性持续发展，承载力出现下降，当弯矩加载至 35.81kN·m、

转角为 0.884rad 时，高强螺栓断裂，试件破坏。

图 18-23 为试件 B-20-16-10-100 的 3 号应变花等效应力-弯矩曲线。由图可知，在加载初始阶段，应变与荷载呈比例增长，之后节点进入塑性阶段，刚度快速退化，对照图 18-23 可以看出，节点加载至最大值之后，荷载略有下降，应变快速增加，节点发生破坏时，应变为 2443με，此时侧板进入塑性状态。

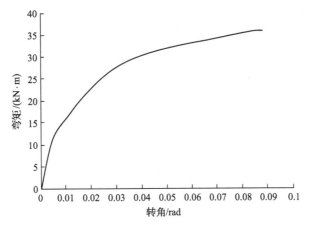

图 18-22　弯矩-转角曲线（试件 B-20-16-10-75）

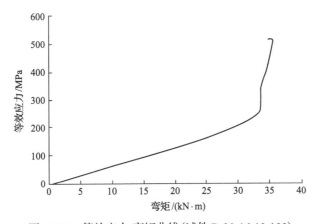

图 18-23　等效应力-弯矩曲线（试件 B-20-16-10-100）

(4)试件 B-20-16-6-75。

节点在弯剪作用下，随着荷载的加大，下部高强螺栓被逐渐拉长，侧板出现明显外鼓变形，下部套筒与转接头端板逐渐分离，侧板外鼓，如图 18-24(a)所示；当荷载加载至 141.61kN 时，中心圆筒竖向位移达到 50.24mm(此时弯矩为 28.32kN·m，转角为 0.126rad)，继续加载，承载力下降，下部高强螺栓突然发生断裂，如图 18-24(b)所示，试验结束。此时下部螺栓所受拉力和剪力分别为

377.60kN 和 35.40kN。与理论值进行比较，螺栓拉力超过螺栓抗拉强度，而此时螺栓剪力远小于其抗剪承载力，因此该节点螺栓破坏模式为螺栓受拉破坏，侧板外鼓屈曲破坏。

(a) 侧板外鼓变形　　　　　　　　　　(b) 下部高强螺栓断裂

图 18-24　节点变形图

图 18-25 为试件 B-20-16-6-75 的弯矩-转角曲线。由图可知，在初始阶段，节点处于弹性阶段，当弯矩达到 9.33kN·m、转角达到 0.0053rad 时，节点进入塑性。继续加载，节点塑性持续发展，承载力出现下降，当弯矩加载至 27.49kN·m、转角为 0.135rad 时，下部高强螺栓突然断裂，试验结束。

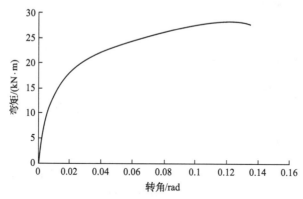

图 18-25　弯矩-转角曲线（试件 B-20-16-6-75）

图 18-26 为试件 B-20-16-6-75 的 3 号应变花等效应力-弯矩曲线。由图可知，在加载初始阶段，应变与荷载呈比例增长，之后节点进入塑性阶段，刚度快速退化，应变持续增大，当加载至 21.58kN·m 时，应变为 2833με，此时侧板外鼓屈曲严重，应力重分布，之后未测得相关数据。

18.2.4　压弯试验研究

为了了解压弯状态下节点典型部位应力发展情况，在节点适当部位布置了应变片和直角应变花，应变片及直角应变花布置如图 18-27(a)所示，设置在转接头端板中部，应变片布置在杆件靠近轴向力一侧的翼缘板上，应变和位移均采用动态应变仪测量。同时，为了测得试件在加载过程中的弯矩-转角曲线，在圆筒两侧

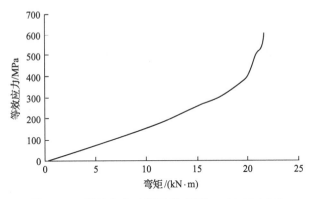

图 18-26　等效应力-弯矩曲线(试件 B-20-16-6-75)

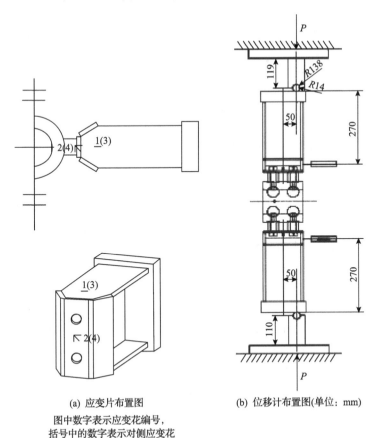

(a) 应变片布置图　　　　　　(b) 位移计布置图(单位：mm)

图中数字表示应变花编号，
括号中的数字表示对侧应变花

图 18-27　测点布置图

杆件上各设置位移计,用来测量节点位移,从而获得节点在压弯状态下的转角,具体如图 18-27(b)所示。

图 18-28 为压弯试验加载装置示意图,试验过程中,试件会随荷载增加发生弯曲,为了保证偏心压力的作用方向始终与杆件轴线平行,减小附件弯矩,试件与 UTM5300 电子万能试验机连接的上下均采用钢棒铰支座,可保证杆件所受偏心压力方向始终与杆件轴线平行,从而减少附件弯矩。

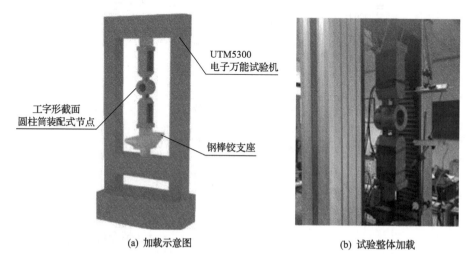

(a) 加载示意图　　　　　　　　　　(b) 试验整体加载

图 18-28　压弯试验加载装置

下面将每组试件的试验情况分别进行描述。

(1)试件 C-20-16-8。

节点在偏心压力作用下逐渐发生弯曲,在加载过程中,随着荷载的加大,弯曲角度逐渐增大,靠近轴向力一侧套筒逐渐压缩变形,远离轴向力一侧高强螺栓被逐渐拉伸,套筒与转接头端板逐渐分离;当弯矩加载到 11.46kN·m、转角为 0.0913rad 时,承载力达到最大,继续加载,承载力下降,靠近轴向力一侧套筒逐渐压溃,试验结束,如图 18-29 所示。

图 18-30 为试件 C-20-16-8 的弯矩-转角曲线。由图可知,在初始阶段,节点处于弹性阶段,当弯矩达到 4.06kN·m、转角达到 0.0041rad 时,节点进入塑性阶段。继续加载,节点塑性持续发展,达到最大承载力之后承载力下降,靠近轴向力一侧套筒压溃,试验结束。

图 18-31 为试件 C-20-16-8 的 2 号应变花等效应力-弯矩曲线。由图可知,在加载初始阶段,应变与荷载呈比例增长,当弯矩达到 4.06kN·m、转角达到 0.0041rad 时,节点进入塑性阶段,之后节点刚度快速退化,当加载至 6.55kN·m 时,2 号应变花等效应变为 1101με,2 号应变花应变值增长速度远大于弯矩增长速度,继续加载,节点达到最大荷载后,荷载出现下降。

(a) 套筒压溃

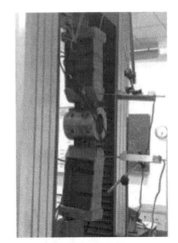

(b) 下部螺栓拉断

图 18-29　试件 C-20-16-8 节点变形图

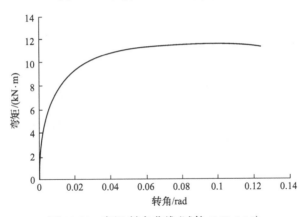

图 18-30　弯矩-转角曲线(试件 C-20-16-8)

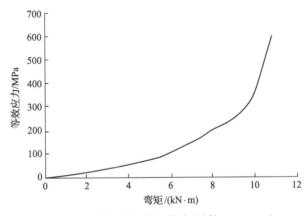

图 18-31　等效应力-弯矩曲线(试件 C-20-16-8)

(2)试件 C-20-8-8。

节点在偏心受压作用下逐渐发生弯曲，在加载过程中，随着荷载的加大，弯曲角度逐渐增大，靠近轴向力一侧套筒逐渐压缩变形，转接头端板逐渐出现塑性变形，远离轴向力一侧高强螺栓被逐渐拉伸，套筒与转接头端板逐渐分离；当弯矩加载到 7.25kN·m、转角为 0.0857rad 时，加载达到最大值，继续加载，承载力下降，靠近轴向力一侧套筒和端板逐渐压溃，试验结束，如图 18-32 所示。

(a) 套筒、端板变形　　　　　　　　(b) 加载至最大值

图 18-32　试件 C-20-8-8 节点变形图

图 18-33 为试件 C-20-8-8 的弯矩-转角曲线。由图可知，在初始阶段，节点处于弹性阶段，当弯矩达到 4.77kN·m、转角达到 0.0118rad 时，节点进入塑性阶段。

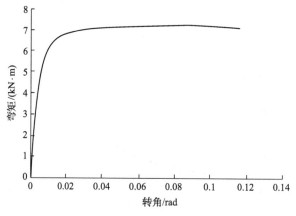

图 18-33　弯矩-转角曲线(试件 C-20-8-8)

继续加载，节点塑性持续发展，节点达到最大承载力后承载力缓慢下降，靠近轴向力一侧套筒和端板压溃，试验结束。

图 18-34 为试件 C-20-8-8 的 2 号应变花等效应力-弯矩曲线。由图及计算可知，在加载初始阶段，应变与荷载呈比例增长，当弯矩达到 4.77kN·m、转角达到 0.0118rad 时，节点进入塑性阶段，此时 2 号应变花对应的 Mises 应力达到 103.92MPa，之后节点刚度快速退化，2 号应变花应变快速增长，当加载至 7.18kN·m 时，3 号应变花等效应力为 595.93MPa，此时端板塑性变形严重，继续加载，节点承载力下降，应变片超过量程失效。

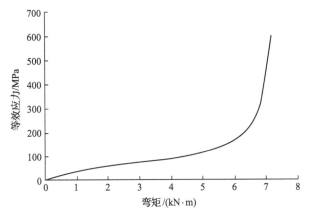

图 18-34　等效应力-弯矩曲线(试件 C-20-8-8)

(3)试件 C-24-16-8。

节点在偏心压力作用下逐渐发生弯曲，随着荷载的加大，弯曲角度逐渐增大，靠近轴向力一侧套筒逐渐压缩变形，远离轴向力一侧高强螺栓被逐渐拉长，套筒与转接头端板逐渐分离；当弯矩加载到 11.993kN·m、转角为 0.133rad 时，加载达到最大值，继续加载，承载力下降，靠近轴向力一侧套筒逐渐压溃，试验结束，如图 18-35 所示。

图 18-36 为试件 C-24-16-8 的弯矩-转角曲线。由图可知，在初始阶段，节点处于弹性阶段，当弯矩达到 3.03kN·m、转角达到 0.00128rad 时，节点进入塑性阶段。继续加载，节点塑性持续发展，达到最大承载力后，承载力出现下降，靠近轴向力一侧套筒压溃，试验结束。

图 18-37 为试件 C-24-16-8 的 2 号应变花等效应力-弯矩曲线。由图可知，在加载初始阶段，应变与荷载呈比例增长，当加载至 5.36kN·m 时，2 号应变花应变为 486με，节点进入塑性阶段，节点刚度快速退化，2 号应变花应变增长速度远大于弯矩增长速度，继续加载，节点达到最大荷载，然后承载力下降，螺栓拉断。

(a) 端板、套筒变形　　　　　　　　(b) 下部螺栓拉断

图 18-35　试件 C-24-16-8 节点变形图

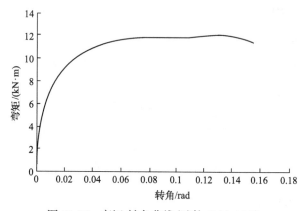

图 18-36　弯矩-转角曲线（试件 C-24-16-8）

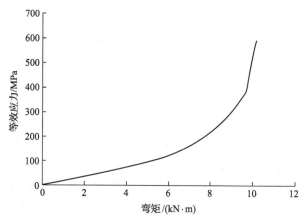

图 18-37　等效应力-弯矩曲线（试件 C-24-16-8）

(4)试件 C-20-16-6。

节点在偏心压力作用下逐渐发生弯曲，随着荷载的加大，弯曲角度逐渐增大，

靠近轴向力一侧套筒逐渐压缩变形，远离轴向力一侧高强螺栓被逐渐拉伸，套筒与转接头端板逐渐分离；当弯矩加载到 9.05kN·m、转角为 0.093rad 时，加载达到最大值，继续加载，承载力下降，靠近轴向力一侧套筒逐渐压溃，试验结束，如图 18-38 所示。

图 18-39 为试件 C-20-16-6 的弯矩-转角曲线。由图可知，在初始阶段，节点处于弹性阶段，当弯矩达到 2.09kN·m、转角达到 0.00139rad 时，节点进入塑性阶段。继续加载，节点塑性持续发展，节点达到最大承载力后，承载力开始下降，靠近轴向力一侧套筒压溃，试验结束。

图 18-40 为试件 C-20-16-6 的 4 号应变花等效应力-弯矩曲线。由图可知，在加载初始阶段，应变与荷载呈比例增长，之后节点进入塑性阶段，刚度快速退化，应变持续增大，当加载至 21.58kN·m 时，应变为 2834με，此时侧板外鼓变形严重，应力重分布，之后数据未进行记录。

(a) 套筒压溃　　　　　　　　　　　(b) 加载到最大值

图 18-38　试件 C-20-16-6 节点变形图

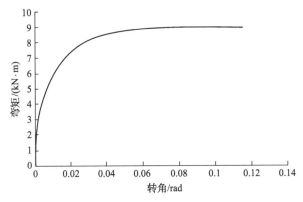

图 18-39　弯矩-转角曲线(试件 C-20-16-6)

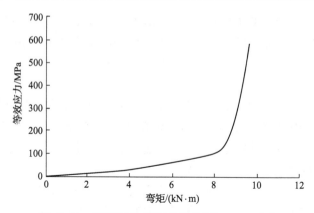

图 18-40　等效应力-弯矩曲线(试件 C-20-16-6)

通过五组试件的弯剪试验和四组试件的压弯试验，分析对比其结果，可以得到以下结论：

(1)弯剪试验节点的破坏形态主要集中在高强螺栓断裂，压弯试验节点的破坏形态主要集中在靠近轴向力一侧套筒压溃。

(2)由弯剪试验可知，节点随着转接头端板厚度、螺栓直径、螺栓间距的增大，节点的初始刚度和极限承载力也相应增大。侧板厚度的增大对节点影响不大，适当减小端板厚度，可以增加节点延性。

(3)由压弯试验可知，节点随着转接头端板厚度、螺栓直径、翼缘板厚度的增大，节点的初始刚度和极限承载力也相应增大。

18.3　工字形截面圆柱筒装配式节点有限元模拟

有限元计算模型要求模拟节点真实的材料性能、构造组成、承载状况及约束条件等，能真实反映节点在工作时的力学性能。鉴于弯剪试验和压弯试验的加载方法和约束方式，同时注意到节点组成的对称性，为节约计算时间，选取试验节点体的 1/2 结构建立有限元模型。弯剪工况和压弯工况的约束及加载方式如图 18-41、图 18-42 所示。

工字形截面圆柱筒装配式节点是由多个零件装配而成的，故在有限元模拟过程中，必须要考虑接触问题。在运用 ABAQUS 时，可以通过相互作用模块来定义接触。由于螺栓拧入中心圆筒的长度大于螺栓直径的 1.1 倍，在数值模拟中可以认为螺栓与圆筒无相对滑动，故选用绑定约束来进行模拟。同理，由于转接头端板与工字形截面杆件采用焊接连接，也选用绑定约束来进行模拟。其余零件之间的约束采用表面与表面接触。零件与零件之间的接触设置如图 18-43 和表 18-8 所示。

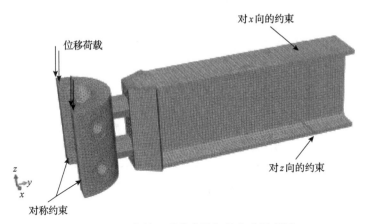

图 18-41　弯剪工况约束及加载方式示意图

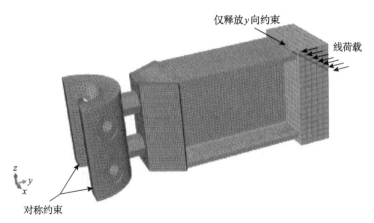

图 18-42　压弯工况约束及加载方式示意图

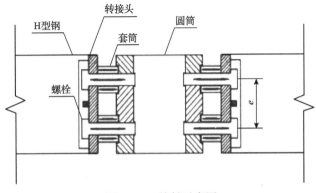

图 18-43　接触示意图

表 18-8　有限元模型接触设置

接触对编号	描述	接触模式	摩擦系数
1	圆筒与螺栓	绑定接触	—
2	螺栓与套筒	面与面接触	0.2
3	套筒与转接头	面与面接触	0.2
4	螺栓与转接头	面与面接触	0.2
5	转接头与杆件	绑定接触	—

限于篇幅，下面给出部分节点有限元分析结果，并与试验结果进行对比。图 18-44(a)、(b)是节点 B-20-16-10-75 的有限元模型加载至极限荷载时的整体变形和等效应力云图，对照图 18-44(d)可知，节点变形情况与试验基本吻合，随着加载量的增大，下部高强螺栓弯曲变形，节点下部套筒与端板分离，如图 18-44(b)、(c)所示，节点最大应力出现在螺栓上，由此也可以说明节点最终属于螺栓破坏。根据图 18-44(d)的结果，将节点试验和模拟结果列于表 18-9 中。

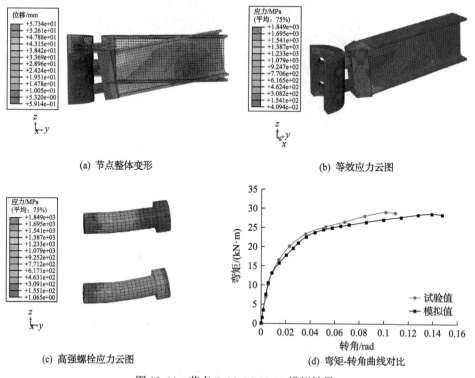

(a) 节点整体变形

(b) 等效应力云图

(c) 高强螺栓应力云图

(d) 弯矩-转角曲线对比

图 18-44　节点 B-20-16-10-75 模拟结果

表 18-9　节点 B-20-16-10-75 试验与模拟结果对比

	试验值	模拟值	误差/%
初始转动刚度/(kN·m/rad)	1780.81	1819.81	2.19
极限弯矩/(kN·m)	29.09	28.71	1.3

图 18-45(a)、(b)为节点 B-20-8-10-75 的有限元模型加载至极限荷载时的整体变形和应力云图，对照图 18-45(d)可知，节点变形情况与试验基本吻合，随着加载量的增大，下部高强螺栓弯曲变形，端板塑性变形，由图 18-45(b)可知，节点达到极限承载力时，端板下部明显外鼓，应力基本超过试验所得材料最大承载应力。有限元结果与试验相符，属于端板外鼓屈曲破坏。根据图 18-45(d)的结果，将节点试验和模拟结果列于表 18-10 中。

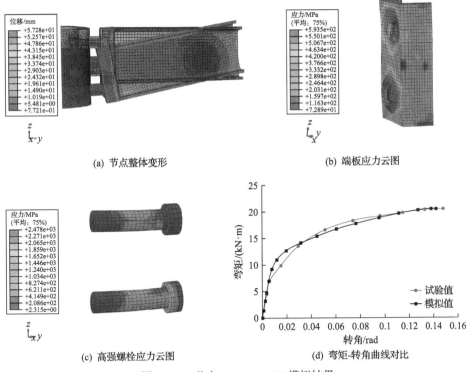

(a) 节点整体变形　　　　　　　　　　(b) 端板应力云图

(c) 高强螺栓应力云图　　　　　　　(d) 弯矩-转角曲线对比

图 18-45　节点 B-20-8-10-75 模拟结果

表 18-10　节点 B-20-8-10-75 试验与模拟结果对比

	试验值	模拟值	误差/%
初始转动刚度/(kN·m/rad)	1302.71	1388.33	6.57
极限弯矩/(kN·m)	20.51	20.63	0.059

图 18-46(a)是节点 C-20-16-8 的有限元模型加载至极限荷载时的整体变形图,节点在偏心压力作用下逐渐发生弯曲,随着荷载的加大,弯曲角度逐渐增大,靠近轴向力一侧套筒逐渐压缩,远离轴向力一侧高强螺栓被逐渐拉长,套筒与转接头端板逐渐分离;当转角达到 0.106rad 时,节点达到极限承载力,如图 18-46(b)所示,此时螺栓变形明显,接近试验所得最大应力,套筒应力达到 400MPa,已达到 Q235B 材料的最大承载力,故该节点属于套筒压溃破坏,如图 18-46(c)所示。根据图 18-46(d)的结果,将节点试验和模拟结果列于表 18-11 中。

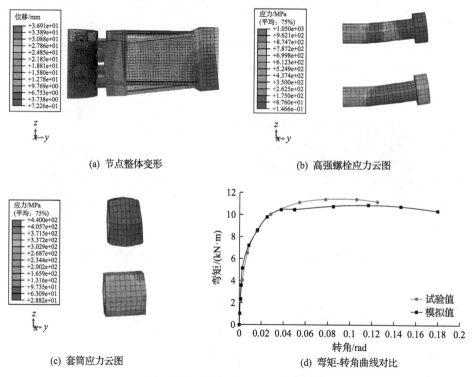

(a) 节点整体变形　　　　　　　　　　(b) 高强螺栓应力云图

(c) 套筒应力云图　　　　　　　　　　(d) 弯矩-转角曲线对比

图 18-46　节点 C-20-16-8 模拟结果

表 18-11　节点 C-20-16-8 试验与模拟结果对比

	试验值	模拟值	误差/%
初始转动刚度/(kN·m/rad)	1958.44	2030.79	3.69
极限弯矩/(kN·m)	11.46	10.90	4.89

图 18-47(a)是节点 C-20-8-8 的有限元模型加载至极限荷载时的整体变形图,节点在偏心压力作用下逐渐发生弯曲,随着荷载的加大,弯曲角度逐渐增大,靠近轴向力一侧端板和套筒逐渐压缩;当转角达到 0.0643rad 时,节点达到极限承载

力，如图 18-47(b)所示，此时端板受压变形明显，灰色部分已超过材料最大应力，而高强螺栓和套筒并未达到最大应力状态，如图 18-47(c)、(d)所示，故该节点属于端板屈曲破坏。根据图 18-47(e)的结果，将节点试验和模拟结果列于表 18-12 中。

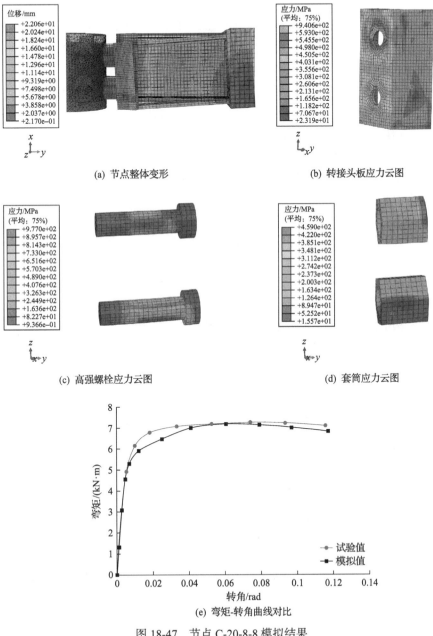

(a) 节点整体变形　　　　　　　　(b) 转接头板应力云图

(c) 高强螺栓应力云图　　　　　　(d) 套筒应力云图

(e) 弯矩-转角曲线对比

图 18-47　节点 C-20-8-8 模拟结果

表 18-12 节点 C-20-8-8 试验与模拟结果对比

	试验值	模拟值	误差/%
初始转动刚度/(kN·m/rad)	979.97	971.02	0.91
极限弯矩/(kN·m)	7.25	7.18	0.97

利用 ABAQUS 有限元软件，对弯剪试验和压弯试验的工字形截面圆柱筒装配式节点进行数值模拟研究，通过试验结果与模拟结果的对比，验证了有限元模型的正确性，可得出以下主要结论：

(1) 有限元分析结果与试验结果整体上较为接近，极限弯矩平均误差为 1.79%，最大误差为 4.89%；主要是由于加载设备变形测试达到最大值，节点未加载到极限荷载。初始转动刚度平均误差为 3.34%，最大误差为 6.57%。

(2) 有限元模拟的弯矩-转角曲线和试验结果吻合得较好，破坏形态也吻合得较好，可知有限元模型能较好地反映节点受力性能，可用于对节点各部件设计的参数分析。

18.4　工字形截面圆柱筒装配式节点的性能

本节结合试验和有限元模拟，首先进行工字形截面圆柱筒装配式节点在弯剪和压弯受力状态下的参数分析，然后根据节点的构造特点和规范要求，提出节点各部件的构造设计，最后给出影响节点承载力的主要因素。

1) 弯剪作用下节点参数分析

在节点弯剪试验中，对不同的端板厚度、螺栓直径、螺栓间距、侧板厚度进行研究，结合数值模拟，对各参数进行分析。

(1) 端板厚度对节点抗弯性能的影响。

在弯剪试验中，节点 B-20-8-10-75、B-20-16-10-75 的端板厚度分别为 8mm 和 16mm，其余参数都相同。将这两个节点的有限元模拟结果进行比较分析，得到不同端板厚度对节点抗弯性能的影响。

图 18-48、表 18-13 为两者的弯矩-转角曲线和具体数据对比，由图表可知，随着端板厚度的增大，节点极限弯矩和初始转动刚度均增大，同时破坏形态由端板塑性破坏变成螺栓拉断。

图 18-49 为节点加载至 3.5kN·m 时，螺栓的等效应力云图。节点在初始弹性阶段主要靠螺栓抵抗弯矩，由图可知，节点端板的厚度越小，螺栓应力增加越快，其弹性阶段也相应越短，同时初始转动刚度也越低。

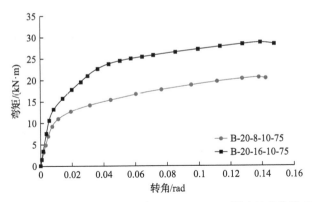

图 18-48　节点 B-20-8-10-75 及 B-20-16-10-75 弯矩-转角曲线对比

表 18-13　节点 B-20-8-10-75 及 B-20-16-10-75 结果对比

节点编号	端板厚度/mm	极限弯矩/(kN·m)	初始转动刚度/(kN·m/rad)	破坏形态
B-20-8-10-75	8	20.63	1388.33	端板塑性破坏
B-20-16-10-75	16	28.71	1819.81	螺栓拉断

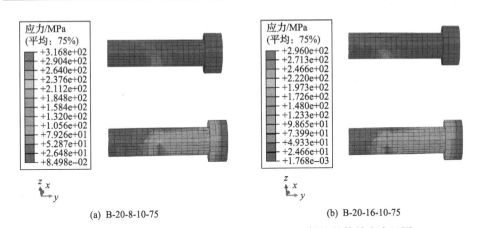

(a) B-20-8-10-75　　　　　　　　　(b) B-20-16-10-75

图 18-49　节点 B-20-8-10-75 及 B-20-16-10-75 螺栓的等效应力云图

　　图 18-50 为节点加载至最大荷载时，端板的等效应力云图。由图可知，随着端板厚度的减小，要抵抗相同弯矩所产生的应力增大，端板塑性变形增大，当端板减小到某一数值时，破坏形式由螺栓拉断变成端板塑性破坏。

　　综上所述，随着端板厚度的增大，节点极限弯矩和初始转动刚度都增大，同时节点破坏形态也从端板塑性破坏转变成螺栓拉断。

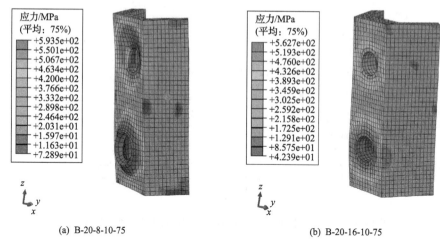

(a) B-20-8-10-75　　　　　　　　(b) B-20-16-10-75

图 18-50　节点 B-20-8-10-75 及 B-20-16-10-75 端板的等效应力云图

(2)螺栓直径对节点抗弯性能的影响。

在弯剪试验中,节点 B-20-16-10-75、B-24-16-10-75 的螺栓型号分别采用 M20 和 M24,套筒大小和螺栓直径相匹配,其余参数都相同。下面将这两个节点的有限元模拟结果进行比较分析,得到不同螺栓直径对节点抗弯性能的影响。

图 18-51、表 18-14 分别为两者的弯矩-转角曲线和具体数据对比,由图表可得,随着螺栓直径的增大,节点极限弯矩和初始刚度均增大,破坏形态没有变化,均是螺栓拉断。

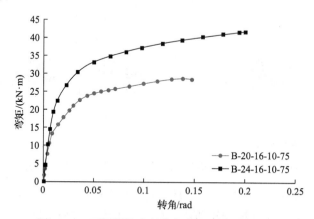

图 18-51　不同螺栓直径节点弯矩-转角曲线对比

表 18-14　不同螺栓直径结果对比

节点编号	螺栓型号	极限弯矩/(kN·m)	初始转动刚度/(kN·m/rad)	破坏形态
B-20-16-10-75	M16	28.71	1819.81	螺栓拉断
B-24-16-10-75	M24	41.76	2257.55	螺栓拉断

图 18-52 为节点加载至 3.5kN·m 时螺栓的等效应力云图。节点在初始弹性阶段主要靠螺栓抵抗弯矩，由图可知，螺栓直径越大，应力发展水平越慢，其弹性阶段也相应越长，同时初始转动刚度也变大。

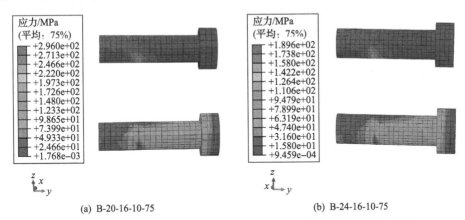

(a) B-20-16-10-75　　　　　　　　(b) B-24-16-10-75

图 18-52　节点 B-20-16-10-75 及 B-24-16-10-75 螺栓的等效应力云图

图 18-53 为节点加载至最大荷载时端板的等效应力云图。由图可知，随着端板厚度、螺栓直径的增大，节点可承受的极限承载力随之增大，端板上的应力也相应增加，塑性变形增大，节点 B-24-16-10-75 由于应力较大，端板和螺栓尾部接触的部位产生了较大的接触应力。

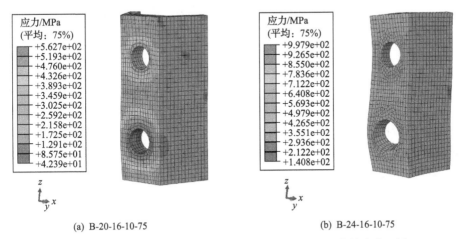

(a) B-20-16-10-75　　　　　　　　(b) B-24-16-10-75

图 18-53　节点 B-20-16-10-75 及 B-24-16-10-75 端板的等效应力云图

上述结果表明，随着螺栓直径的增大，节点极限弯矩和初始转动刚度都增大，同时节点破坏形态未发生变化。但是可以想象，若是螺栓直径继续增大，破坏形态会从螺栓拉断变为端板塑性破坏。

(3)螺栓间距对节点抗弯性能的影响。

在弯剪试验中，节点 B-20-16-10-75、B-20-16-10-100 的螺栓间距分别为 75mm 和 100mm，其余参数都相同。将这两个节点的有限元模拟结果进行比较分析，得到不同螺栓间距对节点抗弯性能的影响。

图 18-54、表 18-15 分别为两者的弯矩-转角曲线和具体数据对比，由图表可得，随着螺栓间距的增大，节点极限弯矩和初始转动刚度均增大，破坏形态没有变化，均是螺栓拉断。

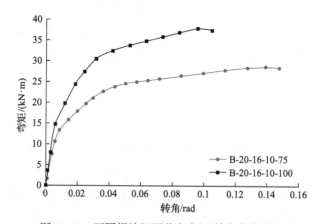

图 18-54　不同螺栓间距节点弯矩-转角曲线对比

表 18-15　不同螺栓间距结果对比

节点编号	螺栓间距/mm	极限弯矩/(kN·m)	初始转动刚度/(kN·m/rad)	破坏形态
B-20-16-10-75	75	28.71	1819.81	螺栓拉断
B-20-16-10-100	100	37.97	2559.23	螺栓拉断

图 18-55 为节点加载至 3.5kN·m 时螺栓的等效应力云图。节点在初始弹性阶段主要靠螺栓抵抗弯矩，由图可知，要抵抗相同弯矩，螺栓间距越大，高强螺栓所需的应力越小，其应力发展水平越慢，相对来说弹性阶段更长，因此节点极限承载力和初始转动刚度也就越大。

由此可见，随着螺栓间距的增大，节点极限弯矩和初始转动刚度都增大，同时节点破坏形态未发生改变，均为螺栓拉断。

(4)侧板厚度对节点抗弯性能的影响。

在弯剪试验中，节点 B-20-16-6-75、B-20-16-10-75 的侧板厚度分别为 6mm 和 10mm，其余参数基本相同。将这两个节点的有限元模拟结果进行比较分析，得到不同侧板厚度对节点抗弯性能的影响。

图 18-56、表 18-16 分别为两者的弯矩-转角曲线和具体数据对比，由图表可

得，随着侧板厚度的增大，节点极限弯矩有小幅上升，节点初始转动刚度几乎不变，同时节点破坏形态未发生变化，也为螺栓拉断。

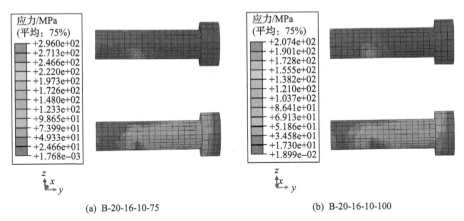

(a) B-20-16-10-75　　　　　　　　　　　　(b) B-20-16-10-100

图 18-55　节点 B-20-16-10-75 及 B-20-16-10-100 螺栓的等效应力云图

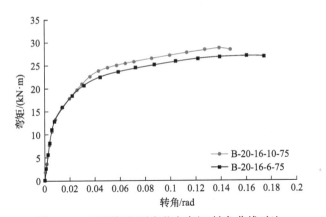

图 18-56　不同侧板厚度节点弯矩-转角曲线对比

表 18-16　不同侧板厚度结果对比

节点编号	侧板厚度/mm	极限弯矩/(kN·m)	初始转动刚度/(kN·m/rad)	破坏形态
B-20-16-6-75	6	27.07	1807.92	螺栓拉断
B-20-16-10-75	10	28.71	1819.81	螺栓拉断

图 18-57 为节点加载至 3.5kN·m 时螺栓的等效应力云图。节点在初始弹性阶段主要靠螺栓抵抗弯矩，由图可知，随着节点侧板的厚度增大，螺栓应力发展会有小幅上升，但变化不大，因此侧板厚度对螺栓承载力影响不大。

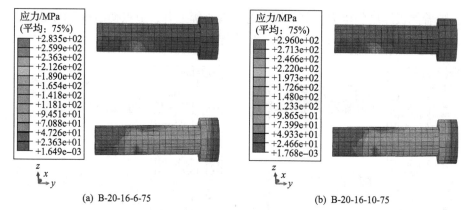

(a) B-20-16-6-75   (b) B-20-16-10-75

图 18-57　节点 B-20-16-6-75 及 B-20-16-10-75 螺栓的等效应力云图

图 18-58 为节点加载至最大荷载时侧板的等效应力云图。由图可知，节点在达到极限承载力时，随着侧板厚度的减小，侧板上的应力相应增大，侧板塑性变形也增大，这也增加了节点一定的延性，故在节点设计时，端板不宜过厚，也不宜过薄。

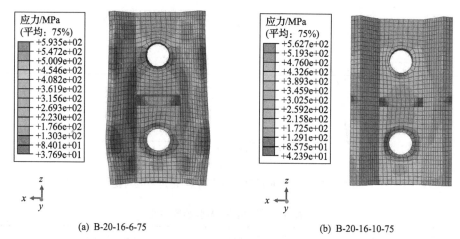

(a) B-20-16-6-75   (b) B-20-16-10-75

图 18-58　节点 B-20-16-6-75 及 B-20-16-10-75 侧板的等效应力云图

上述结果表明，随着侧板厚度的增大，节点极限弯矩和初始转动刚度都有微小上升，节点破坏形态未发生变化，依旧是螺栓拉断。这也说明侧板厚度的变化对接点承载力影响不明显。

2) 压弯作用下节点参数分析

在节点压弯试验中，对不同的端板厚度、螺栓直径、杆件翼缘板厚度进行研究，下面将结合数值模拟，对各参数进行分析。

(1)端板厚度对节点抗弯性能的影响。

在压弯试验中，节点 C-20-8-8、C-20-16-8 的端板厚度分别为 8mm 和 16mm，其余参数基本相同。将这两个节点的有限元模拟结果进行比较分析，得到不同端板厚度对节点抗弯性能的影响。

图 18-59、表 18-17 分别为两者的弯矩-转角曲线和具体数据对比，由图表可知，随着端板厚度的增加，节点极限弯矩和初始转动刚度均增大，同时破坏形态由端板塑性破坏、套筒压溃变成套筒压溃。

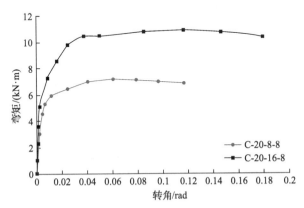

图 18-59　节点 C-20-8-8、C-20-16-8 弯矩-转角曲线对比

表 18-17　节点 C-20-8-8、C-20-16-8 结果对比

节点编号	端板厚度/mm	极限弯矩/(kN·m)	初始转动刚度/(kN·m/rad)	破坏形态
C-20-8-8	8	7.18	971.02	端板塑性破坏、套筒压溃
C-20-16-8	16	11.46	2030.79	套筒压溃

图 18-60 为节点加载至 3.5kN·m 时套筒的等效应力云图。节点在初始弹性阶段主要靠螺栓受拉、套筒受压来抵抗弯矩，由图可知，节点端板的厚度越大，靠近轴向力套筒应力发展水平越慢，其弹性阶段也相应越长，同时初始转动刚度也越大。

图 18-61 为节点加载至最大荷载时端板的等效应力云图。由图可知，随着端板厚度的减小，要抵抗相同弯矩在端板上所产生的应力增大，端板塑性变形增大，由此可知，当端板减小到某一数值时，破坏形态从套筒压溃变成了端板塑性破坏。

因此，随着端板厚度的增大，节点极限弯矩和初始转动刚度都增大，同时节点破坏形态也从端板塑性破坏转变成套筒压溃。

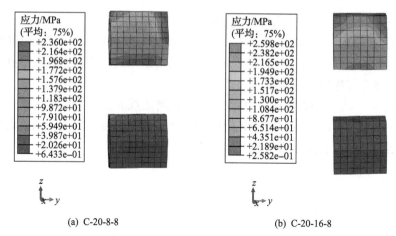

(a) C-20-8-8　　　　　　　　　　　　　　(b) C-20-16-8

图 18-60　节点 C-20-8-8、C-20-16-8 套筒的等效应力云图

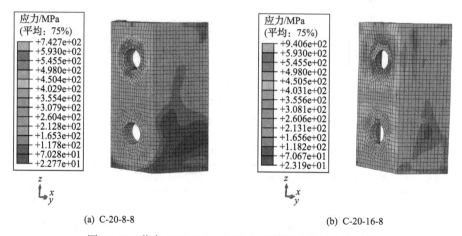

(a) C-20-8-8　　　　　　　　　　　　　　(b) C-20-16-8

图 18-61　节点 C-20-8-8、C-20-16-8 端板的等效应力云图

(2)螺栓直径对节点抗弯性能的影响。

在压弯试验中,节点 C-20-16-8、C-24-16-8 分别采用型号为 M20 和 M24 的螺栓,即螺栓直径和套筒尺寸都有相应的改变,其余参数都相同。将这两个节点的有限元模拟结果进行比较分析,获得不同螺栓直径对节点抗弯性能的影响。

图 18-62、表 18-18 分别为两者的弯矩-转角曲线和具体数据对比,由图表及前面的算例可得,随着端板直径的增加,节点极限弯矩和初始转动刚度均增大,同时破坏形态由端板塑性破坏、套筒压溃变成套筒压溃。

图 18-63 为节点加载至 3.5kN·m 时套筒的等效应力云图。节点在初始弹性阶段主要靠螺栓受拉、套筒受压来抵抗弯矩,由图可知,节点螺栓直径越大,相应套筒尺寸也越大,靠近轴向力套筒应力发展水平越慢,其弹性阶段也相应越长,同时初始转动刚度也越大。

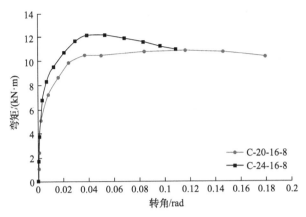

图 18-62　不同螺栓直径节点弯矩-转角曲线对比

表 18-18　不同螺栓直径结果对比

节点编号	螺栓规格	极限弯矩/(kN·m)	初始转动刚度/(kN·m/rad)	破坏形态
C-20-16-8	M20	11.46	2030.79	套筒压溃
C-24-16-8	M24	12.20	2145.45	套筒压溃

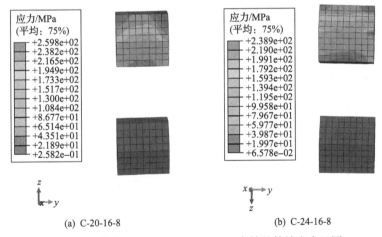

(a) C-20-16-8　　　　　　　　(b) C-24-16-8

图 18-63　节点 C-20-16-8、C-24-16-8 套筒的等效应力云图

由此，随着螺栓直径的增大，节点极限弯矩和初始转动刚度都增大，节点破坏形态未发生变化，依旧是套筒压溃。

(3) 杆件翼缘板厚度对节点抗弯性能的影响。

在压弯试验中，节点 C-20-16-6、C-20-16-8 的杆件翼缘板厚度分别为 6mm 和 8mm，其余参数都相同。将这两个节点的有限元模拟结果进行比较分析，得到不同杆件翼缘板厚度对节点抗弯性能的影响。

图 18-64、表 18-19 分别为两者的弯矩-转角曲线和具体数据对比，由图表可得，随着杆件翼缘板厚度的增大，节点极限弯矩增大，但是节点初始刚度并没有出现明显变化，同时破坏形态也未发生变化，依旧是套筒压溃。

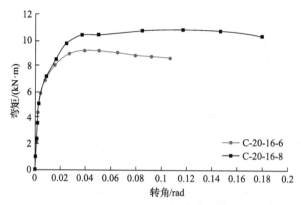

图 18-64　不同杆件翼缘板厚度节点弯矩-转角曲线对比

表 18-19　不同杆件翼缘板厚度结果对比

节点编号	翼缘板厚度/mm	极限弯矩/(kN·m)	初始转动刚度/(kN·m/rad)	破坏形态
C-20-16-6	6	9.21	2031.25	套筒压溃
C-20-16-8	8	11.46	2030.79	套筒压溃

图 18-65 为节点加载至 3.5kN·m 时套筒的等效应力云图。节点在初始弹性阶段主要靠螺栓受拉、套筒受压来抵抗弯矩，改变杆件翼缘板厚度，节点在弹性阶

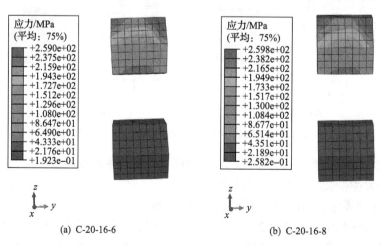

　　　　(a) C-20-16-6　　　　　　　　　　　(b) C-20-16-8

图 18-65　节点 C-20-16-6、C-20-16-8 套筒的等效应力云图

段的应力发展基本一致，故节点初始转动刚度基本不变。随着杆件翼缘板厚度的增大，节点极限弯矩增大，而基本不影响节点初始转动刚度。

综上，随着杆件翼缘板厚度的增大，节点极限弯矩增大，但节点的初始转动刚度基本未发生变化，同时节点破坏形态也未改变，依然是套筒压溃。

18.5　本 章 小 结

本章对工字形截面圆柱筒装配式节点进行了参数分析，可得出如下结论：

(1)节点受弯剪作用时，只要保证端板厚度与螺栓规格匹配，就能保证节点破坏形态为螺栓拉断，从而简化设计计算，同时也能保证节点的初始转动刚度。

(2)节点受弯剪作用时，节点的螺栓直径、螺栓间距、端板厚度对节点的抗弯性能和初始转动刚度都有明显影响，而节点侧板厚度的变化对节点抗弯性能影响很小，对节点的初始转动刚度基本没有影响。

(3)节点受压弯作用时，节点的螺栓直径、端板厚度对节点的抗弯性能和初始转动刚度都有明显影响。杆件翼缘板厚度对节点抗弯性能有一定影响，但是对节点初始转动刚度几乎没有影响。

第19章 矩形不锈钢管圆柱筒装配式节点

结构不锈钢常采用焊接连接、螺栓连接或者其他机械紧固件连接。基本的设计理念和碳素钢节点并无不同，不锈钢(尤其是奥氏体不锈钢)较好的延性和耐腐蚀性是其优势。本章对矩形不锈钢管与圆柱筒连接节点进行研究，结果可供相关工程设计参考。下面首先介绍国内外不锈钢连接节点的研究状况。

19.1 不锈钢连接节点研究现状

目前，不锈钢连接节点的研究大多集中在一般结构形式的节点。例如，Bouchaïr 等[245]研究了盖板连接和 T 形连接两种典型的不锈钢螺栓连接形式，建立了两种连接形式的有限元模型并进行了验证。Kim 等[246]研究了不锈钢螺栓单剪连接中薄板翘曲对极限强度的影响。Salih 等[247]研究了不锈钢连接净截面的破坏性能，建立奥氏体和铁素体不锈钢的数值模型，并与现有的试验结果进行了对比验证；通过研究不同边距和螺栓配置下沿净截面的应力分布，发现不锈钢延性较好，能保证破坏前的内力重分布，据此提出基于 EN1993-1-3 的不锈钢螺栓连接的净截面承载力修正设计公式，并用统计分析的方法证明了其可靠性。Elflah 等[248]研究了不锈钢梁柱节点的静力承载性能，在静态单调荷载作用下对四种不同螺栓连接形式的梁柱节点进行了足尺试验、数值模拟。结果表明，该节点具有良好的延性，其承载力远高于碳钢节点设计规范的预测值。

Salih 等[249]研究了不锈钢单肢单排螺栓连接节点板的净截面断裂问题，建立了奥氏体不锈钢的数值模型，并与现有的试验结果进行了对比验证，通过有限元分析了不同型号、端距、边距、螺栓间距以及连接长度的角钢试件，得到计算角钢螺栓连接净截面承载力的修正设计公式，并通过统计分析验证了其可靠性。Cai 等[250]研究了冷弯薄壁不锈钢螺栓单剪和双剪螺栓连接的承载性能，试样由三种不同类型的不锈钢制成，对不同螺栓直径和螺栓布置的不锈钢单剪和双剪螺栓连接进行了试验研究，在螺栓连接试验中观察到螺栓剪切破坏和净截面拉伸破坏两种主要的破坏模式。

Cho 等[251]研究了铁素体不锈钢单剪螺栓连接的受力性能，对其进行了试验和有限元模拟，利用验证后的模型进行广泛的参数研究，计算了不同板件厚度和不同端距的模型，得到其极限承载力，并分析平面外翘曲对螺栓极限承载性能的影响。结果表明，现行设计规范不能准确地预测翘曲试件的极限强度。通过统计分析，提出了考虑翘曲效应的承载力设计公式。

王元清等[252]研究了不锈钢外伸式端板螺栓连接节点的破坏形态、承载力及延性，对四种类型的螺栓(镀锌高强度螺栓 10.9 级、8.8 级、A4-70、A4-80)和不同端板厚度的端板节点进行循环荷载下的破坏试验，并与数值模拟结果进行对比。结果表明，不锈钢螺栓端板连接节点的滞回曲线呈 Z 形，且其耗能系数仅为镀锌高强度螺栓端板节点的 40%；当端板较薄时，节点的抗震性能均有显著提高。此外，所有试件的滞回曲线均有不同程度的滑移捏缩现象，端板越薄，捏缩现象越明显，需从设计上加以改进。

赵宇[253]研究了不锈钢盖板螺栓连接节点的静力承载性能，进行了 54 组奥氏体型 S30408 和双相型 S22253 不锈钢板螺栓抗剪连接试件的单调加载试验，得到了各组试件的破坏形态、荷载-位移曲线、荷载-孔径变形曲线以及由变形准则得到的承载性能指标；利用 ABAQUS 计算了 294 个数值算例，对影响承载性能的因素进行了参数分析，并提出了不锈钢板螺栓抗剪连接承压承载力的建议计算公式。

Yuan 等[254]和胡松[255]研究了不锈钢 T 形件螺栓连接节点的静力承载性能，进行 40 组 T 形件螺栓连接试件的单调加载试验，得到各试件的极限承载力、破坏模式和撬力发展规律等，将试验结果与现行设计方法的计算值进行比较，包括欧洲规范 3：钢结构设计的连续强度法、美国钢结构设计协会给出的钢结构设计规范和中国规范《钢结构高强度螺栓连接技术规程》(JGJ 82—2011)，发现现有的设计方法均较为保守；借用 ABAQUS 计算了 783 个不锈钢 T 形件数值算例，得到计算不锈钢 T 形件螺栓连接极限承载力的建议计算方法。

王元清等[256]研究了 S31608 螺栓焊混接梁柱节点的承载性能及变形能力，比较不同种类的螺栓(A4-80、A4-70、达克罗 8.8 级)以及剪切板是否进行三面围焊等因素对节点力学性能的影响，采用摩擦型连接配置螺栓数量，按照承压型连接确定开孔尺寸，设计了 5 个梁柱节点足尺试件，在循环往复荷载作用下进行试验。结果表明，5 个试件的滞回曲线饱满光滑，无捏缩现象。不同种类的螺栓对试件的承载能力和延性性能影响较小，综合考虑金属间腐蚀和单价等因素，建议选用 A4-70 螺栓应用于不锈钢梁柱栓焊节点中。

冯然[257]研究了不锈钢方管焊接相贯 T 形节点的受力性能，通过选用不同型号的不锈钢材料共 22 个 T 形方管节点试件进行试验研究，试验观察到了主管翼缘塑性破坏、主管腹板屈曲破坏和支管局部屈曲破坏三种典型的失效模式。将试验结果与现行国际规范及我国钢结构设计规范进行对比发现，现行焊接相贯节点的设计规范都偏于保守，相较于《空心管结构连接设计指南》，我国规范的计算结果更接近试验结果，更为合理。此外，建议取主管翼缘宽度的 1%作为不锈钢方管焊接相贯 T 形节点在正常使用极限状态下的变形极限。

上述文献表明，即使有较多学者研究不锈钢连接节点，但适用于自由曲面网格结构的节点少有见到，本章提出一种矩形不锈钢管圆柱筒节点，为自由曲面网格结构工程提供技术支撑。

19.2　矩形不锈钢管圆柱筒装配式节点试验研究

19.2.1　矩形不锈钢管圆柱筒装配式节点介绍

与普通碳素钢空间网格结构相同，应用于不锈钢空间网格结构的节点主要可以分为焊接球节点、螺栓球节点和其他类型的节点。不锈钢螺栓球节点避免了大量现场焊接作业，安装方便快捷，零部件均在工厂加工，节点质量有保障。

在应用范围上，螺栓球节点主要承受轴力，只适用于铰接节点空间结构，且节点连接的杆件形式局限于圆管。对于单层空间网格结构，杆件除轴力外还要承受弯矩作用，考虑到美观和受力性能上的要求，通常选用矩形管，因此适用于矩形管的不锈钢装配式刚接节点亟须进行研究。

目前国内天津大学[258]、东南大学[7]、浙江大学[259]等均对碳素钢圆柱筒节点及其变体展开了研究，圆柱筒节点具有构造简单、传力路径明确、装配效率高、节点空间定位适用性与准确性强等优点。

圆柱筒节点主要由中心圆筒、封板、螺栓、套筒和矩形管杆件组成，如图 19-1 所示。在安装过程中，首先将螺栓从封板的螺栓孔中穿出，使用紧固螺栓将螺栓与套筒连为一体，以防螺栓掉入矩形管内，然后完成封板与矩形管的焊接连接，最后在施工现场将之前焊好的杆件通过扳手拧动套筒，带动螺栓旋入已经定位好的中心圆筒即可。

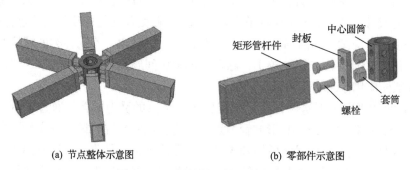

(a) 节点整体示意图　　　　　　　　(b) 零部件示意图

图 19-1　不锈钢圆柱筒节点示意图

根据杆件受力状态的不同(拉、压、弯、剪)，圆柱筒节点的传力路径和零部件起到的作用也不同，如图 19-2 所示。

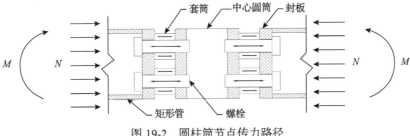

图 19-2　圆柱筒节点传力路径

（1）当杆件受拉时，传力路径为拉力→杆件→封板→螺栓→中心圆筒，其中套筒不参与受力。

（2）当杆件受压时，传力路径为压力→杆件→封板→套筒→中心圆筒，其中螺栓不参与受力。

（3）当节点受到剪力 Q（竖直向下为正）时，连接两根杆件的节点，主要靠四个螺栓来承受剪力，即

$$F_{Q} = \frac{Q}{4} \qquad (19\text{-}1)$$

（4）当节点受到轴力 N（杆件受拉为正）、平面内弯矩 M（杆件下侧受拉为正）时，即节点处于拉弯或压弯状态时，节点端部的轴力 N 和弯矩 M 将转化为螺栓和套筒的轴力，即

$$F_{Nu} = \frac{N}{2} - \frac{M}{S} \qquad (19\text{-}2)$$

$$F_{Nb} = \frac{N}{2} + \frac{M}{S} \qquad (19\text{-}3)$$

式中，F_{Nu} 为上部螺栓（套筒）所受拉力（压力）；F_{Nb} 为下部螺栓（套筒）所受拉力（压力）；S 为螺栓（套筒）中心线之间的距离。

在单层网格结构中，各杆件通常承受轴力和平面内弯矩，该节点通过封板、上下螺栓的拉力和套筒的压力来平衡杆件所承受的轴力和弯矩，螺栓的拉力和套筒的压力最终又会传递给中心圆筒。故节点由螺栓抗拉承载力，套筒的抗压承载力和封板、中心圆筒的抗拉、抗压承载力决定着该节点的最终承载力。

19.2.2　矩形不锈钢管圆柱筒装配式节点试验

在节点各部件中，杆件、封板、套筒、螺栓和中心圆筒均采用 S30408 材料，并进行了材性试验。不锈钢管圆柱筒节点的弯矩-转角曲线是评估其抗弯性能的主要依据，主要考虑螺栓间距和封板厚度参数，设计制作三个节点试件，进行加载

试验获取弯矩-转角曲线,试验试件主要参数如表 19-1 所示,节点试件尺寸示意图如图 19-3 所示。其中,螺栓公称直径为 18mm,有效直径为 15.4mm,中心圆筒、套筒和封板对应的螺栓孔径为 19mm。封板与杆件通过焊接连接,为防止试件局部失稳,杆件末端加焊了加劲板,所有部件在工厂预先加工完成。现场装配过程中,用 M5 紧固螺钉将套筒与螺栓固定,再通过常规扳手拧动套筒,带动螺旋旋入中心圆筒,即可完成节点安装,安装过程简单快捷。

表 19-1 试件主要参数 （单位：mm）

试件编号	杆件			螺栓		封板			中心圆筒		
	高度 h	宽度 b	厚度 t	规格	间距 S	高度 h_p	宽度 b_p	厚度 t_p	高度 H	直径 D	厚度 t_h
T1	100	50	6	M18	50	100	50	18	100	100	22
T2	100	50	6	M18	60	100	50	18	100	100	22
T3	100	50	6	M18	50	100	50	8	100	100	22

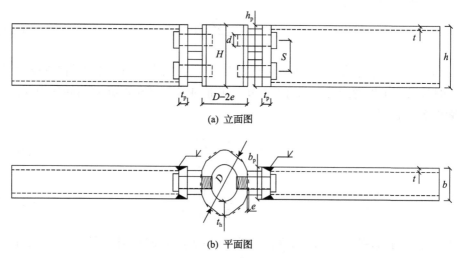

(a) 立面图

(b) 平面图

图 19-3 节点试件尺寸示意图

1) 加载方案

圆柱筒节点的完整构造可连接多根杆件,但是由于试验条件的限制,仅保留两根杆件作为试验节点。试件取圆柱筒节点及两端与其相连的一段杆件,这样在试验过程中,边界条件及加载方式更容易实现和控制,试件两端为简支。节点的加载方式是在圆筒上施加竖直向下的压力 P,通过其在节点处产生弯矩,如图 19-4 所示。

整个试验过程分为预加载、正式加载、卸载三阶段。预加载时,加载至节点计算最大承载力的 10%再卸载,重复几次直到加载曲线和卸载曲线重合。

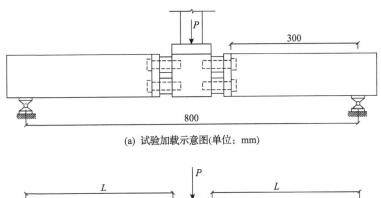

(a) 试验加载示意图(单位：mm)

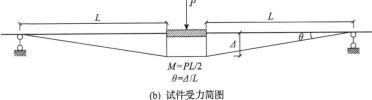

$$M = PL/2$$
$$\theta = \Delta / L$$

(b) 试件受力简图

图 19-4　节点加载方式

正式加载过程通过位移控制，位移加载速度设定为 0.5mm/min，在加载过程中计算机自动采集数据，得到试件的荷载-位移曲线，再通过对弯矩和转角的定义(图 19-4)，转化为相应的弯矩-转角曲线。如果出现以下两种情况之一，可认为节点试件已经发生破坏，停止加载后开始卸载：①节点试件发生破坏或者产生明显大变形；②试验机显示的荷载-位移曲线出现明显下降段。

弯曲试验在 UTM5300 电液伺服万能试验机上进行，为保证试验机在加载过程中支座稳固不变形，将一根 H300×200×8×12 的钢梁用螺栓固定在试验机上，作为试验承台，试验节点通过两个铰支座放置在钢梁上。同时，为了防止钢梁承台在支座处发生局部屈曲，在钢梁承台上增加三道加筋板，图 19-5 为试件加载现场照片。

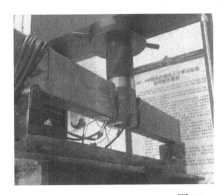

图 19-5　试件加载现场

2)测点布置

为了测得节点在荷载作用下的应变发展情况，了解各个部件的变形情况，在每个试件重要部位布置了 8 处单向应变片，应变片规格为 3mm×2mm，电阻为(120±2)Ω，灵敏系数为(2.01±1)%，精度等级为 A 级，通过动态应变测试仪采集加载时的应变，具体测点布置如图 19-6 所示。

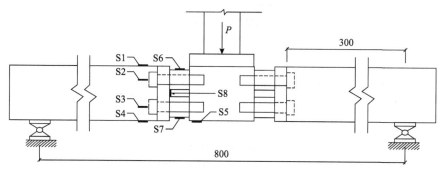

图 19-6　测点布置图(单位：mm)

3)试验结果分析

不锈钢管节点的承载性能指标可根据强度准则和变形准则确定[260]，由于不锈钢管圆柱筒节点延性较好，仅满足承载力极限状态的节点设计会产生超出正常使用极限状态所要求的塑性变形限制，当变形达到一定程度时，试件已不适合继续承载，因此该节点主要受变形控制，选取节点竖向位移达到节点支座间跨度的 3.75%作为变形准则，即节点下降 30mm 时所对应的弯矩为节点极限受弯承载力。

(1)T1 节点。试验节点在弯剪作用下，上部套筒受压，下部螺栓受拉，同时螺栓承受剪力，下部套筒未受力，随着荷载的增大，下部螺栓被逐渐拉伸，下部套筒与中心圆筒逐渐开始分离；当荷载加载至 36.38kN 时，中心圆筒竖向位移达到 30mm(此时弯矩为 5.46kN·m，转角为 0.10rad)，根据整体节点失效准则，认为节点达到极限承载力状态；继续加载，当荷载加载至 37.54kN 时，中心圆筒竖向位移达到 36.7mm，下部螺栓随即突然断裂，试验结束，加载后失效节点如图 19-7 所示。图 19-8 为 T1 节点的荷载-位移曲线。根据圆柱筒节点受力特点，可近似计算出下部螺栓破坏时所受拉力和剪力分别为 112.62kN 和 9.39kN。此时螺栓所受拉力超过螺栓抗拉承载力，而螺栓所受剪力远小于其抗剪承载力，节点主要破坏模式为螺栓受拉破坏。图 19-9 为 T1 节点的弯矩-转角曲线。由图可知，在初始阶段，节点处于弹性阶段，继续加载，节点进入塑性阶段，当弯矩加载至 5.46kN·m、转角为 0.10rad 时，节点变形超出最大限制，认为节点整体失效，随后弯矩加载至

5.63kN·m、转角为 0.12rad 时，下部螺栓拉断。

(a) 下部螺栓拉断

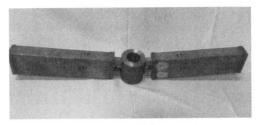

(b) 失效节点

图 19-7　T1 节点失效实物图

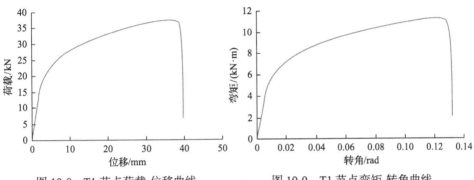

图 19-8　T1 节点荷载-位移曲线　　　　　　图 19-9　T1 节点弯矩-转角曲线

　　(2)T2 节点。试验节点在弯剪作用下，上部套筒受压，下部螺栓受拉，同时螺栓承受剪力。随着荷载的增大，上部套筒与中心圆筒顶紧，下部套筒与中心圆筒开始分离，下部螺栓被逐渐拉伸；当荷载加载至 44.34kN 时，中心圆筒竖向位移达到 30mm（此时弯矩为 6.65kN·m，转角为 0.10rad），根据整体节点失效准则，认为节点达到极限承载力状态；继续加载，当荷载加载至 45.11kN 时，中心圆筒竖向位移达到 34.5mm，下部螺栓随即突然断裂，试验结束，加载失效的节点如图 19-10 所示；此时下部螺栓破坏时所受拉力和剪力分别为 112.83kN 和 11.28kN。图 19-11 为 T2 节点的荷载-位移曲线，螺栓所受拉力超过螺栓抗拉承载力，而螺栓所受剪力远小于其抗剪承载力，因此该节点螺栓主要破坏模式为螺栓受拉破坏；图 19-12 为 T2 节点的弯矩-转角曲线，由图可知，在初始阶段，节点处于弹性阶段，继续加载，节点进入塑性阶段，当弯矩加载至 6.65kN·m、转角为 0.10rad 时，节点变形超出最大限制，认为节点整体失效，随后弯矩加载至 6.77kN·m、转角为 0.12rad 时，下部螺栓拉断。

(a) 下部螺栓拉断

(b) 失效节点

图 19-10　T2 节点失效实物图

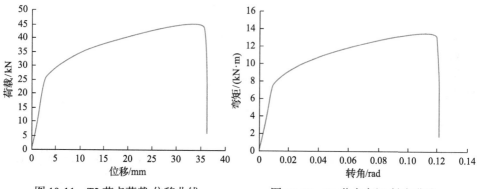

图 19-11　T2 节点荷载-位移曲线　　　　　图 19-12　T2 节点弯矩-转角曲线

（3）T3 节点。T3 节点的破坏形式与 T1、T2 节点类似。T3 节点在弯剪作用下，上部套筒受压，下部螺栓受拉，上下部螺栓还承受剪力，下部套筒未受力。随着荷载的增大，下部套筒与中心圆筒逐渐分离，同时下部螺栓被逐渐拉伸；当荷载加载至 34.33kN 时，中心圆筒竖向位移达到 30mm（此时弯矩为 5.15kN·m，转角为 0.10rad），根据整体节点失效准则，认为节点达到极限承载力状态，此时封板发生较明显变形；继续加载，当荷载加载至 38.15kN 时，中心圆筒竖向位移达到 50.4mm，下部螺栓随即突然断裂，试验结束，加载后失效节点如图 19-13 所示。图 19-14 为 T3 节点的荷载-位移曲线，此时下部螺栓破坏时所受拉力和剪力分别为 114.4kN 和 9.54kN，螺栓所受拉力超过螺栓抗拉承载力，而螺栓所受剪力远小于其抗剪承载力，该节点螺栓主要破坏模式为螺栓受拉破坏。图 19-15 为 T3 节点的弯矩-转角曲线。由图可知，在初始阶段，节点处于弹性阶段，随着继续加载，节点进入塑性阶段，当加载至弯矩 5.15kN·m、转角为 0.10rad 时，节点变形超出最大限制，认为节点整体失效，随后加载至弯矩 5.72kN·m、转角为 0.17rad 时，下部螺栓拉断。

(a) 下部螺栓拉断

(b) 失效节点

图 19-13　T3 节点失效实物图

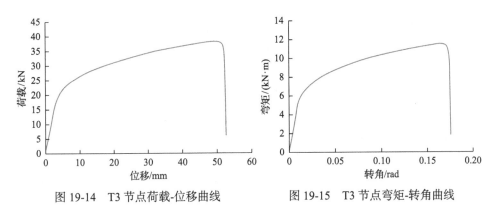

图 19-14　T3 节点荷载-位移曲线　　　图 19-15　T3 节点弯矩-转角曲线

图 19-16 给出了各试件弯矩与转角的关系，从图中可知，在加载初期，试件处于弹性阶段，弯矩-转角曲线有较为明显的线性特征，随着荷载的增加，弯矩-转角曲线斜率逐渐降低，承载力仍有所提升，最终均发展为套筒挤压变形，螺栓断裂破坏。

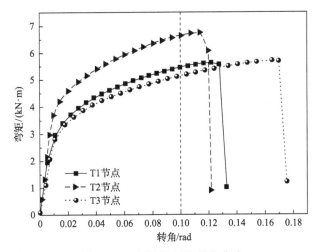

图 19-16　各试件弯矩-转角曲线

其中，T1 节点比 T2 节点的螺栓间距 S 增大 20%，节点的极限弯矩也近似增大 20%，可见螺栓间距对节点弯矩呈显著线性影响；T1 节点和 T3 节点的封板厚度分别为 18mm 和 8mm，相比于 T1 节点，T3 节点延性大大增强，虽然螺栓断裂破坏时两者的节点弯矩相近，但从变形控制的失效准则来看，T3 节点的极限弯矩低于 T1 节点，这是由于封板变形的影响，下部螺栓未充分受拉。

19.3　矩形不锈钢管圆柱筒装配式节点理论分析

1)计算模型

由于加工误差，实际试件和设计试件尺寸存在一定差异，故对试验节点各部件尺寸都进行了测量取平均值，作为试件真实的尺寸参与建模。为了简化计算模型，套筒用相应尺寸的六边柱体替代，不考虑紧固螺栓的影响；由于螺栓的螺纹处应力状态不是关注重点，为了便于运算收敛，不对螺纹处进行精确建模，采用螺栓有效直径建立的圆柱体来模拟螺杆。

为提高运算效率和节省计算空间，选取试验节点的 1/2 建立有限元模型，在对称面上设置对称约束，在支座处边界条件设置为简支。将中心圆筒顶面中心设置为参考点，将整个中心圆筒加载接触面耦合到参考点上，并在参考点上施加位移边界条件，实现通过位移控制的节点加载方式，加载过程分为两步，第一步施加一个 5mm 的位移，保证节点部件之间建立良好的接触关系；第二步施加位移到 30mm，满足节点整体失效准则。考虑到模型加载过程中会发生较大变形，将几何非线性参数开关设置为 ON。具体节点的约束及加载方式如图 19-17 所示。

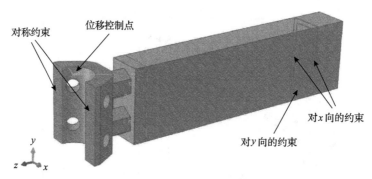

图 19-17　节点约束及加载方式示意图

不锈钢管圆柱筒节点是由不同的部件装配而成的，相互作用关系较多，需要考虑接触问题，在使用 ABAQUS 软件时，需要定义可能发生的接触对与约束关系。由于螺栓拧入中心圆筒长度大于螺栓直径的 1.1 倍，参考《钢网架螺栓球节点》

（JG/T 10—2009）[261]中的规定，可认为螺栓与中心圆筒无相对滑动，故选用绑定约
束来进行模拟。同理，由于封板与杆件采用焊接连接，也选用绑定约束来进行模拟。
其余部件之间均选用面与面接触，法向接触选用硬接触，切向接触选用摩擦接触，
摩擦系数取为 0.08，部件之间的接触设置示意图如图 19-18 和表 19-2 所示。

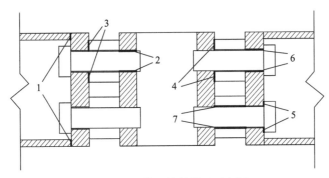

图 19-18　模型接触设置示意图

表 19-2　有限元模型接触设置

接触对编号	描述	接触模式	摩擦系数	初始间隙/mm
1	封板与杆件	绑定接触	—	0
2	螺栓与中心圆筒	绑定接触	—	0
3	套筒与封板	面与面接触	—	0
4	套筒与中心圆筒	面与面接触	—	0
5	螺栓杆与封板	面与面接触	—	0
6	螺栓帽与封板	面与面接触	0.08	1
7	螺栓与套筒	面与面接触	0.08	1

　　ABAQUS 软件的单元类型有很多种，选择适合的单元类型，能够保证计算的
合理性和有效性。在有限元模型的计算过程中，由于不锈钢管圆柱筒节点存在复
杂的接触问题，且考虑几何非线性，节点模型选用 C3D8R 三维实体单元。C3D8R
单元对位移的求解结果较为精确，网格存在扭曲变形时分析精度不受到大的影响
和在弯曲荷载作用下不容易发生剪切自锁等优点。虽然节点应力精度低于完全积
分，但计算时间大大缩减，可降低计算成本。对于存在的沙漏问题，可以通过划
分较细的网格和设置沙漏控制选项来克服。

　　2）模型网格划分的疏密

　　在有限元模型中，考虑到节点整体尺寸与计算效率，中心圆筒和矩形杆件网
格的全局网格尺寸设置为 5mm，螺栓、套筒、封板等部件之间存在接触关系，接

触处应力复杂，需要细化单元，螺栓套筒的网格最大尺寸设为 2mm，封板网格最大尺寸设为 3mm，各零部件具体网格划分如图 19-19 所示。

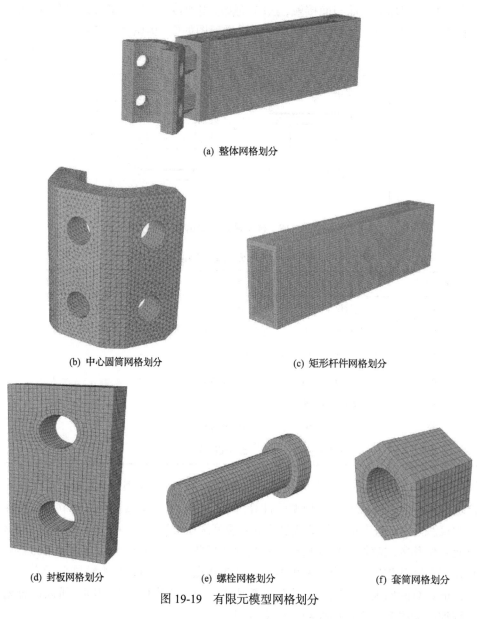

(a) 整体网格划分

(b) 中心圆筒网格划分

(c) 矩形杆件网格划分

(d) 封板网格划分

(e) 螺栓网格划分

(f) 套筒网格划分

图 19-19　有限元模型网格划分

按上述方法建立有限元模型，对不锈钢螺栓筒试验节点进行模拟，得到各个试件的破坏形态，将节点模型与相应试验试件进行对比，具体情况如图 19-20 所示。

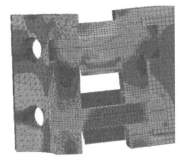

(a) T1试件

(b) T2试件

(c) T3试件

图 19-20　试件破坏形态对比图

　　由图 19-20 可以看出，建立的有限元模型可以模拟节点试件的破坏形态，且得到的破坏形态与试验结果基本吻合，随着加载量的增大，下部螺栓受拉变形，上部套筒受压变形，下部套筒与中心圆筒发生分离，最终下部螺栓被拉断，其中 T3 试件封板变形较为明显。此外，由于试验中紧固螺栓连接着套筒和螺栓，而模型中未考虑紧固螺栓的影响，故有限元模型中套筒与封板也发生了分离；由于试验中螺栓杆与中心圆筒接触部分进行了攻丝切削，而模型中以有效直径建模，未考虑螺纹的影响，故试验中螺栓在中心圆筒端口处更容易发生断裂，但整体上有限元模拟的破坏形态与试验较为吻合。

　　将试验过程中节点试件的弯矩-转角曲线与通过有限元模型计算得到的相应曲线进行比较，具体结果如图 19-21 所示。

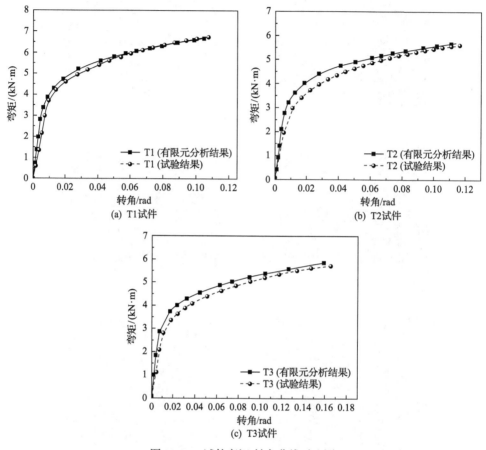

图 19-21　试件弯矩-转角曲线对比图

　　由图 19-21 可以看出，通过有限元模型计算得到的曲线与试验结果曲线较为接近，在加载初期，有限元模型的初始刚度略大于试验值，但加载中期有限元模型的弯矩值与试验值越来越接近，加载后期两者基本吻合。初始刚度虽有误差，但在可接受的范围之内。造成两者初始刚度有误差的原因有以下两点：①在有限元模型中忽略了螺纹影响，这缩短了螺栓与中心圆筒、套筒的接触受力时间，使有限元曲线在前期增长较快；②由于加工过程中不可避免的精度误差，试件有少许偏心，且试件部件之间存在空隙。总体上，试验曲线吻合较好，建立的有限元模型能够较好地模拟试件加载过程。

　　3) 参数分析

　　国内学者[7, 259, 262]对碳素钢圆柱筒节点进行了深入研究，影响圆柱筒节点抗弯承载力的主要因素包括螺栓直径、螺栓间距、封板厚度、中心圆筒厚度等，为了研究主要参数对不锈钢节点受弯性能的影响，设计四组共 20 个节点，建立有限元模型进行参数分析。

为了得到弯矩作用下矩形不锈钢管圆柱筒节点的实用计算公式，让其能更好地应用于工程实际，有限元模型采用《不锈钢结构技术规程》[263]中的材料数据进行分析，螺栓材料选用 A2-70（f_y=450MPa，f_u=700MPa），其他部件材料选用 S30408（f_y=205MPa，f_u=515MPa），选用 Ramsmussen 两段式本构模型建模。

4）螺栓有效直径影响

为了研究节点抗弯极限承载力与螺栓有效直径的关系，考虑不同螺栓有效直径（12mm、14mm、16mm、18mm、20mm），设计 5 个试件进行有限元分析，具体试件参数如表 19-3 所示。

表 19-3　不同螺栓有效直径的试件主要参数　　　　（单位：mm）

试件编号	杆件			螺栓		封板			中心圆筒		
	高度 h	宽度 b	厚度 t	有效直径 d_e	间距 S	高度 h_p	宽度 b_p	厚度 t_p	高度 H	直径 D	厚度 t_h
d1	100	50	6	12	50	100	50	18	100	100	22
d2	100	50	6	14	50	100	50	18	100	100	22
d3	100	50	6	16	50	100	50	18	100	100	22
d4	100	50	6	18	50	100	50	18	100	100	22
d5	100	50	6	20	50	100	50	18	100	100	22

图 19-22 为螺栓有效直径对节点极限弯矩的影响关系曲线，随着螺栓有效直径的增加，节点初始刚度和极限弯矩均增加，节点主要靠下部螺栓受拉和上部套筒

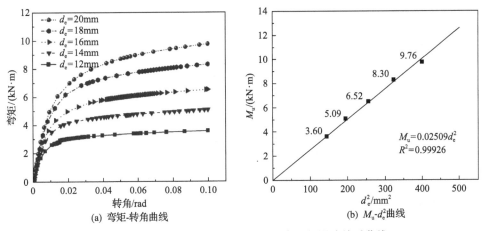

(a) 弯矩-转角曲线　　　　　　　　　(b) M_u-d_e^2曲线

图 19-22　螺栓有效直径对节点极限弯矩的影响关系曲线

受压来抵抗弯矩，增大螺栓有效直径，提高了螺栓的抗拉承载力，故能增强节点的极限弯矩。将极限弯矩与螺栓有效直径的平方的关系进行拟合，可得到节点极限弯矩随着螺栓有效直径的平方呈线性增加。

5）螺栓间距影响

为了研究节点极限受弯承载力与螺栓间距的关系，选用表 19-4 中的试件编号 p4，将螺栓间距分别设置为 40mm、45mm、50mm、55mm、60mm，对 5 个试件进行有限元分析。

图 19-23 为螺栓间距对节点极限弯矩的影响关系曲线，随着螺栓间距的增加，节点初始刚度和极限弯矩均增加，节点主要靠下部螺栓受拉和上部套筒受压来抵抗弯矩，相同螺栓拉力下，提高螺栓间距，相当于提高了力臂长，故能增强节点的极限弯矩。将极限弯矩与螺栓间距的关系进行拟合，可得到节点极限弯矩随着螺栓间距呈线性增加。

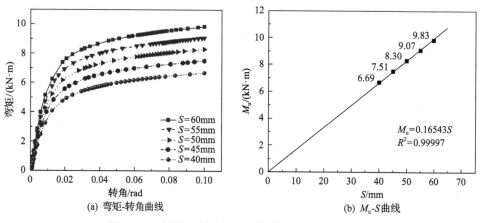

图 19-23　螺栓间距对节点极限弯矩的影响关系曲线

6）封板厚度影响

为了研究节点受弯极限承载力与封板厚度的关系，考虑不同封板厚度（$0.2d$、$0.4d$、$0.6d$、$0.8d$、$1.0d$），设计 5 个试件进行有限元分析，具体试件参数如表 19-4 所示。

图 19-24 为封板厚度对节点极限弯矩的影响关系曲线，在一定范围内，封板厚度对节点极限弯矩有增强作用，当 $t_p/d_e > 0.6$ 时，封板厚度对节点极限弯矩影响较小。封板厚度越小，封板越容易发生变形，导致节点更容易发生大幅转动，由于节点通过变形准则定义极限弯矩，螺栓未充分受拉就达到节点变形限值，故节点极限弯矩随之减小。

表 19-4　不同封板厚度试件主要参数　　　　　　　　（单位：mm）

试件编号	杆件			螺栓		封板			中心圆筒		
	高度 h	宽度 b	厚度 t	有效直径 d_e	间距 S	高度 h_p	宽度 b_p	厚度 t_p	高度 H	直径 D	厚度 t_h
p1	100	50	6	18	50	100	50	7.2	100	100	22
p2	100	50	6	18	50	100	50	10.8	100	100	22
p3	100	50	6	18	50	100	50	14.4	100	100	22
p4	100	50	6	18	50	100	50	18.0	100	100	22
p5	100	50	6	18	50	100	50	21.6	100	100	22

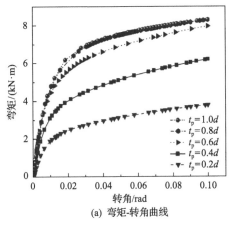

(a) 弯矩-转角曲线

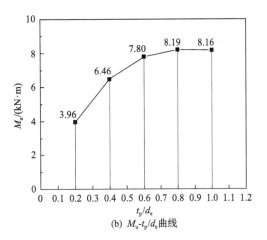

(b) M_u-t_p/d_e曲线

图 19-24　封板厚度对节点极限弯矩的影响关系曲线

7）中心圆筒厚度影响

为了研究节点抗弯极限承载力与中心圆筒厚度的关系，考虑不同中心圆筒厚度（$0.6d$、$0.8d$、$1.0d$、$1.2d$、$1.4d$），设计 5 个试件进行有限元分析，具体试件参数如表 19-5 所示。

表 19-5　不同中心圆筒厚度试件主要参数　　　　　　　（单位：mm）

试件编号	杆件			螺栓		封板			中心圆筒		
	高度 h	宽度 b	厚度 t	有效直径 d_e	间距 S	高度 h_p	宽度 b_p	厚度 t_p	高度 H	直径 D	厚度 t_h
h1	100	50	6	18	50	100	50	18	100	100	10.8
h2	100	50	6	18	50	100	50	18	100	100	14.4
h3	100	50	6	18	50	100	50	8	100	100	18.0
h4	100	50	6	18	50	100	50	8	100	100	21.6
h5	100	50	6	18	50	100	50	8	100	100	25.2

图 19-25 为中心圆筒厚度对节点极限弯矩的影响关系曲线，在一定范围内，中心圆筒厚度对节点极限弯矩有增强作用，当 $t_h/d_e > 1.0$ 时，中心圆筒厚度对节点极限弯矩影响较小。中心圆筒厚度越小，中心圆筒越容易发生变形，导致节点更容易发生大幅转动，由于节点受到变形准则限制，螺栓未充分受拉就达到节点变形限值，故节点极限弯矩随之减小。

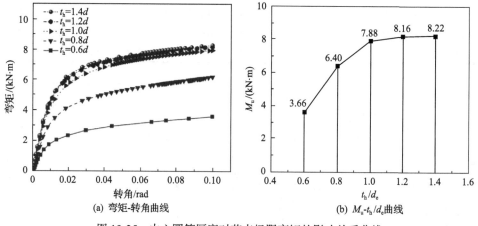

(a) 弯矩-转角曲线　　　　　　　(b) M_u-t_h/d_e曲线

图 19-25　中心圆筒厚度对节点极限弯矩的影响关系曲线

19.4　节点抗弯承载力计算公式

由于封板和中心圆筒的变形，节点会发生大幅转动且螺栓未充分受拉，因此节点极限弯矩折减。考虑设计的方便性，通过折减系数 α 来考虑封板厚度和中心圆筒厚度对节点极限弯矩的影响。同时，由前面可知，节点极限弯矩与螺栓有效直径的平方和螺栓间距呈线性关系，故提出的建议计算公式表达式为

$$M_u = \alpha \pi \frac{d_e^2}{4} f_{u,red} S \tag{19-4}$$

式中，$f_{u,red}$ 为抗拉强度，$f_{u,red} = 0.5f_y + 0.6f_u$，因为本书通过变形准则定义受弯承载力，选用极限抗拉强度表示抗拉强度将不再合适；d_e 为螺栓有效直径；S 为螺栓间距；M_u 为节点极限弯矩。考虑不同封板厚度比 t_p/d_e 和中心圆筒厚度比 t_h/d_e，利用 25 个模型分析结果，可以得到节点极限弯矩折减系数随封板厚度和中心圆筒厚度的变化曲线，具体如图 19-26 所示。根据折减系数三维曲线，当 $t_p/d_e \geqslant 0.8$ 且 $t_h/d_e \geqslant 1.2$ 时，封板厚度和中心圆筒厚度对节点弯矩基本无影响；当 $t_p/d_e < 0.8$ 且 $t_h/d_e \geqslant 1.2$ 时，节点弯矩随封板厚度的增大而增大，中心圆筒厚度的影响较小；当

$t_{\mathrm{p}}/d_{e} \geqslant 0.8$ 且 $t_{\mathrm{h}}/d_{e} < 1.2$ 时，节点弯矩随中心圆筒厚度的增大而增大，封板厚度的影响较小；当 $t_{\mathrm{p}}/d_{e} < 0.8$ 且 $t_{\mathrm{h}}/d_{e} < 1.2$ 时，节点弯矩随封板厚度和中心圆筒厚度的增大而增大，其中中心圆筒厚度的影响程度更大。

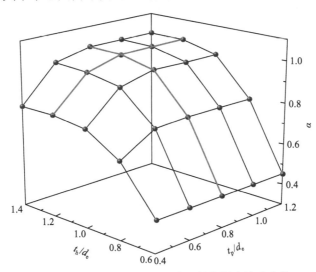

图 19-26　t_{p}/d_{e} 和 t_{h}/d_{e} 对折减系数的影响关系曲线

基于多元非线性回归分析，通过社会科学统计软件（SPSS），对节点极限弯矩折减系数进行分区域拟合结果可按如下公式计算。

当 $t_{\mathrm{p}}/d_{e} \geqslant 0.8$ 且 $t_{\mathrm{h}}/d_{e} \geqslant 1.2$ 时，

$$\alpha = 1.0 \tag{19-5}$$

当 $t_{\mathrm{p}}/d_{e} < 0.8$ 且 $t_{\mathrm{h}}/d_{e} \geqslant 1.2$ 时，

$$\alpha = -1.78\left(\frac{t_{\mathrm{p}}}{d_{e}}\right)^{2} + 2.67\frac{t_{\mathrm{p}}}{d_{e}} \tag{19-6}$$

当 $t_{\mathrm{p}}/d_{e} \geqslant 0.8$ 且 $t_{\mathrm{h}}/d_{e} < 1.2$ 时，

$$\alpha = -1.81\left(\frac{t_{\mathrm{h}}}{d_{e}}\right)^{2} + 4.18\frac{t_{\mathrm{h}}}{d_{e}} - 1.41 \tag{19-7}$$

当 $t_{\mathrm{p}}/d_{e} < 0.8$ 且 $t_{\mathrm{h}}/d_{e} < 1.2$ 时，

$$\alpha = \left[-2.75\left(\frac{t_{\mathrm{p}}}{d_{e}}\right)^{2} + 4.22\frac{t_{\mathrm{p}}}{d_{e}} + 0.5\right] \times \left[-0.83\left(\frac{t_{\mathrm{h}}}{d_{e}}\right)^{2} + 1.89\frac{t_{\mathrm{h}}}{d_{e}} - 0.6\right] \tag{19-8}$$

将建议计算公式结果与三个试件的试验结果进行对比，由表 19-6 可知，建议计算公式结果与试验结果吻合较好，误差控制在 5%以内，表明计算公式较为准确可靠。

为了防止封板和中心圆筒厚度较小造成节点极限弯矩折减，建议按照 $t_p \geqslant 0.8d_e$、$t_h \geqslant 1.2d_e$ 的构造要求进行封板和中心圆筒的设计。

表 19-6　建议计算公式结果与试验结果的比较

试件编号	$f_{u,red}$ / MPa	折减系数	极限弯矩/(kN·m)		误差/%
			试验值	公式值	
T1	578	1.00	5.46	5.38	1.47
T2	578	1.00	6.65	6.46	2.86
T3	578	0.91	5.15	4.90	4.85
平均			—	—	3.06

19.5　本　章　小　结

通过 ABAQUS 有限元软件，在本构模型、边界条件、接触关系等方面对不锈钢管圆柱筒节点进行了精确化建模，将模拟结果与试验结果进行了对比，并建立了 20 个模型进行参数分析，得出以下主要结论：

(1)由模拟与试验的弯矩-转角曲线对比可知，在加载初期，有限元模型的初始刚度略大于试验值，但加载中期有限元模型的弯矩值与试验值越来越接近，加载后期两者基本吻合，由于模型简化和试验误差，初始刚度虽有误差，但在可接受的范围之内。

(2)由模拟与试验的结果对比可知，有限元模型与试验得到的极限弯矩值误差为 2.75%，在 5%误差范围之内，结果吻合较好；有限元模型能较好地反映节点的受力性能，故采用有限元模拟分析不锈钢管圆柱筒节点受弯性能的可靠性较高。

(3)由参数分析可知，节点极限弯矩随着螺栓有效直径的平方变化而呈线性增加，随着螺栓间距的变化而呈线性增加；在一定范围内，中心圆筒厚度和封板厚度对节点极限弯矩有显著增强作用，当 $t_p/d_e > 0.6$ 时，封板厚度对节点极限弯矩影响较小；当 $t_h/d_e > 1.0$ 时，中心圆筒厚度对节点极限弯矩影响较小。

(4)节点极限弯矩可参考式(19-4)进行计算。

参 考 文 献

[1] 董石麟. 中国空间结构的发展与展望[J]. 建筑结构学报, 2010, 31 (6): 38-51.

[2] 董石麟, 赵阳. 论空间结构的形式和分类[J]. 土木工程学报, 2004, 37 (1): 7-12.

[3] Mungan I, Abel J F. Fifty Years of Progress for Shell and Spatial Structures: In Celebration of the 50th Anniversary Jubilee of the IASS (1959-2009) [M]. Madrid: International Association for Shell and Spatial Structures, 2011.

[4] 沈世钊, 武岳. 结构形态学与现代空间结构[J]. 建筑结构学报, 2014, 35 (4): 1-10.

[5] 李欣, 武岳, 崔昌禹. 自由曲面结构形态创建的 NURBS-GM 方法[J]. 土木工程学报, 2011, 44 (10): 60-66.

[6] 崔昌禹, 崔国勇, 涂桂刚, 等. 基于 B 样条的自由曲面结构形态创构方法研究[J]. 建筑结构学报, 2017, 38 (3): 164-172.

[7] 董磊. 单层自由曲面空间网格结构新型节点开发及风工况下结构稳定承载力分析[D]. 南京: 东南大学, 2015.

[8] 石伟志. 自由曲面结构力学性能研究[D]. 哈尔滨: 哈尔滨工业大学, 2010.

[9] 胡波, 阚建忠, 赵国兴, 等. 自由曲面空间网格结构研究及力学性能分析[J]. 空间结构, 2018, 24 (1): 38-45.

[10] Jiang C G, Tang C C, Seidel H P, et al. Design and volume optimization of space structures[J]. ACM Transactions on Graphics, 2017, 36 (4): 1-14.

[11] 王奇胜, 高博青, 李铁瑞, 等. 基于气泡吸附的自由曲面三角形网格生成方法[J]. 华中科技大学学报 (自然科学版), 2018, 46 (3): 98-102.

[12] Owen S. A survey of unstructured mesh generation technology[J]. International Meshing Roundtable, 1998, 7: 239-267.

[13] Wang B, Khoo B C, Xie Z Q, et al. Fast centroidal Voronoi Delaunay triangulation for unstructured mesh generation[J]. Journal of Computational and Applied Mathematics, 2015, 280: 158-173.

[14] Lo S H. Dynamic grid for mesh generation by the advancing front method[J]. Computers & Structures, 2013, 123 (1): 15-27.

[15] Cuillière J C. An adaptive method for the automatic triangulation of 3D parametric surfaces[J]. Computer-Aided Design, 1998, 30 (2): 139-149.

[16] 熊英, 胡于进, 赵建军. 基于映射法和 Delaunay 方法的曲面三角网格划分算法[J]. 计算机辅助设计与图形学学报, 2002, 14 (1): 56-60.

[17] Frey P J, Borouchaki H, George P L. 3D Delaunay mesh generation coupled with an advancing-front approach[J]. Computer Methods in Applied Mechanics and Engineering, 1998,

157(1): 115-131.

[18] 沈鑫鑫. 流形三角形网格重网格化方法[D]. 杭州: 浙江大学, 2015.

[19] 严冬明, 胡楷模, 郭建伟, 等. 各向同性三角形重新网格化方法综述[J]. 计算机科学, 2017, 44(8): 9-17.

[20] Alliez P, Ucelli G, Gotsman C, et al. Recent Advances in Remeshing of Surfaces[M]. Berlin Heidelberg: Springer, 2008.

[21] Gu X F, Gortler S J, Hoppe H. Geometry images[J]. ACM Transactions on Graphics, 2002, 21(3): 355-361.

[22] Sander P V, Wood Z J, Gortler S J, et al. Multi-chart Geometry images[C]//Eurographics Symposium on Geometry Processing, 2003.

[23] Gotsman C, Gu X F, Sheffer A. Fundamentals of spherical parameterization for 3D meshes[J]. ACM Transactions on Graphics, 2003, (3): 358-363.

[24] Khodakovsky A, Litke N, Schröder P. Globally smooth parameterizations with low distortion[J]. ACM Transactions on Graphics, 2003, 22(3): 350-357.

[25] Kai H, Greiner G. Quadrilateral remeshing[C]//Vision, Modeling, and Visualization, 2000: 153-162.

[26] Sander P V, Hoppe H, Gortler S, et al. Signal-specialized parameterization[C]//Eurographics Symposium on Geometry Processing, 2002: 87-98.

[27] Guskov I. Manifold-based approach to semi-regular remeshing[J]. Graphical Models, 2007, 69(1): 1-18.

[28] Kim S J, Kim C H, Levin D. Surface simplification using a discrete curvature norm[J]. Computers & Graphics, 2002, 26(5): 657-663.

[29] Gotsman C, Gumhold S, Kobbelt L. Simplification and Compression of 3D Meshes[M]. Berlin Heidelberg: Springer, 2002.

[30] Lee A W F, Sweldens W, Schröder P, et al. MAPS: Multiresolution adaptive parameterization[J]. ACM Computer Graphics, 1998, 32: 95-104.

[31] Eck M, Derose T, Duchamp T, et al. Multiresolution analysis of arbitrary meshes[C]// Proceedings of the 22nd Annual Conference on Computer Graphics and Interactive Techniques, New York, 1995: 173-182.

[32] Kammoun A, Payan F, Antonini M. Adaptive semi-regular remeshing: A Voronoi-based approach[C]//IEEE International Workshop on Multimedia Signal, Hong Kong, 2010: 350-355.

[33] Payan F, Roudet C, Sauvage B. Semi-regular triangle remeshing: A comprehensive study[J]. Computer Graphics Forum, 2015, 34(1): 86-102.

[34] Surazhsky V, Alliez P, Gotsman C. Isotropic remeshing of surfaces: A local parameterization approach[C]//International Meshing Roundtable Conference, Rocquencourt, 2003: 135-144.

[35] Szymczak A, Rossignac J, King D. Piecewise regular meshes: Construction and compression[J]. Graphical Models, 2002, 64(3-4): 183-198.

[36] Surazhsky V, Gotsman C. Explicit surface remeshing[C]//The Eurographics Association, Siena, 2003.

[37] Palacios J, Zhang E. Rotational symmetry field design on surfaces[J]. ACM Transactions on Graphics, 2007, 26(99): 55.

[38] Ray N, Vallet B, Li W C, et al. N-symmetry direction field design[J]. ACM Transactions on Graphics, 2008, 27(2): 1-13.

[39] Huang J, Zhang M Y, Pei W J, et al. Controllable highly regular triangulation[J]. Science China Information Sciences, 2011, 54(6): 1172-1183.

[40] Nieser M, Palacios J, Polthier K, et al. Hexagonal global parameterization of arbitrary surfaces[J]. IEEE Transactions on Visualization and Computer Graphics, 2012, 18(6): 865-878.

[41] Dong S, Bremer P T, Garland M, et al. Spectral surface quadrangulation[J]. ACM Transactions on Graphics, 2006, 25(3): 1057-1066.

[42] Huang J, Zhang M Y, Ma J, et al. Spectral quadrangulation with orientation and alignment control[C]//ACM SIGGRAPH Asia, Singapore, 2008: 1-10.

[43] Ling R T, Huang J, Jüttler B, et al. Spectral quadrangulation with feature curve alignment and element size control[J]. ACM Transactions on Graphics, 2014, 34(1): 1-11.

[44] Ray N, Li W C, Lévy B, et al. Periodic global parameterization[J]. ACM Transactions on Graphics, 2006, 25(4): 1460-1485.

[45] Borouchaki H, Hecht F, Frey P J. Mesh gradation control[J]. International Journal for Numerical Methods in Engineering, 1998, 43(6): 1143-1165.

[46] Shewchuk J R. What is a good linear element? Interpolation, conditioning, and quality measures[C]//International Meshing Roundtable Conference, 2002: 115-126.

[47] Lawson C L. Properties of n-dimensional triangulations[J]. Computer Aided Geometric Design, 1986, 3(4): 231-246.

[48] Chew L P. Guaranteed-quality mesh generation for curved surfaces[C]//Proceedings of the Ninth Annual Symposium on Computational Geometry, New York, 1993: 274-280.

[49] Edelsbrunner H, Shah N R. Triangulating topological spaces[J]. International Journal of Computational Geometry & Applications, 1997, 7(4): 365-378.

[50] Eldar Y, Lindenbaum M, Porat M, et al. The farthest point strategy for progressive image sampling[J]. IEEE Transactions on Image Processing, 1997, 6(9): 1305-1315.

[51] Miller G L. A time efficient Delaunay refinement algorithm[C]//Proceedings of the Fifteenth Annual ACM-SIAM Symposium on Discrete Algorithms, New Orleans, 2004: 400-409.

[52] Ruppert J. A Delaunay refinement algorithm for quality 2-dimensional mesh generation[J].

Algorithms Journal of Algorithms, 1995, 18(3): 548-585.

[53] Sethian J A. Level set methods and fast marching method[J]. Journal of Computing and Information Technology, 1999, 11(1): 10202789.

[54] Hartmann E. A marching method for the triangulation of surfaces[J]. Visual Computer, 1998, 14(3): 95-108.

[55] Löhner R. Progress in grid generation via the advancing front technique[J]. Engineering with Computers, 1996, 12(3): 186-210.

[56] Löhner R, Parikh P. Generation of three-dimensional unstructured grids by the advancing-front method[J]. International Journal for Numerical Methods in Fluids, 1988, 8(10): 1135-1149.

[57] Wu B. An improved advancing front method for mesh generation over parametric surfaces[J]. Journal of Computer Aided Design & Computer Graphics, 2005, 17(8): 1686-1690.

[58] 黄晓东, 丁问司, 杜群贵. 基于波前法的参数曲面有限元网格生成算法[J]. 计算机辅助设计与图形学学报, 2010, 22(1): 51-59.

[59] 马腾. 自由曲面网格结构的网格划分技术研究[D]. 杭州: 浙江大学, 2015.

[60] Lloyd S. Least squares quantization in PCM[J]. IEEE Transactions on Information Theory, 1982, 28(2): 129-137.

[61] Du Q, Faber V, Gunzburger M. Centroidal Voronoi tessellations: Applications and algorithms[J]. SIAM Review, 1999, 41(4): 637-676.

[62] Alliez P, de Verdiere E C, Devillers O, et al. Isotropic surface remeshing[C]//IEEE International Conference on Shape Modeling and Applications, Banff, 2003: 34-43.

[63] Peyré G, Cohen L D. Geodesic remeshing using front propagation[J]. International Journal of Computer Vision, 2006, 69(1): 145-156.

[64] Peyré G, Cohen L D. Surface segmentation using geodesic centroidal tesselation[C]// International Symposium on 3D Data Processing, Visualization and Transmission, Thessaloniki, 2004: 1-6.

[65] Chen Z G, Cao J, Wang W P. Isotropic surface remeshing using constrained centroidal Delaunay mesh[J]. Computer Graphics Forum, 2012, 31(7): 2077-2085.

[66] Lu L, Sun F, Pan H, et al. Global optimization of centroidal Voronoi tessellation with monte carlo approach[J]. IEEE Transactions on Visualization and Computer Graphics, 2012, 18(11): 1880-1890.

[67] Botsch M, Rössl C, Kobbelt L. Feature sensitive sampling for interactive remeshing[J]. Vision Modeling & Visualization, 2000, 62(4): 225-236.

[68] Chiang C H, Jong B S, Lin T W. A robust feature-preserving semi-regular remeshing method for triangular meshes[J]. Visual Computer, 2011, 27(9): 811-825.

[69] Fuhrmann S, Ackermann J, Kalbe T, et al. Direct resampling for isotropic surface remeshing[C]//

Vision, Modeling, and Visualization, Siegen, 2010: 1-10.

[70] Vorsatz J, Rössl C, Kobbelt L P, et al. Feature sensitive remeshing[J]. Computer Graphics Forum, 2001, 20(3): 393-401.

[71] Borah S, Borah B. A survey on feature remeshing of 3D triangular boundary meshes[C]// International Conference on Accessibility to Digital World, Guwahati, 2017: 208.

[72] Persson P O, Strang G. A simple mesh generator in MATLAB[J]. SIAM Review, 2004, 46(2): 329-345.

[73] Persson P O. PDE-based gradient limiting for mesh size functions[J]. Proceedings of International Meshing Roundtable, 2004, (13): 377-387.

[74] Koko J. A MATLAB mesh generator for the two-dimensional finite element method[J]. Applied Mathematics and Computation, 2015, 250: 650-664.

[75] Wang Q S, Gao B Q, Li T R, et al. A triangular mesh generator over free-form surfaces for architectural design[J]. Automation in Construction, 2018, 93: 280-292.

[76] Shimada K, Gossard D C. Bubble mesh: Automated triangular meshing of non-manifold geometry by sphere packing[C]//Proceedings of the Third ACM Symposium on Soild Modeling and Applications, Salt Lake City, 1995: 409-419.

[77] Shimada K, Gossard D C. Automatic triangular mesh generation of trimmed parametric surfaces for finite element analysis[J]. Computer Aided Geometric Design, 1998, 15(3): 199-222.

[78] Yamakawa S, Shimada K. Triangular/quadrilateral remeshing of an arbitrary polygonal surface via packing bubbles[C]//Conference on Geometric Modeling and Processing, Beijing, 2004: 153-162.

[79] Zheleznyakova A L, Surzhikov S T. Molecular dynamics-based unstructured grid generation method for aerodynamic applications[J]. Computer Physics Communications, 2013, 184(12): 2711-2727.

[80] Zheleznyakova A L. Molecular dynamics-based triangulation algorithm of free-form parametric surfaces for computer-aided engineering[J]. Computer Physics Communications, 2015, 190: 1-14.

[81] Botzheim B, Gidófalvy K, Kikunaga P E, et al. Performance-oriented design assisted by a parametric toolkit -Case study[C]//Proceedings of the 2016 International Conference on Engineering Design, Delft, 2016: 1-10.

[82] Shepherd P, Richens P. The case for subdivision surfaces in building design[J]. Journal of Architectural Engineering, 2012, 18(3): 245-256.

[83] Rörig T, Sechelmann S, Kycia A, et al. Surface Panelization Using Periodic Conformal Maps[M]. Cham: Springer International Publishing, 2014.

[84] Winslow P, Pellegrino S, Sharma S B. Multi-objective optimization of free-form grid

structures[J]. Structural and Multidisciplinary Optimization, 2010, 40(1): 257-269.

[85] Peng C H, Pottmann H, Wonka P. Designing patterns using triangle-quad hybrid meshes[J]. ACM Transactions on Graphics, 2018, 37(4): 1-14.

[86] Pottmann H, Jiang C G, Höbinger M, et al. Cell packing structures[J]. Computer-Aided Design, 2015, 60: 70-83.

[87] 李承铭, 卢旦. 自由曲面单层网格的智能布局设计研究[J]. 土木工程学报, 2011, 44(3): 1-7.

[88] 陈志华, 徐皓, 王小盾, 等. 天津于家堡大跨度单层网壳结构设计与分析[J]. 天津大学学报(自然科学与工程技术版), 2015, 48(S1): 91-95.

[89] 陈志华, 徐皓, 王小盾, 等. 天津于家堡大跨度双螺旋单层网壳结构设计[J]. 空间结构, 2015, 21(2): 29-33, 10.

[90] 丁慧, 罗尧治. 自由形态网壳结构网格生成的等参线分割法[J]. 浙江大学学报(工学版), 2014, 48(10): 1795-1801, 1834.

[91] 沈利刚, 龚景海. 自由曲面四边形网格等杆长划分算法[J]. 空间结构, 2016, 22(1): 11-15, 40.

[92] 江存. 自由曲面空间网格结构网格划分、优化及力性能研究[D]. 杭州: 浙江大学, 2015.

[93] 江存, 高博青. 基于自定义单元法的自由曲面网格划分研究[J]. 建筑结构, 2015, 45(5): 44-48.

[94] 危大结, 舒赣平. 自由曲面网格的划分与优化方法[J]. 建筑结构, 2013, 43(19): 48-53.

[95] 潘炜, 吴慧, 李铁瑞, 等. 基于曲面展开的自由曲面网格划分[J]. 浙江大学学报(工学版), 2016, 50(10): 1973-1979.

[96] 陈礼杰, 吴慧, 李铁瑞, 等. 基于曲面拟合的复杂自由曲面网格划分[J]. 中南大学学报(自然科学版), 2018, 49(7): 1718-1725.

[97] Su L, Zhu S L, Xiao N, et al. An automatic grid generation approach over free-form surface for architectural design[J]. Journal of Central South University, 2014, 21(6): 2444-2453.

[98] Gao B Q, Hao C Z, Li T R, et al. Grid generation on free-form surface using guide line advancing and surface flattening method[J]. Advances in Engineering Software, 2017, 110: 98-109.

[99] Gao B Q, Li T R, Ma T, et al. A practical grid generation procedure for the design of free-form structures[J]. Computers & Structures, 2018, 196: 292-310.

[100] 李铁瑞, 吴慧, 王奇胜, 等. 基于离散化的复杂曲面建筑网格划分方法[J]. 湖南大学学报(自然科学版), 2018, 45(7): 48-53.

[101] Botsch M, Steinberg S, Bischoff S, et al. OpenMesh: A generic and efficient polygon mesh data structure[J]. OpenSG Symposium, 2002, (1): 1-10.

[102] Kessenich J, Sellers G, Shreiner D. OpenGL® Programming Guide: The Official Guide to

Learning OpenGL®, version 4.5 with SPIR-V[M]. Boston: Addison-Wesley, 2016.

[103] 张渊. 基于 Open CASCADE 的虚拟三维建模平台的开发[D]. 济南: 山东大学, 2007.

[104] 董显法. 基于 Open CASCADE 的曲面网格生成平台[D]. 大连: 大连理工大学, 2009.

[105] 曾旭东, 王大川, 陈辉. Rhinoceros & Grasshopper 参数化建模[M]. 武汉: 华中科技大学出版社, 2011.

[106] 姜涛, 张磊, 王晓萌, 等. 基于 Grasshopper 的自由曲面网壳菱形网格划分[J]. 空间结构, 2016, 22(2): 92-96, 87.

[107] Pottmann H, Eigensatz M, Vaxman A, et al. Architectural geometry[J]. Computers & Graphics, 2015, 47(2): 145-164.

[108] Berg M D, Cheong O, Kreveld M V, et al. Computational Geometry: Algorithms and Applications[M]. Berlin: Springer, 2000.

[109] 周培德. 计算几何:算法分析与设计[M]. 北京: 清华大学出版社, 2000.

[110] 王国瑾, 汪国昭, 郑建民. 计算机辅助几何设计[M]. 北京: 高等教育出版社, 2001.

[111] Wu J H, Kobbelt L. Piecewise linear approximation of signed distance fields[C]//Proceedings of the 2003 International Conference on Shape Modeling and Applications, Sydney, 2003: 1-10.

[112] Botsch M, Kobbelt L, Pauly M, et al. Polygon Mesh Processing[M]. Boca Raton: CRC Press, 2011.

[113] Zorin D, Schröder P. Subdivision for modeling and animation[J]. SIGGRAPH'98 Course Note, 2000: 1-10.

[114] Kobbelt L, Botsch M. Freeform shape representations for efficient geometry processing[J]. Computer Graphics Forum, 2003, 22(3): 221.

[115] 施法中. 计算机辅助几何设计与非均匀有理 B 样条[M]. 北京: 北京航空航天大学出版社, 1994.

[116] 皮尔美, 特莱尔美, 赵罡, 等. 非均匀有理 B 样条[M]. 北京: 清华大学出版社, 2010.

[117] The Initial Graphics Exchange Specification (IGES) Version 5.3[S]. Washington: Product Data Association (US PRO), 1996.

[118] 中华人民共和国国家质量监督检验检疫总局, 中国国家标准化管理委员会. 初始图形交换规范[S]. GB/T 14213—2008. 北京: 中国标准出版社, 2009.

[119] Vergeest J S M. CAD surface data exchange using STEP[J]. Computer-Aided Design, 1991, 23(4): 269-281.

[120] Bloor M S, Owen J. CAD/CAM product-data exchange: The next step[J]. Computer-Aided Design, 1991, 23(4): 237-243.

[121] Piegl L, Tiller W. The NURBS Book[M]. 2nd ed. New York: Springer-Verlag, 1997.

[122] Okabe A, Boots B, Sugihara K. Spatial tessellations: Concepts and applications of Voronoi

diagrams[J]. The College Mathematics Journal, 1995, 26(1): 79.

[123] Aurenhammer F. Voronoi diagrams: A survey of a fundamental geometric data structure[J]. ACM Computing Surveys, 1991, 23(3): 345-405.

[124] Fortune S. A sweepline algorithm for Voronoi diagrams[J]. Algorithmica, 1987, 2(1): 153-174.

[125] Watson D F. Computing the n-dimensional Delaunay tessellation with application to Voronoi polytopes[J]. Computer Journal, 1981, 24(2): 167-172.

[126] Bowyer A. Computing dirichlet tessellations[J]. Computer Journal, 1981, 24(2): 162-166.

[127] Choi B K, Shin H Y, Yoon Y I, et al. Triangulation of scattered date in 3D space[J]. Computer-Aided Design, 1988, 20(5): 239-248.

[128] Farin G E. NURBS from Projective Geometry to Practical Use[M]. Natick: A. K. Peters, 1999.

[129] Jurado P R, Gil M L M, Hernández M E. Topological mesh for shell structures[J]. Applied Mathematical Modelling, 2009, 33(2): 948-958.

[130] Hernández M E, Jurado P R, Bayo E. Topological mapping for tension structures[J]. Journal of Structural Engineering, 2006, 132(6): 970-977.

[131] 关振群, 单菊林, 顾元宪. 基于黎曼度量的复杂参数曲面有限元网格生成方法[J]. 计算机学报, 2006, 29(10): 1823-1833.

[132] 丁慧. 自由形态空间网格结构的网格设计方法研究与实现[D]. 杭州: 浙江大学, 2014.

[133] 郝传忠. 自由曲面网格结构的网格划分方法研究[D]. 杭州: 浙江大学, 2017.

[134] 潘炜. 自由曲面网格结构的网格划分方法研究与实现[D]. 杭州: 浙江大学, 2016.

[135] Williams C J K. The analytic and numerical definition of the geometry of the British Museum Great Court Roof[R]. Geelong: Deakin University, 2001.

[136] Parida L, Sip M. Constraint-satisfying parmar flattening of complex surface[J]. Computer-Aided Design, 1993, 25(4): 225-232.

[137] Randrup T. Approximation of surfaces by cylinders[J]. Computer- Aided Design, 1998, (15): 38-44.

[138] Bennis C, Vézien J, Iglésias G. Piecewise surface flattening for non-distorted texture mapping[C]//Proceedings of the 1991 International Conference on Computer Graphics, Paris, 1991: 1-10.

[139] 席平. 三维曲面的几何展开[J]. 计算机学报, 1997, 20(4): 315-322.

[140] 马健强. 基于 B 样条和几何映射的曲面展开法[J]. 现代制造工程, 2007, (2): 1-3, 73.

[141] Azariadis P, Aspragathos N. Design of plane development of doubly curved surface[J]. Computer-Aided Design, 1997, 29(10): 675-685.

[142] 梁堰波, 徐伟辰, 李吉刚, 等. 基于力学模型的曲面展开通用算法[J]. 计算机工程与设计, 2012, 33(9): 3539-3543.

[143] 李基拓. 三角化曲面展开技术研究及其应用[D]. 杭州: 浙江大学, 2005.

[144] 孙力胜, 郑建靖, 陈建军, 等. 二维自适应前沿推进网格生成[J]. 计算机工程与应用, 2011, 47(3): 146-148, 173.

[145] 陈蔚蔚, 聂玉峰, 张伟伟, 等. 高质量点集的快速局部网格生成算法[J]. 计算力学学报, 2012, 29(5): 704-709.

[146] Persson P O. Mesh size functions for implicit geometries and PDE-based gradient limiting[J]. Engineering with Computers, 2006, 22(2): 95-109.

[147] Kessenich J M, Graham S, Dave S. OpenGL programming guide: The official guide to learning OpenGL, version 4.5[J]. Pearson Schweiz Ag, 2010, 48(427): 1007.

[148] 高博青. 自由曲面网格划分专用软件 ZD-Mesher[C]//第十六届全国现代结构工程学术研讨会论文集, 聊城, 2016: 95-99.

[149] Li J, Wang W C, Wu E H. Point-in-polygon tests by convex decomposition[J]. Computers & Graphics, 2007, 31(4): 636-648.

[150] de Miras J R, Feito F R. Inclusion test for curved-edge polygons[J]. Computers & Graphics, 1997, 21(6): 815-824.

[151] 张旭东. 自由曲面单层刚性结构网格划分优化与工程应用[D]. 重庆: 重庆大学, 2015.

[152] Field D A. Qualitative measures for initial meshes[J]. International Journal for Numerical Methods in Engineering, 2000, 47(4): 887-906.

[153] Bronson J R, Levine J A, Whitaker R T. Particle systems for adaptive, isotropic meshing of CAD models[J]. Engineering with Computers, 2012, 28(4): 331-344.

[154] Green P J, Sibson R. Computing dirichlet tessellations in the plane[J]. The Computer Journal, 1978, 21(2): 168-173.

[155] Lawson C L. Software for C1 surface interpolation[J]. Mathematical Software, 1977, (1): 161-194.

[156] Cline A K, Renka R L. A storage-efficient method for construction of a thiessen triangulation[J]. Rocky Mountain Journal of Mathematics, 1984, 14(1): 119-140.

[157] Guibas L J, Stolfi J. Ruler, compass, and computer: The design and analysis of geometric algorithms[J]. NATO ASI Series, 1987, 46(2): 111-165.

[158] Tanemura M, Ogawa T, Ogita N. A new algorithm for three-dimensional Voronoi tessellation[J]. Journal of Computational Physics, 1983, 51(2): 191-207.

[159] Medvedev N N. The algorithm for three-dimensional Voronoi polyhedra[J]. Journal of Computational Physics, 1986, 67(1): 223-229.

[160] Kunze R, Wolter F E, Rausch T. Geodesic Voronoi diagrams on parametric surfaces[C]// Proceedings Computer Graphics International, Brussels, 1977.

[161] Frey W H, Field D A. Mesh relaxation: A new technique for improving triangulations[J]. International Journal for Numerical Methods in Engineering, 1991, 31(6): 1121-1133.

[162] Catmull E, Clark J. Recursively generated B-spline surfaces on arbitrary topological meshes[J]. Computer-Aided Design, 1978, 10(6): 350-355.

[163] Doo D, Sabin M. Behaviour of recursive division surfaces near extraordinary points[J]. Computer-Aided Design, 1978, 10(6): 356-360.

[164] Loop C T. Smooth subdivision surfaces based on triangles[D]. Salt Lake City: University of Utah, 1987.

[165] Dyn N, Levine D, Gregory J A. A butterfly subdivision scheme for surface interpolation with tension control[J]. ACM Transactions on Graphics, 1990, 9(2): 160-169.

[166] 原泉. 自由曲面形态创构与网格划分技术研究[D]. 哈尔滨: 哈尔滨工业大学, 2015.

[167] 卢旦, 李承铭, 汪大绥, 等. 自由曲面建筑一体化造型与优化设计研究[J]. 建筑结构学报, 2010, 31(5): 55-60.

[168] 汪大绥, 方卫, 张伟育, 等. 世博轴阳光谷钢结构设计与研究[J]. 建筑结构学报, 2010, 31(5): 20-26.

[169] Shamsi U M. GIS Basics[M]. New Delhi: New Age International Publishers, 2008.

[170] 张宏, 温永宁, 刘爱利, 等. 地理信息系统算法基础[M]. 北京: 科学出版社, 2006.

[171] Eck M, Hoppe H. Automatic reconstruction of B-spline surfaces of arbitrary topological type[C]//Proceedings of the 23rd Annual Conference on Computer Graphics and Interactive Techniques, New Orleans, 1996.

[172] Halstead M A, Barsky B A, Klein S A, et al. Reconstructing curved surfaces from specular reflection patterns using spline surface fitting of normals[C]//Proceedings of the 23rd Annual Conference on Computer Graphics and Interactive Techniques, New Orleans, 1996.

[173] Krishnamurthy V, Levoy M. Fitting smooth surfaces to dense polygon meshes[C]//Proceedings of the 23rd Annual Conference on Computer Graphics and Interactive Techniques, New Orleans, 1996.

[174] Crivellaro A, Perotto S, Zonca S. Reconstruction of 3D scattered data via radial basis functions by efficient and robust techniques[J]. Applied Numerical Mathematics, 2017, 113: 93-108.

[175] Robey R, Zamora Y. 并行计算与高性能计算[M]. 殷海英, 译. 北京: 清华大学出版社, 2022.

[176] 帕切克 P S. 并行程序设计导论[M]. 邓倩妮, 译. 北京: 机械工业出版社, 2012.

[177] Brujic D, Ainsworth I, Ristic M. Fast and accurate NURBS fitting for reverse engineering[J]. The International Journal of Advanced Manufacturing Technology, 2011, 54(5): 691-700.

[178] 来新民, 黄田, 曾子平, 等. 基于 NURBS 的散乱数据点自由曲面重构[J]. 计算机辅助设计与图形学学报, 1999, 11(5): 433-436.

[179] 李娜. 空间网格结构几何形态研究与实现[D]. 杭州: 浙江大学, 2009.

[180] 官火梁, 吴强, 席平. RCS 计算中 NURBS 曲面和射线求交的快速计算[J]. 工程图学学报,

2006, 27(1): 87-91.

[181] 王保庆, 张俐, 李东升. 逆向工程中 NURBS 曲面与直线交点快速计算[J]. 工程图学学报, 2010, 31(2): 149-152.

[182] Carl D B. Cutting corners always works[J]. Computer Aided Geometric Design, 1987, 4(1-2): 125-131.

[183] Peyré G. Geodesic methods in computer vision and graphics[J]. Foundations and Trends® in Computer Graphics and Vision, 2009, 5(3-4): 197-397.

[184] Kasap E, Yapici M, Akyildiz F T. A numerical study for computation of geodesic curves[J]. Applied Mathematics and Computation, 2005, 171(2): 1206-1213.

[185] Chen S G. Geodesic-like curves on parametric surfaces[J]. Computer Aided Geometric Design, 2010, 27(1): 106-117.

[186] Xin S Q, Wang G J. Improving Chen and Han's algorithm on the discrete geodesic problem[J]. ACM Transactions on Graphics, 2009, 28(4): 1-8.

[187] Kumar G V V R, Srinivasan P, Holla V D, et al. Geodesic curve computations on surfaces[J]. Computer Aided Geometric Design, 2003, 20(2): 119-133.

[188] Amari S I. Elements of Differential Geometry[M]. Tokyo: Springer Japan, 2016.

[189] Yamashita N, Fukushima M. On the Rate of Convergence of the Levenberg-Marquardt Method[M]. Vienna: Springer Vienna, 2001.

[190] Yang X. A higher-order levenberg-Marquardt method for nonlinear equations[J]. Applied Mathematics and Computation, 2013, 219(22): 10682-10694.

[191] Amini K, Rostami F. Three-steps modified Levenberg-Marquardt method with a new line search for systems of nonlinear equations[J]. Journal of Computational and Applied Mathematics, 2016, 300: 30-42.

[192] 冯剑, 刘洪来, 胡英. 耗散粒子动力学的优化修正 Velocity Verlet 算法[J]. 化工学报, 2006, 57(8): 1841-1847.

[193] Groot R D, Warren P B. Dissipative particle dynamics: Bridging the gap between atomistic and mesoscopic simulation[J]. The Journal of Chemical Physics, 1997, 107(11): 4423-4435.

[194] Sederberg T W, Zheng J M, Bakenov A, et al. T-splines and T-NURCCs[J]. ACM Transactions on Graphics, 2003, 22(3): 477-484.

[195] 丁慧, 罗尧治, 许贤. 自由形态 B 样条曲面网格生成的参数化方法研究[J]. 空间结构, 2013, 19(2): 90-96.

[196] Schall O, Samozino M. Surface from scattered points: A brief survey of recent developments[C]// International Workshop on Semantic Virtual Environments, Villars, 2005: 134-147.

[197] Joe B. Construction of three-dimensional Delaunay triangulations using local transformations[J]. Computer Aided Geometric Design, 1991, 8(2): 123-142.

[198] Sharir M, Schorr A. On shortest paths in polyhedral spaces[J]. SIAM Journal on Computing, 1986, 15(1): 193-215.

[199] Mitchell J S B, Mount D M, Papadimitriou C H. The discrete geodesic problem[J]. SIAM Journal on Computing, 1987, 16(4): 647-668.

[200] Surazhsky V, Surazhsky T, Kirsanov D, et al. Fast exact and approximate geodesics on meshes[J]. ACM Transactions on Graphics, 2005, 24(3): 553-560.

[201] Chen J D, Han Y J. Shortest paths on a polyhedron[C]//Proceedings of the Sixth Annual Symposium on Computational Geometry, Berkley, 1990: 360-369.

[202] Kaneva B, O'Rourke J. An implementation of Chen & Han's shortest paths algorithm[C]// Canadian Conference on Computational Geometry, Fredericton, 2000: 139-145.

[203] Xin S Q, Wang G J. Efficiently determining a locally exact shortest path on polyhedral surfaces[J]. Computer-Aided Design, 2007, 39(12): 1081-1090.

[204] Xin S Q, Quynh D T P, Ying X, et al. A global algorithm to compute defect-tolerant geodesic distance[C]//SIGGRAPH Asia 2012 Technical Briefs, Singapore, 2012: 1-4.

[205] Ying X, Xin S Q, He Y. Parallel Chen-Han (PCH) algorithm for discrete geodesics[J]. ACM Transactions on Graphics, 2014, 33(1): 1-11.

[206] Xin S Q, Wang G J. Applying the improved Chen and Han's algorithm to different versions of shortest path problems on a polyhedral surface[J]. Computer-Aided Design, 2010, 42(10): 942-951.

[207] Chew L P, Dyrsdale R L S. Voronoi diagrams based on convex distance functions[C]// Proceedings of the First Annual Symposium on Computational Geometry, Baltimore, 1985.

[208] Lee D T. Two-dimensional Voronoi diagrams in the L[J]. Journal of the ACM, 1980, 27(4): 604-618.

[209] Aurenhammer F, Edelsbrunner H. An optimal algorithm for constructing the weighted Voronoi diagram in the plane[J]. Pattern Recognition, 1984, 17(2): 251-257.

[210] Aurenhammer F. Power diagrams: Properties, algorithms and applications[J]. SIAM Journal on Computing, 1987, 16(1): 78-96.

[211] Mount D M. Voronoi diagrams on the surface of a polyhedron[R]. College Park: University of Maryland, 1985.

[212] Chazelle B, Guibas L J. Efficient point location inplanar subdivisions[J]. SIAM Journal on Computing, 1990, 19(6): 1106-1127.

[213] Kimmel M, Sethian J A. Fast Voronoi diagrams and offsets on triangulated surfaces[C]// Proceedings of the Curves & Surfaces Design, Saint-Malo, 2000: 193-202.

[214] Alliez P, de Verdière É C, Devillers O, et al. Centroidal Voronoi diagrams for isotropic surface remeshing[J]. Graphical Models, 2005, 67(3): 204-231.

[215] Dijkstra E W. A note on two problems in connexion with graphs[J]. Numerische Mathematik, 1959, 1(1): 269-271.

[216] Floyd R W, Steinberg L. Adaptive algorithm for spatial greyscale[C]//Proceedings of Society for Information Display, Philadelphia, 1976: 75-77.

[217] Cormen T H, Leiserson C E, Rivest R L, et al. Introduction to Algorithms[M]. Cambridge: MIT Press, 1990.

[218] Shiau J, Fan Z. Set of easily implementable coefficients in error diffusion with reduced worm artifacts[C]//Proceedings of SPIE—The International Society for Optical Engineering, 1996.

[219] Ostromoukhov V. A simple and efficient error-diffusion algorithm[C]//Proceedings of the 28th Annual Conference on Computer Graphics and Interactive Techniques, Montreal, 2001: 567-572.

[220] MacQueen J. Some methods for classification andanalysis of multi variate observations[C]// Proceedings of Berkeley Symposium on Mathematical Statistics and Probability, Berkeley, 1967: 281-297.

[221] MacKay D J C. Information Theory, Inference, and Learning Algorithms[M]. Cambridge: Cambridge University Press, 2003.

[222] Frey P J, George P L. Mesh Optimization[M]. New York: John Wiley & Sons, 2010.

[223] Botsch M, Kobbelt L. A remeshing approach to multiresolution modeling[C]//Symposium on Geometry Processing, Nice, 2004: 185-192.

[224] Li Y Y, Zhang E, Kobayashi Y, et al. Editing operations for irregular vertices in triangle meshes[C]//ACM SIGGRAPH Asia '10, Seoul, 2010.

[225] 李娜, 陆金钰, 罗尧治. 基于能量法的自由曲面空间网格结构光顺与形态优化方法[J]. 工程力学, 2011, 28(10): 243-249.

[226] 赵兴忠. 基于鲁棒性的自由曲面形状、拓扑、网格优化设计研究[D]. 杭州: 浙江大学, 2014.

[227] Liu T T, Bargteil A W, O'Brien J F, et al. Fast simulation of mass-spring systems[J]. ACM Transactions on Graphics, 2013, 32(6): 1-7.

[228] 刘浩. 基于质点-弹簧模型的实时三维布料模拟系统[D]. 上海: 上海交通大学, 2007.

[229] Li J T, Zhang D L, Lu G D, et al. Flattening triangulated surfaces using a mass-spring model[J]. The International Journal of Advanced Manufacturing Technology, 2005, 25(1): 108-117.

[230] 李基拓, 陆国栋. 基于边折叠和质点弹簧模型的网格简化优化算法[J]. 计算机辅助设计与图形学学报, 2006, 18(3): 426-432.

[231] Veenendaal D, Block P. An overview and comparison of structural form finding methods for general networks[J]. International Journal of Solids and Structures, 2012, 49(26): 3741-3753.

[232] Bagrianski S, Halpern A B. Form-finding of compressive structures using prescriptive dynamic relaxation[J]. Computers & Structures, 2014, 132: 65-74.

[233] John K A O. Particle-spring systems for structural form finding[J]. Journal of the International Association for Shell and Spatial Structures, 2005, 46(2): 77-84.

[234] Glymph J, Shelden D, Ceccato C, et al. A parametric strategy for free-form glass structures using quadrilateral planar facets[J]. Automation in Construction, 2004, 13(2): 187-202.

[235] Douthe C, Mesnil R, Orts H, et al. Isoradial meshes: covering elastic gridshells with planar facets[J]. Automation in Construction, 2017, 83: 222-236.

[236] Liu Y, Xu W W, Wang J, et al. General planar quadrilateral mesh design using conjugate direction field[J]. ACM Transactions on Graphics, 2011, 30(6): 1-10.

[237] 周磊. 复杂建筑形体自由曲面量化处理方法[D]. 长沙: 湖南大学, 2012.

[238] 吴宝海, 王尚锦. 参数曲面网格生成的改进波前法[J]. 计算机辅助设计与图形学学报, 2005, 17(8): 1686-1690.

[239] 覃先云, 张见明. 基于改进波前法的曲面网格生成算法[J]. 计算机辅助工程, 2014, 23(4): 69-75.

[240] 张生伟. 钢制盖板节点承载力分析研究[D]. 杭州: 浙江大学, 2017.

[241] 戚珈峰. 一种自由曲面网格结构工字型截面装配式节点研究[D]. 杭州: 浙江大学, 2019.

[242] 李炫辰. 矩形不锈钢管单层网壳螺栓筒节点承载力研究[D]. 杭州: 浙江大学, 2020.

[243] 郭小农, 邱丽秋, 罗永峰, 等. 铝合金板式节点受弯承载力试验研究[J]. 湖南大学学报（自然科学版）, 2014, 41(4): 47-53.

[244] 郭小农, 熊哲, 罗永峰, 等. 铝合金板式节点承载性能试验研究[J]. 同济大学学报（自然科学版）, 2014, 42(7): 1024-1030.

[245] Bouchaïr A, Averseng J, Abidelah A. Analysis of the behaviour of stainless steel bolted connections[J]. Journal of Constructional Steel Research, 2008, 64(11): 1264-1274.

[246] Kim T S, Kuwamura H, Cho T J. A parametric study on ultimate strength of single shear bolted connections with curling[J]. Thin-Walled Structures, 2008, 46(1): 38-53.

[247] Salih E L, Gardner L, Nethercot D A. Numerical investigation of net section failure in stainless steel nolted connections[J]. Steel Construction, 2010, 25(12): 83.

[248] Elflah M, Theofanous M, Dirar S, et al. Behaviour of stainless steel beam-to-column joints: Part 1: Experimental investigation[J]. Journal of Constructional Steel Research, 2019, 152: 183-193.

[249] Salih E L, Gardner L, Nethercot D A. Numerical study of stainless steel gusset plate connections[J]. Engineering Structures, 2013, 49(2): 448-464.

[250] Cai Y C, Young B. Structural behavior of cold-formed stainless steel bolted connections[J]. Thin-Walled Structures, 2014, 83(10): 147-156.

[251] Cho Y, Kim T. Finite element analysis on strength of cold-formed ferritic stainless steel connections with four bolts considering curling influence[J]. Recent Patents on Engineering,

2017, 11 (2): 142-152.

[252] 王元清, 赵义鹏, 徐春一, 等. 不同种类螺栓的不锈钢端板连接节点抗震性能试验研究[J]. 天津大学学报(自然科学与工程技术版), 2017, 50 (S1): 140-146.

[253] 赵宇. 不锈钢板螺栓抗剪连接静力承载性能研究[D]. 武汉: 武汉大学, 2018.

[254] Yuan H X, Hu S, Du X X, et al. Experimental behaviour of stainless steel bolted T-stub connections under monotonic loading[J]. Journal of Constructional Steel Research, 2019, 152: 213-224.

[255] 胡松. 不锈钢 T 形件螺栓连接静力承载性能研究[D]. 武汉: 武汉大学, 2018.

[256] 王元清, 乔学良, 贾连光, 等. 不同连接方式的不锈钢梁柱节点抗震性能试验研究[J]. 东南大学学报(自然科学版), 2018, 48 (2): 316-322.

[257] 冯然. 不锈钢焊接相贯 T 形节点试验研究[C]//中国钢结构协会结构稳定与疲劳分会第 16 届 (ISSF-2018) 学术交流会暨教学研讨会论文集, 青岛, 2018: 329-339.

[258] 陈志华, 翁凯, 刘红波, 等. 不锈钢在空间网格结构上的研究现状及工程应用[J]. 工业建筑, 2012, 42 (5): 55-62, 54.

[259] 金跃东, 赵阳, 汪儒灏, 等. 矩形钢管单层网壳预埋螺栓装配式节点及其受弯性能试验研究[J]. 建筑结构学报, 2019, 40 (2): 153-160.

[260] Kim T, Lim J. Ultimate strength of single shear two-bolted connections with austenitic stainless steel[J]. International Journal of Steel Structures, 2013, 13 (1): 117-128.

[261] 中华人民共和国住房和城乡建设部. 钢网架螺栓球节点[S]. JG/T 10—2009. 北京: 中国标准出版社, 2010.

[262] Han Q H, Liu Y M, Zhang J Y, et al. Mechanical behaviors of the assembled hub (AH) joints subjected to bending moment[J]. Journal of Constructional Steel Research, 2017, 138: 806-822.

[263] 中国工程建设标准化协会. 不锈钢结构技术规程[S]. CECS 410: 2015. 北京: 中国计划出版社, 2015.